ハイパーソニック・エフェクト

ハイパーソニック・エフェクト
HYPERSONIC EFFECT

大橋 力
Oohashi Tsutomu

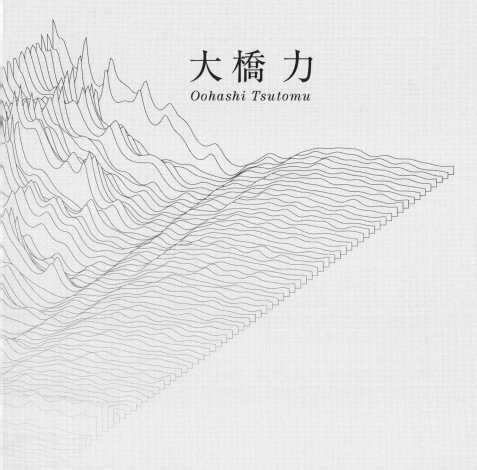

岩波書店

ブックデザイン　木下勝弘

はじめに

いのちを瑞々(みずみず)しくする精妙たぐいない音の恵み

はじめに　いのちを瑞々しくする精妙たぐいない音の恵み

　全身全霊を活き活きと輝かせる、驚きと魅力に溢れた生命現象〈ハイパーソニック・エフェクト〉[*1]――。

　それは、心と躰（からだ）をひとつに結ぶ脳の最深部構造〈基幹脳〉[*2]の劇的な活性化として芽生え、そのインパクトを心身のすみずみにまで行きわたらせて、いのちを瑞々（みずみず）しくしていきます。

　恒常性や生体防御を司（つかさど）る〈自律神経系〉〈内分泌系〉〈免疫系〉の働き、そして、美しさや感動を司る〈情動系〉の働き、さらに、これらの生む〈快感〉を通じて行動を生存に適切な方向へと誘（いざな）う〈報酬系〉の働きが渾然一体となった「心身一如」の状態で、歴然と高められます。

　その精妙さは、他に類を見ません。

　この現象は、周波数が高すぎて人類には音として聴こえない高周波を含む非線形な構造をもつ音〈ハイパーソニック・サウンド〉[*1]に包まれることによって現れます。このとき、高周波振動を耳から聴覚系で受けても効果がなく、体表面に浴びなければならないことも、驚きのひとつです。

　これまで何人（なんびと）も知ることがなかった生命現象の、衝撃的な発見といえるでしょう。

　奇跡的な偶然と直観との恵みのもとに見出されたその不可思議な発現条件それ自体が、音の学の〈パラダイム〉[*3]転換を告げています。

　現在の〈通常科学〉[*3]の必然的な歩みの先に、またはその想像力の延長線上にこうした現象を想い描くことが、果たして可能でしょうか。

　射程が全身全霊に及ぶこのポジティブな効果の発見は、健康で快適な人間生存への大きな展望をもたらしました。その応用は、いま、現代病の防御から美と快感の増幅にまで果てしない拡がりを示し始めています。

　おりしも、ハイパーソニック・サウンドの配信を可能ならしめる〈ハイレゾリューション・オーディオ〉の急速な普及や、生命本来の活性を目醒（めざ）さ

せる〈ハイパーソニック・セラピー〉の萌芽などと相まって、あたかも科学技術の海原の中に新大陸が発見されたかのような状況を観せています。

*　　　*　　　*

　それらに並行して、有効な超高周波が含まれていない音に囲まれていると基幹脳の活性が保てず、生命活動が不健全な状態へと導かれる恐れがあることもわかってきました。

　このことに注目すると、ハイパーソニック・サウンドは、あたかも食べ物に含まれる不可欠の物質たち〈必須栄養素〉のように、それがなければ正常に生存することができない情報、いわば〈必須情報素〉と表現するのがふさわしい役割を果たしている可能性が想定されるのです。

　「音のビタミンが発見された」といわれる理由です。

　したがって、それらが欠乏することによって心身の不全が導かれ、健全で快適な生存が脅かされる危険性も、ないとはいえません。物質世界に見られる〈栄養失調〉に相当する〈情報失調〉というべき病理現象の発現する可能性が、無視できなくなっているのです。

　さらに、それが存在することによって中脳・間脳を含む脳の最深部構造〈基幹脳〉のもつ本来の健全な働きが妨げられ、生存が脅かされる〈侵害情報〉というべき音も発見されています。

　たとえば、基幹脳の活性を低下させて〈ハイパーソニック・ネガティブエフェクト〉[*1]を導く特定の周波数帯域をもった〈ハイパーソニック・ネガティブサウンド〉[*1]を見出していることにも、注意しなければなりません。

　物質世界に見られる〈毒物中毒〉に相当する〈情報中毒〉というべき病理現象が、ありうるかもしれないのです。

　必須情報、侵害情報という新しい切口を加えて改めて音を吟味し直すことは、それぞれポジティブおよびネガティブに働く〈ハイパーソニック・サウンド〉の存在が明らかになった今後においては、音にかかわるすべての人びとにとって、避けられない課題となっていくことでしょう。

＊　　＊　　＊

　ハイパーソニック・エフェクトを発現させる音、〈ハイパーソニック・サウンド〉の構造は、たいへん独特のものです。それは、二つのまったく性質の違う音が共存したものでなければなりません。その第一は、人間に音として聴こえる〈可聴音〉で、それ自体が人間に美しさ快さを感じさせうる音。そして第二は、それよりも周波数がはるかに高くまったく音として聴こえない高周波(以下、〈超高周波〉)です。これらのうちどちらか一方だけでは効果は現れません。加えて、この〈超高周波〉は、周波数として約 40 kHz 以上でなければなりません。しかもその波動は、非線形性の複雑な〈自己相関秩序〉を具えていなければ効果をはっきり現しません。

　こうした〈高複雑性超高周波〉こそ、聴こえてくる〈可聴音〉と連携してハイパーソニック・エフェクト(あるいはハイパーソニック現象)を発現させる因子です。この因子を〈ハイパーソニック・ファクター〉[*1]と呼びます。

　さらに、高複雑性超高周波は耳から聴覚系に送りこんでも効果がなく、先に述べたように、体表面から受容されたときにはじめてハイパーソニック・エフェクトを発現させる、という衝撃的な事実も、明らかになっています。

　一方、16 kHz 付近から 32 kHz 付近までの高周波は、基幹脳の活性を低下させて生命活性を不適切な方向へ導くハイパーソニック・ネガティブエフェクトを発現させる恐れをもっています。この帯域成分を〈ハイパーソニック・ネガティブファクター〉[*1]と呼びます。

　こうしたさまざまの驚くべき性質をもつハイパーソニック・サウンドは、いったいどこに所在するのでしょうか。

　強力なハイパーソニック・ファクターを豊かに溢れさせている音として第一のものは、これまで調べた限り、人類の遺伝子の揺り籠と目される〈熱帯雨林〉の環境音です。〈音楽〉という音の人工物の世界では、バリ島のガムラン・アンサンブルや日本の尺八、琵琶などある種の民族音楽、チェンバロや

バグパイプのような近代以前に生まれた楽器などの音のなかに、強力なハイパーソニック・サウンドが見出されています[1]。

これらの対極には、ハイパーソニック・ファクターをもたず基幹脳活性を低める恐れのある音や音環境が現存します。そのもっとも警戒すべき具体例をひとつ、挙げておきましょう。それは、機械類の発生する強大な侵害性騒音に支配された環境であるか、そうでなければ高度な遮音技術を駆使し「騒音がなく良好な音環境である」として造成された〈無音〉に近い環境であるかのいずれかに二極分化してしまった、どちらをとってもハイパーソニック・ファクターを欠いている現代都市の音環境に他（ほか）なりません。

こうした音環境に現れる、聴覚に訴えることを特徴にした音楽をはじめとする音の人工物をみると、「楽器の王者」ともいわれる〈ピアノ〉や〈ディジタル・サンプリング・シンセサイザー〉が象徴する近現代西欧が新しく開発した楽器の音は、意外なことに、ハイパーソニック・ファクターをほとんど含んでいません。

また、人間の可聴周波数上限とされる 20 kHz 周辺よりも高い周波数がカットされたディジタル音響メディア類、たとえば CD（22.05 kHz 以上の高周波をカット）や公共ディジタル放送の音声信号（24 kHz 以上の高周波をカット）などは、24 kHz 付近を中心とし、16 kHz 付近から 32 kHz 付近まで拡がっているハイパーソニック・ネガティブファクターを伝送できてしまう一方で、40 kHz 以上のハイパーソニック・ポジティブファクターをまったく伝えることができません。こうした音の人工物たちが基幹脳の活動を低下させ、人間生存にとって不適切なさまざまの負の効果を導くリスクを負っていることは、否定できないのです。

私たちの生きる西欧近現代文明の音環境が、このように、ハイパーソニック・エフェクトを発現できないばかりでなく、反対に、基幹脳にネガティブな効果を導く恐れをもった音——都市性の環境音や芸術的ないし商業的音楽・音響——の支配下にあることは明白な事実であり、深刻な現実なのです。

ハイパーソニック・エフェクトを巡ってここに挙げた最新の知見は、音と

人間生存との間に横たわる、これまで未知だったぬきさしならない仕組の存在を浮彫にします。ハイパーソニック・エフェクトの発見を契機に、音の科学と技術は、そして音の芸術もまた、人間の生命に直結した、一面でまことに輝かしく、一面でまことに由々しき事態を迎えているといえるでしょう。

*   *   *

　想定されるところでは、私たちと同じ遺伝子と脳をもつ現生人類全般に、ハイパーソニック・エフェクトを発現できる脳機能が標準的に具わっている可能性が濃厚です。大型類人猿、さらにはその他の哺乳類に及ぶ拡がりの可能性も否定できません。

　人間生存と深くかかわり、悠久の歴史をもつうえ、規模も決して小さいとはいえない複合現象であるにもかかわらず、ハイパーソニック・エフェクトの発見が学術論文として報告されたのは、20世紀最後の年、2000年6月のことでした[2]。それ以前に、こうした現象の存在、あるいはそれを予想した論考や探索的研究はもとより、その気配や予兆のようなものが学術研究の世界に現れた事例も、私たちを除いてありません。それはまた、既存の科学のどの分野かが進歩、発展する歩みの延長線上に現れてきたものでもありません。聴覚生理学を含む過去、現在の諸科学のどれとも結びつかない孤立した状態で、きわめて唐突に発見が報じられています。内容の重大さ、深刻さからすると、この発見の遅れ、孤立性、唐突さなどはいささか奇妙なことといってよいでしょう。

　しかし、よく観ると、この現象——いわば知的で学術的な「獲物」——が近現代科学のもつ射程の宿命的な空白あるいは盲点の奥底に潜んでいて、至極みつかりにくかったことは事実です。それを現代科学の「狩りの道具」の網の目で捕えることが困難だったことも、確かでしょう。そうした背景からすると、この発見はむしろ、偶然の恵によって現時点で「早くも」実現した、と観ることもできるのです。現代科学の標準的な発想法やアプローチ法だけでこの現象のイメージが果たして念頭に浮かぶか、そしてそれを実証的

に捉えうるか、そこには本質的な疑義があります。

　この現象のエッセンスは、近現代科学の枠組や射程を遠く離れたところに潜んでいました。そのようにはみ出したところに潜む「獲物」に対して、近現代科学がまだ実現できていない独特の射程をもつ「狩りの道具」を用意できたことが、この現象を発見できたもっとも重要なポイントであり、いわばこの研究の真髄であろうと信じられます(むすび参照)。

　現代科学は、森羅万象を体系的に知識情報化することに成功しました。それらのなかでも、分子生物学と情報科学で武装した生命科学は、人間生存にかかわる生命現象をあますところなく網羅して、その仕組を解明し尽くす勢いさえ示しています。周知のとおりその矛先はいまや、生命活性の補完や拡張をめざす方向に転じているほどです。しかし、このような状況の中に思いがけない盲点や空白が潜んでいたことを、ハイパーソニック・エフェクトの発見は浮彫にしました。その背景には、現代生命科学の網の目では掬い取れない原理的、構造的な限界をいくつか観ることができます。これをいい換えると、ハイパーソニック・エフェクトをしっかり捕えるということは、現代生命科学にこれまでなかった「狩りの道具」を与え、さらにはその知識構造としての枠組に本質的な組換を実現することになるのではないでしょうか。

　　　　　　　　　＊　　　＊　　　＊

　ここで、ハイパーソニック・エフェクトに対して現代生命科学の枠組がうまく働いてくれなかった象徴的な三つの例を挙げておきましょう。

　その第一は、ハイパーソニック・エフェクトを発現させる必須の因子、ハイパーソニック・ファクターが、人類に音として聴こえる周波数の上限よりもずっと高い周波数をもつ振動であるため、それを何人も知覚できず意識できなかったことです。近代科学の基礎を築いたルネ・デカルトは、疑いようのない実体として、〈意識〉——疑っていることそれ自体を含む[自覚できる心の働き]——と、〈延長〉——意識でき計測できる[空間的な拡がり]——とを挙げるとともに、この両者を互いに独立した存在として〈物心二元論〉を樹

てました。このような土台の上に、ゴットフリート・ライプニッツやアイザック・ニュートンらによって近代科学が構築されていきます。とすると、音として知覚できず意識で捉えることが不可能なハイパーソニック・ファクターと人とのかかわり、という切口それ自体が、デカルト的な「疑いようのない実体」の概念をこえています。「狩りの道具」として、意識より次元の高い感受性や洞察力が排除された条件の下では、そうした対象へのアプローチは不可能だったといえるでしょう。

　その第二は、ハイパーソニック・エフェクトを発現させる唯一の要素とは何かを追求すると、その対象となる何物も見当たらなくなり、近代科学の大道、〈要素還元主義〉が無力化してしまうことです。たしかに、ハイパーソニック・ファクターの存在は、ハイパーソニック・エフェクトを発現させるうえで必須の因子が存在することを示しています。しかし、それだけを与えても、効果は現れません。この[聴くことのできない因子]が存在すると同時に、そこに音楽や自然環境音など、人に美しさや快さを感じさせうる〈可聴音〉が聴こえているときはじめて、効果が現れるのです。つまり、〈美しく快い可聴音〉と〈知覚できない高複雑性超高周波〉との両者のどちらのなかにも初期条件としては存在していなかった効果が、両者が共存したとき、その〈相互作用〉によって初めて現れます。このような相互作用は、硬直し形骸化してしまった一部のデカルト／ニュートン的知識構造あるいはその延長線上には、視ることも測ることも、うまくできません。

　その第三は、ハイパーソニック・エフェクトにぴったり合ったアプローチ、すなわち〈専門分野〉というものが存在しないことです。あらゆる知識構造を縦割りにし単機能化した、近現代学術の〈高度専門化方式〉がうまく通用しません。それらを加算する方式の〈学際化〉であっても、ハイパーソニック・エフェクトの受け皿には、いまなおなれていません。

　たとえば、ハイパーソニック・ファクターの波動としての構造が非線形性の〈自己相関秩序〉をもつことは、数理科学的な主題になります。ところが、そうした波動構造がなければ発揮できない効果のなかの、「音楽を美しく快

く感動的に受容させる」という事象は、〈美学・芸術学〉の守備範囲内にあり、数理科学とはまったく違った素質、教育、研究に基づいてつくられた専門家たちが対応しています。しかし、〈体験性情報の通信不可能性〉[3]——たとえば、酒を一度も飲んだことのない人に酒の味とはいかなるものかを、酒を実際に飲ませる以外の方法で伝えようとしても、それがほぼ絶対に不可能である原則——を視野に入れるとどうなるでしょうか。「音」という物理現象を実体とする〈入力〉と「美と感動の自覚」という精神現象を本質とする〈出力〉とを結ぶ因果の糸、たとえば「えもいわれぬあの感動」といった〈体験性情報〉が、［別々の個体である複数の専門家たちの独立した別々の脳による分担］という形をとる〈専門分化構造〉によって截ち切られてしまい、「因果関係の究明」という研究の基礎構造は実質、空洞化してしまいます。

　　　　　　　　＊　　　＊　　　＊

　ハイパーソニック現象はこのように、近現代科学の支柱である〈意識〉、〈要素還元主義〉、〈専門分化〉などとなじまず、それらの網の目だけで捕えることができません。もっとも深刻な問題のひとつは、「問題の発見」それ自体が、この体制では不可能だった、という経緯が象徴しています。実際に、この「狩り」には、それに旅立つためのこれまでとまったく別の魂が働き、まったく別の網の目をもった道具を準備することが必要であり、結果から観るところでは、この書で述べるように、それらは決定的に有効でした。

　考えてみると、近現代を象徴する自然科学的思考は、人間のもつよく進化し発達した脳機能の全体からするとかなり限られた部分の活性に集中的に、そして大きく排他的に依存しているように観察できます。それは、いわゆる〈計算論的アプローチ〉などに象徴される［記号分節構造をとった離散性情報の一次元遂次処理的思考］、いい換えると［AI（人工知能）に置き換えることのできる脳の働き］に特化した〈言語性脳機能〉依存への偏りの著しさ、といえましょう。もちろん、この脳機能が［科学という営為］にとって不可欠であり不可分であることはいうまでもありません。しかし、ここであえて飛躍した

言い方を許していただくならば、ハイパーソニック・エフェクトの発見が示唆するのは、言語性脳機能以外の膨大な脳機能、それをあえて〈非言語性脳機能〉というならば、この機能が、新しい射程をもった科学という営為の中で、言語性脳機能に勝るとも劣らぬ貢献をもたらす可能性です。ハイパーソニック・エフェクト研究は、結果的に、従来の科学研究の主体となった言語性脳機能に対する非言語性脳機能の関与の比重が著しく高められた、新しいプロポーションをもつ［科学という名の脳機能活用］のモデルを形づくっています(むすび参照)。

この新旧科学のもつ脳機能のプロポーションを比較することは、近現代科学に新しい展望を開くことにつながることでしょう。このことは、本書を貫くいわば「通奏低音」となっています。そしてそれは、近現代科学に飽き足らず、その新しい展開を模索する志（こころざし）高い方々のお役に立てるのではないか、とひそかに信じ、期待するところでもあります。

＊　　＊　　＊

基幹脳を起点とするハイパーソニック・エフェクトの射程は、人間の生理、心理、行動にあまねく及ぶので、その波及効果は学術、技術、芸術すべての領域に全方位に拡がる展望を宿しています。いい換えれば、近現代文明に属する人類の生存は、意識されるか否かにかかわらず、近い将来、「脳に不可欠な音のビタミン」と呼ぶにふさわしいハイパーソニック・サウンドと、何らかの局面で直接間接かかわりをもたざるをえないであろうことを、否定できません。

ハイパーソニック・エフェクト研究の射程の拡がりと展望の雄大さを踏まえて、本書は、直接かかわりの深い音楽、音響、情報通信、脳・神経科学、医学など特定分野の専門家、研究者にだけ焦点を合わせるのではなく、それ以外のあらゆる方がたをひとしなみに読者と想定しています。よって、学術書としての水準と内容を妥協せず保ちながらも、本格的な専門知識を必要とせず、一般的な科学知識があれば読み解けることをめざして、わかりやすく

表現することに努めました。本書の狙いは「面白く読み快適に理解する」ところにあります。しかし、何よりも著者の力量不足をはじめとするもろもろの制約によって、不十分さを否めません。場所によっては、専門性がきわめて高かったり、特殊な知識や抽象性に大きく傾いた思考などが必要と感じられる記述に出合うかもしれません。そのような個所については、たとえば専門家としてそれがぜひ必要ということがないならば、体系的で本格的な、あるいは悉皆的な理解を図ろうとせず、理解しにくいところは無理に理解しようとしないかわりに、本書との親和性を優先し、心ひろやかに大意をつかんでいただくことができれば、十分お役に立てることでしょう。

　このような志のもと、本書は、ハイパーソニック・エフェクト研究の発端から、いま最前線に生まれつつある知見、それらの応用と実用化、さらに科学基礎論や文明論への拡がりに及ぶ全体像をこの現象の発見者の立場から体系化し、紙幅の許すかぎり詳しく述べたものです。さまざまな方々をこの科学の新天地に招待し、その豊かな果実をともに享受していただくことを願って……。

---

*1• ハイパーソニック・エフェクト —— hypersonic effect。日本語を〈超音効果〉とします。
　• ハイパーソニック・サウンド —— hypersonic sound。日本語を〈超音音響〉とします。
　• ハイパーソニック・ファクター —— hypersonic factor。日本語を〈超音因子〉とします。
　• ハイパーソニック・ネガティブエフェクト —— hypersonic negative effect。日本語を〈負の超音効果〉とします。
　• ハイパーソニック・ネガティブサウンド —— hypersonic negative sound。日本語を〈負の超音音響〉とします。
　• ハイパーソニック・ネガティブファクター —— hypersonic negative factor。日本語を〈負の超音因子〉とします。
*2 中脳、間脳(視床、視床下部を含む)を中心に構成されたハイパーソニック・エフェクトによって血流を増大させる脳の最深部領域。〈自律神経系〉の拠点として全身の生理活動を司る〈視床下部〉、〈報酬系〉などの脳の〈広範囲調節系〉の拠点として精神活動を司る〈中脳〉などが構造的にも機能的にも活性的にも緊密に一体化して存在しています。本書においては、この部位を〈基幹脳〉の名で呼ぶことにします。

＊3 科学哲学者トーマス・クーンが著書『科学革命の構造』のなかで提唱した、科学的知の枠組のこと。科学の営みは、そうした知の枠組〈パラダイム〉(paradigm)を築く〈科学革命〉(scientific revolution)と、その枠組の内部を埋めていく〈通常科学〉(normal science)から構成されるとしています。

はじめに　文献
1 特集「ハイパーソニック・エフェクト：超高周波が導く新たな健康科学」，科学，**83**(3), 2013.
2 Oohashi T, Nishina E, Honda M, Yonekura Y, Fuwamoto Y, Kawai N, Maekawa T, Nakamura S, Fukuyama H, Shibasaki H, Inaudible High-Frequency Sounds Affect Brain Activity: Hypersonic Effect. J. Neurophysiology, **83**, 3548-3558, 2000.
3 大橋力，『音と文明 ― 音の環境学ことはじめ』，岩波書店，2003.

ハイパーソニック・エフェクト

目次

はじめに　　　いのちを瑞々(みずみず)しくする精妙たぐいない音の恵み

第1部　ハイパーソニック・エフェクトの発見

第1章	002	ディジタルオーディオで求められた 「人間はどの周波数までの音に反応するか」
第2章	022	研究の発端
第3章	039	新しい研究の手法、材料、装置をゼロから構築する
第4章	069	脳波計測がもたらしたブレークスルー
第5章	090	ポジトロン断層撮像法（PET）が描き出した 〈ハイパーソニック・エフェクト〉の驚きに満ちた世界
第6章	119	古典的音響心理学から獲物を匿(かく)した 〈二次メッセンジャーカスケード〉

第2部　ハイパーソニック・エフェクトの実像

第7章	142	ハイパーソニック・ファクターの 作用の双極性と周波数構造
第8章	155	ハイパーソニック・ファクターが ミクロな時間領域に示す変容構造
第9章	188	聴こえない超高周波の体表面からの受容
第10章	209	新たなパラダイム〈音の二次元知覚モデル〉
第11章	219	人類の遺伝子に約束された本来の音環境とは

第3部 ハイパーソニック・エフェクトの活用

第12章　250　「脳にやさしい音の街」を成功させた
〈好感形成脳機能〉の活性化

第13章　285　博物館展示をハイパーソニック化して
音によるリアリティーを構築する

第14章　290　移動する閉鎖性空間〈乗り物〉の内と外との音環境を
快適化する

第15章　306　美と感動の脳機能に着火する〈ハイレゾリューション・
オーディオファイル〉をいかに創るか

第16章　373　超高精細度造形作品とハイパーソニック・サウンドとを
軸とした新しい時空間演出技法を開発する

第17章　417　大型商業施設のための都市化の先端と天然の極致とを
結んだ音環境を創る

第18章　447　生命本来の活性を目醒めさせて健やかな心と躰をつくる
新しい〈サウンド・セラピー〉への展望

むすび　475　明晰判明知と暗黙知とを架橋する

索引　532

第 1 部

ハイパーソニック・エフェクトの発見

第 1 章　ディジタルオーディオで求められた
　　　　「人間はどの周波数までの音に反応するか」

第 2 章　研究の発端

第 3 章　新しい研究の手法、材料、装置をゼロから構築する

第 4 章　脳波計測がもたらしたブレークスルー

第 5 章　ポジトロン断層撮像法(PET)が描き出した
　　　　〈ハイパーソニック・エフェクト〉の驚きに満ちた世界

第 6 章　古典的音響心理学から獲物を匿した
　　　　〈二次メッセンジャーカスケード〉

第1部　ハイパーソニック・エフェクトの発見

第 1 章
ディジタルオーディオで求められた
「人間はどの周波数までの音に反応するか」

1…1　振動の周波数と聴こえる音の高さ

　人類を含む哺乳類の脳・神経系には、よく知られているとおり〈聴覚系〉が具わっています。それは、物体の振動、とりわけ空気の振動に反応して、ある振動数範囲のそれらを〈音〉という感覚現象として知覚し認識します。私たち人類の脳では、音はその単位時間あたりの振動数(周波数)の違いと振幅の違いに対応して知覚内容を変化させ、それらの差を[音の違い]として識別しています。〈周波数〉のより大きい音を「高い音」、周波数のより小さい音を「低い音」、〈振幅〉のより大きい音を「強い音」、振幅のより小さい音を「弱い音」というように——。実在する音はそれらの複雑な組合せと変化で成り立っているので、〈音色〉とその違いという知覚現象がさらに加わります。

　空気の振動数が音の高さという知覚現象の元になることに科学的に本格的に言及したのは、1841年、オーグスト・ゼーベック[1]でした。彼はサイレンの発音装置である円盤に開ける穴の間隔に対応して、つまり振動が発生する時間間隔に対応して、それがより大きければより低い音、より小さければより高い音というように、音の高さが異なって聴こえることを実験的に明らかにするとともに、聴こえる音の高さについてのモデルとして〈時間説〉を唱えました。続いて、1842年、ゲオルク・オームは、音源を構成する正弦波(いわゆるサイン波)の基本周波数が聴こえる音の高さを決めるという〈周波数説〉を主張し、これはのちにヘルマン・ヘルムホルツ[2]に受けつがれて、〈オーム

の法則〉（よく知られた電気抵抗にかかわる〈オームの法則〉ではありません）として定式化されました。

　周波数に象徴される音の物理構造とその聴こえ方とを結ぶ研究に大きな影響を及ぼしたのは、アレクサンダー・グラハム・ベルでした。彼は、聴覚障害者の発声トレーナーとして出発し、続いて電話を発明し、ベル電話会社を起こします。その事業が軌道に乗ると、音と聴覚の研究を始めました。この〈ベル研究所〉の業績として、まず、音の周波数と聴こえ方との関係を初めて体系的に調べたウィリアム・スノー[3]の研究が知られています。そのなかで彼は、15,000サイクル/秒(15 kHz)以上の周波数成分のあり／なしは人間に聴きわけられないということを公にしています。続いて、同じベル研究所のハーヴェイ・フレッチャーが任にあたり、その研究は、音響心理学の曙といえる記念碑的業績、〈等ラウドネスレベル曲線〉[4]として稔っています。

　〈音〉という名の空気の振動は、先に述べたとおり、人類の脳・神経系の中の〈聴覚系〉によって捉えられ、〈神経電位〉（神経インパルス）という生体情報に変換されて脳に送られ〈音の知覚〉を形成します。その仕組はどうなっているのでしょうか。この重要な問題についての知見は、生物物理学者ゲオルク・フォン＝ベケシー[5]の研究で画期的に前進しました。彼は、解剖の手法や振動観察法をはじめとする実験方法を飛躍的に向上させ、生体膜の振動する状態を精密に観察することに成功しました。そして、内耳の〈蝸牛〉にあって〈有毛細胞〉を搭載した〈基底膜〉が物理的振動から神経電位への変換に関与するとともに、音の高さの聴きわけ、すなわち生体が行う〈周波数分析〉に重要な役割を果たしている状態を明らかにしました。これらに基づいて、彼の聴覚モデル〈進行波説〉が構築されています。この説はその後、さまざまな新しい知見、いくつかの新しい聴覚モデル[6]によって書き換えられています。しかし、基底膜とそこに固有に存在する〈有毛細胞〉によって、空気振動から生体電気信号〈神経電位〉への、音の高さの判別を伴う情報の変換が行われる、というベケシーが実証的に描き出した全体像は、ゆるぎません。ベケシーはこの研究により1961年のノーベル生理学・医学賞を授与されています。

物理現象と生命現象とを結びつけたこの研究をひとつの契機として、空気振動の周波数と聴こえてくる音の高さや音色にかかわる基礎的あるいは応用的研究が本格化し、生物学、物理学、数学、工学、心理学、認知科学などと融合した状態で、音響学という枠組の中に数多くの専門分野が芽生え、現在見られる壮大な体系へと育ってきました。

1…2　音を記録・再生するさまざまな手段の登場

　言葉にせよ音楽にせよ、音を媒体にした情報は、大気のふるえとして発信され、耳に届いて鼓膜をゆさぶるや否や再現不可能な状態で消え去って、あとに何の痕跡も残しません。これを聴いた人間はそれを唯一、［脳の中の記憶］というかたちで、身体内部にのみ記録していました。しかしこの「記憶」という名の記録は不確かで、移ろいやすいことをまぬがれません。そこでそれを視覚情報に変換して人間の躰を離れた物体上に固定し保存しようとする工夫が、いろいろな文化圏で古くから行われてきました。それは、言葉を記録する〈文字〉、音楽を記録する〈楽譜〉というかたちで実現しています。

　しかし、文字が言葉をほぼ忠実に記録でき、それを読み上げることによって相当忠実に再生・再現の役割を果たしうるのに対し、楽譜は、音楽がそのマクロな時間領域に示す〈離散情報構造〉[7]（いわゆる〈音高〉、〈音価〉など）についてはかなり忠実に記号化して記録できるものの、ミクロな時間領域に示す〈連続情報構造〉[7]は、離散化を本質とする記号化によって破壊されてしまい、楽譜に変換できず捨象されてしまいます。そのような性質をもった音楽というものを、人間は古来「丸ごと躰で覚え込む」というそれにふさわしいやり方で記録してきました。それを人体の外部に記録するには、音を空気の波の状態としてあるがままに記録すること、つまり［録音］をする以外に適切で正確な方法はないでしょう。

　音楽の状態を、マクロな時間領域の離散情報構造とともにミクロな時間領

域の連続情報構造もあわせて、いわば「あるがまま」に近いかたちで記録することを最初に実現したのは、1857年、レオン・スコットという発明家が造った〈フォノトグラフ〉(phonotograph)という装置です。彼は煤をつけた紙をドラムに巻きつけて回転させながら、音を受けて振動する板に取りつけた豚の毛でこすり、そのふるえ、つまり音という空気のゆらぎの「波のかたち」を描かせました。音を受けて振動している豚の毛の動きをそのまま可視化させる仕組です。それは、音の構造を図形化する手法として、研究用に使われました。

　しかし、残念ながらこの方式は、記録した図形から音を再生する方法が当時存在せず、せっかくの記録から、実際の音を再現することはできませんでした（なお、2008年、研究者たちがスコットの録音した煤紙を光学的にスキャンすることで音を再生したともいわれています）。

　録音機能とともに再生機能も具えた実用性のある音の記録手段として初めて登場したのが、1877年、トーマス・エジソンの発明した有名な〈フォノグラフ〉(phonograph)です。音を受けるラッパ状の〈吹き込み口〉の底に振動板を張り、それに取りつけた針が振動板の動きを受けて前後に動き、回転する円筒管に巻かれた柔らかい錫箔に、深さの変化する溝を刻みこんでいく、というものでした。再生の仕組は、〈吹き込み口〉と同じように底に張った振動板に固定された針で錫箔に刻んだ溝をなぞることで振動板をゆり動かして、錫箔に刻まれたもともとの振動を再現しようというものです。錫箔を使ったプロトタイプはその後、記録体の錫箔を蠟管に換え、さらに再生構造だけを独立させた再生(専用)機が量産されるようになり、〈蠟管再生機〉あるいは〈蠟管蓄音機〉と呼ばれて、かなり広く使われました（写真1.1）。

　この蠟管録音では、音の振幅の変化が音溝の深さの変化として記録されます。そのため、忠実に記録・再生できる周波数や振幅には非常に大きな限界が伴います。また、記録可能な時間も長くて4分くらいしかありません。さらに、録音した蠟管をたくさん複製する上でも困難がありました。

　これら蠟管の限界を改善して次に現れたのが、ベル研究所のエミール・ベ

ルリナーが発明した〈グラモフォン〉(gramophone)で、1888年に公開されたのち、フォノグラフに代わり主流となっていきます(写真1.3)。フォノグラフの記録媒体である円管状の〈蠟管〉を〈円盤〉に換えることで記録可能時間を5分くらいまで延長し(30 cmディスク)、上下(浅深)方向に刻んでいた音溝を左右方向に刻み音溝の深さを一定にする方式に変えることで、より有効な記録・再生を可能にしました。

さらに、盤の素材として不安定な蠟を使うことをやめ、酸化アルミニウムや硫酸バリウムの粉末を介殻虫(カイガラムシ)の分泌する〈シェラック樹脂〉で固めた強靭な円盤とすることなどで性能を大きく向上させました。加えて、円盤状の「型」を造りこれをプレスする方法で量産を容易にしました。ディスクの直径は25 cmまたは30 cm、回転速度は毎分78回転(78 rpm)です。この方式の円盤状記録体は現在、〈SPレコード〉(standard playing record)と呼ばれています。

なお、発明者のベルリナーは、このシステムで録音する内容、いわゆるコンテンツにも高い関心をもち、1898年、レコード制作会社〈ドイツ・グラモフォン〉を設立します。この会社は、世界最古の西欧クラシック音楽レーベルとして今も健在であり、国際的に最有力のレコード制作会社のひとつとして高い活性を示しています。

もうひとつの画期は、録音に当たっての、音声信号の処理方法に現れまし

写真1.1 エジソンのフォノグラフ

写真1.2 フォノグラフによる機械式吹込録音風景 (1913)

た。フォノグラフからグラモフォンの前期までは、録音する音を大きなラッパで受け、ラッパの先端にとりつけた振動板に植えこんだ針を振動させて音溝を刻む、という物理的な方法〈アコースティック録音〉(機械式吹込)しかありませんでした(図1.1)。グラモフォンレコードはこの方式で、記録周波数帯域250〜2,500 Hz という、当時としては驚くほどの特性を実現していました。

　この方式の限界を打破したのが、1925年に実用化された〈電気録音〉(電気吹込)方式です。音をマイクロフォンで電気信号に変換し、これを増幅して電動方式のカッターヘッドをドライブする、という方法でマスター盤を造り、SPの音質を飛躍的に向上させました。この方式による記録周波数帯域は、50〜6,000 Hz に達しています。

　しかしそれは、人間が音として聴き取ることができるとされる周波数20〜20,000 Hz を大きく下廻り、周波数の面で顕著な限界をもつものでした。またディスクの素材〈シェラック樹脂〉は、素材の性質から〈スクラッチ・ノイズ〉(雑音性の針音)が大きく、しかも円盤はたやすく破損して取り落とせばほぼ確実に使用不可能になる、といった致命的な欠陥をもっています。

　SPのもつこれらの限界を画期的に改善した上に、録音可能時間を大幅に伸ばしたのが〈LPレコード〉(long playing record)(またはヴァイナル・レコード(vinyl

写真1.3　ベルリナーのグラモフォン

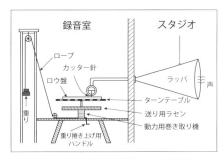

図1.1　スタジオでの機械式吹込の概略図[8]

record)、アナローグ・ディスク(analogue disc))です。ピーター・ゴールドマークらによって1947年に実用化され、1948年、米国コロムビア社から市販が始められました。その最大の特徴は、ディスクの素材として〈ポリ塩化ビニール〉を採用したことです。この素材で造ったディスクは、シェラック盤に比べて化学的に非常に安定しており、物理的にも弾性が高くはるかに強靭で、通常の扱いでは破損しません。また、この素材に刻んだ溝は滑らかでスクラッチ・ノイズが少なく、細い音溝にデリケートな波形を細かく刻み込むことができます。このような素材を巧みに活かしたLPは、ディスク直径30 cm、回転速度33・1/3/min という条件下で、収録時間片面30分間を実現し、ほとんどあらゆる面でSPを圧倒しました。

　ポリ塩化ビニールのレコード素材としての適性は、このように、抜きん出ています。これに注目して、同じ素材を使った回転速度45 rpm の〈7インチシングル盤〉、〈EP〉(extended playing)などさまざまな規格のレコードが製造されました。なお、これらの音溝の規格形状はすべてLPと同一であり、レコードの回転数を変えれば、同じレコードプレイヤーを使って種類の違うそれらを再生することが可能になっています。

　LPの性能はあらゆる面で著しいものです。長時間の再生が可能であること、雑音が少なくダイナミックレンジ(音圧の幅)を大きくとれることなど、いずれもSPの追随を許しません。それらのなかで特に注目されるのが、

写真1.4　マイクをもって電気録音をするオペラ歌手ネリー・メルバ(1920)[8]

〈周波数特性〉です。それは、人類の可聴周波数上限である 20 kHz を初めて十分にこえ、優秀なカッティングマシーンを使うと 30 kHz をも優に上廻ることができます。つまり人類の可聴周波数上限をはるかにこえ、厳密にいうと、どの周波数までの高周波を刻むことが可能なのかはっきりしない、という驚くべき潜在活性を秘めているのです。そしてこのことは、本書第 1 部の主題、［ハイパーソニック・エフェクトの発見］と切り離せない関係のもとにあります。

　このような LP の性能の高さを活かして、1958 年、〈ステレオレコード〉が実用化されます。〈45/45 方式〉と呼ばれるやり方で、音溝の左右の壁に 45°の傾きをもたせ、左右のマイクロフォンの出力を音溝の左右の壁にそれぞれ別々に刻み込む方式により、1 本の溝に 2 チャンネル分の信号を刻むことを可能にしました。それが実用水準で 2 チャンネル・ステレオ再生を実現したことは、現実が示すとおりです。

　LP の高周波領域での特性の良好さに注目して、日本ビクター社が〈CD-4〉方式というディスクリート 4 チャンネル方式を開発したことも、本書の主題と関連して注目されます。前・後・左・右という四つの方位から収録した 4 チャンネル分の音声信号について、左の前・後をあわせた〈和信号〉を〈左音溝〉に、右の前・後をあわせた〈和信号〉を〈右音溝〉にステレオレコードのように刻みます。同時に、30 kHz という可聴域上限を上廻る聴こえない帯域に設けられた搬送周波数で FM 変調（周波数変調）した左の前・後チャンネルの信号の差分を〈差信号〉として左信号に重ね、右も同様にして右信号に重ねてカッティングし、LP を造ります。これをそのまま再生すれば通常の 2 チャンネル・ステレオが実現します。さらに、再生するときにマトリックス回路で和信号と差信号とを演算すると、もとの前・後・左・右の 4 チャンネル分の信号を再生することができます。この方式は、LP が 30 kHz を上廻る録音・再生能力を実用水準で保有していることを実績で裏付けています。

　ここで注目されるのは、LP レコードに録音され、再生可能なかたちで準

備された〈コンテンツ〉の品質が、その当時市場に存在していたところの、それらを再生する〈オーディオコンポーネント〉類、すなわち再生用機器のいくつかの性能を大きく上廻っていた、という事実です。

　このことを背景として、LP レコードをトレースして音溝のゆらぎを微弱な電気信号に変換する〈カートリッジ〉、その信号を増幅する〈アンプリファイアー〉、増幅された電気信号を再び空気振動、つまり音へと変換する〈スピーカー〉まで、あるいはそれらを結ぶ〈ケーブル〉類までが、見直される事態を迎えました。こうした見直しは多くの場合、再生音質の向上に無視できない効果を現しています。

　このような LP が全盛を極めていた 1960 年代から 1980 年代にかけて、日本を含むいわゆる「先進国」だけでなく「途上国」の中にも〈オーディオマニア〉と呼ばれる人びとが現れ、増殖し、その振舞を徐々に加熱していって〈オーディオブーム〉という社会現象を惹き起こし、長期にわたって持続させることになります。

　オーディオブームの背景として、LP の存在を前提にした次のような構造があることを見逃せません。それは、先に述べた LP に記録され搭載されたコンテンツの品質・品位が、再生系が初期条件として保有していた性能よりも圧倒的に優位にあった、という事態です。こうした構造は、再生用オーディオコンポーネントの性能が一歩前進すればほぼ確実に、それが音質の向上として稔り、聴き手にメリットを実感させるという状況を導きました。

　それは、SN 比（信号対雑音比）、ダイナミックレンジをはじめ、諸々の指標上にみられましたが、なかでも、もっとも大きな問題を提起したのが、カー

写真 1.5　SP、LP、EP 盤アナログレコード

トリッジ、スピーカーという〈トランスデューサー〉(変換装置)の〈周波数応答〉でした。「よい性能のシステム、特にカートリッジとスピーカーの優秀なものを使えば必ずよい音が返ってきて、裏切られることは稀だ」という体験が感受性の豊かな人びとの心をとらえ、万金を投じることをいとわぬ人びとを輩出して、世界的なブームを導きました。それは、一種の〈依存症〉をイメージさせるほど、独特のものでした。

このような流れを大きく変えたのが、〈ディジタルオーディオ〉、とりわけ〈コンパクトディスク〉(CD)の登場です。

1…3　アナローグオーディオからディジタルオーディオへ

〈フォノグラフ〉から〈LP〉までの音の記録・再生は、音という空気のふるえを硬く鋭い形状の針のふるえに変換して物体表面に溝を刻み込み、記録しています。その溝の[深さ浅さ]あるいは[左右への振れ]を〈サウンドボックス〉や電気的なピックアップシステムにとりつけた針でなぞることで元の空気のゆらぎを掘り起こし、電気的なピックアップを使う場合にはそれをさらに電子的に増幅して、録音した音を再現する方式です。肝心要な変換過程をこうした物理的・機械的なやり方に依存する方法では、当然ながら溝の形どおりに正確に針が動くということはほとんどあり得ません。無視できないトレース・エラー(追随の誤差)が必ず発生し、忠実な再生という点で大きな制約や限界が現れます。摩耗によって情報が失われ雑音が増えることも、無視できません。

それに対して、たとえば楽譜という記号を使うやり方を超精密化して音の波の様子を超ミクロな時間尺度に沿って猛烈に細かく書きとり、その記号配列から音の波形を読みとって再構成することを考えると、音溝をなぞるといった物理的・機械的な過程が介入しないことによって、いわば理想的な条件下での録音、再生が可能になるはずです。

こうした思想のもとに生まれたのが、〈ディジタルオーディオ〉です。それは基本的には、まずマイクロフォンのふるえを電気信号に変換してアナローグデータを得、それを言葉と同じ［記号化の原理］によって符号化(A/D変換)して数理的記号列として電子的に記録しておき、再生にあたってはそれを電子的に読み解いて音に換える、という過程をとります。

　この過程は、「言葉から文字へ」、あるいは「音楽から楽譜へ」の変換過程と原理的に相通じるところがあります。それは、音の状態を具体的・物理的な振動現象から切り離し、抽象的な記号配列として紙に書けるような形式に読み込む、というところにあります。その場合の文字として、ディジタルな符号、たとえば〔1, 0〕の二値符号を使えば、磁気記録や光ディスクへの書き込みと読み出しが容易になります。

　ここで大きな問題は、音の波の状態をどのように記号で表現するか、いかに言語性情報に翻訳するかです。それは、1本のマイクロフォンから得られる時々刻々の音の存在状態——具体的には単なる音のレベルという一次元の値——を時間を決めて測り、その値を〈符号〉というもっとも抽象性の高い離散的記号で同じく離散的な時間軸上に書き取っていけばよいことになります。

　こうしたアナローグ／ディジタル(A/D)変換の方式として現在もっとも広く一般的に使われているのがPCM(Pulse-code modulation、パルス符号変調)方式で、これまで、ディジタル化といえばすなわちこのPCM方式を意味するように使われてきました。また、最近のディジタルオーディオ分野ではDSD(Direct Stream Digital)方式が急速に拡がってきました(この方式については、第12章で説明します)。なお、その他のA/D変換方式としてPTM(Pulse-time modulation、パルス時間変調)、PNM(Pulse-number modulation、パルス数変調)などがあります。

　A/D変換にあたって［時々刻々］という時間尺度をどのくらいの細かさに刻むかが基本的に重要な条件になり、それを〈標本化(サンプリング)周波数〉(sampling frequency)として決めます。たとえば、音のレベルを1万分の1秒きざみに測るとすると、標本化周波数＝10 kHzとなります。PCM方式では、標本化周波数の1/2をこえる周波数成分はA/D変換時に〈折り返し歪〉(エイ

リアシング)という雑音成分となり、元のアナローグ信号に戻せなくなります。A/D 変換の周波数の限界になるこの標本化周波数の 1/2 の周波数を〈ナイキスト周波数〉といいます。A/D 変換前の音にナイキスト周波数をこえる周波数成分が含まれているときは、ナイキスト周波数の少し手前の周波数までがPCM 方式の記録可能周波数上限になります。そのため、標本化周波数の 1/2 をこえる周波数成分を含む音については、ローパスフィルターを使ってナイキスト周波数をこえる成分を除去(アンチエイリアシング)しておかなければなりません。

　また、信号のレベルを測る「物差し」については、その物差しの目盛の細かさを、二進法で離散的に構成された尺度として使います。これを〈量子化 bit 数〉(quantization bit rate)といい、たとえば 16 bit で表現されたものは、$2^{16}=65{,}536$、24 bit だと $2^{24}=16{,}777{,}216$ という非常に細かい目盛をもった物差しで電気信号の波の高さを測ることになります。

　PCM 方式での A/D 変換の細密さは、このように、標本化周波数と量子化 bit 数で決まります。たとえばディジタル音声放送では[48 kHz 標本化 16 bit 量子化]というように。

　このような PCM 方式の確立を背景に、1972 年、日本コロムビア社によってディジタルオーディオ磁気レコーダーが初めて実用化されました。これを契機に業務用ディジタルレコーダーの開発が本格化し、主に高速大容量の映像用ビデオテープレコーダーを記録装置にしたディジタルオーディオ・レコーダーが生まれました。

　一方、1977 年には、すでに開発されていた直径 30 cm のアクリル板に光を反射する〈ピット〉をきざみ、FM 変調したアナローグデータを書き込んだディスクからレーザー光で信号をピックアップする〈ビデオ用光ディスク〉(レーザーディスク)が実用化されています。これを媒体に利用してディジタルオーディオ信号を記録する方式の〈DAD〉(digital audio disk)が造られました。こうして初めて、PCM 方式のディジタルオーディオ信号をレーザー光でピックアップする光ディスク方式が実用化されます。このディスクの小型化の試

みの中から、CDが誕生することになりました。

1…4　CD（Compact Disc）の開発

　CDの開発は、日本のソニー社とオランダのフィリップス社との共同で進められました。この両者の間で大きく見解が分かれたのは、［ディスクの容量］です。PCM方式の音楽信号を直径30 cmの光ディスクに収録すると、仕様によりある程度の差は生じるものの、ざっと想定して、当時のソニーやフィリップスが考えていた規格では、13時間以上の収録・再生が可能になったようです。この容量は、音楽を固定する媒体としてはあまりにも過大で、一般に市販する商品として成り立ちません。そこでフィリップス社は、直径11.5 cmのディスクに60分間のコンテンツを収録する仕様、ソニーは直径12 cmのディスクに、74分42秒間を収録する仕様をそれぞれ提案し、両者は対立しましたが、ソニーの主張する直径12 cm、最長収録時間74分42秒で決着しました。なお一説によれば、この時間容量の決定については、指揮者ヘルベルト・フォン＝カラヤンの「ベートーヴェンの第九交響曲全曲を1枚のディスクに収容すべき」というコメントが考慮されたといわれます。

　次に問題になったのが、PCM方式のA/D変換の条件のなかの〈量子化bit数〉で、ソニーの主張する16 bitとフィリップスの主張する14 bitとが対立し、これもソニーが主張する16 bitが採用されました。

　ここで私たちの関心を刺戟するのは、量子化bit数に勝るとも劣らぬ基本的な重要性をもつ〈標本化周波数〉についての両者の論議の跡が私たちの目に触れるかたちで遺されておらず、44.1 kHzという標本化規格が決定されていることです。ソニー、フィリップス両社とも、この問題についての自社での検討については、明示的には、ほとんど言及していないのです。

　それに代わって、両者以外のレコード会社や放送事業者などの研究機関のいくつかが〈標本化周波数〉に関連して活発に研究を展開しました。それは大きく、ディジタルオーディオ・テープレコーダーやディジタル光ディスク実

用化の基盤を固めた1970年代末から1980年代初頭にかけての第一段階と、TVの地上波ディジタル放送の規格を決める時期だった2000年前後の第二段階と、二つの時期にわたって行われました。以下に、現行のディジタルオーディオ規格の大筋を決めたその第一段階の研究の概要を述べます。

1…5　ディジタルオーディオの周波数上限の検討

　これについては、村岡輝雄ら[9-11]（ビクター音響技術研究所、1978、1980、1981）、田辺逸雄ら[12]（NHK放送技術研究所、1979）、ゲオルク・プレンゲら[13]（ミュンヘン放送局技術研究所、1979、1980）、東　邦治ら[14]（NHK放送技術研究所、1982）の研究が注目されます。

　これらの研究の概要について、簡単に紹介します。いずれも、当時の水準としては高性能の再生装置と、高周波を十分含むとされる音源、そして専門家を含む「耳のよい」実験参加者（以下、被験者）たちを準備し、その音源に含まれる高周波成分だけをローパスフィルター（LPF）を使って除去した音と、それを除去しない高周波を含む元の音とを被験者に聴き較べてもらいます。そして、LPFでカットする周波数を変化させ、元の音と高周波をカットした音との両者が区別できない状態に達した周波数をもって、[音質に影響を及ぼす周波数の上限]とします。こうして導き出された可聴周波数上限の値に多少のゆとりをもたせて、その周波数の少し上までを、録音あるいは放送の規格として定める、という発想に立つものです。

　その背景になっているのは、ルイス・サーストン[15]の構築した〈一対比較法〉という「人間の主観に基づく感受性」を物差しにし、それを人間の意識に問いかける〈心理尺度構成法〉です。サーストンは、全体を見て順位を決める〈絶対判断〉よりも、個別のものを二つとり出して互いに較べる〈比較判断〉の方がより容易かつ正確だ、とする〈比較判断の法則〉を立て、これに基づいて〈一対比較法〉を構成しました。国際的学業界レベルで人間の知覚に及ぼす周波数上限を調べる実験法は、International Radio Consultative Committee

(CCIR、現 ITU-R)という国際機関が、サーストンの理論に基づいて構成し、おおよそ次のように勧告しています(CCIR Recommendation, 562)[16]。

すなわち、同じ長さ(15〜20秒あるいはそれ以下の長さ)の2種の音試料A、B(たとえばAは20 kHzまでの高周波を含む音、BはAに20 kHz以下の、たとえば18 kHzのローパスフィルターをかけて、18 kHz以下の成分だけにしたもの)を準備し、その二つをA-A、A-B、B-A、B-Bのように組み合わせて4種類の試験音の〈対〉を構成します。それらを各5対ずつつくり、合計20対をランダムに時間軸上に配列して被験者に連続的に聴いてもらい、それぞれの対について、二つの音が「同じに聴こえたか」「違って聴こえたか」を答えてもらい、答を統計的に検討します。そして、A-B、B-Aに対する「違う」という答が統計的有意水準に達しているとき、「AとBとの違いは判別された」と結論します。

まず、CCIRの勧告を比較的忠実に取り入れた田辺ら[12]の実験では、呈示する試験用音源として「高周波成分を多く含んだ合成音」(複合音)を使い、

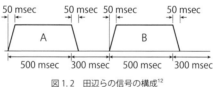

図1.2　田辺らの信号の構成[12]

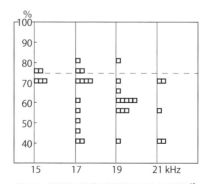

図1.3　田辺らの実験の被験者の示した正答率[12]

500ミリ秒(msec)の長さの音を二つ、300 msecの間隔をおいて聴いてもらい(図1.2)、その20個の対の中にランダムに入っている、片方の音だけフィルターで高周波をカットしたA-B、B-Aの対をいくつ見破ったかを調べました。その結果、ローパスフィルターを15 kHz、17 kHzに設定すると無視できない数の被験者たちがそれを見破るのですが、19 kHzのフィルターを入れると、ほとんどの人はそれに気づきません(図1.3)。ただ、ごく少数ながらフィルターの存在に気づく人もいるので、田辺らは、番組音伝送の周波数上限は、余裕をみて22 kHzに設定するのがよい、としています。

東ら[14]の研究は、田辺らの研究を継承したものといえます。ただし、呈示音に田辺らのような合成音ではなく実際の楽器音を高性能マイクロフォンで20 kHzをこえる帯域まで収録してこれを使い、14秒間の音試料二つを1秒間のインターバルをはさんでつなぎ一対のサンプルとしています(図1.4)。

このとき、被験者たちを年齢別にグループ化して検討しています。ローパ

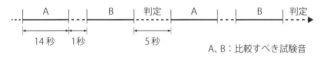

図1.4 東らの試験音の呈示パターン[14]

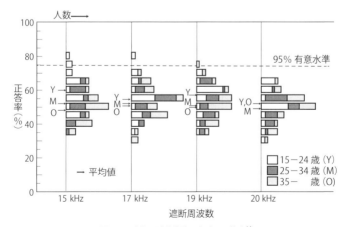

図1.5 東らの聴感実験における正答率[14]

スフィルターは 15 kHz、17 kHz、19 kHz、20 kHz が使われました(元の試験音の周波数上限は 21 kHz)。結果として、若年齢層に注目すると、15 kHz フィルターから 20 kHz フィルターのあいだのフィルターで有意差が認められ(図 1.5)、15 kHz までの帯域では不十分としています。

プレンゲら[13]は、呈示音として電子的に合成された複合音を使い、その 25 kHz 以上を減衰させるローパスフィルターを経由した信号(図 1.6)を試料として 1 秒間の時間領域に収まるスパイク状インパルス信号をつくり(図 1.7)、それを二つ続けて聴かせました。その一方にローパスフィルターをかけ高域を遮断しておいて、対をなす二つの音が「同じか違うか」を答えてもらっています。ローパスフィルターは、複数の形式のハイカット周波数 15 kHz、18 kHz、20 kHz のものが試されました。その結果、15 kHz ハイカット音とハイカットしない元の音とは有意に判別できませんでした(表 1.1)。これらに基づいてプレンゲらは、オーディオ信号伝送には 15 kHz までの帯

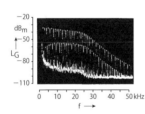

図 1.6 プレンゲらの試験音の周波数特性[13]

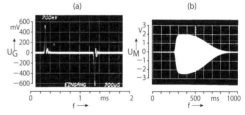

図 1.7 プレンゲらの試験音の時間特性[13]

表 1.1 プレンゲらの実験における被験者ごとの正解率 h[13]

	Mean Value $\bar{h}_r$ and standard deviation Δh_r					
	All 43 Subjects		21 Sound Engineers		22 Nonsound Engineers	
Filter	$\bar{h}_r$	Δh_r	$\bar{h}_r$	Δh_r	$\bar{h}_r$	Δh_r
1	58%	± 18%	55%	± 17%	61%	± 18%
2	56%	± 12%	56%	± 11%	56%	± 13%
3	57%	± 14%	52%	± 10%	62%	± 15%
4	51%	± 12%	49%	± 14%	53%	± 10%
5	51%	± 8%	51%	± 9%	51%	± 7%
6	54%	± 11%	51%	± 13%	56%	± 9%
7	52%	± 8%	52%	± 8%	53%	± 8%

域があれば十分であり、標本化周波数は、32 kHz 以上であればよいとの結論を示しています。

村岡ら[9-11]は、原理的には一対比較法を採りながら、実験の手順はCCIRと異なる独自の方法を立てています。まず、ロック・ミュージックの20 kHz以上の成分を十分に含む録音物を作り、それをローパスフィルターに通して高域を制限した音試料Aと、そうした高域制限処理をしない元の音Bの二つを並行して再生し続けます（図1.8）。比較する音の〈対〉は、A-A、A-B、B-A、B-B各5対ずつ合計20対で、Sw.1によってその20対の中のひとつが選択され、選択した対の番号が被験者に示されます。次に、選択された対をなす二つの状態が被験者の手でSw.2を使って任意に交互に切り換えられる状態で呈示されます。それがどの音であるのかは表示されません。

この設定によって、再生音A-AおよびB-Bの組合せのときは〈一対〉の両者が同一であり、A-BおよびB-Aの組合せのときは一対の両者は互いに異なることになります。これらに対して被験者は「同じ」または「違う」と回答します。この方法の特徴は、被験者が時間の制限なく納得のいくまでスイッチを操作し、20対のテスト信号それぞれについて、それが「同じ」に聴こえたか「違う」ものに聴こえたかを答えることです。したがっていわゆる

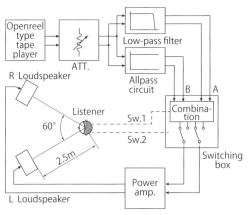

図1.8 村岡らの実験システムのダイアグラム[10]

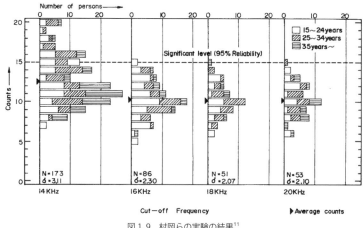

図1.9 村岡らの実験の結果[11]

呈示時間は規制されていません(結果的には実験の所要時間は約20分間でした)。

専門家を主力とする176人の被験者を使った壮大ともいえるこの実験の結果、14 kHzのローパスフィルターの有無は有意に判別されるのに対し、16 kHzのフィルターを通過させた音と元の音とは有意に判別されませんでした(図1.9)。これにより村岡らは、音楽信号を伝達するとき、20 kHzの帯域があれば十分であり、標本化周波数としては、44.0559 kHzに設定することが適切である、としています。

このように、ディジタルオーディオ実用化に先立つ伝送(記録・再生)周波数の上限すなわちA/D変換時の標本化周波数に関する検討は、原理的にサーストンの一対比較法に基づく心理尺度構成法唯一によって行われ、その結果に基づいて、オーディオ信号の上限周波数は15〜20 kHz、PCM方式によるA/D変換のサンプリング周波数としては32〜48 kHzといった値に決着しています。

このように、ディジタルオーディオ実用化に先立っての標本化周波数の検討が行われ、それらの結果に基づき、ディジタルオーディオ・テープレコーダー(DAT)の標本化周波数48 kHz、CDの標本化周波数44.1 kHz、ディジタル・シンセサイザーの標本化周波数32 kHz〜48 kHz、レコード編集用ディ

ジタル・エフェクター類の標本化周波数 32 kHz～48 kHz などが使われることになり、世に流布するいろいろなメディア上の音楽も、こうした信号処理の基盤上に創られる状況に、逐次移行していくことになりました。

第 1 章文献

1 Seebeck A, Beobachtungen über einige Bedingungen der Entstehung von Tönen. Annalen der Physik und Chemie, **53**, 417-436, 1841.
2 Helmholtz H, "On the Sensations of Tone as a Physiological Basis for the Theory of Music"., Translated, thoroughly Revised and Corrected, rendered conformal to the Fouth (and last) German Edition by Alexander J. Ellis, Longmans, Green, and Co., 1877.
3 Snow WB, Audible Frequency Range of Music, Speech and Noise. J. Acoust. Soc. Amer., **3**, 155-166, 1931.
4 Fletcher H, Manson WA, Loudness, its definition, measurement and calculation. J. Acoust. Soc. Amer., **5**, 82-108, 1933.
5 von Békésy G, "Experiments in Hearing". McGraw-Hill, New York, 1960.
6 森周司，香田徹編，『聴覚モデル』，コロナ社，2011.
7 大橋力，連載：脳のなかの有限と無限．科学，**82**, 724-730, 2012.
8 森芳久，君塚雅憲，亀川徹，『音響技術史 ― 音の記録の歴史』，東京藝術大学出版会，2011.
9 Muraoka T, Yamada Y, Yamazaki M, Sampling-Frequency Consideration in Digital Audio. J. Audio Engineering Society, **26**, 252-256, 1978.
10 村岡輝雄，山田恭裕，岩原誠，オーディオ信号の伝送帯域上限の検討．日本音響学会聴覚研究会資料，H-69-3, 1-6, 1980.
11 Muraoka T, Iwahara M, Yamada Y, Examination of Audio-Bandwidth Requirements for Optimum Sound Signal Transmission. J. Audio Engineering Society, **29**, No. 1/2, 2-9, 1981.
12 田辺逸雄，藤田尚，番組音伝送における上限周波数の検討．日本音響学会秋季大会講演論文集，231-322, 1979.
13 Plenge G, Jakubowski H, Schone P, Which Bandwidth Is Necessary for Optimal Sound Transmission?. Audio Engineering Society Preprint no. 1449, 1979. J. Audio Engineering Society, **28** (3), 114-119, 1980.
14 東邦治，盛田章，溝口章夫，高品質オーディオ機器における音声信号の所要伝送帯域．日本音響学会昭和 57 年度秋季大会講演論文集，323-324, 1982.
15 Thurstone LL, Psychophysical Analysis. Am. J. Psychology, **38**, 368-389, 1927.
16 CCIR Recommendation, 562. Subjective Assessment of Sound Quality, 1978-1982-1986-1990.

第1部 ハイパーソニック・エフェクトの発見

第 2 章

研究の発端

2…1 背景(1) ── 筑波病・情報環境学・アフリカ熱帯雨林

　世界規模でディジタルオーディオ標本化周波数が検討されていた1970年代後期ころから、茨城県下の筑波地域に生きる研究者たちは、まったく新しいかたちの環境病〈筑波病〉[1]なるものに脅かされていました。それは、日本国の威信をかけたプロジェクトとして計画の大筋が実行に移され、おおよその構造、機能が整ってきた〈筑波研究学園都市〉という人工都市に移り住んだ研究者たちに襲いかかった、［原因不明の自殺の多発］という奇妙な病理です。しかもそれは、従来から筑波に住み、同じ食物を食べ、同じ水を呑み、同じ大気を呼吸している住民たちにはまったく見られず、水俣病のような物質的原因をいくら追究しても何物も見出せない、という常識外れのものでした。

　おりしも、この筑波研究学園都市を舞台に、「人間・居住・環境と科学技術」をテーマに掲げた〈国際科学技術博覧会〉(科学万博つくば'85)の開催が決定し、併催された学術シンポジウム『人間・居住・環境と科学技術』が、奇しくもCDという新しいメディアが発売された1982年に始まり、83年、84年、85年と続けられました。その「環境分科会」にとって、筑波病という名の環境病が絶好の材料になったことは、いうまでもありません。

　日本はもとより世界でもあまり例がないほど理想的に整備されたこの研究学園都市に移り住んだ「もっとも恵まれた研究者」だけを狙い打ちにするように発生する、日本人の平均自殺率を2倍以上も上廻る自殺の多発、しか

もそのほとんどは原因不明の衝動的行為と観られる実態……。そのような筑波病のメカニズムを憶測を交えず客観的、合理的に説明することは、既存の社会科学・人文科学・自然科学のあらゆる専門分野にとって不可能でした。

「実質効果のある、これまでになかった新しい学問の枠組が要る」……。そうした要請に応えて、このシンポジウムの環境分科会のコーディネーター村上陽一郎 東京大学助教授(当時。現在、同名誉教授)は、1982年3月に始まったこのシンポジウムの冒頭で、「環境を〈物質〉と〈エネルギー〉の二つの次元だけで捉えてきたこれまでの環境観には限界がある。そこには〈情報〉という次元を新たに加えなければならない。この分科会は、新たに提唱する『情報環境』を主題に進めるものである」ということを宣言したのです[2]。ここに誕生した新しいパラダイムは、のちに『情報環境学』[3]として体系化されます。

情報環境という概念を念頭に置くからには、そのスタンダードとして、人類の遺伝子に合ったもっとも自然性の高い情報環境とそこに棲まうもっとも自然性の高い人間たちのライフスタイルを知ること、とりわけそれを直接体験して知ることが決定的な意味をもつでしょう。これらを知って、[人類にとって標準であるはずの情報環境の原点]を観定めなければなりません。この問題意識は、もっとも自然性の高い人類たちはどのような音環境や音楽にどのように触れ合っているのか、という問題意識と一体化します。私は、そうした音の候補と思われるものに己の心と躰で直接触れ、己のいだいた問題意識を究めていかなければならない、と思い詰めていました。

その願望は、1983年夏、京都大学 伊谷純一郎教授(当時)と同研究室の皆さんのお力添えで、アフリカ旧ザイール共和国(現コンゴ民主共和国)に現存する地上最大規模の熱帯雨林〈イトゥリ森〉とそこに棲むもっとも始源性・本来性が高いといわれる狩猟採集民〈ムブティ人〉(いわゆるムブティ・ピグミー族)を訪ねるというかたちで実現することになりました。イトゥリ森の広さは約65,000平方キロメートルといわれます。北海道の面積が約83,000平方キロメートルですから、この熱帯雨林がいかに巨大かをおぼろげに悟ることができるかもしれません。しかもそこを走る車の通れる道は指を折って数えられ

るほどしかなく、そのすべてが整備不足で、いつ途切れるかわかりません。最後は自分の足で 100 km 余りの森の途(みち)を踏破することによって、ようやくこのアプローチを実現することができました。

　多難な旅路をこえてようやくイトゥリ森で出会った音環境は、想像を絶する衝撃的、驚異的なものでした。特に強調したいのは、その音世界の独自性です。それはまったく私の概念のなかに存在しなかった響きの世界であったばかりでなく、想像力の射程さえもはるかにこえていて、実際それに触れて初めて、イメージを形成することができました。

　それは、あくまでも美しく快く豊かでありながら、透明感や爽やかさに欠けることがありません。しかもそれは時々刻々、劇的な変容をくり返します。一夜のその響きはまさしく波乱万丈のドラマに他なりません。それは、聴いて初めて「このような美しさ快さがこの世にあるのだ」ということを教えてくれたのです。その豊饒さは、索漠たる筑波の音環境とまったく対照的なものでした。

　当時、あるいは今もなお、いわゆる「先進国」の通念としては、「静けさこそ音環境の理想像である」「環境音は少なければ少ないほどよい」と思われているのかもしれません。ところが、実際に触れた熱帯雨林の音は、漠然

写真 2.1　イトゥリの森とムブティ人

といだいていた常識どおりの私の認識を粉砕して余りあるものでした。それは「音がなく静かな音環境であることがよい音環境の条件だ」といった思想が、自然に対する知識の空白——単なる無知——からくる蒙昧妄断に他ならないことを告げるものでした。こうして私は、「人類の棲むべき適切な音環境とは、美しく快く豊かな音世界でなければならない」ということを確信したのです。

　日本に帰って再び接した無音に近い筑波の音環境は、もうひとつの衝撃を私にもたらすものでした。それは、イトゥリ森の音を知ってしまった耳にはほとんど不気味で、空白化した音環境が［人を死へと誘う筑波病へのメッセージ］になりうることを実感させずにはおきません。この衝撃は、環境学者としての私に、音環境を、ひいては情報環境を自己の守備範囲から決して外してはならない、と決意させて余りあるものでした。同時に、これらの体験は、［情報環境を構成する音環境のなかの〈音のビタミン〉のようなものの欠乏による情報の栄養失調が筑波病を導いているのではないか］という作業仮説を直ちに導くものとなりました。

　以上のような経緯によって、イトゥリ森から帰ったのち、私は、情報環境の大きな柱のひとつとして〈音環境〉の概念を改めて本格的に構成し、そこから新たに出発することになりました。さらに、その際天啓のように顕れた問題意識として、熱帯雨林の環境音や民族音楽の音などに特徴的な、［非言語性脳機能に親和性の高い音］というものの存在を視野からはずさないことに

写真 2.2　筑波研究学園都市

第 2 章　研究の発端　**025**

注意しました。具体的にいえば、人工性の高い都市空間では、音源の乏しさや遮音性人工物の存在によって真っ先に弱体化される可能性の高い高周波成分、それも可聴域上限をこえる超高周波成分を含めたそれらの空気振動すべてに対して人間が反応しないかどうかをまず確かめようとしたのです。

　元来、微生物学、分子生物学の研究者としての教育を受ける一方、音響学の正規の教育をまったく受けていない私は、当時こうした問題に対する音響学の唯一のアプローチ手段とされていた〈音響心理学〉を一から学ぶ一方、当時軌道に乗り始めていた私のもうひとつの仕事、音楽家 山城祥二としてのスタジオ作業の実績を最大限活かしながら、裾野から一歩ずつ、問題に取り組むことになりました。それにあたって、いくつかの未知の分野に短時間でアプローチするために、〈パラダイムをインタフェースにした分野超越法〉[3]が有効なものとなりました。

　まず第一歩は、第1章で述べたサーストンの一対比較法に準拠した「心に聞く」心理尺度構成法で可聴域上限を上廻る 20 kHz より高い周波数の音が果たして人間の音知覚に影響を及ぼすかを、限りある知識、技術、設備を

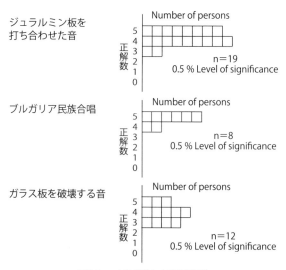

図 2.1　一対比較法による実験結果

工面しながらおぼつかない足取りで試し始めました。まず、20 kHz 以上の超高周波成分が含まれたいくつかの音源を準備して、その一方を高域成分側への可聴域成分の混入する恐れをなくした 26 kHz のローパスフィルター(LPF)に通し、26 kHz 以下の可聴域成分を主力にした信号と、一方ではフィルターなしの回路を通して、同じ可聴域成分に加えて 26 kHz 以上のまったく聴こえない超高周波成分を含む信号とに分けました。これらを音源として、一対比較法による主観的評価実験を CCIR[4] の勧告に準拠して行いました。その結果、26 kHz 以上の成分のあり／なしは音質の違いとしては検知されない、という定説通りの結論が導かれました。

　ところが、実際の実験の場で注意深く観察すると、特に音の非定常性の高い民族合唱などでは、実験参加者(以下、被験者)たちに音の違いが直観されていたごとき気配が漂っていたことを否定できません。そこで、得られたデータを詳しく再吟味してみたところ、統計学の常識とは逆に、試行回数が少ない段階では超高周波成分のあり／なしによる音質の違いが明瞭に検出されており、試行回数が CCIR の推奨する 20 回に近づくほど、その差が消えていくという注目すべき傾向が認められました。このことは、やがて重大な意味をもってきます。そこで、明瞭な音質差を示した試行回数 5 回のデータ(図 2.1)を採用して、この実験の内容を 1984 年 3 月に行われた日本音響学会で発表しました[5]。その反響は、第 1 章で述べた「世界の定説」に真っ向から

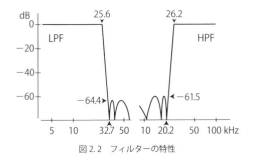

図 2.2　フィルターの特性

図 2.3　実験試行回数が少ない場合の正解数

対立する私たちの発表内容に対する囂々（ごうごう）たる非難でした。

　私たちは続いて、実験に使う装置のもつ矛盾の一部を解消した新しい〈バイチャンネル再生系〉（第3章）を構築し、LPFとHPF（ハイパスフィルター）の周波数を、26 kHzに設定して（図2.2）、26 kHz以下の帯域成分と、26 kHz以上の帯域成分とに分けられるようにしました。そして、先の実験で注目すべき結果を導いた民族合唱を呈示音として、CCIRの勧告に従ったサーストンの一対比較法による実験を行いました。その結果、民族音楽を実践する被験者群において、20回の試行では超高周波のあり／なしによる音質差は検知されないことが示された一方、10回の試行においては高い音質差の検知を示すスコア（図2.3）が得られたので、これを同（1984）年10月の日本音響学会研究会で報告しました[6]。その報告は前回の報告に劣らぬ囂々たる批判、あるいは非難にさらされるところとなりました。

　この段階までの実験を通じて、サーストンの心理尺度構成法を骨子とする一対比較法について、試行回数が少ない段階では高周波のあり／なしが音質の違いとして聴き分けられているというスコアが得られているのに、試行回数を増やすと、二つの音の間の音質の違いが聴き分けられない、という結果が示され、この方法に対する疑問が無視できないものとなりました。そうした状況の中で、「CDの音質がLPよりも劣って感じられる」、という事態に遭遇したのです。

2…2　背景（2）——「音の料理人」として受けた修業

　ハイパーソニック・エフェクトを発見したこの研究の直接の起点は、自己の作品がビクター社からレコード化された音楽家山城祥二の、「CDの音がLPに劣る」という主観的・体験的・直観的認識から発しています。通常の学術研究のように、既存の学問体系・専門分野のいずれかが発達していく先端に、いわば学問の自己運動の結果として現れ出たものではありません。研究者が学術と直接関係なしに音楽家として偶然に出合った現実の事象のなか

から、過去の学術・技術・芸術体系のどれにも属さない、独立した未知の現象として現れ出たものなのです。それに注目し、これを科学の網の目に捕えようとして事は始まりました。そのようなハイパーソニック・エフェクトの発見について語るには、その「偶然の発端」に触れないわけにはいきません。そこで、学術書としてはいささか異例かもしれませんが、この研究の本質に深くかかわる偶然の発端について、すこし詳しく述べることにします。

まず、この生命現象の実質的な第一発見者、音楽家 山城祥二とその音を巡る感覚・思考・行動に触れなければなりません。山城祥二は、本書の著者 大橋 力の音楽集団〈芸能山城組〉を主宰する音楽家としての名義です。そのレコード作品創りの過程のなかに、まったく未知の現象だったハイパーソニック・エフェクトとの遭遇が起こっています。以下は、山城の一人称的な主観的体験と大橋の三人称的な客観的思考・行動との交錯した記述となります。

専門的な音楽教育をまったく受けていないアマチュアの合唱指揮者(『指揮法教程』の伝授を福井文彦 東北大学教授(当時)から受けています)だった山城は、世界諸民族の音楽に向かって平等に開かれ、西欧音楽はそのワン・オブ・ゼムにすぎないものと位置づける立場に立っていました。この姿勢は、昭和期後半の日本の音楽界に大きな影響を及ぼした民族音楽学者 小泉文夫東京藝術大学教授、そして中村とうようミュージックマガジン編集長(いずれも当時、いずれも故人)の注目と支援を受けるところとなりました。小泉教授には世界諸民族の音楽とその背景にある文化や社会を知るというインプットの面を、中村編集長には芸能山城組の音楽を記録したレコードを世に出すというアウトプットの面を中心に、それぞれ直接的、具体的な非常に価値ある助言と支援を受けています。

中村編集長による芸能山城組のレコードプロデュースは、ビクターレコード(ビクター音楽産業株式会社。当時)を舞台に、1976年というLPレコードの最盛期に始まりました。その経緯は、次のようなものです。芸能山城組の音楽は、欧米に追随するだけだった当時のクラシック音楽、ポピュラー音楽、あ

るいは旧い日本に閉塞した邦楽・演歌など在来の音楽のどれとも違っていました。地球諸民族の多様な音の文化を幅広く視野に入れ、注目すべきものは積極的にとり入れ、具体的に実践し、さらに、こうしてとり入れた日本を含む諸民族の伝統音楽と、既存のクラシック、現代音楽、ロックなどとを材料にした、新しい形式・内容の音楽を創ることも始めていました。

　こうした芸能山城組に注目した中村編集長は、まったく無名だったこの集団の、しかもどのジャンルにも分類できない「奇妙な」音楽のレコード制作を、日本ビクター株式会社（いわゆるJVC）傘下のビクター音楽産業株式会社に提案しました。この提案は非常に大胆な異例のものとして扱われました。それにもかかわらず、次に述べる経緯によってビクターに採択されるところとなったのです。そして、たくましい現実性と鋭い感性とを併せもち、適度に無頼でもある若き日の岩田廣之ディレクター（のちユニバーサルミュージック株式会社社長・会長）の担当でプロジェクトが起動しました。

　それに先立って、この音楽集団の類例のない、というよりは「非常識な」、よりありていにいえば「滅茶苦茶な」音楽が商業的な成果に結びつくかどうか、結びつける方策がありうるか、などがビクター社内で検討されました。

　単なる過去の経験などが通用しない未知の素材に対するこの検討に決定的な影響を及ぼしたのは、プロデューサーでもディレクターでもなく、〈ミキサー〉と呼ばれるレコーディング・エンジニアの重鎮、依田平三技師でした。百出した議論も、彼の「この音は面白い。この音は売れる。やるべきだ」という一言で決着がついたのだそうです。

　ちなみに依田技師は、日本の録音物の至宝と今も讃えられる「東大寺修二会」（お水取り）の実況や武満　徹の諸作品の録音などで赫々たる業績を挙げ、その卓越した技量によって「音の神様」と称されていました。そのような依田技師の、結果的に的中したこの一言は、状況を整理してあまりあるものだったと聞きます。依田技師は、音楽家としての山城祥二の資質と適性が「音のオブジェ」を造形することに向いていることを指摘しました。これによって山城は、それが己の意欲と快感の源である必然性を自覚したのです。

レコーディング・エンジニアの側から観ると、芸能山城組の音楽は格別に興味深いものだったようです。なぜかというと、メジャーなレーベルからレコードを出して成功するアーティストは、商品として他に抜きん出た特徴、いわゆる「ウリ」という耳について離れないような何物かをはっきりしたかたちでもっていなければなりません。それは人によってメロディだったり、歌詞だったり、リズムだったりするのですが、「音そのものの響き」がウリになる例というのは、たいへん珍しいことだったのです。

　このようにして山城が録音スタジオに入り、そこで発見したのは依田技師をはじめとするミキサーと呼ばれる凄腕のサウンド・エンジニアたちでした。彼らは、ビクターの工場に現場技術者の卵として若年で採用されたのち、聴覚の鋭さ、音響に対するセンスの良さなどを評価されてレコーディング部門あるいはLPレコードのカッティング部門に配属された人たちで、音楽や音響工学の大学教育を受けた人は、私の知る限り、ひとりもいませんでした。また、「仕事を覚える時期は早い方がよい」ということから、モノになっている現場の人たちは、ほとんどが、高校卒業後直ちに入社して間もなく、オーディオ・エンジニアの分野に配属されたというキャリアを踏んでいます。「早いうちに仕込まなければ、本物にはなれない」というこの分野の常識は、ごくわずかな例外を除いて確かなようです。

　このようなエンジニアたちが加わって始動した芸能山城組録音プロジェクトは、前記の依田平三技師自身がチーフ・ミキサーを担当するとともに副ミキサーとして若手の松下和義が付く強力な布陣でスタートしました。こうして直接、触れ合うことになったレコーディング・エンジニア、カッティング・エンジニア、そして後日知り合うことになるスタジオ・ミュージシャンという人びとは、それまで知ることのなかった驚くべき能力と人格の持ち主たちでした。それをひとことでいえば、たとえばマイケル・ポラニーのいう［暗黙知の次元］[7]を非言語性脳機能(むすび参照)を駆使して自在に生きる達人たちなのです。彼らにとっては、音そのものが命です。彼らは、音の極みに至るためには、魔人と酒を酌み交わし恐竜と踊ることも辞さない気概を秘め

ています。そこには、高い志操とともに知識や権威に屈しない無頼性が横溢しているのです。

　こうした人格は、職務が隣接して具体的な交流が密な周辺分野の専門家には、ほとんど見ることができません。ごく縁の近いオーディオ機材の開発・製造技術者、作曲家、演奏家（ただし、ミキサーに欠かせないパートナーであるスタジオ・ミュージシャンを除く）、音響学の研究者などと、ほとんど人種が違うといいたいほどかけはなれた人格の持ち主が多いのです。音楽や音響学の世界では、こうしたサウンド・エンジニアに近い体質をもった人びととにはめったに出逢うことができません。そこで思い切って音以外の世界に視野を拡げると、包丁一本に命をかけた一流料亭の板前や有力レストランの腕の立つシェフのなかに、とても共通性の高い人びとを見出すことができます。

　音の味ひとすじにかける仕事人としてのサウンド・エンジニアのたたずまいは、「音の料理人」と呼んでよいかもしれません。板前もミキサーも、どちらも「味の勝負」に生きる人であって、いかなる権威も理論も実際の「味」の前には膝を屈し、まさしくそこは「美味しいものだけの勝負」、そして「勝てば官軍」という状況が支配するのです。LPの時代は、まさしくそうした流れの絶頂期であって、よほどのビッグネームをもったアーティストでない限り、こうした〈音の料理人〉たちが活躍する場、すなわち録音・編集からLPのカッティングまでの〈ポストプロダクション〉工程の状態が、市場におけるLPの死命を制していたといっても過言ではないでしょう。

　音の料理人たちは、不特定多数の人びとが「美味」と感じおしみなく金を投じる魅力をもった音を創らなければなりません。一流レストランの料理人たちのように、この工程を担うレコーディング・ミキサー、スタジオ・ミュージシャン、カッティング・エンジニアたちこそが、商品価値を決定する陰の主役でした。この人びとの能力と志気のいかんによって、レコードの魅力、そして商品価値が天と地ほども違ってくるのは事実なのです。彼らこそ企業力の根幹であり、ゆえに一流スタジオの花形エンジニアといえばレコード業界での立場はきわめて高く、LPのカッティング・エンジニアに至っては、

その腕を世界中から買われ、各国のカッティング・スタジオを飛び回るということが、実際に行われていました。この点でも、一流レストランの腕利きのシェフとよく似た現象が見られたのです。

　こうした世界のただ中に設定された芸能山城組のレコード・プロジェクトでは、チーフ・ミキサーの依田技師の存在もあって、音そのものの美味しさ、面白さを売りにしたレコードを創るという狙いから、ポストプロダクション作業にも作曲者、指揮者として山城自身が早い時期から参画することになりました。それはまず、録音物編集作業の「立合い」に始まり、次に「手伝い」、最終的には「共同作業」という形で「進化」していきました。この過程は、依田技師自身が山城にスタジオ作業の手ほどきをしながらひそかにその活性と適性をチェックし、それが見出されたならば、さりげなく次のステップに進むという状態で行われました。こうしていくつかのプロジェクトを経験するうちに、山城は依田技師を通じてミキサーとしてのひととおりの技を身につけさせてもらっています。このようにして山城は、暗黙知の次元を旅し、非言語性脳機能を駆使する音の料理人の能力と人格をすこしずつ形成する道をそれとは知らず歩み始めていたのです。

　録音・編集された結果物としてつくられる〈マスターテープ〉をLPにカッティングする段階でも、その現場に立合い、音質に無視できない影響を及ぼす諸条件について評価・判断する――つまり音の味を決める――工程に参画し、レコードの品質について最終的な決着をつける役割も果たしました。

　実は、このカッティングの工程で当初山城に内容を知らせないままエンジニアたちが変動させた条件があります。それは、可聴域を大幅に上廻る超高周波領域を電子的に強調するか否か、あるいはどの程度強調するか、というプロセスでした。山城が実感した「音の味わいがよくなる」という理由から、超高周波成分の強調が、はじめのころは山城にその仕組の実態を知らせることなく、実行に移されていました。そしてこの処理は、芸能山城組のLPに独特の「音の醍醐味」を与え、商業的な成功を導く大きな一因になったと信じられます。

2…3　CD『輪廻交響楽』の衝撃

　1982年、音楽市場に現れたCDは、順調に根を下ろしました。それが軌道に乗りつつあった1985年、ビクターから、この新しい媒体、CDの特徴を活かし、その真価を主張する形式内容をもった芸能山城組オリジナルの音楽を創り、それをCDとして世に送る、というプロジェクトが提案されました。具体的には、著しく大きいダイナミックレンジ、ディスクの内周と外周とでのトレース速度の違いの不在など、LPが示すいくつかの限界をCDが克服可能であることに注目した、新しいコンテンツ制作のための楽曲創りです。この提案は関係者たちに歓迎され、実行に移されました。山城祥二プロデューサー、岩田廣之ディレクターの体制のもとに「ビクタースタジオ・プロジェクトチーム」が結成され、プロジェクト・チーフ兼録音監督に依田平三 技師が就きました。チーフ・エンジニアとしては、ポピュラー音楽分野で頭角を現しつつあった、のちに日本を代表するミキサーとなる若手の高田英男 技師が直接腕を振るい、サブ・エンジニア 山田 誠、アシスタント・エンジニア 吉岡恵一郎ほか3名という重厚で贅沢な体制が整えられました。また、音の素材としては、インドネシア・バリ島のガムラン、同じくジェゴグ、日本の三十弦、鹿踊の太鼓、声明など複雑で高周波に富む音源を取り入れた、合唱を基軸とする四楽章からなる『輪廻交響楽』が山城祥二によって新たに作曲されました。また、特筆すべきこととして、いわゆる〈スタジオ・ミュージシャン〉たちを彼らの操る電子楽器群とともに創作段階から本

写真2.3　『輪廻交響楽』のCDとLPジャケット

格的に起用しました。この演奏家たちは、観客の前で演奏するという形態をほとんどとらず、もっぱらスタジオ内での音創りに貢献する超絶の技をもつミュージシャンたちです。レコーディング・ミキサーにとって欠かせない以心伝心、阿吽の呼吸が通じ合うパートナーであり、暗黙知の次元を非言語性脳機能を駆使して操る達人たちでもあります。この作品では、その最高峰にあるシンセサイザーの浦田恵司、ギターの今 剛、キーボードの難波正司、パーカッションの林 立夫が凄腕を振るっています。

　アナローグからディジタルへの転換のさなかに行われたこの楽曲の録音は、第1、2、4楽章はアナローグ・マルチトラック・レコーダーでオリジナル録音を行い、また第3楽章は2チャンネルのPCMディジタルレコーダーでオリジナル録音を行いました。これらのオリジナル録音を編集して全楽章のアナローグ・マスターがつくられ、その同一のアナローグ・マスターから、一方ではLP、一方ではCDが製造されて、市場へと出ていくことになりました。こういうかたちをとった背景には、このアルバムの発売時点で、CDプレイヤーはLPプレイヤーの10%程度の普及状態だったことへの配慮があります。

　このようにして仕上がったLPとCDとの2枚のテスト盤を、旧知のオーディオ評論家 髙島 誠（白百合女子大学教授、当時）の城塞を想わせるリスニングルームで、試聴しました。まず聴いたLP盤は、予想を上廻る今までになく美しく感動的な響きを聴かせてくれました。旧式のLPでさえこれほどの音を聴かせるのならば、「夢のレコード」といわれる最新鋭のCDの音はいかばかりであろうか、と期待を込めて、当時日本にまだ数台しか輸入されていなかったフィリップス社製の業務用CDプレイヤーにかけました。このとき、プレイヤー以外はLPの場合とまったく同じシステムが使われました。

　こうして再生されるCDの音を聴き始めたときの衝撃は、生涯忘れることができないほどのものでした。聴こえてくる音はLPと寸分違わないのに、その「味」が全然違うのです。LPの音に較べて無味乾燥で殺伐としていて、LPで感じたあの超絶的な感動がまったくやって来ません。こうした状態は、

CD 再生音に終始切れ目なくつきまとい、LP と同じ感動の響きは一瞬たりとも現れず、状況は絶望的なまま再生は終わりました。後に確かめたところ、依田、高田をはじめとする「耳のよい」エンジニアたちにも、同様の所感をもつ人が何人かいました。

　もちろん、洗練を尽くし爛熟期にある LP と、実用段階にようやく達したばかりの CD とでは、原理的にいかに CD が優れていても、実際の音として LP が勝ることがありうるかもしれません。しかし時とともに私は、あまりにも深いこの音の味わいの違いには、より根源的、本質的な何ものかがありはしないかという考えを否定できなくなりました。そして辿りついたのが、ビクターのカッティング工場での、超高周波強調処理の記憶でした。50 kHz 以上に及ぶであろうまったく聴こえない高周波成分の強調された存在が音の味わいと感動を高めていたことは否定できません。その増強超高周波成分は、標本化周波数 44.1 kHz、伝送周波数上限 22.05 kHz の CD にはまったく収めることができません。

　しかし、第 1 章でやや詳しく述べたように、CD 実用化に先立つ世界的規模の研究によって、20 kHz 以上の空気振動は、音として知覚できないだけでなく、聴こえる音とそれらの超高周波成分とが共存するかしないかを判別することも、人間には不可能であると結論づけています。実は、音の神様と讃えられる依田ミキサー自身も、このことを検討する村岡らの研究（第 1 章 5 節）の被験者となり、20 kHz はおろか 16 kHz 以上の高周波のあり／なしを判別することすら不可能という結果を導いているのです。この不可解な結果に深刻に悩んだ依田技師は、体調を崩してしまいました。依田技師と同様に多くのエンジニアが、LP と CD との間にはっきりと音質差を感じながらも、村岡らの研究の被験者としては 20 kHz 以上の高周波のあり／なしを検知することができていません。

　「LP の音は CD よりも美味しい。それは LP のあの超高周波増強の効果が CD で失われるからではないか」という［音の料理人］の端くれとしての山城の体験的認識は、端くれは端くれなりに全身全霊をあげて絶対的なものです。

それはいかなる権威も合理的説明も科学的に厳密な実験や理論さえも超越したゆるぎない認識・判断で、それに命を懸けることに、少しのためらいもありません。むしろそのような「音の真実」に対して「科学的・理論的にありえない」ことを理由に目をつむることの方が己を偽ることに他ならない、というのが本音でした。つまり、この時点の山城にはすでに、音の料理人の端くれとしての志操と無頼性を宿した人格が、すでに形成され始めていたのかもしれません。

　一方で、山城と頭脳と肉体とを共有する科学者 大橋 力にとっては、事は決してそのように単純にはいきません。なぜなら、サーストンの構築した心理尺度構成法〈一対比較法〉は、当時の知識からすると、その基礎理論から実施方法まで、そこにほとんど欠陥を見出すことのできない窮極的なものであり、その結果を否定するなど、科学者として暴挙に等しかったからです。しかも国際的規模で行われ大筋で一致した答が得られていて異論のまったくない認識が現存するのを無視することはできません。この状態は、アーティストというよりはむしろアルティザン（職人）としての山城の認識とサイエンティストとしての大橋の認識との、真っ向からの対立を意味します。ところが、この構図には特異的なところがあります。それは、アルティザン山城とサイエンティスト大橋とが、同一の肉体と脳すなわち精神とを共有した、生物学的にいえば同一個体であったことです。

　そこで、理論もそれに基づく実験も成熟していて現代科学のひとつの頂点を形づくっている音響心理学の定説を合理的に理解する科学者としての認識と、アルティザンとしての直観的な認識との、すべての情報が相互の通信の必要なく同一個体のなかで共有されている状態を前提とした追求の道を探りました。そして、合理性・実証性を身上とする自然科学のプラットフォームと、美と感動の構築を身上とする芸術のプラットフォームとを緊密一体に結び付け、科学の探求であると同時に芸術の創造でもありうるようなアプローチを実現することによって、この問題を解明する糸口をつかもうと、次のように心を定めました。

まず、アルティザンの〈直観〉によって疑う余地なく認識された音の違いが、科学的手続きによって否定された場合、現在の通念からすると躊躇なく、科学的手続きから得られたところを[誤りのないもの]とします。ところが実際には、こうして得られた結論が覆されることは、それほど珍しくありません。一方、アルティザンの[それに対立する直観]の方を、[誤っていないもの]と仮定して検討することは、ほとんど例がありません。しかし、サイエンティスト自身が同一個体内に共存するアルティザンとしての直観を共有するこのケースでは、アルティザンの直観が正鵠(せいこく)を射た可能性がある、あるいはここで使われたサーストンの一対比較法が何らかの未知の欠陥を宿していた可能性がある、といった作業仮説の設定が、一定の合理性をもちえます。このような立場を築いて、私と仲間たちによるハイパーソニック・エフェクト研究が始まったのです。

第 2 章文献

1　山口誠哉,『疾病の地理病理学』, 朝倉書店, p. 43, 1980.
2　大橋力, 分科会「環境」, 国際シンポジウム EXPO '85 レポート, 82-88, 国際科学技術博覧会協会, 1982.
3　大橋力,『情報環境学』, 朝倉書店, 1989.
4　CCIR Recommendation, 562. Subjective Assessment of Sound Quality, 1978-1982-1986-1990.
5　大橋力, 渡辺一成, 永村寧一, 田村正行, 非定常音の高域制限による音質変化検知について. 日本音響学会昭和 59 年度春季研究発表会講演論文集, 215-216, 1984.
6　大橋力, 渡辺一成, 服部和徳, 非定常音の高域制限による音質変化検知について. 日本音響学会聴覚研究会資料, H-84-42, 1984.
7　マイケル・ポラニー,『暗黙知の次元 ― 言語から非言語へ』, 佐藤敬三訳, 紀伊國屋書店, 1980.

第1部　ハイパーソニック・エフェクトの発見

第 3 章
新しい研究の手法、材料、装置をゼロから構築する

3…1　〈一対比較法〉は「金科玉条」か

　音質に影響を及ぼす音の周波数上限を知るための方法としてCCIRが勧告した〈一対比較法〉は、サーストンの〈比較判断の法則〉に基づくきわめて合理的な、優れた心理尺度構成法として知られています。CCIR傘下の諸機関とそれに所属する研究者たちは、事実上これを唯一の国際的公定法とし、この方法から導かれた心理実験の結果だけに基づき、他の方法による検証をまったく欠いた状態で、録音、再生、放送などの規格、仕様を決定しました。学会や業界の一部では、今なお一対比較法は事実上「金科玉条」のような地位にあるのです。しかし、この方法が金科玉条たりうるかについては深刻な疑義があり、吟味が必要です。

　まず、実験装置の面で、これら一連の研究には共通した問題があります。そこで使われていた装置の構成をモデル化して概念的に示すと、図3.1のようになります。そこに発生する第一の問題は、可聴帯域の信号が超高周波を除いたハイカット音(HCS)のときと、元のままのフルレンジ音(FRS)のときとで、まったく別の電子回路を通過することになり、それらの回路相互の間の電気特性の違いが音質の差を導かないという保証がないことです。第二の問題は、フルレンジ音のとき回路を通過する信号は、可聴域から超高周波域まで広域にわたります。それらが回路やスピーカーの非線形の特性によって可聴域内にも歪を発生させ、ハイカット音とのあいだに音質差を生じる可能

性を否定できません。つまりこの装置は、「ハイカット音とフルレンジ音とが判別できない」(聴きわけられない)という結果が出た場合にだけは問題がありません。しかし、もし音が違って聴こえた場合には、その違いが回路固有の電気的特性の差によるのか、非線形歪の差によるのか、それとも超高周波のあり／なしによるのかがまったくわかりません。しかし実際には、こうした深刻な疑問を含んだ回路が公式に採用され、それを使った実験が実行され、その結果に基づいてディジタルオーディオの規格が決められたのです。

　そこで私たちの研究ではまず手始めに、これらの疑問を払拭し、高周波のあり／なしと音の違いだけを考えればよい回路を構成しました。図3.2のように、信号をあらかじめ可聴域を主とする音と超高周波とに分けておき、それぞれをまったく別個の回路で互いに独立に再生するように構成し、〈バイチャンネル再生系〉と名付けてこれを使ったのです。これによって上記の問題をクリアすると同時に、超高周波成分単独の再生をも可能にしました。このことは、テストに使った超高周波成分だけを再生したとき、それを実験参加者(以下、被験者)たちの何人も知覚できないということを確かめた実験結

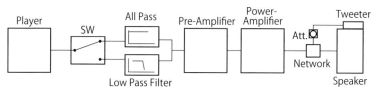

図3.1　公式に使われている再生系

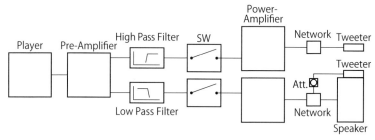

図3.2　私たちが構成した〈バイチャンネル再生系〉

果(被験者13人全員が知覚しない)を導きました[1]。

同時に、この聴こえない成分を増減すると、ハイカット音とフルレンジ音との識別が、[超高周波成分の多いときに、より鮮明]に、[少ないときに、より曖昧]になることがわかりました[2]。

1920年代に確立された一対比較法においては、知覚・判断に機能する有機的なシステムとして観た〈脳機能のダイナミズム〉についての認識が、時代背景からしても音響学と脳科学という分野の隔たりからしても当然かもしれませんが、まったく空白でした。国際的に定式化されたこの方法では、単に短期記憶の減弱に考慮して、試料音の[呈示時間]や[呈示音の対(つい)]のあいだの時間間隔をできるだけ短くする、といった対策を素朴にとっているにすぎません。

私は、一対比較法が暗黙の前提としている脳機能を固定的に捉える思想と、1936年、数学者アラン・チューリングが発表した〈チューリング・マシーン〉(計算能力をもつ仮想的(ヴァーチャル)な自動機械(オートマトン)。私たちがいま使っている〈フォン・ノイマン型デ

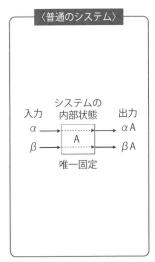
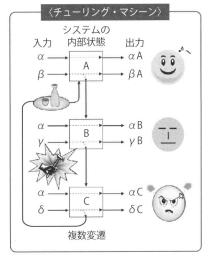

図3.3 普通のシステムとチューリング・マシーン

第3章 新しい研究の手法、材料、装置をゼロから構築する　041

ィジタルコンピューター〉の祖型でもあります)とを較べ、そこに興味深い大きな違いがあることに注目しました。私たちが承知している通常のシステムでは、その内部状態がただひとつに固まっているのに対し、チューリング・マシーンには、[それぞれが固有の入出力特性をもつ互いに異なる内部状態というものが複数あり、しかもそれら内部状態はマシーンへの入力に依存して切り換わり、当然出力特性も対応して切り換わっていきます](図3.3)。もしも人類の脳がこのような入力(状況)ごとに違う複数の性質(入出力特性)をもちうる系であった場合、サーストンの心理尺度構成法は成り立ちません。なぜなら、サーストンの〈比較判断の法則〉に基づく心理尺度構成法は、脳という比較判断マシーンを、内部状態がひとつしかなく、その内部状態がいかなる入力によっても微動だにしないことを、暗黙の前提にしているからです。そして、このような知識の空白が埋められないまま、1970年代の国際規模の検討が行われてしまったのが実態です。

　そこで私たちは、サーストンの一対比較法のもつこのような限界を吟味するために、次のような実験を組みました。CCIRの勧告する一対比較法は、仮に超高周波を含む音を[A]、そこから超高周波成分を除外したハイカット音を[B]とした場合、A-AおよびB-Bを[同じ音の対ペア]として各5セットずつ計10セット用意し、A-BまたはB-Aを[違う音の対ペア]として5セットずつ計10セット用意してこれらをシャッフルした状態で都合20回の試行を行い、「同じ」または「違う」という回答を求め、答えを統計処理にかけます。脳をチューリング・マシーンとして見立てると、入力信号AまたはBまたは双方が脳の内部状態を変化させ、それに対応して入出力特性を変換させる可能性が考えられます。ここで、先に私たちが提唱した超高周波に脳の情動系への働きかけを想定する〈トランス誘起モデル〉(変調作用モデル)[3,4]を視野に入れて、CCIR法の規定を一部変更した次のような実験を試みました。

　それは、一対比較法の音源の構成を変え、まず、ハイカット音を超高周波の混入が無視できる15 kHz以下とし、超高周波は可聴音をまったく含まない26 kHz以上とします。次に、[同じ音の対ペア]を超高周波を含むA-Aのみの

10セットとする組合せの実験と、その反対に超高周波を含まないB-Bのみの10セットとする組合せの実験との二つの実験を行います。つまり、超高周波を含む音のみが[同じ音の対(ペア)]になる実験と、超高周波を除いた音のみが[同じ音の対(ペア)]になる実験とを別々に行ったのです。仮に、サーストンが前提にしているように、これらの音の双方に対して脳の内部状態が一定不変であるならば、二つの実験の間に顕著な差は生じないはずです。それに対して、脳の実態がチューリング・マシーン的な内部状態の遷移を伴うとすると、二つの実験の間には何らかの差が生じる可能性があります。

　70人をこえる被験者群を対象に、上に設定した条件で実験を行い、図3.4に示す結果を得ました。

　まず、この二つの実験結果相互の間に、統計的に有意の差があるかどうかを調べてみると、有意水準$p<0.005$というかなり高いレベルで、有意差があることがわかりました。つまり「高周波あり」のときと「高周波なし」のときとでは、脳の内部状態が違っている可能性が示されたのです。次に、超高周波成分の共存が音質の違いとして検知されたかどうかについては、超高周波を含む音を[同じ音の対(ペア)]とした場合には、有意水準は5%に達せず、音質差が知覚されたとは主張できないスコアとなりました。それに対して、超高周波成分を除外した音を[同じ音の対(ペア)]として行った実験では、有意水準$p<0.05$というレベルで、音質の違いが検知されていることが示されました[2]。

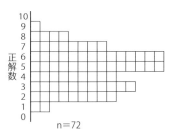

フルレンジ音を「同じ音のペア」にした実験の正解の分布

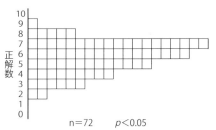

ハイカット音を「同じ音のペア」にした実験の正解の分布

図3.4　〈対　照(コントロール)〉を変えると一対比較の結果が変わる

このことから、のちに述べる〈二次元知覚モデル〉の祖型となる、超高周波成分の脳の情動系、報酬系への働きかけを想定した〈トランス誘起モデル〉（図3.5）の実在可能性も支持されました[3,4]。これは、［超高周波が一種のモデュレーター（変調作用因子）となって脳の内部状態を変え、音に対する感受性を転換させる］というモデルです。

これらによって私たちは、一対比較法を唯一絶対の金科玉条とする当時の音響心理学の「正当性・信頼性」に、深刻な疑問を抱きました。そして、さらに詳しい検証によってこの方法の限界を明らかにして（第6章2節）、これに盲従することを止め、一対比較法を唯一の金科玉条とすることなく、方法論の多様化、適正化を模索することにしました。

たとえば、心理実験としては、より厳密さに欠けるが音の性質の違いを知ることのできる〈シェッフェの一対比較法〉や〈セマンティック・ディファレンシャル（SD）法〉、あるいは時間的非対称性に注目してあらためて独自に設計したサーストンの一対比較法の変法などを試行して、有望な手ごたえを得ました[1,2]。また、まったく次元を異にする指標として、脳波α波を計測する実験を試み、これについても有望な感触を得ました[2]。

1985年から1988年ころまで、このような探索的研究を多面的に行い、その経緯や結果を踏まえながら、この研究にふさわしい研究方法全体の構想を立てました。それは、一対比較法一本槍の当時の世界通念を全面的に見直

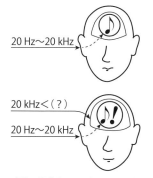

図3.5　超高周波成分による〈トランス誘起モデル〉

し、新しいパラダイムのもとにゼロから方法論を再構築することを実践するものでした。

3…2　この研究がどの超高周波数まで射程に入れるかを決める

　いろいろな探索的研究を実行してきた私たちは、その過程で、テスト音源の中に存在している、被験者の誰もが音として聴くことができない26 kHz以上の超高周波成分を排除すると、それを含んだままの元の音と互いに違って聴こえ、これら二つの音が区別されているという現象をくり返し観察しています[1-4]。これらは、それまでの研究のように事象を事実上聴覚の枠組だけに限定して捉える研究パラダイムの限界と危険性を示すものです。そのうえ、従来の研究で、テスト信号となった音のスペクトル構造が明示的に開示されているのはプレンゲら[5]の研究だけで、しかもそれは、私たちが素朴な実験で効果があることを見出した26 kHz以上の高周波成分をフィルターでカットし、あえて検討対象外においているものなのです。しかし、このプレンゲらの音源についての言及はもっとも良識的な態度で、その他の報告の大部分では音源についての客観的なデータが示されていません。

　ところが、私たちが独自に条件を設定して確かめた26 kHz以上の超高周波成分の影響が否定できなくなったこと[1,2]によって、20 kHzという可聴周波数上限は「注目する周波数の上限」としての意味を喪っています。そこで、この研究の起点となる音源についても、あらためてゼロからその望ましい属性を設定しなければならなくなりました。まず実験対象とする音源のもつ周波数の上限を考えてみなければなりません。それにあたって、生命の活性を数量化したとき多く出合う、指数関数的な尺度を使う一般的な傾向が注目されます。たとえば音楽で使う音の高さの感覚値という心理量が、振動数という物理量の2乗に対応する、というように……。そのため、化学物質の生命現象に及ぼす効果を調べる第一段階などでは、その濃度設定を2倍、4倍、8倍、……というような冪数の尺度で設定したり、1, 10, 100, ……というよ

うに10進法の桁のレベルで設定することもあります。

　そうしたやり方を参考にすると、この研究で使う音源のもつべき周波数の上限として、可聴域上限20 kHzの1オクターブ上の40 kHz、2オクターブ上の80 kHz、3オクターブ上の160 kHzに設定したり、あるいは20 kHzの一桁上の200 kHzに設定するなど、実現性にほど遠い値が現れてきたりします。とはいえ、宇宙に可視光では認識できない高エネルギー天体現象があるように、従来の観測の限界をこえて初めて視えてくるものがあることは、ひとつの啓示を与えてくれます。そこで、生命現象のひとつである聴覚現象においてもそのようなことがありうると想定し、この研究の周波数の射程を、当面は技術的な実現可能性の視野にぎりぎり捕えることができそうな100 kHzとし、将来はそれを200 kHzにまで拡張する、という構想を立てました。それは、当時の音響心理学の枠組から、まったく乖離したものでした。

3…3　超高周波の影響を計測する指標の多様化

　ディジタルオーディオの実用化に際して標本化周波数を決定したのは、くり返し述べるようにサーストンの心理尺度構成法に基づく一対比較法を使った心理実験の結果によるものが唯一で、他には何もありません。公共放送などを視野に入れると、これはあまりにも危険な対応というべきでしょう。心理実験法としても、たとえばシェッフェの一対比較法をはじめ選択肢はいくつかあります。ただし、多くの心理学的評価法は、「主観的実験法」といわれるように、その客観性に少なからぬ限界があることは否めません。

　こうした心理実験法の限界は、人間に自覚できる心の働き ── 意識で捉えられるもの ── に全面的に依存し、言語性脳機能の関与の下に行われるところにあります。その分だけ、意識にのぼりにくい現象や言語超越性の暗黙知的現象に対しては、必ずしも反応が適確であるとはかぎりません。また、感覚的判断にかかわる脳機能に及ぼす意識というもののバイアスも無視できません。ちなみにルネ・デカルトは、意識されたもの、すなわち[表象]と、そ

の対象になった実体［外在］との一致を斥けています（むすび参照）。

　しばしば非常に価値ある情報をもたらす心理実験法のもつこのような限界は、生理的な指標を併用して実験を行うことによって有効にカバーされる場合があります。「心に聞く」ことと「躯に聞く」こととの両面作戦です。たとえば心拍数や呼吸数など意識で制御可能なものであっても、意図的操作には大きな限界があります。ましてや、血液中の神経活性物質濃度とか自発脳波などになると、意識の介入はたいていの場合、無視できるでしょう。こうした点からすると、同一の現象の観測にあたって適切に選ばれた心理的指標と生理的指標とを併用することによって、実験の信頼性を著しく高めることができるはずです。これらの方法の窮極には、〈非侵襲脳機能計測〉による大きな展開が期待されます。

　さらに、生理的活性と心理的活性とが融合した「行動」に現れる反応とその違いに注目した方法が有効性を示す場合があります。被験者自身が気付いていない好き嫌いが、〈接近行動〉の差として鮮明に現れたりすることもありうるからです。

　このようなさまざまな材料をふまえて、この研究では、計測・評価のための指標を多様化するとともに、ひとつの現象に対して、できるだけ複数の指標、それもできるだけ原理の異なる指標で検討する〈マルチパラメトリック・アプローチ〉の採用につとめる、という原則を立てました。

　それらの詳細については、個々の事例ごとに改めて述べます。

3…4　音源の探索

　人間の脳に未知の反応を惹き起こすことによって、音の味わいを変えているかもしれない超高周波の効果。そうした効果を計測可能な状態で鮮明に捉えるためには、目には視えない高エネルギーのガンマ線が劇的な天体現象を教えてくれるように、耳には聴こえないけれども絶大なパワーをもった超高周波を含む音源の活用が有効かもしれないと期待されます。その周波数上限

値の目標は、この章2節に述べたとおり暫定的に 100 kHz に定めています。しかもそれは、後に述べる理由によって、快い自然環境や古来人間がなじんできた伝統ある楽器の発する自然音である必要があります。そのようなものを探索しなければなりません。ところが、この研究の構想を立てた1980年代なかばの時点では、そうした探索はほとんど不可能でした。

　というのは、音源が 100 kHz に及ぶ超高周波を適切な状態でもっているかどうかを調べるためには、私たちが当面めざす 100 kHz まで対応できる〈高速フーリエ変換〉(FFT) による分析などが必要です。ところが、それを実行できるシステムは、当時の日本では、私の知る限り筑波研究学園都市に所在する〈気象庁気象研究所〉のメインフレームの中にひとつ存在しているだけでした。そこでこのシステムで計測しようとすると、楽器類を筑波に運ぶか録音した音のデータを再生可能な状態で筑波に送るかしかありません。ところが、この時点で稼働していたオーディオ用レコーダー類の伝送周波数上限は原則 20 kHz で、100 kHz まで録音・再生可能なものがひとつもありません。このような背景から、計測によってあらかじめ周波数上限値を知り、それに基づいて音源を選別することは不可能だったのです。

　しかし、適切な音源なしに研究が始まらないこともまた事実です。そこで、止むなく、まったく観点を変えて、〈アルティザン（職人）の感覚〉で［超高周波を特に豊富に含んでいると感じられる音］を直観的に選ぶという唯一実行可能な方法に託すことにしました。非言語性脳機能の暗黙知的活性に期待する作戦です。ちょうどそのころ、大橋は〈JVC ワールドサウンズ〉という世界の民族音楽の CD コレクション全102タイトルの企画監修とそのなかの42タイトルの録音にあたっていて、地球上のさまざまな地点で現地録音を行うことを通じて、多様な民族楽器音や歌声に直に接していました。そうしたなかから、JVC のカッティングマシーンで高域増強音が生み出す音のあでやかさと感動の記憶を手掛かりに、音の料理人の感覚でこれがベストと、ほとんどためらいなく選んだのが、〈バリ島のガムラン音楽〉でした。

　なお、1990年代半ばに 100 kHz をカバーする録音機や FFT アナライザー

が整備された段階で、さまざまな音源の FFT スペクトルを計測した結果を図 3.6 に示します。この図からも、音源としてのバリ島のガムランは超高周波の存在において他にぬきんでており、しかも 100 kHz をこえる高周波成分を保有している可能性もあって、この研究にとりきわめて適切なものであったことがわかります。

3…5　録音システム

　録音システムは、〈マイクロフォン〉、〈レコーダー〉、〈記録媒体〉から構成され、それらのすべてについて適性を調べる必要があります。

　まず、通常の音声・音楽用マイクロフォンは、可聴域上限周波数 20 kHz を前提に設計されたものです。したがってそれらの周波数応答上限は、十数 kHz から二十数 kHz 程度の範囲内にあり、この研究が射程として設定した 100 kHz に遠く及びません。しかし、一部には音楽用マイクロフォンでありながら数十 kHz から 100 kHz 近傍までの応答をもつものがあります。それらの中でも早期に市場に現れたショップス社の CMC641 というコンデンサー型の音楽用マイクロフォンは、商業的なレコードに 100 kHz 近い信号を残しています（ただし、仕様としてそのような性能は示されていません）。また、ブリ

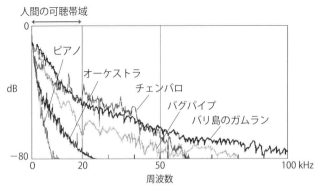

図 3.6　さまざまな楽器音のスペクトル（FFT）

ュエル・ケアー(B&K)社が1983年に発表した〈4007〉という型式のコンデンサー型音楽用マイクロフォンは、40 kHzをこえる応答をカタログ上の正式仕様として掲げており、それを反映する応答を示しています。その特性を図3.7に示します。これらのマイクロフォンを適切に使った商業用レコード作品の中には、超高周波を豊かに含むものが存在し、それらはこの研究にとっても、大きな価値をもっています。

しかし、こうした例外的に優秀なマイクロフォンであっても、音楽の良好な収録を目的にしたものであり、必ずしも忠実度が高いものではありません。幸いなことに、忠実性と信頼性に厳しい条件をつけた〈計測用マイクロフォン〉としていくつかの機種が開発されています。それらの中には、爆発現象や破砕音など非常に高い周波数成分を含む音を射程内に収めたものがあります。そうした中から100 kHzを射程に収めたものとしてこの研究でしばしば使ったB&K 4939（旧4135）、同じく200 kHz近くまでを射程に収めたものとして使ったB&K 4138の周波数応答を図3.8に示します。

超高周波成分を含む空気振動をこれらのマイクロフォンを使って変換した電気信号は、何らかの録音機材を使ってしかるべき媒体上に安定して記録しなければなりません。そのためのレコーダーが必須です。ところがこの過程も、可聴域上限周波数20 kHz以上の帯域を視野に入れたレコーダー、特に持ち運びができ、環境音や民族音楽アンサンブルなどに接近して収録が可能な超高周波を含む音に対応できるレコーダーは、まったく見当たりませんでした。これについては、実に膨大な試行錯誤を繰り返すことになりました。

現実的な問題解決として研究の初期に実用性を発揮したのは、ナグラ社の

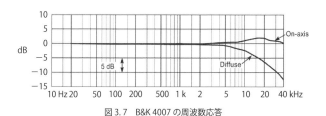

図 3.7　B&K 4007 の周波数応答

ポータブル・アナローグテープレコーダー NAGRA IV-S という機種です。その電子回路を改造し高周波領域の応答を向上させ、同時に 7 インチのテープリールを標準装備していたものに 12 インチのテープリールを装着できるアタッチメントを使って、テープの走行速度を 38 cm/sec と大きくし、40 kHz をこえる周波数応答を実現して、これを使いました。しかしそれでも、この研究が射程と定めた 100 kHz にはなお及びません。

　そのころ実用化が軌道に乗っていた PCM 方式のディジタルオーディオ・テープレコーダー(DAT)も、標本化周波数 48 kHz という、実質は可聴域上限 20 kHz をカバーするだけのものでした。PCM 録音は、理論的には標本化周波数を高くすれば収録可能な音の周波数をいくらでも高くすることができ、実際にも 1980 年代の終わりころには、固体メモリーを使って 500 kHz の標本化周波数を実現したレコーダーも現れました。しかしそれらは、重量が 100 kg をこえ、しかも膨大な情報量を必要とするため、当時はことのほか貴重だった半導体メモリーへの録音可能時間が「分単位」であったりして、とうていフィールドで運用できるものではありませんでした。

　このような状態にブレークスルーをもたらし、この研究にとってかけがえ

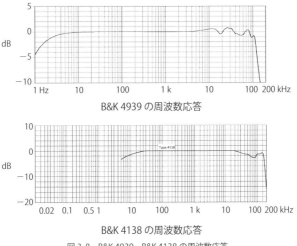

図 3.8　B&K 4939、B&K 4138 の周波数応答

第 3 章　新しい研究の手法、材料、装置をゼロから構築する　051

のない貢献をもたらしたのが、山崎芳男 早稲田大学教授(当時。現在、同名誉教授)の開発による〈高速標本化1bit量子化〉(いわゆるDSD)方式によるディジタル録音法[6]でした。これは記録に要する情報量を相対的に低くとどめながら超高周波を含む帯域成分を効率的に記録できる画期的な方法でした。この方式は、PDM(Pulse-density modulation、パルス密度変調)方式によるA/D変換の一種で、パルス信号の時間密度と信号の正負〔1, 0〕によって元のアナローグ信号をディジタルの符号配列に記述していきます。より詳しくいえば、ごく細かく設定された時間尺度に沿って、入力信号の大小を1bitのパルスの密度で表現します。これはPCM方式よりも簡潔な回路で実現でき、PCMより少ない語数つまり情報量でより高い周波数まで記述できる点が注目されます。

　こうした新方式が山崎教授のもとで実現しつつあることをパイオニア株式会社の山本武夫副社長(当時)からご教示いただき、あわせて山崎教授に引き合わせていただいて、試作機を試聴しました。その特性はもとより、その音質も当時のアナローグ、PCMディジタルのいずれに対しても勝るとも劣らない優れたものでした。そこで早速、山崎教授に、この研究の射程とする100 kHzまでを録音可能な、そして小型軽量でバッテリー駆動が可能なポータブル・ディジタルレコーダーの開発をお願いしました。これは、以下のような性能で実現し、それによってこの研究は一気に軌道に乗ることができたのです。この点において、山崎教授と、その手創りによる高速標本化1bit量子化レコーダーのこの研究への貢献は量り知れません。

　実現したレコーディング・システム一号機の仕様は以下のとおりです。

1）高速標本化1bit量子化超広帯域ポータブルAD/DAコンバーター
- 設計制作：山崎芳男(早稲田大学教授・当時)
- 記録方式：高速標本化1bit量子化方式
- 標本化周波数：768 kHz
- 量子化bit数：1
- チャンネル数：2
- 周波数伝送特性：DC 〜50 kHz(−1 dB)

　　　　　　　　DC 〜100 kHz(−3 dB)
- エンファシス特性：$220\,\mu s,\ -2.2\,\mu s$
- 入力端子：BNC×2(アナローグ)
　　　　　　光・同軸各1(ディジタル)
- 出力端子：BNC×2(アナローグ)
　　　　　　光×2(ディジタル)
　　　　　　同軸×1(ディジタル)
　　　　　　ステレオヘッドホン用×1
　　　　　　(上のディジタル入出力は、当時市販されていたDATと、そのディジタルI/Oを介して接続でき、48 kHzまたは44.1 kHzフォーマットによって記録、再生を行うことが可能)

2) 記録装置

　ちょうどそのころ、電池式で小型軽量の民生用ポータブルDATがいくつか開発されました。それらのなかで、光ディジタル入出力系をもつ、SONY TCD D-3、および光ディジタル入力系をもつDENON DTR-80Pを記録部本体として選択しました。しかしこれらの機種は、時間尺度をしめす〈SMPTEタイムコード〉を使うことができません。そこで実験室用データ記録機としては、SMPTEタイムコードジェネレーターを内蔵し、同期運転が可能なSONY 7050据置式DATを使用することにしました。これらはすべて、市販のDATテープを使用して、最大120分間の連続記録が可能です。

3) 電源部
- 単2電池12本
- メーター(VU計、電源電圧計兼用)×2

　システム全体の構成は写真3.1に示すとおりで、山崎教授ご自身による手創り感が横溢しています。周波数応答は図3.9に示すとおり、驚異的な優秀さを示しました。

　もうひとつの重要な特徴として、本機はAD/DA変換部、記録部、電源部に分かれたセパレート方式であり、AD/DA部のサイズは250×150×70

(mm)、重量は 1,200 g、電源部のサイズは 160×220×70(mm)、重量 1,300 g というきわめて小型軽量のものに仕上がっています。小柄な女性の研究者でも解体し手分けしてバッグやリュックに入れやすく運ぶことができ、海外での民族音楽から熱帯雨林の中での運用までを可能ならしめました。特筆すべき歴史的な傑作機です。

このレコーダーによって研究は大きく前途を開かれたといえます。また、本機を祖型としてより高性能のレコーダーが山崎教授によって次々に開発され、のちにスタジオ仕様マルチトラック・レコーダー SONY PCM3324 を改造した 3.072 MHz 標本化マルチトラック (6 チャンネル)・レコーダー 3324XX がソニー社によって開発されるに至ります。

こののち、DSD 方式による標本化周波数をさらに高めた 5.6448 MHz 標本化 8 チャンネル (8ch) のマルチトラック・レコーダー、11.2896 MHz 標本化 8ch マルチトラック・レコーダーなどを独自に開発し、実験に使っています。

なお、こうした段階のデータ記録媒体としては、最初は磁気テープのみ、

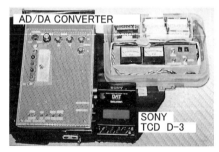

写真 3.1　768 kHz 高速標本化 1 bit 量子化レコーダー

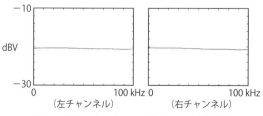

図 3.9　超広帯域 AD/DA コンバーターの周波数応答

次にハードディスクを使うようになり、現在では大容量の固体メモリーを多く使うようになっています。

3…6 スピーカーシステム
3…6…1 バイチャンネル用小型システム

　核物理学でいえば、荷電粒子を超高速で衝突させて素粒子群を弾き出す加速器にも相当するような、この研究にとっておそらくもっとも重要な装置のひとつが、スピーカー、とりわけ超高周波電気信号を空気振動に変換して放出するスーパートゥイーターです。この研究が始まった時点での音響学の通念からいえば、可聴域上限の20 kHzをカバーすれば周波数応答としては十分であると考えられていました。それだけに、この研究の射程として掲げた100 kHzまでの周波数応答は、絶望的な（あるいはひそかに学業界に流れたといわれる「正気を失った」）目標に思われます。ところが、その少し前に絶頂期を迎えていたLPレコード（ヴァイナル盤）を聴くいわゆるオーディオマニアの多くは、可聴域をこえる応答をもつスーパートゥイーターをよく使っていました。それらの中には、〈ゴトウユニット社〉製のホーンスピーカーや〈パイオニア社〉製のリボン型スーパートゥイーターなど、たしかに可聴域を大きく上廻るものが散見されます。

　この研究のために私たちが開発したバイチャンネル再生系は、図3.10に示すように、20 kHz、あるいはそれ以上の26 kHz、さらには40 kHzを上廻るような超高周波成分を再生できなければなりません。たまたまその当時、オーディオマニア用にパイオニアから、リボン型スーパートゥイーターで、振動膜にベリリウム・リボンを使ったPT-R7 IIIというモデルが発売されていました。これは非常に優れた性能をもっていたので、これを組み込んで研究用システムを造ることにしました。可聴域チャンネル用にオンキヨー社製の口径20 cmのフルレンジ・ユニットとPT-R7 IIIとを周波数6.5 kHzでクロスオーバーさせた2-wayシステムを組み、超高周波チャンネル用に、

20 kHz〜30 kHz のハイパスフィルターを経由して同じく PT-R7 III を駆動させるシステムを構築しました。

このシステムの周波数応答は、図 3.11 に示すように約 80 kHz 以上に達しており、実際にも実験に有効な動作を実現しました。なお、このシステムと近似したシステムを組むことができるユニット類は現在も市販されているのでスピーカー・システムを自作して実験を行うことは、それほど困難ではありません。

より本格的な実験を行うために、可聴周波数領域、超高周波数領域ともに、周波数応答をより高密度に設定し、また過渡応答も高度化したシステムを、音楽スタジオという業務用レベルまで視野を広げて探索しました。しかし、最高級のスタジオモニター・スピーカーの中にも、この研究にとって十分な仕様に達している機種が見あたりません。こうした経緯から、この研究のた

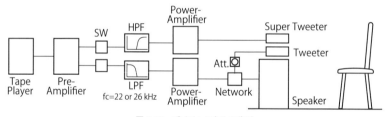

図 3.10 バイチャンネル再生系

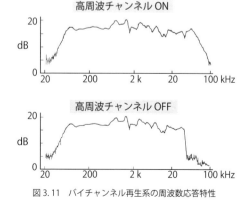

図 3.11 バイチャンネル再生系の周波数応答特性

めの標準となりうるスピーカー・システムを、ゼロから造ることにしました。実機製作については、パイオニア株式会社の手厚い協力を得ました。

まず、100 kHz までの超高周波を再生できなければなりません。これにつき当時の最新鋭のソリューションとして、アモルファス・ダイヤモンド薄膜のドームをつくり、それにコイルのボビンを接着して強力な磁気回路で駆動する案が浮上し、それに基づいて図 3.12 に示すスーパートゥイーターを造りました。その超高周波への応答は、十分とはいえないかもしれませんが100 kHz を射程内に捉えており、この段階ではもっとも適切なものと判断されました(図 3.13)。

そこで、このスーパートゥイーター・ユニットの使用を前提にして、その他のユニットを構成しました。スーパートゥイーターの直下の周波数帯域には、環境音から楽器音までもっとも耳につきやすい音域を特に高い忠実度で再生する必要があります。そのため、この帯域を担当する〈スクォーカー〉は、できるだけ広い帯域にわたって、高トランジェント(過渡応答)で鋭敏繊細かつ強靭な再生能をもたなければなりません。しかも、このダイヤモンド・スーパートゥイーターは、スクォーカーとのクロスオーバー周波数として 30 kHz くらいが望ましいため、可聴域をこえる領域までの周波数応答が必要です。さらに、民族楽器から環境音まで幅広い種類の音源を忠実に再現するためには、1 kHz 以下の帯域から周波数応答の上限まで、単一の振動板から発音させるのが理想といえます。つまり、ここで要求されるスクォーカーの特

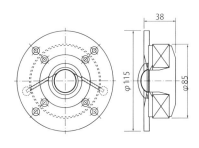

図 3.12　スーパートゥイーター構造図

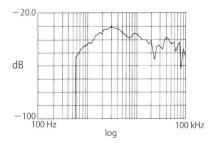

図 3.13　オリジナル・スーパートゥイーター周波数特性

性は、数百 Hz から 30 kHz までの帯域をカバーする、というかつて例を見ない途方もないものでした。もちろんこの私の構想は、スピーカーのなんたるかを無視した無理難題に他なりません。

　1 kHz 以下から 30 kHz 以上の帯域まで高トランジェント状態でひとつのユニットから音を出したい、という常識破りのこの要請は、非常に優秀な実機設計者の力量で、次のようにして実現しました。本来は 5 kHz～十数 kHz 以上の高周波を受けもつホーン型スーパートゥイーター用ベリリウム振動板コンプレッション・ドライバーユニットを、マイラー（フッ素樹脂フィルム）エッジ仕様に改造するとともに、700 Hz 以下まで空気振動のかかるエクスポーネンシャル型ホーンを設計してこれと組み合わせ、期待値を十分に満たすスクォーカーを造ることができました（図 3.14、図 3.15、図 3.16）。ところが、このスクォーカーの受けもつ帯域よりも低域を担当するウーファーに適切な仕様のものがなく、これも 25 cm ウーファーを新たに開発し、その 2 本を 1 セットとして低域を担当させ（図 3.17）、先に述べたスクォーカーおよびスー

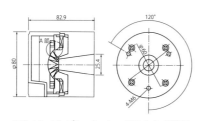

図 3.14　コンプレッション・ドライバー構造図

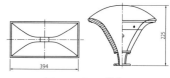

図 3.15　ホーン構造図

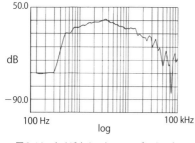

図 3.16　オリジナル・ホーンスピーカー（スクォーカー）の周波数特性

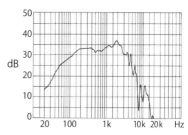

図 3.17　オリジナル 25 cm ウーファーの周波数特性

パートゥイーターと組み合わせて全体を構成することにより、OOHASHI MONITOR Prototype Op. 1 をつくり出すことができました。

3…6…2　スタジオモニター級リファレンスモデル

きわめて優れた性能に達したこのプロトタイプに16インチ・サブウーファー2本を加えてスタジオモニター仕様の標準機(OOHASHI MONITOR Reference Model)を創りました(図3.18、写真3.2)。その詳細は、次のとおりです。

〈リファレンスモデルの仕様〉
- 基本設計：大橋 力（文部省放送教育開発センター教授・当時）
- デザイン：大橋 力、当摩昭子（東京電力株式会社・当時）
- 実機設計・制作：小谷野進司（パイオニア株式会社・当時）
- 使用ユニット：
  70 Hz 以下……TAD TL-1601b×2 (コーン型)

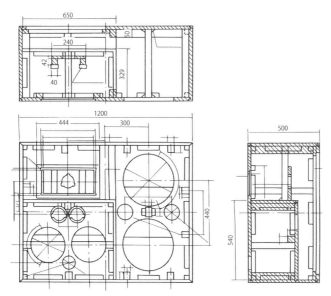

図3.18　OOHASHI MONITOR Reference Model のエンクロージャーキャビネットの構造図

TADブランドで世界中のスタジオでもちいられているスタンダードモデル

70 Hz〜900 Hz……オリジナル　TL-1001×2（コーン型）

オリジナルコンプレッション・ドライバーに音質を合わせるためにTL-1601bと同じコンセプトで新たに設計された25 cmウーファー

1）フィルムラミネートコーン

2）アルニコ7マグネット

900 Hz〜30 kHz……オリジナル　ET-1501コンプレッション・ドライバー

超広帯域・高トランジェントを実現しシステムの中核となったまったく新しいコンプレッション・ドライバーユニット

1）φ35口径のベリリウム振動板

2）再生帯域500 Hz〜40 kHz

写真 3.2　OOHASHI MONITOR Reference Model の外観

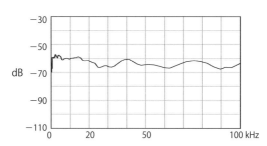

図 3.19　OOHASHI MONITOR Reference Model の周波数特性

3）サマリウムコバルトマグネット
　　4）オリジナル　TH-1501 ホーン
　　　①イタヤカエデの削りだしによるオリジナルウッドホーン
　　　②水平指向角　60 度
　30 kHz〜100 kHz……オリジナル　ST-1001×2 ドーム
　　1）非結晶質ダイヤモンド振動板
　　2）再生帯域 2 kHz〜100 kHz
　　3）20,000 ガウスの磁気回路
- キャビネット：アピトン合板をもちいた高剛性、低共振構造キャビネット
- インピーダンス：4 Ω
- 再生周波数帯域：22 Hz〜100 kHz（図 3.19）
- 許容入力：定格　300 W
　　　　　　最大　900 W
- 出力音圧レベル：95 dB/W/m
- 最大出力音圧レベル：120 dB/m
- 外形寸法：1200(W)×950(H)×582(W) mm
　　　　　（エンクロージャー奥行 500 mm）
- 重量：170 kg

3…7　アドオン型積層セラミックス・スーパートゥイーター

　圧倒的に多くのスピーカーがそうであるように、電磁気で物体を振動させて空気振動を発生させるという原理で超高周波を再生することは、とめどない磁束回路の強化――磁石の巨大化を求めるだけでなく、周波数が高まるにつれて空気が相対的に粘性をまし、ヤング率に合わない物性を示すなど原理的な問題点もあります。一方、磁気回路を必要としない圧電型は、磁石の強大化は避けられるものの周波数応答上限やリニアリティーに問題があります。

こうした背景から、スーパートゥイーターの性能は、この研究の手段のなかで大きなウィークポイントになっていました。ちなみに、1990〜2010年頃市販されていたいくつかの互いに異なる動作原理をもつ代表的なスーパートゥイーター類の周波数応答を示すと、図3.20のようになります。

こうした八方塞がりの状況をブレークスルーしたのが、まったく新しい発想による〈バイモルフ・セラミックス・アクチュエーター〉を使ったスーパートゥイーターの開発です。

これは、京セラ株式会社 稲盛和夫 名誉会長の理解と支援によって実現した、京セラ総合研究所 福岡修一 主席研究員のチームと大橋プロジェクトとの共同研究・開発の成果です。

電圧を加えると、その電圧に対応して伸び縮みするセラミックス類を〈圧電セラミックス〉といい、それを比較的素朴にスピーカーとして利用することは、機構の単純さ、軽量さ、コストの低さなどが注目されて、早くから積極的に採用されてきました。しかし、その延長線上に開発されたスーパートゥイーターは、周波数応答の面でピーク(山)やディップ(谷)が大きく、超高

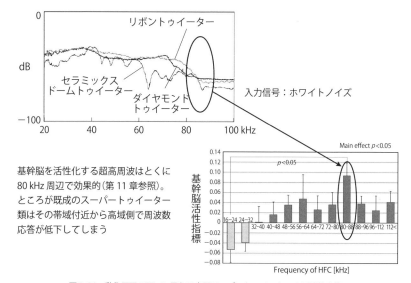

基幹脳を活性化する超高周波はとくに80 kHz周辺で効果的(第11章参照)。ところが既成のスーパートゥイーター類はその帯域付近から高域側で周波数応答が低下してしまう

図3.20 動作原理の互いに異なる市販スーパートゥイーターの周波数応答

周波に対する応答も低いといった限界が著しく、ハイパーソニック・サウンドの再生にはあまりにも距離がありました。しかし、圧電セラミックス素子が本質的に具えている電気振動を物体振動(弾性振動)に変換する能力の卓越性は、否定できないところです。こうした圧電セラミックスの動作の原理的優越性を巧みに活かした〈高音用スピーカー〉が2003年、松下電器産業株式会社から公開されています[7]。その特徴は、円盤状の圧電素子を金属製の円形の金属基体にとりつけ、その2個を一組にしてひとつの矩形の振動板にとりつけます。なおこの振動板は、音＝空気振動を放射する方向に凸状を成しています。このような形態をとることによって、周波数応答の上限は100 kHzに達し、そのピーク・ディップは改善されたとされています。これらの技術は独創性に富む優れたものであり、その性能も従来方式にくらべて格段に向上しています。しかし、添付された特性図を見ると、周波数応答は100 kHzをかろうじてクリアしているものの、その能率は入力2.45 Vに対して70 dB台で、特に高能率といえません。また、改善されたとされるピーク・ディップはそれにもかかわらず顕著で、ハイパーソニック・サウンドの再生用としての限界を否定できません。その理由は、圧電素子の振動が、それを囲むフランジ、さらに金属基体を介して振動板に伝達されて、その振動板の動きが空気振動に変換されるという振動伝達・変換系の複雑な仕組が、周波数応答や能率の限界を招いている可能性を否定できません。

　これに対して、京セラの稲盛名誉会長の指揮のもとで超高音用スピーカーの開発にあたった福岡修一 主席研究員の構想は、これまでのスピーカーの動作原理のどれとも異なる合理的な動作原理と現実的な実用可能性をもった、電気振動を空気振動に変換するまったく新しい概念に立つシステムです。それは、スピーカーそのものの歴史を変えるかもしれないほどの潜在力を秘めており、私たちの見出したハイパーソニック・エフェクトの恩恵を人類が身近に利用する途を開いたものでもあります。そこで、すこし詳しく、このスーパートゥイーターについて述べます。

　このスピーカーシステムの振動発生体は、特別な圧電セラミックス素子で

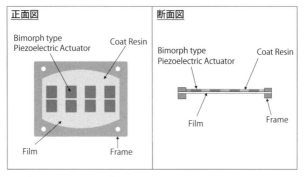

図 3.21　バイモルフ型圧電スーパートゥイーター・ユニット Nr2b の構造（京セラによる）

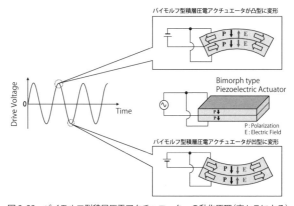

図 3.22　バイモルフ型積層圧電アクチュエーターの動作原理（京セラによる）

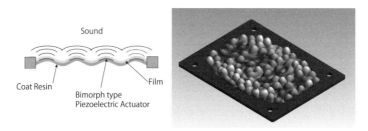

フィルム振動部に形成した屈曲振動を用いて音を発生

図 3.23　バイモルフ型圧電スーパートゥイーターの音の発生原理（京セラによる）

す。これによってシステムはまず、一般的な高性能スピーカーの宿命といえる巨大な磁石の使用による重量と価格の激増から解放されます。ここで使われる特別な圧電素子は〈バイモルフ型〉という小型の積層圧電セラミックスです。福岡主席研究員によれば、振動体の基本構造は、①樹脂フィルムの片面にアクチュエーターとして機能させるバイモルフ型の積層圧電素子を固着し、その積層圧電素子の表面を覆うようにオーバーコート樹脂を塗布した構造となっています(図3.21)。②バイモルフ型積層圧電アクチュエーターは、二つの層からなり、ひとつの層が面方向に伸びたとき、もう一方は縮む動作をします。③このバイモルフ型積層圧電アクチュエーターに音声の交流信号を印加すると、ひとつの層が伸び、もうひとつの層が縮むため、大きな屈曲振動が生じます(図3.22)。④この積層圧電体で発生させた屈曲振動により、樹脂フィルムの振動板に凹凸の振動を誘起させて音を発生させます(図3.23)。

　なお、ここで使われるバイモルフ型積層圧電アクチュエーターについても、その領域で世界的な実績をもつ京セラならではの精緻な圧電セラミックス材料・構造設計・製作により、高性能を実現しています。

　こうした小型の振動体を同一フィルムに4～8個、搭載することにより、短い波長が形成されやすくなることから高周波特性を伸ばすことが可能となり、さらに、これら振動体をオーバーコート樹脂で覆うことで、それぞれの振動体の固有振動(共振)が抑制され、周波数特性は一層平坦になります。

　また、振動発生源である積層圧電素子が振動板と一体となっていることから、積層圧電素子により生じた振動が複雑な経路を伝達することなく、直接空気振動に変換されるシンプルな動作原理に基づいており、高い能率を実現しています。

　私たちは、以上のような積層圧電素子を複数個搭載した多様なアクチュエーター・ユニットの試作品の提供を京セラから受け、さまざまな音源についてその再生能を調べたり、新たな形状の設計をフィードバックするなど試行錯誤をくり返し、非常に優れた性能を示すアクチュエーター・ユニットNr2bというモデルに到達しました。この圧電スーパートゥイーター用ユニ

ットは、裸特性が再生上限周波数 200 kHz 周辺を視野に収めた画期的なものです。私たちはこのアクチュエーターを駆動するアンプリファイアー、各種のフィルター類、電源、キャビネットなどを開発し、スーパートゥイーター・システムのプロトタイプをつくりました。次にこれを京セラ横浜事業所通信機器事業本部の方々にお渡しするとともに引き続き共同開発を進め、その成果をさらに福岡主席研究員のチームに手を加えていただきました。その内容は、小型でスマートな筐体(きょうたい)の設計、放熱、可聴域をこえる超高周波の再生状態を三つの帯域に分割して視覚的に確認する LED モニターの搭載(知覚できない高周波成分が再生されているか否かを、聴覚によって検知することは困難です)、DSD フォーマットのオーディオ信号に必ず混入してくる 1 bit ノイズのキャンセラーなどを具えた、小型のアドオン型スーパートゥイーター・システムは、こうして開発されたのです(写真 3.3)。

このシステムは、ある程度良質なオーディオシステムにこのシステムをア

写真 3.3　アドオン型スーパートゥイーター

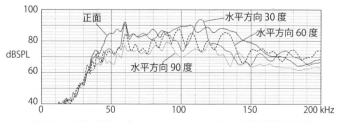

図 3.24　アドオン型スーパートゥイーター・システムの周波数応答と指向性

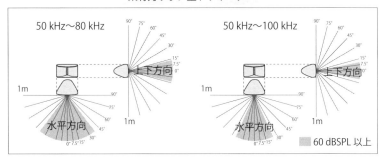

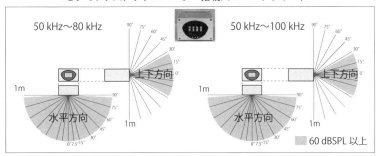

図 3.25　開発したアドオン型スーパートゥイーターの驚異的な指向角

ドオン(追加増設)するだけで、本格的な超高周波対応システムに生まれ変わらせることを狙ったものです。本機の特性を図 3.24 に示します。まず、周波数応答は 200 kHz に達する驚異的なものとなっています。これによって、この研究本来の射程、200 kHz を初めて実現することができました。

さらに特筆しなければならないのは指向角の拡がりです。現在、30 kHz〜40 kHz を上廻る周波数応答をもつスーパートゥイーターは少なくありません。ところが、それらはほぼ例外なく、超高周波帯域になるほど放射する空気振動の拡がりが狭くなり、50 kHz〜60 kHz あるいはそれ以上の高周波帯域になると、ほとんどがビーム状の細い音波を放出するにすぎないのが実態です。それに対して本機は 100 kHz で 90° 近い、つまりほぼ 180° をカバーする拡がりを出させることに成功し、まったく次元の異なる指向性を実現

しています(図 3.25)。

　[耳から聴覚系]という経路とは独立した[体表面からの受容]という超高周波独特の受容メカニズム(第9章参照)からも、聴く人の周辺に広く超高周波を充満させ、躰を超高周波が包み込むことを可能にするこのスーパートゥイーターの威力は、他では得ることができません。

　なお、これらを実現した傑作アクチュエーター Nr2b はその後進化をつづけてさらに性能を高めた Nr5b を産み、同じ積層セラミックス素子を使った超小型の SA S63 アクチュエーターも戦列に加わろうとしています。

第 3 章文献

1　大橋力，服部和徳，鹿島典子，永村寧一．高域非定常音の感受性について．日本音響学会昭和 60 年度春季研究発表会講演論文集，257-258, 1985.
2　大橋力．高密度生活空間の音環境について．日本木材学会居住性研究会資料，**22**, 1-30, 1988.
3　大橋力，仁科エミ，河合徳枝．環境高周波音の生理的・心理的機能に関する"トランス誘起モデル"とその検証．日本音響学会聴覚研究会資料，H-88-66, 1-8, 1988.
4　Oohashi T, Kawai N, Nishina E, "Trance Generation Model" for High Frequency Sounds. The First International Conference of Music Perception and Cognition Proceedings, 291-294, 1989.
5　Plenge G, Jakubowski H, Schone P, Which Bandwidth Is Necessary for Optimal Sound Transmission?. Audio Engineering Society Preprint no. 1449, 1979. J. Audio Engineering Society, **28**(3), 114-119, 1980.
6　Yamasaki Y, Signal processing for active control—AD/DA conversion and high speed processing. Proceedings of International Symposium on Active Control of Sound and Vibration, 21-32, 1991.
7　松下電器産業株式会社．高音用スピーカ．特開 2003-304594.

第1部 ハイパーソニック・エフェクトの発見

第 4 章

脳波計測がもたらしたブレークスルー

4…1　情動系を標的にした脳波計測環境の構築

　音楽家 山城祥二によって体験的・直観的に認識された「音楽をより美しく快く感動的に感じさせる未知の存在」──。それは山城と同一個体を共有する科学者 大橋 力によって、「音楽の中に含まれた周波数が高すぎて聴こえない超高周波」と想定されました。ところが、この仮説は、ディジタルオーディオの周波数上限を策定するために1970年代末ころ世界規模で行われた音響心理学の〈一対比較法〉から与えられた[15 kHz～20 kHz以上の高周波のあり／なしは音質の違いとして判別されない]という国際的に一致した結論に照らすと、完全に否定されたものになってしまいます。

　しかし、一対比較法に象徴される心理実験法には、これまで述べてきたように、深刻な限界があることを否定できません。この方法を単独の判断材料にすることはかなり危険であり、何らかの他の基準、とりわけ、複雑で不安定な「心」の出力にのみ依存した心理実験法とは根本的に異なる、より客観性、安定性の高い生理的な評価・判断基準の存在が望まれます。私たちの立てた〈超高周波によるトランス誘起モデル〉〈変調作用モデル〉[1]は、超高周波を含む音が[脳の情動系、報酬系を活性化する効果]を想定したものです。

　そうした脳の活性化を反映する生理的指標として、〈脳波〉(EEG)のなかで、活きている脳が常に発生し続けている〈自発脳波〉に属し、快感や快適感を反映する指標とされる α リズム、θ リズムなどへ注目することの有効性が考

られます。また、より決定的な方法として、局所脳血流の計測に基づく〈脳機能イメージング〉が期待されます。

　脳波とは、周知のとおり、脳の電気活動を頭皮表面から検出するものです。それぞれ周波数帯域を異にする自発脳波の α リズム（α 波）、β リズム（β 波）、θ リズム（θ 波）、δ リズム（δ 波）などや、痙攣発作に特徴的なスパイク（棘）波などが知られています。これらの他に、何らかの外部刺戟への反応として発生する〈誘発脳波〉があります。しかし、脳波という事象は決して安定性が高いものではなく、その取り扱いにはきわめて慎重でなければなりません。この脳波について探索的な実験を行うなかで、ガムラン音楽に含まれる 26 kHz 以上の超高周波のあり／なしによって α 波のポテンシャルに変化が現れ、超高周波の共存下で α 波が増強される傾向が認められました（図 4.1）[2]。こうした探索的実験をふまえて、脳波という生理的指標に本格的に注目した実験を構想しました。

　具体的実験計画を構成する段階に入ると直ちに、この構想はそうたやすく実現できるものではなく、ワンステップごとに、既存の発想や方法の抜本的な見直しと新しい方法の開拓に取り組むことが不可欠であることがわかりました。まず最初に出合った問題は、この当時の本格的な脳波の計測はほとんどすべて、医学分野で臨床検査に使われる方法にのっとっており、たとえば心理学などで利用する場合でも、医学分野でのやり方がほとんどそのまま踏襲されていたことです。それは、この研究のターゲット、脳の情動系そのも

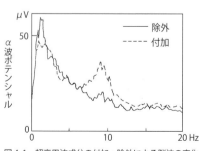

図 4.1　超高周波成分の付加・除外による脳波の変化

のに、無視できない負のバイアスをもたらす可能性をもつものでした。

　その標準的な方法は、まず、電極を導電性のペーストを使って頭皮に貼り付けます。電極の数は、もっとも広く採用されている国際１０-２０法だと21個にのぼり、これらの電極をつけるのに数十分間が必要です。こうして電極を貼り付けられた患者などはベッドに横たわり、脳波を導出する多数のケーブルで脳波計に繋がれることになります。脳波とは μV（マイクロボルト）オーダーで測らなければならないかなり微弱な電位の発現とその変動という事象ですので、それを計測・記録するには増幅倍率の特に高い入力回路を使わなければなりません。そのため、被験者と脳波計とを結ぶケーブルへの接触や振動は相対的に脳波それ自体を上廻るほどの雑音を発生します。またケーブルはふつう1m以上の長さをもち、これがアンテナとして働いてしまうため、日常使われる交流電源のもつ脳波に近い周波数50 Hz、60 Hzをラジオのように受信してノイズとして取り込んでしまいます。このトラブルを避けるため、整備された脳波計測室では、部屋の壁、床、天井などに電磁シールド用の金網をくまなく張り巡らします（図4.2）。そのため、計測室内は狭苦しく息苦しい、とうてい快適とはいえない環境が形成されるのが常です。

　こうした脳波計測条件は、臨床検査によって何らかの疾患、たとえば「て

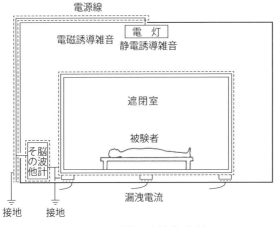

図4.2　シールドルーム（文献3から）

んかん」に特徴的な突発的に出てくるスパイク波などを検出するには有効です。ところが、脳の中で精神活動にポジティブな効果を現す情動系、報酬系の活性化を反映する脳波の出現は、これら現在標準となっている計測条件によって抑止される可能性が高く、信頼できる結果が期待できません。

　なぜなら、この条件のなかの被験者はまず、まず脳に粘度の高いペーストで「べたべた」な状態の電極を何十分もかけて取り付けられます。そして、脳波計に多数のケーブルで繋がれた状態でベッドに仰臥させられ、ノイズの原因となる躰の動きを厳しくいましめられつつ計測にのぞみます。しかも計測室は電磁シールドを施す都合上、上述のように閉鎖的かつ狭隘です。それは繊細な感受性をもつ人にとってはいわば「拷問部屋」的空間であって、呈示する音に、仮に情動系・報酬系を刺戟して美しさ快さ感動などを呼び起こす力があったとしても、計測室のもつこうした負の情報環境の圧力によって、それらの活性化がさまたげられる可能性が非常に高いと考えなければなりません。

　実は、このような負の環境要因の除去についてのケアーは、実験者など被験者に接するスタッフたちの「人相風体」も例外としません。被験者の血を凍りつかせるような実験スタッフの存在下で報酬系の活性化を目指す実験を行うことは、一種の自己矛盾に他ならないのではないでしょうか。

　そこで、これらの諸問題をひとつずつ、解消していくことにしました。ま

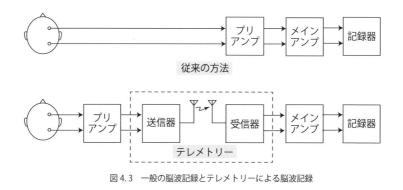

図4.3　一般の脳波記録とテレメトリーによる脳波記録

ず、頭皮表面への電極の取り付けについて、そのころ米国で開発され使われ始めた〈エレクトロキャップ〉という、電極をあらかじめ装着してある弾力をもった帽子をかぶらせることで電極装着時間の大幅な短縮(5分間ぐらい)と装着状態の安定化を実現しました。次に、上記のキャップに小型のプリアンプをつけ、ごく短いケーブルで電極と繋ぐことによって、誘導雑音(ハムノイズ)を激減させました。さらに、上記のプリアンプの出力を被験者のベストのポケットなどに収めた送信器によりFM多重送信するテレメトリー方式を導入しました。こうすることで、被験者は脳波計にケーブルで繋がれた拘束状態から解放され、椅子に座ったり、立ったり、歩いたりしながらでも、途切れることなくデータを取り続けることが可能になりました(図4.3)。これらの対策によって被験者のストレスは大幅に低下しています。

　エレクトロキャップとテレメトリーの導入は交流電源からのハムノイズを激減させるため、シールドルームが不要になります。これによって、音呈示を行い脳波を計測する空間の構成には大きな自由度が与えられ、それまでのような不快感や緊張感を与えず、快適に実験を行う環境をもった計測空間を構築することが可能になりました。

　そこで、脳のポジティブな情動系、報酬系に注目した実験を行うのにふさわしい、不快、緊張、恐怖などの負のバイアスをできるだけ排除した快適な情報環境をもった音呈示-脳波計測室を、オリジナルに設計、施工することにしました。そのため、こうした特殊な目的をもった空間を具体的に実現するうえで実績をもち、ビートルズの拠点 改修アビーロード・スタジオの設計者としても著名な世界屈指のレコーディングスタジオ設計家、豊島政実四日市大学名誉教授の協力を得て、これを実行に移しました。

　まず、それまで脳波計測室はもとより、音響スタジオでも軽視されがちだった〈視環境〉の好適化を図ることにしました。そのために、呈示-計測室の四つの壁面のうち一面は屋外が一望できる遮音性の四重ガラスとし、従来の閉鎖的な遮音実験室とまったく異なる開放性を確保しました。あわせて、他の壁面にも天然素材を使い、床はフローリング仕上げとしました。さらに、

床下にピットを設け、配線をピット内で行ってケーブルなどを被験者の視野から除くことにより、機器を連想させる人工物の存在が被験者に与える心理的バイアスを低減させました。加えて植栽のポット、環境絵画、伝統的オブジェなどを適宜配置して視環境の自然性を高めています。

　音環境については、さまざまな条件をシミュレートできる〈残響可変構造〉としました。これについても自然性、快適性をそこなわないよう特別な工夫をしました。まず、壁面（ガラス窓側をのぞく三面）を回転可能な三角柱を配列させた構造とします。三角柱の一面はジャージクロス表装の遮音材グラスウ

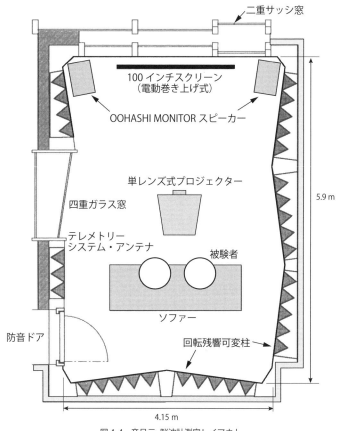

図 4.4　音呈示-脳波計測室レイアウト

ール、一面は響きのよい桜材、一面は大理石(インド産)で形成しました。また、天井はジャージクロス表装のグラスウールとし、その前面を反射性の木製引戸で開閉可能としました。三角柱を回転させたり天井板を開放・閉鎖することで、いろいろな響きをもった音空間を造成することが可能です。これらで構成された空間は、感覚的にも、よい響きを実現しました。

　呈示-計測室は、このような環境の中に音呈示用のスピーカーシステムOOHASHI MONITOR Prototypeと映像呈示用のプロジェクターおよびスクリーンとを備え、さらに被験者用のソファーを置きました。概略は図4.4のようになっています。実験室の様子や運用状況を写真4.1に示しました。また、この部屋の〈残響可変特性〉は、図4.5に示すとおりです。このようにして、脳のポジティブな情動系、報酬系をターゲットにした脳波計測環境を構築したのです。

写真4.1　音呈示-脳波計測室の様子

第4章　脳波計測がもたらしたブレークスルー　　075

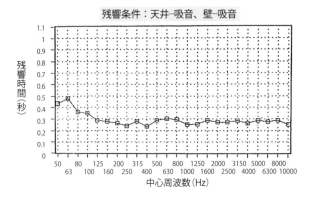

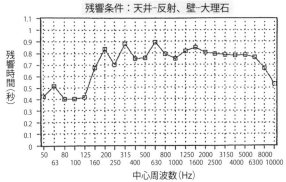

図 4.5　音呈示-脳波計測室の残響時間-周波数特性

4…2　脳波を画像化し数量化する

　脳のポジティブな情動系や報酬系の活動と脳波 α リズム（α 波）ポテンシャルとの間には密接な関係があることが、多くの経験から示唆されています。一方、1990 年代ころまでの関連分野の知識としては、α 波は目を閉じた状態でよく見られ、目を開くと顕著に減弱する傾向が注目され、さらに、医学分野では、［目を開いていても α 波がよく出現することと覚醒系の機能障害とのかかわり］が指摘されていたりして、α 波は目を閉じた状態で測るべきもの、という通念が形成されていました。しかし、人間が起床している時間の大部分は、つまり起きている人間の標準状態は、開眼下にあります。また、

当時の新しい知見として、禅の高僧の半眼下の瞑想状態[4]や剣道の達人の立会のときなどに、開眼状態であるにもかかわらず持続的にかなりのポテンシャルでα波が現れるという話題が流れていました。さらに、1990年代に入ると、目を開いた状態でα波が出現することを支持する見解が、脳波の専門家からも表明されるようになっています[5]。

　こうした状況は、従来法のもつ計測に伴う拘束感、不快感、緊張感、不安感などが招くハイ・ストレスに対してほとんど無防備な条件のもとで[ストレスフリー]の指標であるα波を計測することの矛盾を反映したものかもしれません。それゆえ、計測に伴うもろもろのストレスの排除に力を尽くして私たちがオリジナルに開発した計測条件下では、種々の妨害条件が抑えられたことの効果として、開眼状態のもとで意味のある脳波α波のデータを獲得できる可能性が期待できそうです。

　そこで、オリジナルに開発した呈示-計測環境のもとで、超高周波成分を含んだ音とそれを除いた音とを呈示し、目を開いた被験者の脳波α波ポテンシャルに果たして違いが現れるか、現れるとしたらそれはどのような脳波発現の違いを示すのかを検討しました。結果を図4.6に示します。

　図において、超高周波の存在によってα波が増強される傾向にあることを視認することができます。しかしこれは、P_z（正中頭頂部）ワンポイント計測値であり、これをもって全体像を捉えることはできません。また、データの数量化の点でも大きな限界があります。これらの限界を克服する手法として、〈脳電位図〉(Brain Electrical Activity Mapping = BEAM) の有効性が期待されたので、その利用を検討しました。

　BEAMは、フランク・ダフィーら[6]によってその基本概念とそれを実現するシステムが創られて以来、実用化とともに高精度化が進み、分析方法のバリエーションも増えてきました。その基本型は、頭皮全体に22個の電極を配置し、それらの各電極の間を細かいドットマトリックスに分けて、各ドットごとの等価電位を推算し、その値に基づいて脳波電位の等高線地図を描かせる、というものです。

私たちは、日本光電製EEGマッピングシステムMCE-5200を導入し、これに附属しているソフトウェアを元にして、私たちの研究により適合した状態に向けてプログラムなどの再構築を行いました。まず、計測効率を向上させると同時に計測全体の信頼性を高めるために、実験参加者(以下、被験者)1人分の計測データ・スペースで2人の被験者を同時に計測可能にしました。そのために、被験者1人あたりの電極数を減少させ、図4.7の白丸で示す12箇所に圧縮して配置しました。これらの各計測点から得られる脳波ポテンシャルをFFTにかけ、帯域別平均パワーの平方根を算出して、各電極電

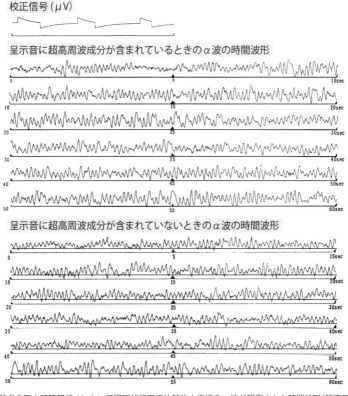

同一被験者の正中頭頂部(Pz)において開眼状態下で比較的大振幅のα波が観測された時間波形(超高周波成分を含むガムラン音を呈示しているとき)(上)と比較的小振幅のα波が観測された時間波形(高周波成分をカットしたガムラン音を呈示しているとき)(下)

図4.6　脳波の時間波形(各60秒)

位におけるその帯域〈リズム〉の脳波の〈等価電位〉としました。

これを図4.7中に示した推算法で処理し、25カ所の電極位置における値に拡張します[7]。次いで、図4.8のように、隣接する四つの電極位置で囲まれた平面を12×15ドットに区分し、直線補間法をもちいて、各ドットごとの電位値を線形補間します。こうしたドットは、頭皮上にグリッド状に仮定した2,540点に設定されます。このような補間によって、各ドットごとに得られた値と前記25電極位置の値との合計2,565点の電極値をもとに、前記のEEGマッピングシステムによって、頭皮上での電位分布を15段階に色

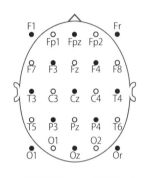

補間計算式

F1 = (Fp1+F7)/4, (Fr, O1, Or も同様)
Fpz = (Fp1+Fp2)/2, (Oz, T3, T4 も同様)
F3 = (Fp1+F7+C3+Fz)/4, (F4, P3, P4, Cz も同様)

○=測定電極 ●=推定データ

図4.7 使用した電極位置と補間計算式[7]

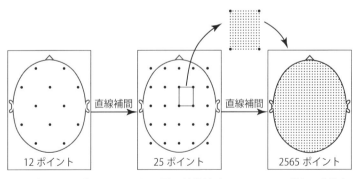

頭皮上2565ポイントにおける脳波α波帯域（8.0〜13.0 Hz）の等価電位算出

図4.8 補間点の設定

図 4.9 BEAM の実例

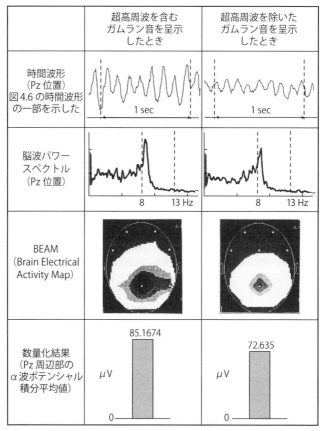

	超高周波を含む ガムラン音を呈示 したとき	超高周波を除いた ガムラン音を呈示 したとき
時間波形 (Pz 位置) 図 4.6 の時間波形 の一部を示した	1 sec	1 sec
脳波パワー スペクトル (Pz 位置)	8 13 Hz	8 13 Hz
BEAM (Brain Electrical Activity Map)		
数量化結果 (Pz 周辺部の α 波ポテンシャル 積分平均値)	85.1674 μV	72.635 μV

図 4.10 α 波ポテンシャル数量化手法のモデル

分けして示す等電位図に表示しました（図4.9）。この画像を Brain Electrical Activity Map（以下 BEAM）と呼びます。

　脳波ポテンシャルの数量化にあたっては、図4.10に示すように、まず、適切な計測ポイントから導出された脳波の時間波形（いわゆる生波形）を観察して、然るべきリズムの電位（たとえばPz位置からα波）が発生していることを確かめ、また、そのFFTスペクトルを観察して、固有のリズム（たとえばα波）帯域の成分が雑音ではなく、雑音の汚染から独立したピークを形成していることを確かめます。

　BEAM を使い、計測対象点を拡げ信頼性の高い数量化を実現するために、α波について、次の二つの方法を試行錯誤を通じて設定しました。まず、α波のピーク・ポイントが頭頂部（Pz）にある場合、BEAM を構成する全2,565ポイントの中から、Pzを中心にした前後10ポイント×左右9ポイント＝90ポイントの領域を対象にします。また、α波のピーク・ポイントはしばしば、頭頂部よりも後方にずれたパターンを示すので、そうした場合には頭皮全体領域を三分割した後頭部に該当する3分の1を計測対象にすることで、良好な結果を得ることができます。

　このように準備を整えて、超高周波成分の存在が果たして脳波α波にどのような影響を及ぼすのか、調べました。

4…3　超高周波の存在が脳機能を変容させる

　新しい構想による脳波実験の準備がひととおり整い、これらによって、超高周波の存在が人間の脳にどのような影響を及ぼすかを、それまでの一対比較法という主観的評価法と次元を異にする客観性、精密性をもった生物学的指標のもとに調べる可能性が視野に入ってきました。そこで、その有効性が期待される、脳波α波を指標とする実験に進みました[8]。

　まず、音源としては、現地で録音したきわめて強力な超高周波を含むバリ島のスマル・プグリンガン様式のガムラン・アンサンブルの演奏する『ガン

バン・クタ』という205秒の器楽曲を選びました。増幅系は、前に述べたバイチャンネル再生系、再生スピーカーは同じくOOHASHI MONITOR Prototypeです。この楽曲のクライマックス部分のFFTスペクトルは、図4.11に示すとおりです。これは、私がこの研究の暫定的な射程とした100 kHzを若干ですが上廻っている可能性があります。次にこの楽曲全曲205秒間の平均パワースペクトルは、図4.12のとおりです。曲中のポーズなど無音になる部分や音が小さく高周波がほとんど存在しない箇所を含む205秒間の全楽曲を平均したパワースペクトルで、その値は40 kHzをすこしこえています。これらのことは、楽曲の特定のポイントだけに超高周波を含む音が出現するのではなく、楽曲全体にわたって相当に強力な超高周波が含まれていることを示しているといえるでしょう。この電気信号を先に述べたバイチャンネル再生系で増幅しOOHASHI MONITOR PrototypeスピーカーシステムとスーパートゥイーターPT-R7 IIIとで空気振動として再生しました。さら

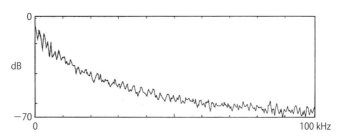

図4.11 ガムラン楽曲『ガンバン・クタ』（クライマックスの部分）のスペクトル（FFT）

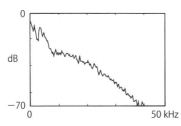

図4.12 実験に使用したガムラン楽曲『ガンバン・クタ』全曲205秒の平均スペクトル（FFT）

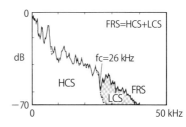

図4.13 被験者の聴取位置で計測した超高周波を含む呈示音（FRS）および超高周波を除いた呈示音（HCS）および可聴音を除いた呈示音（LCS）のスペクトル（FFT）

に、それらのシステムの性能と動作を確かめるために、被験者の位置に計測用マイクロフォン B&K 4135 を置いて、実際の音呈示のときに被験者に受容される呈示音全曲 205 秒間の平均パワースペクトルを調べ、図 4.13 を得ました。図からわかるように、元の音源そのもの(FRS)はもとより、元の音源からカットオフ周波数 26 kHz、減衰傾度 85 dB/oct の条件で超高周波成分を除いたハイカット音(HCS)、元の音源からカットオフ周波数 26 kHz、減衰傾度 85 dB/oct の条件で可聴音を除いたローカット音(LCS)のいずれも、音源の電気信号が含む成分を空気振動としてかなり忠実に再生していることが確かめられました。

次いで、被験者群として、健常な男性 10 人、女性 6 人、合計 16 人(年齢 20〜70 歳)の母集団を編成しました。

このように、目的に合わせてオリジナルに構築した脳波計測環境、脳波計測手法、音源、被験者群などの準備を完了し、脳波実験に入りました。

まず、探索的、予備的な実験のひとつとして、3 人の被験者において、超高周波成分を含むガムラン音(フルレンジ音 = FRS)を聴いているときと、そこから 26 kHz 以上の超高周波成分を除いた音(ハイカット音 = HCS)を聴いているときとで脳電位図(BEAM)が同じか違うかを 20 秒間ごとに時間を追って描写し、図 4.14 の結果を得ました。3 人の被験者とも共通して、超高周波を含んだ〈FRS〉が呈示されているとき α 波の活性が高まり、そこから 26 kHz 以

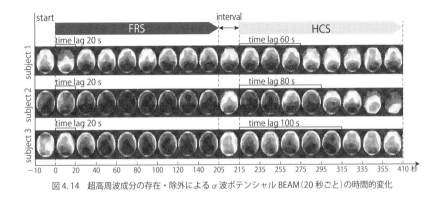

図 4.14　超高周波成分の存在・除外による α 波ポテンシャル BEAM (20 秒ごと)の時間的変化

上の超高周波をローパスフィルター(LPF)を使って除いた〈HCS〉が呈示されているとき α 波の活性が低下しました。かつ、3 人の被験者のすべてにおいて、そうした反応が惹き起こされるまでに、無視できない時間的な遅れを伴うことが観察されました。その遅れは、まず FRS によって α 波のポテンシャルが高い値をとるまでに、3 人とも約 20 秒以上を要し、HCS によって α 波のポテンシャルが低い値をとるまでに、第一の被験者では約 60 秒間、第二の被験者では約 80 秒間、第三の被験者では約 100 秒間もかかっています（図 4.14）。

次に、FRS と HCS とをくり返して交互に呈示すると BEAM はどのように推移するかを調べてみました。ただし、先の実験でこうした場合の脳波 α 波の BEAM の変化には顕著な時間的遅れ(遅延)が伴うことがわかりましたので、そうした遅延の影響を少なくするために、音の呈示開始から 60 秒間のデータを除外し、音呈示開始後 60 秒目から 120 秒目までの平均パワースペクトルに基づいて BEAM を作成しました。結果は、図 4.15 に示すように、超高周波を含む FRS 条件のもとで α 波が活性化し、超高周波を除いた HCS

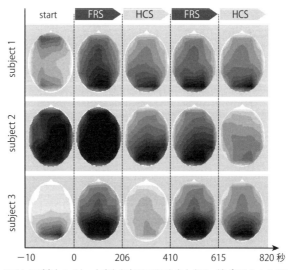

図 4.15　フルレンジ音とハイカット音とを交互に呈示したときの α 波ポテンシャル BEAM の変化

条件のもとでα波の活性が低下すること、そしてこの現象が反復することが3人の被験者に共通して見られました。

以上のような探索的、予備的検討に基づいて、被験者を16人に増やし、より本格的な実験を実施しました。脳波計測条件は、先に設定したとおりに行いました。ただし、呈示音は、これまで使ったガムラン楽曲『ガンバン・クタ』のフルレンジ音(FRS)、ハイカット音(HCS)に加えて、同じ音源の26 kHz以上の成分を抽出したハイフリークェンシーコンポーネント(超高周波成分=HFC)、およびホワイトノイズをフィルタリングして形成したそれと近似したパワースペクトルをもつHFCを加え(図4.16)、先に述べた方法で、音呈示を始めてから60〜120秒の間のα波ポテンシャルを数量化し、表4.1の結果を得ています。

まず、フルレンジ音を呈示したときとハイカット音を呈示したときとのα波活性の変化の様子は、被験者16人中12人でフルレンジ音のときα波ポテンシャルが増え、16人中4人でα波ポテンシャルが減っています。その増減の内容をみると、まず増加した3人の被験者で約100%またはそれ以上の増大が認められたほか、10%を超える増加を示した被験者が全16人中11人に達しています。それに対して、減少を示したのは4人だけで、そのうち最大の減少値が3.2%でした。全被験者の平均値は+34.4%の増加を示し、これを統計的に検討すると、フルレンジ音によるα波の増強という事象がt検定によって$p<0.01$で有意となっています。脳波という指標は決して安定性の高いものではないという属性を考慮すると、これらの数値から

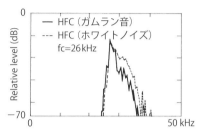

図4.16 ガムラン音の超高周波成分およびホワイトノイズ起源の超高周波成分のスペクトル(FFT)

判断するかぎり、ガムラン音楽に含まれる超高周波が何らかの効果を発揮して脳波α波の活性を高めた可能性を否定することはきわめて難しい、ということができます。

しかしこうしたα波の活性の増大は、表4.1に示すように、ガムラン音に含まれる超高周波成分だけを取り出して単独で呈示した場合、およびホワイトノイズから抽出しフィルタリングした、ガムラン音高周波成分に近似した帯域成分を呈示した場合のどちらにおいても、α波のポテンシャルを高める効果があるとは認められない結果を示しました。したがって、フルレンジ音条件下でのみα波ポテンシャルが増大した現象は、ハイカット音すなわち可聴音と、ハイフリークェンシー成分すなわち周波数が高すぎて聴こえない超高周波とが共存することによって初めて発現する現象である可能性が示

表4.1 呈示音の周波数成分とα波の活性

被験者 No.	EXP.1 $\dfrac{V_{FRS(Gamelan)} - V_{HCS(Gamelan)}}{V_{HCS(Gamelan)}}$ (%)	EXP.2 $\dfrac{V_{HFC(Gamelan)} - V_{No\ Sound}}{V_{No\ Sound}}$ (%)	EXP.3 $\dfrac{V_{HFC(White\ noise)} - V_{No\ Sound}}{V_{No\ Sound}}$ (%)
1	+134.9	+69.1	+34.2
2	+122.1	+63.0	+4.9
3	+98.1	−14.8	−61.9
4	+54.7	−1.8	−6.9
5	+40.5	−22.2	−24.6
6	+35.6	−1.4	−19.6
7	+18.0	+5.8	+1.9
8	+13.2	−2.9	+4.9
9	+11.9	−90.7	−96.9
10	+10.9	−29.4	−23.0
11	+10.2	+3.1	−0.6
12	+8.3	+76.7	+55.8
13	−0.8	−4.1	−24.1
14	−2.3	+10.0	−14.1
15	−3.1	−1.6	+0.3
16	−3.2	+11.0	−3.7
平均	+34.4	+4.4	−10.8
p値	<0.01	n.s.	n.s.

FRS：fullrange sound, HCS：highcut sound, HFC：high frequency components
Fc=26 kHz

唆されたといえるでしょう。

このように、超高周波の存在によるα波ポテンシャルの増大、そしてそれが超高周波単独で起こるのではなく、可聴音との共存下に起こるという二つの現象の存在を示す知見が、脳波という生理的指標を使った実験から初めて得られました。これは、超高周波を含む音が人類の脳に何らかの影響を及ぼすことを実証的に示しています。こうした事実を初めてつきとめたこの実験は、きわめて高い注目に値するでしょう。

次に、脳波という指標の時間的解像度の高さに注目して、フルレンジ音とハイカット音とを切り換えつつ連続的に呈示したとき、多数の被験者のα波ポテンシャルの平均値がどのように推移するかを、調べてみました。まず当時の標準的な脳波α波の計測法だった「目を閉じた状態」で、16人の被験者について50秒きざみに描いたBEAMを図4.17に、また、「目を開いた状態」で、10人の被験者について30秒きざみに描いたBEAMを図4.18に示します。なお、この開眼実験では、CDというメディアを意識して、ローパスフィルターおよびハイパスフィルターのカットオフ周波数を22 kHz／85 dB/octに設定しています。いずれの実験でも、FRS条件下、つまり超高周波の存在によってα波ポテンシャルが増大し、HCS条件下でα波ポテ

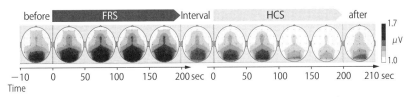

図4.17　目を閉じた被験者16人のα波ポテンシャル平均値BEAMの推移

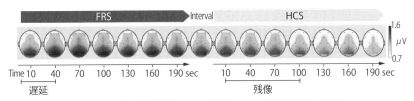

図4.18　目を開いた被験者10人のα波ポテンシャル平均値BEAMの推移

第4章　脳波計測がもたらしたブレークスルー

ンシャルが減少するという先の実験を支持する結果を与えています。

特に注目する「目を開いた状態」では、FRS 呈示開始後 α 波ポテンシャルが増大するまでに約 40 秒間の遅延を伴い、HCS 呈示開始後 α 波ポテンシャルが低下するまでに約 100 秒間の遅延(残像)を伴うことが認められました。

そこで、目を開いた条件での実験データから、上記の残像が消失した後の音呈示開始後 100 秒目から 200 秒目までの 100 秒間の時間領域における α 波ポテンシャルについて 10 人の被験者の α 波 BEAM を描くと、図 4.19 のように、フルレンジ条件下で α 波の活性がもっとも高く、ベースラインとした暗騒音条件下の活性がそれに次ぎ、ハイカット音条件下でもっとも低い値を示しました。さらに、フルレンジ音の α 波ポテンシャルとハイカット音の α 波ポテンシャルとの間には、$p<0.05$ で統計的な有意差があることがわかりました。

このように、新しい構想のもとに構築した方法論に基づき脳波 α 波に注目した生理実験の結果は、超高周波が含まれているか、含まれていないかを人間の脳が識別していることを示しています。このことは、それ以前に古典的音響心理学にのっとって行われたサーストンの一対比較法による実験の結果と調和しません。

一対比較法で超高周波成分を含む音とそれを除去した音とが聴きわけられるか否かにかかわらず、この両者が互いに異なる影響を人間の脳の働きに及ぼすことが、いくつかの条件下での脳波 α 波の測定を通じて否定できなく

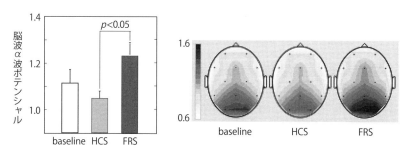

図 4.19　音呈示開始後 100 秒目〜200 秒目の間の α 波ポテンシャル(左)および BEAM(右)

なったことになります。あわせて、超高周波の影響が現れるまでに約40秒間の遅れを伴い、その効果が消えるまでに100秒に及ぶ「残像」が生じることも明らかになりました。

これら一連の脳波α波に注目した生理実験の網はもしかすると獲物を捕えたのかもしれません。聴こえない超高周波を含む音が人類の脳の活動に影響を及ぼす現象が存在する可能性を否定できないものとしたこれらの結果は、研究に大きなブレークスルーをもたらすことになりました。それは、発端となった、音楽家兼スタジオ技術者 山城祥二の超高周波のあり／なしにより音が変わるという体験的認識の、ひとつの支持材料ともなります。

しかし脳波を指標に使ったこれらの知見は、暗闇で獲物を網に捕えた状態に近く、足音や体臭はわかっても、その姿や形、そして動きなどはわかりません。そこで、次のステップとして、こうした脳波計測の網にかかった獲物が脳内のどの部位にどのような活性の変化を惹き起こし、生命現象として何を意味しているのかを、いわば捕えた獲物を白日のもとに曝すような〈脳機能イメージング〉の手法によって、具体的に精密に調べる可能性を追求することにしました。

第4章文献

1　大橋力, 仁科エミ, 河合徳枝. 環境高周波音の生理的・心理的機能に関する"トランス誘起モデル"とその検証. 日本音響学会聴覚研究会資料, H-88-66, 1-8, 1988.

2　大橋力, 仁科エミ, 渡辺典子, 松尾梨江子. トランス誘起性音楽の高周波成分について. 電子情報通信学会, E-A88-77, 1989.

3　大熊輝雄, 『臨床脳波学 第4版』, 医学書院, 1991.

4　Hirai T, "Psychophysiology of Zen". Igaku Shoin, Tokyo, 1974.

5　井上健, 篠崎和弘, アルファ波(III). 臨床脳波, **33**(10), 52-58, 1991.

6　Duffy FH, Burchfiel JL, Lombroso CT, Brain electrical activity mapping (BEAM): a method for extending the clinical utility of EEG and evoked potential data. Ann. Neurol., **5**(4), 309-321, 1979.

7　上野照剛, 松岡成明. 徐波を示す異常脳波の抽出とその表示法. 医用電子と生体工学, **14**(2), 24-30, 1976.

8　Oohashi T, Nishina E, Kawai N, Fuwamoto Y, Imai H, High-Frequency Sound Above the Audible Range Affects Brain Electric Activity and Sound Perception. Audio Engineering Society 91st Convention (New York), Preprint no. 3207, 1-25, 1991.

第1部　ハイパーソニック・エフェクトの発見

第 5 章
ポジトロン断層撮像法(PET)が描き出した〈ハイパーソニック・エフェクト〉の驚きに満ちた世界

5…1　脳機能イメージングとそのための計測環境の整備

　脳波計測による実験は、超高周波を含む音が脳の活動に顕著な影響を及ぼしている可能性を明らかにしました。周知のとおり、脳波は非常に優れた時間分解能をもつ脳活性の指標で、1秒間以下の細かさで脳の状態を刻々とそのパターンに反映します。しかし、時間分解能がそのように高い反面、空間的な解像力については著しい限界があり、複雑膨大な内部構造をもつ脳のどの部位が活動しているかについての情報は、ほとんど与えてくれません。次の研究段階として、脳波実験によって脳機能に歴然たる変容を導くことが明らかになった超高周波を含む音が、果たして脳のどの部位の活動をどのように変えるのかを突き止めなければなりません。脳波のデータから注目される、情動系の拠点が位置する深部構造を含む脳全体についての活性状態を、〈局所脳血流〉(regional cerebral blood flow＝rCBF)という最良の指標で描き出す脳機能イメージングによる検討が切望されるところです。

　その具体的方法としては、〈機能的磁気共鳴画像法〉(functional magnetic resonance imaging＝fMRI)と〈ポジトロン断層撮像法〉(positron emission tomography＝PET)が双璧といえるでしょう。ただし、現実的には、fMRIが計測時に発生する轟音は、音楽によって情動脳を活性化しようとする私たちの実験には適切ではなく、そうした欠点をもたないPETによる計測を否が応でも実現したいところです。しかし、PETスキャナーは原則として医療用に設けられたも

っとも大規模かつ稀少な生体イメージング設備であり、付随する装置もホットな原子核を造り出すサイクロトロンをはじめ高度な技術内容を多くもつため、その運用に多岐にわたる高度な専門家を要し、しかもたいていは医療目的のためにフル稼働していて、その他の目的には容易に応じることができません。一口でいえば途方もない「高嶺の花」なのです。

ここで非常に幸運だったことは、科学者 大橋 力と個体を共有する音楽家 山城祥二の主宰する芸能山城組の中で、調査や研究も活動範囲に収めたメンバーの一人に、京都大学医学部の大学院生 本田 学さん（当時。現在、国立精神・神経医療研究センター神経研究所部長）が在籍していたことです。この研究に深い関心をもち、意欲的でもあった彼のなかだちによって、開設間もない脳病態生理学教室を率いる柴崎 浩教授と親交を結ぶことができ、京都大学のPETを使う共同研究の実現についても、快諾をいただきました。

ちなみに、柴崎教授はのちに世界各国の脳波関連学会を束ねる国際臨床神経生理学会の会長を二期にわたって務められた脳波学の世界的権威です。また、PET実験を直接主導してくださった米倉義晴助教授（当時）は、わが国の脳機能イメージング分野をリードする新進気鋭の「ばりばり」の研究者で、のちに国立研究開発法人 放射線医学総合研究所の理事長に二期続けて任じられた方です。ということは、脳波とPETとを組み合わせて世界初となったマルチモーダルな脳機能計測を実行する上で、当時の日本ではこれ以上を望めない権威と実力とを具えたベストな陣容に恵まれて実験が行われ、研究が実を結んだことが、いま振り返ってわかります。まさしく、奇蹟的幸運に恵まれたといえるでしょう。なお、この実験で使った放射性同位元素 ^{15}O を健康な人の躰に注入する脳機能賦活実験は、現在では、学会の規制等によって事実上再現実験が不可能になっています。それゆえ、できるだけ詳しくその様子をお伝えするよう努めたいと思います。

このような恵まれた体制のもと、京都大学医学部附属病院のPET検査室のあるラジオアイソトープ（radioisotope＝RI）診療棟を、連休を利用して3日間借り切り、実験を行いました。RI診療棟は、文字どおり放射性同位元素を

用いた検査を実施するための診療施設であり、放射線を遮蔽するための特別な構造をもった地下1階地上3階の独立したビルになっています。

　この実験を実施した当時、地下1階には放射性同位元素の貯蔵庫や廃棄物保管庫、全身の被曝量を計測するホールボディカウンター室など、1階は事務室、研究室、会議室などの基盤的な施設が入っていました。2階と3階は全面的に放射線管理区域であり、2階には、脳だけでなく心臓や全身のがん検査を実施するPET検査室およびPETスキャナーをコントロールするためのコンピューター室と制御コンソール室の他に、主に臨床検査に使用するγカメラ室、点滴など検査に必要な患者さんへの処置を行うための準備室、採取された血液などの生体試料に含まれる放射性同位元素を即座に計測するためのラボなどが集約して配置され、3階は放射性同位元素を使った組織試料などの検査を行うインヴィトロ実験室となっていました。

　さらに、PET検査に必要不可欠な放射性同位元素で標識したさまざまな化学物質を作成するための専用のビルが別棟として建てられており、その地下に半減期がごく短い放射性同位元素を生成するためのサイクロトロンが配置され、1階には生成された同位体原子を含むさまざまな化学物質を合成するためのホットラボが配置されていました。ただし、私たちが実験に使用した放射性同位元素 ^{15}O は、半減期が2分とあまりにも短寿命のため、サイクロトロン棟からPET検査室のあるRI診療棟の2階へ、酸素ガスの状態でまさに文字どおりのホットライン（専用パイプライン）によって直接輸送し、PET検査室の隣で水素と反応させ、$H_2^{15}O$ が合成されるや否や患者あるいは被験者に投与されるという仕組になっていました。

　このように、RI診療棟では、京大病院で実施されるすべての診療科のあらゆる核医学イメージングと放射性同位元素を用いた組織検査が実施されていたのです。その病院の中枢のひとつともいえる建物を3日間独占することができたということは、まさに今となっては天の恵みとしか思えません。結果的に、同位元素の合成、被験者への投与、PET撮像および画像再構成、音の呈示、脳波の記録、画像データの解析などを合わせると、30名近いス

タッフが3日間張り付きで参画するという、空前の脳機能イメージング実験になりました。

　奇蹟のように恵まれたこうした条件のなか、まず最初に、臨床検査を目的として構築されているPETスキャン室を、音呈示-脳機能計測用に一時的に転換することに取り組みました。検査室の壁に吸音性のシートを貼ることにより、室内を音楽聴取に適した残響時間にコントロールするとともに、換気用ファンの発する騒音を換気機能は妨げずに低減するための防音装置を装着するなど、さまざまな音響的な工夫を施しました。私たちにとって幸いだったのは、この実験に使用した日立メディカル社製のマルチスライスPETスキャナーPCT3600Wという装置が空冷式ではなく水冷式だったことによって、スキャナー自体がファンノイズを発生することなく、ほぼ無音に近い音楽聴取に適した状態で稼働したことです。こうした騒音の少ない装置は、現在ではほとんど見ることができません。

　さらに、この研究を成功に導くうえで不可欠な脳の報酬系の活動をできるだけ妨げない計測環境の構築にも力を注ぎました。PET検査は、医療現場で開発されてきた手法であるため、検査そのものが患者あるいは被験者にも

写真 5.1　ハイパーソニック・エフェクトの脳機能イメージング実験室内の様子。ベッド上に横臥した被験者の視野には、環境絵画、植栽、木彫の仮面、緻密なジャワ更紗などしか入らない工夫をした

たらすストレスは、前章で述べた脳波計測と同様あるいはそれ以上のものがあります。特に、放射性同位元素を体内に注入する行為自体が強い嫌悪感や不快感を惹き起こし、報酬系の活性化を阻害する危険性がきわめて大きいといえます。そうした検査自体がもつネガティブな情動反応をできるだけ軽減するために、検査室内には呈示音源のふるさとであるバリ島の祝祭空間を参考にして環境絵画や彫刻を配置し、植栽で注入装置を含むあらゆる医療機器を視野から隠すなど、被験者の快適性をできるだけ損なわない工夫を重ねました（写真 5.1）。

5…2　音呈示・放射性同位元素投与・PET スキャン[1]

　超高周波を含む音によって、人間の脳のどの部位がどのような影響を受けるか。脳内の局所脳血流(rCBF)を非侵襲的に計測するために、PET 計測環境を先に述べたように再構築して準備を整え、実際の測定実験に入りました。

　音源としては、これまでの脳波実験で実績があるバリ島のガムラン楽曲『ガンバン・クタ』を用いました（図5.1）。その全曲、205 秒間の録音物の電気信号を 26 kHz／85 dB/oct のローパスフィルターを通して超高周波を除いたハイカット音（HCS すなわち可聴音）をつくり、26 kHz／85 dB/oct のハイパスフィルターを通して低周波を除いたローカット音（LCS すなわち超高周波成分）をつくり、HCS と LCS とを合わせてフルレンジ音（FRS）をつくりました（図 5.2、図 5.3）。

　これらの信号を、私たちが開発した〈バイチャンネル再生系〉（第 3 章 1 節）で増幅しスピーカーシステム〈OOHASHI MONITOR Prototype〉で空気振動に変換して、PET スキャナーに仰臥している被験者の耳から約 1.5 m 離れた位置から呈示しました（図5.4）。

　脳波実験と同様、被験者にできるだけ不快感や緊張感を与えないように留意し、PET 装置の周辺を静かにほの暗く保ちました。被験者は、自然に眼を開けた状態で PET 装置のベッドに仰臥します。それぞれの被験者の頭の

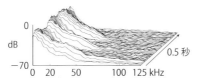

図 5.1　音源ガムラン音の最大エントロピースペクトルアレイ（MESA）

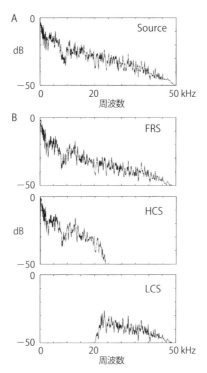

図 5.2　呈示楽曲『ガンバン・クタ』全曲 205 秒間の電気信号のスペクトル（FFT）

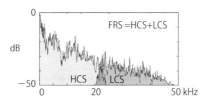

図 5.3　被験者聴取位置での呈示音のスペクトル（FFT）

形状に合わせて、ヘルメット様の耳が遮られない装具をつくり、頭部を固定しました。

このような設定のもとで、計測によって被験者が受容する放射線量を安全範囲内でできるだけ最低限にとどめるため、互いに異なる音呈示条件を異なった被験者群で検討しました。まず6人の被験者に対して、呈示する空気振動(音)を、[FRS][HCS][ベースライン]の3条件として計測を行い、次に、別の6人の被験者に対して、呈示音を[FRS][LCS][ベースライン]の3条件として計測しました。音呈示の順序は被験者間でカウンターバランスをとっています。以上の条件で被験者1人あたり6回の計測を7分間隔で行いました。

FRS、HCS、LCSの音呈示条件のときは、音呈示が開始されてから60秒間の時点で、[^{15}Oで標識された水：$H_2^{15}O$] 30 mlを右肘静脈から注入しまし

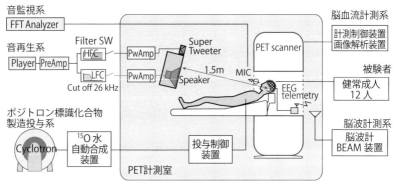

図5.4　PET計測概念図

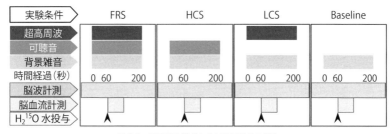

図5.5　呈示音の構成と放射性同位体の投与

た。またベースラインの場合には、PET実験室の暗騒音以外に音を呈示しない状態を60秒間保った後に、上と同じ手順で標識された水を投与しました(図5.5)。

このような条件のもとで音呈示を行い放射性同位元素を投与してから120秒間、マルチスライスPETスキャナー(PCT3600W、日立メディカル)によって頭部の放射活性を計測しました。

5…3　統計的パラメトリックマッピング法(SPM)によるデータ解析[1]

この実験に使った装置では、15枚の断層画像を、中心間距離7 mm、断層画像中心における軸方向解像度6.5 mm(最大半値幅)で撮像することができます。このプロトコル(手順)を用いた場合の断層画像内の空間解像度は6.7 mm(最大半値幅)ですが、再構成されたPET画像では10 mm程度の解像度まで低下することになります。撮像可能範囲は256 mm四方で、1画素の大きさは2 mm四方となります。

実際の計測に先立ち、^{68}Ge／^{68}Ga標準線源を用いた頭部の吸収補正を行うためのキャリブレーションを実施し、120秒間に計測された放射活性を加算することにより、画像を再構成しました。なお、今回の実験では動脈血の採取を行わなかったので、この計測手法で記録された組織の放射活性は、各組織の局所脳血流量ではなく、それらのもつ放射活性を直接反映したものになります。ただし、この手法で記録された組織の放射活性は、局所脳血流と相関の関係にあることが知られています。

計測データの解析に当たっては、当時標準的だった〈リージョン・オブ・インタレスト法〉(region of interest method＝ROI)に代わって、そのころ最新鋭の方法として提案されていた〈統計的パラメトリックマッピング法〉(Statistical Parametric Mapping＝SPM)を使う、という革新的なスタンスをとりました[2]。

ROI法はその名のとおり、関心のある領域だけを見る、つまり他の領域を見ない、という特徴をもっています。PETは脳全体を観察できるにもかか

わらず、そのポテンシャルを極端に限定したものといえるでしょう。私たちの実験では特に、音に関連する研究であることから聴覚神経系に何らかの反応があることは想定されるにしても、脳波の挙動や〈トランス誘起モデル〉などから想像すると、思いもよらない部位に活性化が現れる可能性があり、これを見逃すわけにはいきません。

　そこで、当時世界で使われ始めたばかりのもっとも先鋭的な解析手法であるSPM法を導入することにしました。この手法は、PETによって(その他のリソースとして、fMRIやSPECTなどがあります)計測された脳全体を対象として、実験の条件の違いによって局所脳血流間に差が生じた部分を、1画素(ボクセル)単位できわめて高い統計的信頼性をもって描き出す手法です。脳全体には1万個以上の画素があるため、通常の単純な統計検定で使う $p=0.05$ という有意水準では、まったく偶然に500個の画素が擬陽性を呈してしまいます。そこでSPM法では、第一段階の統計検定によって描き出された活性化部位のそれぞれについて、それらが空間的に繋がった画素の塊りとして描き出される統計的確率を、いわば裾野の広がりと山の高さとの両方を考慮しながら計算するという、二段構えの非常に高度な統計学的手法が使われています。そのうえで、統計的有意性をもって局所脳血流に変化が認められた部位を磁気共鳴画像法(MRI)で得られた脳全体の構造画像のうえにマッピングした画像を描き出します。この画像によって、脳科学の専門家でなくとも神経活動の活性化が脳内のどの部位で生じたかを、直観的かつ精密に把握することが可能になります。

　このSPM法という手法は、今日の脳機能イメージングの隆盛を築く原動力となり、現在ではデファクトスタンダード(de facto standard、事実上の標準)としてひろく使われています。しかし、この実験を行った当時はまだ世界の画像研究の先端的な研究者が、メーリングリストで、使用法やバグレポートのみならず、統計学的手法についての学際的論議を交わしながら、日進月歩でプログラムが成立しつつある段階でした。こうしたSPM法を最初から採用して解析を行うことができたのは、世界のこの領域を先導されていた米倉義

晴先生のお力によるものです。

　この実験でのSPM法を用いたPETデータの解析の詳細について述べます。当時は、汎用計算言語MATLAB（MathWorks, Inc.）で記述されたSPM96ソフトウェア（Wellcome Department of Cognitive Neurology）を用いて解析を行いました。まず各被験者から得られた画像データの位置のずれを補正するために、各被験者の最初に得られた画像データを基準として、その被験者のすべての画像データの位置あわせを行いました。その後、被験者ごとの頭部の形状差を打ち消すために、すべての被験者の画像データを、〈タライラッハの標準脳図譜〉にあわせて変形しました。その結果、各画像データは、x（右-左）, y（前-後）, z（上-下）で規定される空間で、$2 \times 2 \times 4$ mmの大きさをもった画素にサンプリングしなおされることになります。続いて、健常人に見られる〈脳溝〉の形状のばらつきを吸収し信号対雑音比を改善するために、最大半値幅15 mmの等方性のガウス（移動平均）フィルターを用いて画像を平滑化しました。画像データ間に見られる全体的な放射活性強度のばらつきを補正するために、それぞれの画像データの脳全体での平均が50 ml/100 g/minになるように、各画素の活性をスケーリングしました。異なる音呈示条件の局所脳血流が有意に変化する領域を探索するために、一般線形モデルをすべての画素について適用して、統計的評価を行いました。

　被験者が受容する放射線量を最低限にとどめるため、先に述べたように、異なる音呈示条件を異なった被験者群で検討しました。まず、FRSとHCSとの比較、HCSとベースラインとの比較を6人の被験者群で、次に、FRSとLCSとの比較、LCSとベースラインとの比較を、別の6人の被験者群で行いました。FRSとベースラインの比較は、12人すべての被験者を含めて行っています。画素ごとに実施したそれぞれの比較によって得られたt値を被験者の数（すなわち自由度）に依存しないZ値に変換し、それを空間的に表示して、統計的パラメトリックマップ（statistical parametric map＝SPM）を描きました。そして3.09を閾値としてそれ以下の値をもつ画素を除外しました（この値は単独で比較したときの$p=0.001$に相当します）。脳内に存在する必ずしも互い

に独立ではない多くの画素について多重比較を実施することによる擬陽性の上昇を補正するために、第二段階の統計検定を実施しました。そこでは、上記の閾値をこえる画素の塊りごとに、その空間的な広がりとZ値のピークの大きさ(すなわち裾野の広さと山の高さ)を勘案し、第一段階の統計検定によって検出された各領域の画素が空間的に繋がって存在する確率を、ガウス場理論に基づいて統計的に評価しました。こうした補正を行った後の最終的な有意水準として、p値 0.05 を採用しました。その結果有意性が確認された脳領域のZ値を、タライラッハの標準脳図譜に基づく空間にマッピングしました。図 5.6A はその一例で、三次元的にマッピングされた脳領域のZ値を、脳を三方向から透かして眺めた図になっています。sagittal は矢状面、coronal は冠状面、transverse は水平面を示し、脳をそれぞれ、右横から、後ろから、上から透かして見たようになっています。つまりこのマップは、単純な領域ごとの活性化状態を描いているものではなく、その領域に起こっている活性化の「確からしさ」の度合をマッピングしたものなのです。このように、厳格きわまりない手順を集積して、比類ない精密性、信頼性のもとに、SPMが描き出されました。こうして描かれた SPM は、個体(個人)の活性化データなどとは次元の異なる信頼性、精密性をもちます。人類に普遍的な現象を示すものといっても過言ではないでしょう。

5…4　SPM と脳波との相関[1]

　さらに、第 4 章で述べた脳波 α 波の増加によって示された、超高周波を含む音による脳の活性変化が、この実験においても発生しているかどうかを確認するとともに、それらの変化が脳のどの部位の神経活動の変化を間接的に反映したものであるかを調べました。そのために、すべての被験者について、上に述べた PET 実験中の脳波データを、頭皮上 12 電極から同時計測し、それらのうち脳血流データ計測中 120 秒間の脳波データを局所脳血流と脳波ポテンシャルとの相関分析に供しました(なお、1 人の被験者のデータに著しい

電気ノイズが混入していたため、分析から排除しました)。さらに SPM96 ソフトウェアを用いて、後頭部の脳波 α 波とどの場所の局所脳血流とが相関するかを示す相関マップを作成しました。前節で述べた 2 段階の統計検定により多重比較を考慮した補正後の有意水準として、p 値 0.05 を最終的な閾値として採用しました。

5…5　SPM の描き出したまったく未知の生命現象[1]

このようにして行った PET 実験から、以下の知見を得ることができました。まず、可聴域音を含む条件(FRS または HCS)と、可聴域音を含まない条件(LCS またはベースライン)とを比較すると、すべての組合せで、予想どおり可聴音を含む条件下で両側側頭葉の一次および二次聴覚野と推定される領域の局所脳血流が有意に増大しました(表 5.1)。また、特に注目すべき重要な事柄として、FRS 条件と HCS 条件とを比較すると、FRS 条件の方で脳の深部構造が有意に活性化していました(表 5.1、図 5.6)。活性化した領域は、中脳(図 5.6B)および左視床の外側部分(図 5.6C)に相当します。

FRS 条件と LCS またはベースライン条件とを比べた場合も、同じ領域の

表 5.1　音呈示条件間の比較により統計的有意な脳血流変化が認められた脳領域[1]

Analysis	Location	Talairach Coordinate (mm)			Magnitude of Peak Activation (Z score)	Size of Activation (voxel)	Significance of Activation (corrected p)
		x	y	z			
Subtraction analysis							
FRS > baseline	GTT, GTs (lt)	−44	−1	8	6.42	790	<0.001
	GTT, GTs (rt)	42	−18	4	5.76	753	<0.001
	midbrain	(4)	(−26)	(−8)	(3.39)	—	—
	[thalamus(lt)]	(−16)	(−18)	(0)	(3.32)	—	—
FRS > HCS	midbrain	4	−26	−8	4.67	117	0.022
	thalamus(lt)	−16	−18	0	4.50	60	0.039
HCS > baseline	GTT, GTs (lt)	−54	−20	0	4.88	462	<0.001
	GTT, GTs (rt)	36	−20	8	4.08	245	0.004
FRS > LCS	GTT, GTs (lt)	−46	−20	8	3.99	179	0.026
	GTT, GTs (rt)	48	−8	4	5.40	476	0.001
LCS > baseline	n.s.						
Correlation analysis							
rCBF vs. alpha-EEG	thalamus (lt)	−16	−16	0	4.30	149	0.027

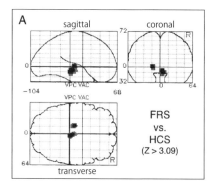

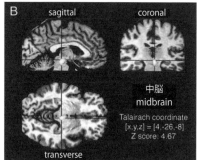 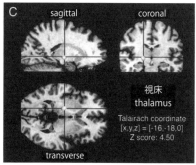

図 5.6　FRS 条件と HCS 条件とを比較した SPM 画像

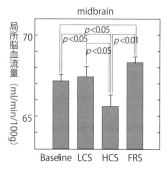 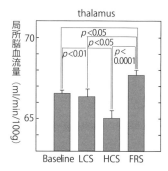

図 5.7　中脳における局所脳血流の比較　　図 5.8　視床における局所脳血流の比較

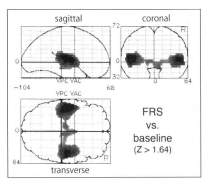

図5.9 FRS条件とベースライン条件との比較で局所脳血流の変化が認められた領域

局所脳血流が増大する傾向が見られました(図5.7、図5.8)。この傾向は、より低い閾値(Z>1.64)を用いると、FRS条件とベースライン条件との比較で認識可能になりました(表5.1、図5.9)。逆に、HCS条件の時にはこれらの領域ではむしろベースライン条件よりも局所脳血流が減少します(図5.7、5.8)。LCS条件とベースライン条件とを比較した場合は、脳内のどの部位にも有意な活性化の違いは観察されず、左視床、中脳のどちらにおいても、局所脳血流の変化は認められませんでした。

5…6 主成分分析法(PCA)が浮彫にした報酬系ネットワークの活性化

SPMはこのように、超高周波を含むFRSによって中脳、視床の局所脳血流が高められるありさまを、堅固な信頼性と高い精密性のもとに描き出しました。しかしそれは、活性のピークポイント、いわば高山の頂点を示すものにすぎず、山脈の繋がりや裾野の広がりを見せてはくれません。このような事象の広がりやそれらの連関について調べるには、それを描き出すのに適した解析手法を使うことが有効です。そこで、そうした目的に対して適切な機能を発揮する〈主成分分析法〉(principal component analysis=PCA)によって、活性化した部位の広がりや活性化部位間を結ぶネットワーク構造を描き出す解析を行いました。

この解析手法は、特定の音呈示条件の下で記録された脳血流データを直接比較するのではなく、さまざまな音呈示条件のもとで記録された脳血流データ全体の中で、もっとも大きな変動を示す脳部位の組合せを抽出する方法です。データのもつ分散共分散構造から抽出された上記の脳部位の組合せは、さまざまな音呈示条件下で連動して活動が変化する神経機能ネットワークに相当すると考えられます[3-5]。

　具体的には、まず特異値分解(singular value decomposition)を脳血流データに適用することにより、$X = U {}^{*} S {}^{*} V^{T}$ となるように、観測されたデータ行列 X を成分分解します。この式において、X は、行が各条件、列が画素に相当する画像時系列行列、U と V はそれぞれ各列ベクトルが直交するユニタリー行列で、V の各列が空間パターンに相当し、U の各列が各空間パターンの条件ごとの賦活の程度と解釈できます。また S は対角成分に降順に特異値が入った行列で、T は行列の転置を表します。

　この研究では、先に述べたデータセットのうち、超高周波成分(LCS)と元の音から超高周波を除いたハイカット音(HCS)とを同時に呈示したフルレンジ音(FRS)条件、超高周波を除いた音だけを呈示したハイカット音(HCS)条件、背景雑音だけのベースライン条件の三つの条件下で記録した脳血流データを用いて検討を行いました[6,7]。6人の被験者から記録した画像データを条件ごとに平均して6セットの画像を作成し(各音呈示条件につき2セット)、それに主成分分析を適用することによって、音呈示条件による血流変動の概略を捉えました。このようにして抽出された各成分の空間パターン(すなわち V の各列に相当)を、別途、磁気共鳴画像法(MRI)により撮像した脳全体の構造画像上に重畳してプロットするとともに、各成分の条件ごとの賦活パターン(すなわち U の各列を条件ごとに平均したもの)を求めました。なお各成分の空間的な広がりは、全画素の標準偏差を求め、平均から標準偏差の0.5倍以上離れた値をとる画素のみを解剖画像に重ねて表示しています(図5.10左、図5.11左)。

　まず被験者間の平均データを用いて検討を行った結果、主成分分析の第1主成分、すなわちデータの中に含まれる最大の変動成分として、両側の一次

聴覚野を含む領域が描出されました（図5.10）。このネットワークの音呈示条件ごとの活性をみてみると、ベースライン条件下で低値をとり、超高周波成分と可聴音を同時に呈示するFRS条件および可聴音のみを呈示したHCS条件下では互いに同じような高値をとることから、この成分は古典的な聴覚系ネットワークと考えられます。

一方、主成分分析の第2主成分、すなわちデータから第1主成分の変動を取り除いた後に含まれる最大の変動成分として、中脳と視床をピークとしつつ、視床下部を含む中脳・間脳全体が一体化して活性化するとともに、〈前頭葉眼窩部〉から〈内側前頭前野〉、〈前帯状回〉などの遠隔部位が連動して

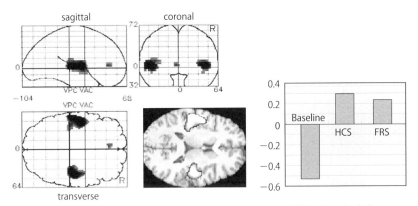

図5.10　主成分分析によって描き出された第1主成分。古典的な聴覚ネットワークに相当

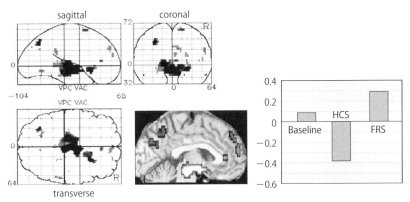

図5.11　主成分分析によって描き出された第2主成分（おもに報酬系）

活性化し、神経ネットワークとして活動することが描き出されています(図5.11)。この成分は、FRS条件＞ベースライン条件＞HCS条件の順で高い値をとることから、超高周波によって可聴域成分の受容に相互作用を導く効果をもつネットワークと考えられます。また、これらの結果は、私たちが後に行った、より大勢の被験者を対象として実施した実験の、脳波と脳血流の同時計測データの分析によって示した、後頭部から記録した脳波 α 波のパワーが、視床だけでなく中脳、視床下部、大脳辺縁系、前頭葉眼窩部の血流と高い正の相関を示すという事実とも、矛盾しません[8]。

第2主成分として描き出された部位たちの一体化した活性化は注目に値します。まず構造的に、活性のピークをなす二つの領域、中脳と間脳とは、脳の最深部に密に隣接して存在します。間脳のメンバーである〈視床〉は、視覚、聴覚、体性感覚など、嗅覚を除く全感覚を一旦集約しそれを分配する「関所」になっています。同じく〈視床下部〉は〈自律神経系〉の最高中枢であると同時に、〈免疫系〉、〈内分泌系〉と深くかかわった、身体の自律的な調節機能を統合し制御する中枢として働いています。もしもこの統合機能が喪われると、たとえば自律神経系においては副交感神経が優位で鎮静しようとするのに、内分泌系はアドレナリンが増えて興奮状態になる、あるいは足の腿と脛とで自律神経の働きが逆転するといった混乱が生じ生存が脅かされる恐れがあります。そうした不統一が起こらないように身体の状態を中枢で有機的に統合し一元的に制御しているのが、視床下部の大きな働きです。生理的な生命活動の基幹を成すものといえるでしょう。

同じような意味で、精神的な活動、たとえば「空を視たい」という内なる指令あるいは欲求は、脳のいろいろな領域で同じように受け取られるべきメッセージであって、脳内の別な部位が「目を閉じていたい」という違ったメッセージを同時に受け取るような不統一が起こってはならないわけです。こうした脳の中の精神活動についても、全体を一元的に統合する仕組があります。それが、脳の〈広範囲調節系〉(diffuse modulatory system)で、広範囲かつ瀰漫性に脳のほとんどあらゆる領域に系統化された状態で軸索を投射して、系統

ごとにドーパミン、ノルアドレナリン、アセチルコリンなどの神経伝達物質を放出し、調節的に働きます。これらはそれぞれ拠点をもち、その多くは中脳から橋(きょう)にかけての脳の深部に所在します。それらの中でも強い快感で動物を特定の行動へと誘(いざな)うドーパミン作動性神経系すなわち〈報酬系〉をはじめ、セロトニン作動性神経系、コリン作動性神経系の重要な拠点が中脳を中心にして分布し、脳で行われる精神活動の基幹として統合的制御に当たっています。それは、視床下部が果たしている躰の活動を一元的に統合する働きに相当する、心の活動を一元的に統合する働きといえるでしょう。それらの神経系は、第6章でやや詳しく述べる〈二次メッセンジャーカスケード系〉を構成し、独特の活性を顕します。このように、身体の活性を統合的に制御する間脳と精神の活性を統合的に制御する中脳とは空間的にも互いに密に隣接し、超高周波を含む音によって渾然一体化した心身一如の状態で並行して活性を高めます。

こうして、身体の活動と精神の活動とが、つまり全身全霊が、超高周波を含む音によって[心身一如の状態で渾然一体に高められる]という、これまでまったく未知だった生理現象が、PETを使った脳機能イメージングによって初めて見出されました。

以上により、基幹的統合的な働きを担う、中脳・間脳を主とする脳のこの最深部構造を、〈基幹脳〉と呼ぶことにします。また、超高周波を含む音による基幹脳の活性化とそれを起点にして全身全霊におよぶその幅広い波及効果を〈ハイパーソニック・エフェクト〉と総称し、さらに、この効果を発現させる超高周波を含む音を〈ハイパーソニック・サウンド〉と呼ぶことにします。この研究は、2000年6月、Journal of Neurophysiology誌に報告しました[1]。

古典的音響心理学は、サーストンの一対比較法によって、すくなくとも音の聴こえ方に関するかぎり、15 kHz～20 kHz以上の高周波のあり／なしは人間に音質の違いを導かないと結論づけており、その多くはt検定などによって統計的にその確からしさを支持されていて、一見堅固な判断であるかにみえます。一方、PETによる解析、特にSPMによる解析は、サーストンの

一対比較法で使われた t 検定などとは次元の異なる信頼性、精密性のもとに、超高周波を含むハイパーソニック・サウンドによって基幹脳が活性化される状態を描き出しています。

　それでは、サーストンの一対比較法は、［超高周波のあり／なしは人間には音質の違いとして判別できない］という一点については正しいのでしょうか。山城＝大橋のいう［違って聴こえる］は正しくないのでしょうか。この問題が最後の牙城として残っています。この牙城を崩すことは、果たして可能でしょうか。これについては第6章3節と第9章8節で述べます。

5…7　脳機能イメージングと脳波とを結ぶマルチモーダル・アプローチから［指標群］を構築する

　脳波と局所脳血量との相関について述べるにあたって、この二つの生理現象を結んだマルチモーダルな研究を成り立たせるうえで決定的な役割を果たしたキーパーソン、本田 学 国立精神・神経医療研究センター部長の活性と貢献に触れます。本田博士はそもそも、京都大学大学院で脳波学の世界的権威、柴崎 浩教授(当時)と、世界の脳機能イメージング研究を牽引しておられた米倉義晴助教授(当時)という、ふたりのこのうえない師から薫陶を受け、この二つの分野に通暁しています。その一方で、ハイパーソニック・サウンドの至上の音源、バリ島ガムラン音楽を演奏する名手でもあり、もうひとつのハイパーソニック・サウンドの音源、バリ島のケチャ(むすび参照)に至っては、百人規模の演者たち全体を統括制御する〈ダーク〉という役割を担っています。このような学術・芸術を包括した全方位的活性があるからこそきわめて自然に、世界最初である可能性が高い、脳機能イメージングと脳波計測とを結びつけた研究が可能になったことは明らかです。このコンセプトに基づく研究が結んだ珠玉のような稔りの数々[1,4-10]は、本田博士なくしてこの世に存在することはなかったに違いありません。

5…7…1　PETとEEGとに注目したアプローチ

こうして行われたPETとの同時計測による脳波の状態を調べると、聴こえない超高周波を含むFRS条件ではそれを含まないHCS条件に比べて脳波α波のポテンシャルが有意に増大していました（$p<0.05$）（図5.12）。この結果は、PET実験と独立に行われた脳波実験の知見の数々と完全に一致します（第4章）。一方、HCS条件においては、ベースライン条件に比べて、局所脳血流の変化と並行して脳波α波の活性が減少することが認められました。

また、ノーマライズした脳波α波のポテンシャルと視床外側部分の脳血流とは有意な相関を示しました（$r=0.539$, $p<0.0001$）。最大の相関を示したの

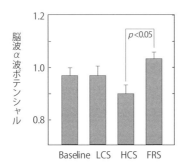

図5.12　PETと同時計測した被験者の平均脳波α波ポテンシャル

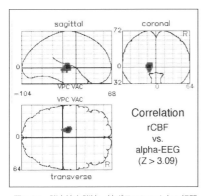

図5.13　脳血流と脳波α波ポテンシャルとの相関

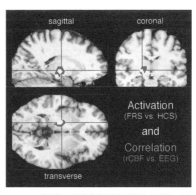

図5.14　脳血流の活性化領域と脳血流と脳波α波ポテンシャルとの相関領域との重ね書き

は、タライラッハの標準脳図譜に基づく空間座標の$x=-16$, $y=-16$, $z=0$（Z score＝4.30）の画素です。ここは、PET実験において左視床の中で局所脳血流の増大がもっとも高い有意性を示した画素の隣の画素にあたり、まさに的中しています（図5.13、図5.14）。ちなみに、脳波α波の発生機構については諸説があり、その有力な説のひとつとして視床説があります。奇しくもえられたこの実験結果は、この論議を決着に導くことになるかもしれません。なおここで行った局所脳血流と脳波との同時並行した計測は、近年注目度の高い〈マルチモダリティー計測〉のさきがけとして観ることも可能です。

5…7…2　fMRIとEEGとに注目したアプローチ

　PETとEEG（脳波）とを結んだ実験は、偶然の恵み、それも単一ではない恵みたちに支えられて、〈ハイパーソニック・エフェクト〉と名付けられたまったく未知の、しかも類を見ない独特の生命現象が実在することを、疑問の余地なく明らかにしました。それは、PETのもつ空間解像力の高さに依存した大きな成功でもあります。

　では、この実験から得られる情報は完璧無欠か、というと、決してそうはいえません。実はPETには、放射性同位元素を必ず使わなければならないことに由来する、［時間解像力の著しい限界］というアキレス腱があるのです。それは、同位元素の放射能が半分になる〈半減期〉の存在に基づきます。たとえば〈ストロンチウム90〉だと29年、ウラン238だと45億年に達し、生命現象のトレーサーとしてはとても使えません。私たちの実験で使った^{15}Oは2分というきわめて短い半減期をもち、1回生体に投与したのち7分から10分間くらい経つとその値はほぼ無視できるものとなって、次の条件下での再投与が可能になります。これによって、私たちが設定したプロトコルは期待したとおりの結果を導きました。ただし、そこで計測された値は、数分間という時間領域を平均した値です。それは、時間的変化というものがほぼ完全に無視された不連続で静的（スタティック）な状態の対比、たとえば〈相転移〉において二つの異なる相を離散的に比較するような意味内容を表現するにとど

まります。このように、動的(ダイナミック)な脳の働きに対してまったく無力なのが、PETの「泣きどころ」なのです。

それに対して、ハイパーソニック・サウンドに鋭敏に反応する脳波α波は、8〜13 Hzというミリ秒単位の時間現象であり、その脳内特定領域の活動を視野に捉えるには、ほぼミリ秒くらいの時間解像度を射程にもつ脳機能イメージング法が要求されます。

こうした要請には、高性能のfMRIに適合性が想定されます。ところが、fMRIには、「轟音の発生」という音と感性のかかわる研究にとって絶望的な限界があります。さらに、超強力な磁場の印加によるEEGへの電磁誘導ノイズの混入も、致命的です(図5.15左)。

これらへの対策として、磁気が印加されない時間領域のαリズム信号をfMRIのクロック信号と同期させてサンプリングするStepping Stone Sampling法を採用し、なお混入してくるノイズをキャンセルするTemplate Subtraction法を併用しました。この方法の原理を開発した穴見公隆博士との共同研究により、国立精神・神経医療研究センターの高磁場MRI上に低ノイズ性の計測システムを構築し、実用水準のSN比で自発脳波をfMRIと同時に計測することが可能になりました(図5.15右)[10]。

こうして被験者たちから同時に計測されたfMRIとEEG(国際10-20法におけるO1およびO2の電極位置から導出された自発脳波)について、α帯域のパワー(ポテンシャルを2乗したもの)を3秒間ごとに算出し、それが20分間に[どの

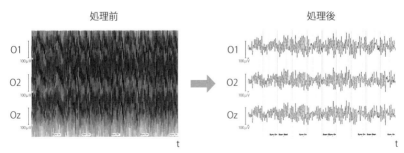

図5.15 磁気共鳴画像撮像中に頭皮上後頭部から同時記録された脳波

ように変化したか]の変化量を調べると、図15.16のようになります。これを〈α波パワー変動〉と呼ぶことにします。

そこでこの複雑なゆらぎがどのような要素から構成されているかを〈経験的モード分解〉(Empirical Mode Decomposition = EMD)[11]で導きました。ちなみにこの方法は、FFT法やウェーブレット法と違って外部からの函数などを介入させず、実測データだけから周波数成分を導く、という点で、第8章でとりあげる〈最大エントロピー法〉と同様に、精度、信頼性ともにずっと確かな方法です。このEMDによって、〈α波パワー変動〉を五つの〈固有モード関数〉(Intrinsic Mode Function = IMF)と呼ばれる狭帯域の信号に分解して示すと、図5.17のようになります。

次に〈α波パワー変動〉に含まれるそれぞれのIMFに対してfMRI信号が相関する脳部位を検討し、脳深部の活性と特異的に相関する脳波成分を抽出し

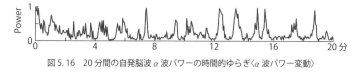

図5.16 20分間の自発脳波α波パワーの時間的ゆらぎ〈α波パワー変動〉

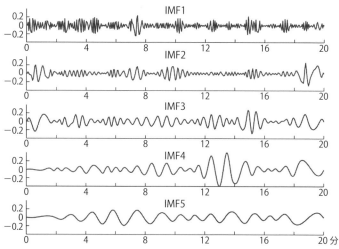

図5.17 〈α波パワー変動〉からEMDによって抽出された五つの狭帯域成分IMF（周波数帯域の高い成分から低い成分へ上から下へと配列）[10]

ました。その結果、高周波側の成分を含む上位二つの狭帯域成分に対しては前帯状回および視床前部の活動が正の相関を示し、低周波側の成分を含む下位三つの狭帯域成分に対しては視床内側部および中脳の活動が正の相関を示しました。これらにより、〈α波パワー変動〉には短周期成分と長周期成分の少なくとも二つの異なる成分が含まれており、それぞれが異なる脳領域の活動を反映していることが示唆されました。この短周期成分と長周期成分との間の境界周波数はおおよそ0.04 Hz（周期25秒）でした。

そこで、〈α波パワー変動〉を周波数0.04 Hzのフィルターを使って分割し、

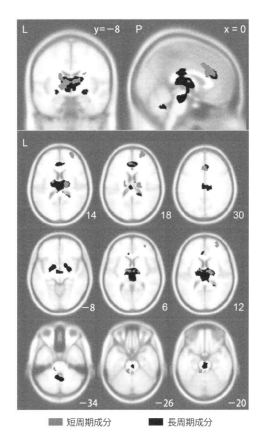

図5.18　fMRI信号が〈α波パワー変動〉の短周期成分（グレー）および長周期成分（黒）と相関する脳部位[10]

それぞれに対して相関する脳活動領域を探索しました。その結果、短周期成分に対しては帯状回前部と視床の外側部が統計的有意な正の相関を示したのに対して、長周期成分に対しては中脳および視床内側部といった報酬系神経回路に属する神経組織の活性が統計的に有意な正の相関を示しました（図5.18）。

　また、短周期成分に対する相関と長周期成分に対する相関との程度の違いを統計的に検定すると、短周期成分との相関と比較して、長周期成分は、中脳および視床内側部において、有意に高い正の相関があることがわかりました（図5.19）。この〈α波パワー変動〉の周期25秒以上の長周期成分は、中脳と視床内側部の活動を特異的に反映していたのです。

　基幹脳のなかでも報酬系神経回路のなかで主たる役割を果たしているモノアミン神経系は、第6章に述べる〈二次メッセンジャーカスケード系〉の介在などにより、情報の入力に対して反応の立ち上がりも消失も数秒から数十秒くらいの遅れをもちます。この実験でも、後頭部α波パワーのゆらぎのうち、周期25秒以上のゆっくりとしたゆらぎ成分が、基幹脳のなかでも中脳を拠点とするモノアミン神経系や大脳辺縁系の一部をなす視床内側部を含

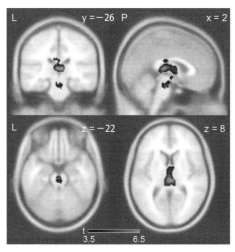

図5.19　fMRI信号が〈α波パワー変動〉の短周期成分に対して長周期成分で有意に高い相関を示した脳部位[10]

む〈非特異核〉たちの活動を特異的に反映していることを示唆しています。一方、より速いゆらぎに相関する視床と大脳皮質を結ぶ神経連絡のループは、α帯域のリズム形成に直接関与していることが示唆されています。今回の検討において、waxing and waning（漸増-漸減）現象のようなα帯域成分パワーの即時的な出現と消退を反映している可能性の高い速い変動成分が大脳皮質との神経連絡が密な視床の外側部と高い相関を示したことは、それをサポートする所見と考えられます。

　この実験の骨子は、脳波α波と基幹脳との［活動状態の同期性］を明らかにしたことにあると考えます。このことは、基幹脳が広範囲調節系神経回路を介して脳全体の状態を制御している事実とも矛盾しません。

5…7…3　マルチモーダル・アナリシスから生まれた脳波α波を活かした指標たちとそれらの多様な射程

　聴こえない超高周波が導く玄妙不可思議ともいえる生理現象〈ハイパーソニック・エフェクト〉は、その根本現象が脳の最深部に生起するため、PETのような脳機能イメージング手法くらいしかその機能や活性を十分な射程内に捉えることができません。ここで幸運だったのは、もっとも平凡な脳機能計測手段［脳波］、それももっともポピュラーといってよい［α波］が、ハイパーソニック・サウンドが活性化する［脳の深部構造〈基幹脳〉を震源とする脳全体の活動状態とその変容を、互いに等しくないいくつかの切口に沿って反映してくれる］、という実像を見出すことができたことです。それを要約すると、表5.2のようになります。

5…7…4　平凡な〈脳波α波〉が至宝の［指標群］へと羽化する

　脳の最深部、間脳・中脳の劇的な活性化を根本現象とするハイパーソニック・エフェクトは、脳の活動に外側（大脳皮質の側）からアプローチするNIRS（Near-Infrared Spectroscopy（近赤外分光法））やMEG（magnetoencephalography（脳磁図））などをもって的確に捉えることができません。こうした問題をもたないfMRI

は、計測に伴う轟音の発生という致命的な難点をかかえていて、音を呈示しない条件下での間接的な情報（とはいえその価値は低いものではありません）にその射程が限られてしまいます。こうした限界をもたないPET、SPECTが辛うじて、脳の最深部に始まるハイパーソニック・エフェクトの実像への接近を可能にしています。

周知のとおり、PET、SPECTは数ある非侵襲脳機能計測装置の中でももっとも重装備なものに属し、その存在自体稀少であり、医療・治療に直接結びつかないハイパーソニック・エフェクト研究にとって、まさしくそれは「高嶺の花」に他なりません。

こうした状況のなかで、さまざまな研究を通じて、もっとも軽装備なシステムを使いもっとも簡便な手法によって容易に計測することができる〈脳波 α 波〉という生理現象を、いわばもう一段掘り下げることを通じて、表5.2に示すひとつの指標体系を築き上げることができました。ここに挙げた指標たちは、相互に有機的な関連をもちつつ、ハイパーソニック・エフェクトというきわめて多様な姿をもつ現象の特徴を、それぞれが互いに異なる切口で捉えています。

表5.2 PET/fMRIとEEGとのマルチモーダル・アナリシスから生まれた脳波 α 波に基づく指標群とその射程（2017年現在）

指標名称	計測モード	注目事象	射程
1. 深部脳活性化指標	PET/EEG	脳波 α 波ポテンシャル（8〜13 Hz）	報酬系を含むポジティブな情動系と自律神経系・免疫系・内分泌系など生体制御系の活動とを合わせた全体的状況
2. 基幹脳活性指標	PET/EEG	脳波 α_2 波ポテンシャル（10〜13 Hz）	ハイパーソニック・エフェクト発現の鋭敏な検知やそれらの精密な比較
3. 深部脳−上部脳連結回路活動指標	fMRI/EEG	脳波 α 波パワーの短周期ゆらぎ（0.04 Hz以上）	視床と大脳皮質とを結ぶ系の素早い活動
4. 報酬系神経回路網活動指標	fMRI/EEG	脳波 α 波パワーの長周期ゆらぎ（0.04 Hz以下）	脳の広範囲調節系、報酬系ネットワークの活動状態とその変容

これらのなかから研究目的に合わせて適切なものを選ぶことで、高い効果を期待することができます。たとえば第9章の[ハイパーソニック・ファクターの受容部位]の探索に、超高周波の存在を鋭敏に反映する[α_2波][12,13]を指標に使って鮮やかな成功を収めたように。また、ケチャを演じる男衆から捉えられたα波のゆっくりしたゆらぎが、陶酔の境地にまさに入らんとしている脳の様子を告げてくれるかもしれません。そしてもちろん、これらの指標を組み合わせることによって、より高度な、あるいはより複雑な事象にアプローチすることも可能です。

　さらに、これら脳波α波に注目した実験は、その軽装備であるという特徴によって、PETやfMRIでは事実上[絶対に実行不可能な環境]における実験を実現できることが注目されます。たとえば、野外でガムラン・アンサンブルに興じている複数の奏者たちの、複数の脳の報酬系の活動状態の同時並行した観測など……。この特徴は、レベルの高い脳機能計測研究に本質的な差別をもたらすことでしょう。

　そして最後に特筆しなければならないのは、脳波計測手段、特にα波に注目したそれらの現実社会のなかでの発達状態です。周知のように〈脳波α波〉という生体指標はすでに通俗的概念となっており、それを素朴なレベルで計測する手段もかなり前から通俗化してきました。さらに、近年に至って、いわゆる〈仮想現実〉(Virtual Reality＝VR)や〈脳−機械接続技術〉(Brain-Machine Interface＝BMI)の勃興によって、有効性とその拡がりが注目される[α波]の計測手法がにわかに発達し、その実態は驚くべき水準に達しています。ハイパーソニック・エフェクト研究に求められる精密性・信頼性・機能の柔軟性などの性能の水準を十分クリアしているものも、少なくありません。こうした計測システムの現状も、表5.2に基づく多様なアプローチの追い風になっていることは確かです。

　このように観ると、この研究の第一歩を拓いてくれた平凡きわまりない現象、脳波α波はいま、豊かな稔りを約束する至宝のような「指標群」へと羽化してくれたのだと実感せずにはいられません。

第 5 章文献

1　Oohashi T, Nishina E, Honda M, Yonekura Y, Fuwamoto Y, Kawai N, Maekawa T, Nakamura S, Fukuyama H, Shibasaki H, Inaudible High-Frequency Sounds Affect Brain Activity: Hypersonic Effect. J. Neurophysiology., **83**, 3548-3558, 2000.

2　Friston KJ, Holmes AP, Worsley KJ, Poline JB, Frith CD, Frackowiak RSJ, Statistical parametric maps in functional imaging: a general approach."Human Brain Mapping 2",189-210, 1995.

3　Friston KJ, Frith CD, Liddle PF, Frackowiak RS, Functional connectivity: the principal-component analysis of large (PET) data sets. J. Cerebral Blood Flow and Metabolism, **13**(1), 5-14, 1993.

4　Honda M, Deiber MP, Ibáñez V, Pascual-Leone A, Zhuang P, Hallett M, Dynamic cortical involvement in implicit and explicit motor sequence learning: A PET study. Brain, **121**, 2159-2173, 1998.

5　Honda M, Kawai N, Yagi R, Fukushima A, Ueno O, Onodera E, Maekawa T, Oohashi T, Electroencephalographic index of the activity of functional neuronal network subserving the hypersonic effect. ASIAGRAPH Journal, **8**(2), 41-46, 2013.

6　Honda M, Nakamura S, Yagi R, Morimoto M, Maekawa T, Nishina E, Kawai N, Oohashi T, Functional neuronal network subserving the hypersonic effect. Proceedings of the 18th International Congress on Acoustics, vol. 2, 1751-1754, 2004.

7　本田学，中村聡，八木玲子，仁科エミ，森本雅子，河合徳枝，大橋力，ポジトロン断層画像法によるハイパーソニック・エフェクトの神経生理学的検討．ハイパーリアル・エフェクトの研究(IV)．日本音響学会 2003 年春季研究発表会講演論文集，727-728, 2003.

8　Sadato N, Nakamura S, Oohashi T, Nishina E, Fuwamoto Y, Waki A, Yonekura Y, Neural Networks for generation and suppression of alpha rhythm; a PET study. NeuroReport, **9**(5), 893-897, 1998.

9　Nakamura S, Sadato N, Oohashi T, Nishina E, Fuwamoto Y, Yonekura Y, Analysis of music-brain interaction with simultaneous measurement of regional cerebral blood flow and electroencephalogram beta rhythm in human subjects. Neurosci. Lett., **275**, 222-226, 1999.

10　Omata K, Hanakawa T, Morimoto M, Honda M, Spontaneous slow fluctuation of EEG alpha rhythm reflects activity in deep-brain structures: a simultaneous EEG-fMRI study. PLoS ONE, **8**(6), e66869, 2013.

11　Huang NE, Shen Z, Long SR, Wu MLC, Shih HH, Zheng Q, Yen Ni-C, Tung CC, Liu HH, The empirical mode decomposition and the Hilbert spectrum for nonlinear and non-stationary time series analysis. Proceedings of the Royal Society A: Mathematical, Physical and Engineering Sciences, **454**, 903-995, 1998.

12　崔鐘仁，堀田健治，山崎憲，超音波を含む波音の再生音が人間の生理・心理に及ぼす影響に関する研究．日本建築学会計画系論文集，563 号，327-333, 2003.

13　福島亜理子，可聴域をこえる超高周波成分の周波数帯域が脳活動に及ぼす影響．東京大学大学院工学系研究科学位論文，2013.

＊　その後、PET による脳賦活実験により、超高周波による脳幹部賦活の再現性が確認された。岡田裕之他，高周波非可聴音による脳賦活，若中年者と健常高齢者に対する PET と EEG による検証，日本レーザー医学会誌，**36**(2), 167-175, 2015.

第1部 ハイパーソニック・エフェクトの発見

第6章
古典的音響心理学から獲物(かく)を匿した〈二次メッセンジャーカスケード〉

6…1 ディジタルオーディオの仕様策定にサーストンの一対比較法を使うことについての疑義

1970年代末から1980年代初めにかけて、また、2000年頃に再び、ディジタル音声の伝送周波数の上限はどこまでが必要かの検討が、有力な複数の研究機関によって精力的に行われました。先に述べたとおり（第1章）、それらはこぞって、［人間は何kHzまでの振動成分の存在、非存在を音の違いとして聴き分けられるか］を、人間の感覚を使って判別させる心理学的な実験によって検討し、人間の可聴域上限またはそれをすこし上廻る22 kHz〜24 kHzくらいの周波数まで伝送できればよいという結論に達しています。このことと、私たちが脳波や局所脳血流を計測して得た、超高周波を含む音が脳の深部構造の血流を増大させ、情動系、報酬系および自律神経系、内分泌系、免疫系などを活性化する、という発見とは、調和しません。

ディジタルオーディオの仕様策定にあたって実際に使われた試験方法には、人間の知覚反応に依存したいわゆる〈官能検査法〉のなかでも、もっとも信頼性が高いひとつとされる〈サーストンの一対比較法〉[1]が唯一の方法として選ばれています。先に述べたように、サーストンは、［〈絶対判断〉よりも〈比較判断〉の方が的確に行われる］という比較判断の法則を樹(た)て、それに基づいて、母集団のなかから任意の一対、AとBを選び出し、「A＞BかA＜Bか」（あるいは「A＝BかA≠B」か）を答えさせる、というやり方を提唱しました。この方

法は、多数回の実験を行い統計処理をすることで、信頼性の高い結果を導きます。同じ一対比較法でも、たとえば〈シェッフェの一対比較法〉では、〈ことばの対〉で表された何段階かの目盛をもつ〈評価尺度〉が準備され、その目盛の上に評点を与える、という方法がとられます。この方法だと実験の回数は少なくてすみ、どのような音質の違いがあるかも知ることができます。しかし、言語として与えられる〈評価語対(つい)〉に解釈の多義性がつきまとい、その解釈には人間の個体差の反映を避けられません。そうした問題が発生しないのも、サーストンの方法の優れた点です。

このような背景から、サーストンの一対比較法は、音質の違いを精密かつ正確に、しかも定量的に把握する心理学的な手段としてもっとも適切なものと考えられてきました。1980年前後の、学際性の面で立ち遅れを否定できなかった古典的音響心理学分野の考え方としては、ディジタルオーディオに必要な伝送周波数上限を決めるために、人間にどの周波数までの空気振動のあり／なしが感知されるかをサーストンの一対比較法に、唯一、準拠して調べるという選択は、自然の流れだったのかもしれません。

国際的な業界団体CCIRが当時勧告していたサーストンの一対比較法に基づく〈主観的音質評価法〉は次のようなものです[2]。[15〜20秒間、あるいはそれ以下の同じ長さ]に設定された2種類の音試料A、Bを用意し、そのいずれか一方を2個、あるいは両方を1個ずつ組み合わせて[一対(いっつい)]とします。こうした試料対、A-A、A-B、B-A、B-Bの組合せのそれぞれを5対ずつ計20対つくり、時系列上にランダムに配置します。ブラインドホールド下でこれらの[対]を数秒のインターバルをはさんで連続的に被験者に聴かせ、各対を構成している音試料が二つとも同じ音に聴こえたか、互いに違って聴こえたかを答えてもらいます。こうして得られた回答を統計処理にかけ、正解数が〈有意水準〉に達していた場合、[AとBとの間に音質差のあることが聴きわけられていた]、と判定します。

「どこが違う」「どのように違う」など音の属性にまったく立ち入らず、た

だ「同じ」か「違う」かだけを問いかけるこの方法よりも端的な問いかけは、現在、他に知られていません。この方法に古典的な意味で問題があるとすれば、二つの音試料を同時にしかもそれぞれを独立した状態で聴くということが人間には生理的にできず、ひとつずつ順次聴かなければならない、という人類の生理的能力にかかわる限界がその最大のひとつかもしれません。まず最初の音を聴き、その印象を脳の短期記憶のメモリーに入れてそれと較べながら次の音を聴く、というあまり厳密とはいえない方法に甘んじなければならないからです。その点に留意して、CCIR は、音質についての短期記憶の時間的な「薄れ」を少なくするため、音試料それ自体の長さを[15～20秒間、あるいはそれ以下の同じ長さ]とし、1対2個の音試料を続けて呈示するにあたっての試料間の呈示間隔を[1秒]程度にするよう勧告しています。こうした限界をもつ短期記憶への依存をすこしでも軽くしようと、サーストンの一対比較法を採用した研究者たちの多くは、音試料の長さ、そして対をなす音試料間の間隔をできるだけ短くするように努めています（表6.1）。ところが、後に述べるように、この配慮は現実の脳のもつ動的な変容によって攪乱され、大きな誤りを導いてしまいました。

とりわけ、プレンゲらの研究ではこの種の[短期記憶の薄れ]に対する配慮が徹底していて、電子的に形成した超広帯域信号をフィルタリングした0.7秒くらいのスパイク状のインパルスをペアにして、0.5秒間隔で呈示しています（表6.1）。1970年代末から1980年代初めに実験を行った他の研究者た

表6.1　主観的音質評価実験に使われた音試料呈示時間

研究者	音源	呈示時間	呈示間隔
村岡ら，1978	純音と楽音	任意(数秒)	任意
Plenge et al., 1979	ホワイトノイズ	1秒以内	0.5秒
田辺ら，1979	合成音	0.5秒	0.3秒
東ら，1982	音楽	14秒	1秒
西口ら，2003-2005	音楽	20秒	3秒
蘆原ら，2006	純音	2秒	0.3秒

ちも、もっとも長くて14秒間、おおかたは数秒間の呈示条件で実験をしています。一方、村岡らは、サーストンの一対比較法をモディファイした、いわゆる A・B-X テストを採用しています。前に述べたように(第1章5節)、その方法では、被験者はそれぞれ明示的に呈示される音試料 A および B を納得のいくまで聴いてから未知の試料対が同じか違うかを答えます。村岡らの実験では、被験者はおおむね、数秒程度で呈示音を切り替えた、といわれています。

　このように、音質の短期記憶の「薄れ」に注意をはらった CCIR によるサーストンの一対比較法では、呈示音は概して 15 秒間以下、そして呈示間隔は 1 秒間以下の短時間に限定されたものになっています。実は、この呈示時間および呈示間隔の短さが、のちに述べるように、サーストンの一対比較法に、致命的ともいえる限界を導いていたのです。

　この段階での実験でもうひとつ注目されるのは、音源に含まれる高周波成分がプレンゲらの研究を除くと明示的には示されておらず、唯一明らかにされているプレンゲらの音源は、超広帯域の電子的発振音を 25 kHz／30 dB/oct のローパスフィルターを経由させてハイカットしていることです(図1.6)。これは、[可聴上限とされる 20 kHz を大きくこえ 25 kHz 以上に及ぶような周波数成分が人間の音の聴こえ方に影響を及ぼすはずがない]という予断があったことを窺わせます。ちなみに、私たちの実験では、超高周波を含むフルレンジ音に含まれる超高周波成分を造るために、26 kHz／85 dB/oct または 170 dB/oct のハイパスフィルターを、また超高周波を除いたハイカット音を造るために 26 kHz／85 dB/oct または 170 dB/oct のローパスフィルターを使っています。そして、この 26 kHz 以上の(正確には 40 kHz をこえる)超高周波が基幹脳を活性化していたのです(第7章)。この結果からすると、プレンゲらの実験は、有効成分をあらかじめ除外していたことになり、現時点からみると、この点で明らかに的外れな実験を組んでいたことになります。

　どれだけの周波数の音が呈示されたかを間接的に知るという点では、スピーカーの再生可能周波数上限が示されている場合、それを手がかりにするこ

とができます。音源のなかの高周波は、スピーカーの周波数応答能力の範囲内でしか空気振動に変換されませんので、その周波数応答の上限が呈示音の周波数上限になるわけです。そうすると、たとえば村岡らの場合、公開されているスピーカーの周波数応答曲線から三十数 kHz という値が推定されます。また、田辺らの場合は 40 kHz が射程内に入っていたようです。なお、このような条件を設定した研究者たちにおいてはいずれも、人間に知覚できる空気振動の周波数上限は 20 kHz であり、それ以上の周波数成分が関与することはありえないという暗黙の前提に立っていた可能性が考えられます。

また、音源として、音楽の録音物と電子的発振音とのどちらかが、「そうでなければならない理由」を示すことなく、いわば研究者の任意性に基づいて選ばれています。しかし、たとえば電子的発振音は、脳の聴覚系以外に反応を導くとしたら負の情動系や懲罰系であるかもしれないのに対して、音楽では正の情動系や報酬系の反応が推定され、これらを同一視することにも問題があります。

これらの諸問題にもまして決定的な問題点として、サーストンの一対比較法が 1927 年に発表された心理学の理論であるために、脳科学的な観点が希薄なことを挙げなければなりません。当時は聴覚系を含む脳機能についての認識はスタティック（静的）な観点を基準とし、ダイナミック（動的）な観点が希薄でした。サーストンの方法論の構築のうえでそれが配慮された形跡も、私には見出すことができません。先にチューリング・マシーンを例に述べたように（第 3 章 1 節）、脳の入出力特性という内部状態が脳への入力それ自体によって変遷するといった可能性も、考慮された形跡を見出すことができません。

他方で、そうした視野の狭さは、音 ── 空気振動という物理現象 ── が人間に導く応答を聴覚反応だけと断定したも同然の前提に立ち、他の反応の存在をまったく考慮しない〈要素還元主義〉の枠内での実験を許すものになっています。しかし、これらは、サーストンの一対比較法が登場した 1927 年段階の心理学では当然の限界であるともいえ、その非を唱えるのは見当違いで

しょう。

　問題は、それ以後40年以上たち、脳機能についての観方もすっかり「さまがわり」した1970年代後期において、ディジタル音メディアの周波数上限を決めるにあたっての判断を唯一サーストンの一対比較法に託した思想にかかわります。まして、2000年を迎え脳科学が最盛期に達していた時点に到ってもその基本的スタンスに変化が認められず、サーストンの一対比較法が金科玉条のごとく守られていたことは、由々しい問題といわなければなりません。公共放送のような社会的にも大きな影響がある音メディアをディジタル化するからには、単に心理的手法によってどの周波数まで音質に影響するかを問うだけでなく、少なくとも医学・生理学的な安全性について配慮があってもよいはずです。心と躰とを結びつけている脳機能への関心をもつことは、研究を遂行する上で妨げにはならなかったでしょう。ちなみに奇しくも1948年(LPレコード発売)頃に期せずしていっせいに現れた、ノーバート・ウィーナーの『サイバネティックス』[3]、ジョン・フォン＝ノイマンの『人工頭脳と自己増殖』[4]、ルートヴィヒ・フォン＝ベルタランフィの『一般システム理論』[5]などをはじめとする学際的な研究のスタンスも、この時点ではすでに少なからぬ研究者たちに同化され、ひろく定着しつつあったのですから。

　そのような時代背景の中で、他の分野との相互作用を断ち切ったばかりか、音響心理学が採用しているその他の方法論さえも完全に排除した状態で、サーストンの一対比較法単一に依存してディジタルオーディオの規格が決定されています。あまつさえ、このスタンスは2000年前後に再び行われた公共放送ディジタル化に先立つディジタル音声規格の策定にあたっても、1970〜1980年代と本質的に大きく変わらない状態で踏襲されていたのです。

　こうしたやり方は、ディジタルメディアから人間生存にとって必須ともいえる可聴域をこえる超高周波を排除する、という生命科学的に観て致命的といえるほど大きな誤りを導いています。具体的にいえば、可聴周波数領域をはるかにこえ、かつ複雑性を具えた超高周波成分が、精神活動と生命維持にかかわる中脳、間脳を含む基幹脳を40秒間もの大きな時間的遅延を伴って

活性化し、しかもその活性状態は、活性化要因である超高周波成分が不在となってからあと100秒間ものきわめて長時間にわたって残留することが、ポジトロン断層撮像法(PET)と脳波との同時計測(マルチモダリティー計測)によって明らかになったからです。しかし、人間の脳が示すこのようにダイナミックかつ複雑な応答が「サーストンの一対比較法のみによる検討」という枠組のなかで埋没し見失われてしまいました。その結果、少なくとも音の聴こえ方のうえでは、超高周波のあり／なしは「判別できないもの」、よってそうした超高周波はなくても差し支えないものとされ、ディジタルオーディオの規格を策定するにあたって、脳と躰の働きにポジティブな効果をもたらす超高周波が規格外に追いやられてしまったのです。しかし、それにもかかわらずサーストンの一対比較法は、超高周波の存在理由を打ち消そうとする立場を支持する最後の牙城のごとく聳えていたのです。

6…2　サーストンの一対比較法の動的脳機能に対する脆弱性の検証

　入力によって内部状態が変遷するうえに時間に対しても非線形の挙動を示す［脳］というシステムにアプローチするうえで、サーストンの一対比較法には大きな限界があります。それは、脳波計測やPETが疑問の余地なく検出した超高周波による基幹脳活性化を視野から外し完全に見逃す、という致命的ともいえる限界を露にしています。それにもかかわらず、この方法は社会的には今なお、有効性を失っていません。そこで、このようなサーストンの一対比較法が内在させている脆弱性を浮彫にするために、先に述べた探索的実験(第3章1節)を発展させた次の実験を企てました[6]。

　音源として、脳波とPETの実験で超高周波の有効性を示したバリ島のガムラン楽曲『ガンバン・クタ』を選び、その中からCCIRの勧告に従って12秒間のフレーズを取り出し、その2個を呈示間隔3秒(CCIRの推奨値は1秒以内)でつないで一対の音試料をつくりました。音試料対は、Aを26 kHz以上の超高周波を除いたハイカット音(HCS)、Bを26 kHz以上の超高周波を含

むフルレンジ音(FRS)とし、CCIRの勧告どおり、A-Aを5対、A-Bを5対、B-Aを5対、B-Bを5対、計20対準備します。ここでひとつ、CCIRの勧告に抵触しない、次の条件を加えます。CCIRの勧告によれば、呈示音20対を被験者に聴かせるにあたっては、その疲労に考慮して、実験の中ごろで休憩を設けることが推奨されています。それに従った状態で、次のような呈示手順を構成しました(表6.2)。まず、実験の中間点10対目の終了したところで休憩をとることとし、この休憩により10対ずつ二つに分割された呈示実験の一方を〈部分実験[1]〉、もう一方を〈部分実験[2]〉とします。そして、部分実験[1]では、[同じ音]の対は超高周波を除いたハイカット音(HCS)だけ、部分実験[2]では、[同じ音]の対が超高周波を含むフルレンジ音(FRS)だけにするのです。部分実験[1]、部分実験[2]の順序は被験者間で互いに等しくなるようにするとともに、それぞれの部分実験の内部で呈示順序をシャッフルして、音呈示を行います。そうすると、脳の内部状態を変化させるとともにその状態を残留させる可能性をもつFRSに暴露される機会が、部分実験[1]では[3:1]とより多いのに対して、部分実験[2]では反対にその比が[1:3]で少なくなって互いに大きく違ってきます。しかし、部分実験[1]と部分実験[2]を組み合わせた実験全体としては、FRSとHCSとに出合う比率は1:1となります。CCIRの勧告する方法を採用した場合、非常に小さい確率ではありますが、この組合せが出現する可能性があります。つまりこの実験全体としての音の組合せは、CCIRの勧告に準拠していて、それに抵触するものではありません。

このようにしてCCIRの勧告に従ったサーストンの一対比較法を実施しま

表6.2 二つの部分実験の音試料呈示条件

部分実験	音の組合せ		呈示回数	呈示比 HCS：FRS fc=26 kHz
	同じ	違う		
[1]	A—A	A—B	5回ずつ	3：1
[2]	B—B	B—A	5回ずつ	1：3

した。実験参加者(以下、被験者)は男性11人、女性29人、計40人(年齢18～40歳)という構成です。

 最初に、部分実験[1]と部分実験[2]とを合わせた実験全体のスコアを図6.1に示します。縦軸が正解を示し、□の個数がその正解数を与えた被験者人数を示します。

 おおまかな傾向として、他の研究者たちの成績とよく似た、二項分布を思わせるスコアー構成が見られ、正解数の平均値もまったく聴き分けられていないことを示す10.0に至近の9.8となり、t検定にかけても、統計的有意性は認められません。つまり、実験[1]と実験[2]とを合わせた状態で判定すると、音試料A(超高周波を除いた音)とB(超高周波を含む音)との音の違いは、識別されない、という、それまで有力な研究機関で行われた諸研究に等しい結論が導かれています。

 続いて、超高周波を含む音に接する頻度が相対的に低い〈部分実験[1]〉とその頻度が相対的に高い〈部分実験[2]〉について、それぞれ独立に吟味してみます。

 まず、超高周波に接する頻度が低い部分実験[1]から得られたスコアは図6.2のようになります。一見して正解数が高い方向へシフトしている傾向が見られ、t検定によって$p<0.05$の有意水準のもとに[AとBとでは音質が違って聴こえる]という結果が統計的に支持されています。この結果は、私たちが立てた〈超高周波を含む音によるトランス誘起モデル〉[6]を間接的に支持する意味をもっています。この実験はさらに、そうした効果に配慮した条件を設定すれば、サーストンの一対比較法によっても超高周波のあり／なしが音の聴こえ方の違いとして検出可能であることを示し、これまでこの分野で信頼されてきたサーストンの一対比較法という牙城が崩壊し、「音の聴こえ」に及ぼす超高周波の効果が否定できなくなった可能性を示唆しています。

 次に、超高周波に接する頻度が高い部分実験[2]から得られたスコアを図6.3に示します。図は、正解数の分布が、二項分布を大きく下廻る特異な状態を示しています。検定にかけると$t=-2.88$という値が得られ、[1%以下

の有意水準をもって統計的有意に正解数が少ない]という注目すべき結果を示しています。それは[誤りが、偶然起こりうる誤りよりも統計的有意に多い]というきわめて特異な事象が起こっていることを意味するからです。

そこで、この部分実験[2]で起きた誤りの内容を調べてみます。すると、

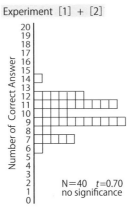

図6.1 音質変化検知実験における正答数の分布（実験全体）

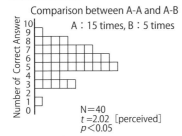

図6.2 超高周波に接する頻度が低い実験[1]の成績

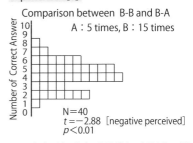

図6.3 超高周波に接する頻度が高い実験[2]の成績

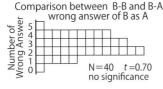

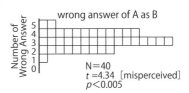

図6.4 部分実験[2]における誤答数の分布

図6.4に示すように、超高周波を含む音[B]を超高周波を含まない音[A]である、と誤った回数は、二項分布に近く、偶然起こる誤りであることを支持しています。ところが、超高周波を含まない音[A]を超高周波を含む音[B]であるとした誤りは、$p<0.005$という高い統計的有意性で、偶然に起こる誤りよりもより多く起こっていることを示しています。このことは、先に述べたα波ポテンシャルの経時変化に現れている超高周波の示す〈残留効果〉(残像)の影響として説明することが可能です(図6.5)。つまり、脳の状態が超高周波の効果を残留させている時間領域で呈示された超高周波を含まない音は、[超高周波を含む音と誤って認識されやすい]という仕組の存在です。これらによって、サーストンの一対比較法では超高周波を含むフルレンジ音が高い頻度で呈示され、それが残像を示すために、超高周波を含まないハイカット音をフルレンジ音として誤って認識する回数が増大し、その誤りの回答が正しい回答と相殺されて、全体としては、見かけ上[音質差が識別されな

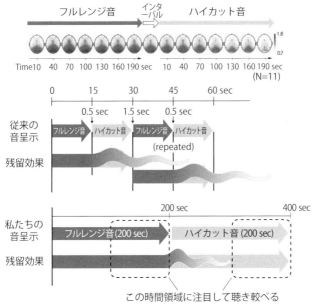

図6.5 超高周波を含むフルレンジ音の長い残留効果がハイカット音に重なると音の違いがわからなくなる

い]という、真実と一致しない結論が下されていた、と理解することができます。脳内で起こっている超高周波を含む音が惹き起こすこの残留効果に対して無防備であることが、サーストンの一対比較法の致命的な脆弱性となっているといえましょう。なお、私たちは、この研究内容を、オーディオエンジニアリングソサイアティ1991年大会(ニューヨーク)で発表しています[7]。

もしもこのような残留効果というメカニズムによって一対比較法の脆弱性を説明できるならば、予想される残留時間 —— それは脳波 α 波ポテンシャルの挙動からみて100秒間くらいと推定されます —— よりも十分に長い時間、音試料を呈示することによって、超高周波を含むフルレンジ音(FRS)と超高周波を除いたハイカット音(HCS)とを音質の違いとして認識できるかもしれません。逆にいえば、もしもそうした長時間の呈示によって音質の違いが検知されたならば、それは、残留効果に注目した私たちの仮説にとって、ひとつの強い支持材料になります。

そうした背景から、試料音の呈示時間を、α 波の挙動から推定される約100秒間の残留時間の2倍の200秒間とし、かつ、知覚された音質の違いを言語表現と結びつけて行うことが可能な〈シェッフェの一対比較法〉を使って調べてみました(図6.5)。

表6.3 残留効果を克服すると超高周波を含むフルレンジ音は美しく快く聴こえる

ハイパーソニック・サウンド ─ 可聴音のみの音	p 値
やわらかい ─ かたい	$p<0.01$
余韻型 ─ アタック型	$p<0.01$
各楽器がつりあっている ─ 特定の楽器がめだつ	$p<0.01$
耳あたりよく響く ─ 刺戟的に響く	$p<0.01$
ニュアンスの変化が大きい ─ ニュアンスの変化が小さい	$p<0.05$
低音がめだつ ─ 高音がめだつ	─
厚い ─ 薄い	─
軽い ─ 重い	─
好き ─ 嫌い	─
きめがこまかい ─ きめがあらい	─

200 sec の長時間音呈示によるシェッフェの一対比較法 (N=26)

その結果は表6.3に示すとおりで、超高周波が存在するかどうかが音質の違いとして認識されていることを、いくつもの〈評価語対〉について、高い統計的有意性をもって示しています。これによって、サーストンの一対比較法の「音の聴こえ」という最後の牙城も、有効性を喪っています。これについては2000年6月のJournal of Neurophysiolog誌[8]で報告しました。

　浜崎ら[9]（NHK放送技術研究所）は2004年、新開発の超広帯域に応答をもつマイクロフォンで録音した弦楽四重奏、筑前琵琶、チェンバロを音源として、21 kHz以上の超高周波のあり／なしをサーストンの一対比較法で調べています。このとき、音呈示用の再生装置として、1984年に私たちが開発したバイチャンネルシステム（第3章1節）と同じ構成のシステムを使い、同じく私たちの研究に注目して、音呈示時間をこれまでの20秒間から90秒間ないし120秒間の長い時間に変え、筑前琵琶を音源として、試行回数32回の条件で実験を行っています。その結果、13人のうち2人の被験者で、音質が違って聴こえることが統計的有意に示されました。しかし、音試料の呈示時間を20秒間にして同じ被験者について同じ実験を行ったところ、超高周波のあり／なしによる音質の違いは識別できないという結果が得られています。これは、超高周波の影響の残留性にかかわる私たちの見解を支持する結果といえます。

　以上により、一対比較法の脆弱性とその背景、そしてそれを克服する方法の原則——超高周波の残像効果が終了してからの比較を可能にする手法の活用——を示すことができたのではないかと考えます。

6…3　ハイパーソニック・エフェクトの壮大さを裏付ける
　　　　神経分子生物学的モデル

　サーストンの一対比較法を無力化してしまった超高周波の示す遅延・残留効果の背後には、神経分子生物学的な仕組が想定されます。よく知られているように、神経伝達の担い手〈神経細胞〉（ニューロン）では、そのケーブル状

に長く引き伸ばされた〈軸索〉を伝わってきた〈電気インパルス〉が、軸索の終末と次の神経細胞との接合部分に形成された〈シナプス〉において、電気信号を化学信号である〈神経伝達物質〉に変換して、次のニューロンに情報を伝えます。

この神経伝達物質の働きは、情報の受け手となる神経細胞側(シナプス後細胞)の細胞膜に存在して神経伝達物質の受け皿として機能する〈レセプター〉(神経伝達物質受容体)という蛋白質に、ちょうど鍵穴にはいり込む鍵のように結びついてその蛋白質を活性化する、というかたちで情報を伝えます。

このようにして神経伝達物質を受容したレセプターを起点に始まる分子生物学的な過程には、視覚・聴覚などの感覚系と、情動系とくに報酬系との間にきわめて著しい本質的ともいえる違いがあります。それによって、聴覚系

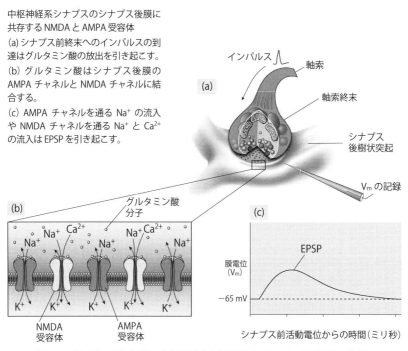

中枢神経系シナプスのシナプス後膜に共存するNMDAとAMPA受容体
(a) シナプス前終末へのインパルスの到達はグルタミン酸の放出を引き起こす。
(b) グルタミン酸はシナプス後膜のAMPAチャネルとNMDAチャネルに結合する。
(c) AMPAチャネルを通る Na^+ の流入やNMDAチャネルを通る Na^+ と Ca^{2+} の流入はEPSPを引き起こす。

図6.6 グルタミン酸レセプターは典型的な伝達物質作動性イオンチャネル(文献10から)

と報酬系との間の応答に大きな時間差を生むとともに、聴覚系の反応の一元性・単純性に対する情動系の反応の多元性・複雑性といったコントラストを導いています。ここでは、ハイパーソニック・エフェクトを支えるこのような分子メカニズムについて述べます。

　神経細胞(ニューロン)において神経伝達物質の受け皿となる受容体というものは、①〈伝達物質作動性イオンチャネル〉(transmitter-gated ion channel)と②〈G蛋白質共役型(代謝調節型)受容体〉(G protein-coupled (metabotropic) receptor)とに大きく分かれます。この両者の動作は、まったく違っています。

　ここで伝達物質作動性イオンチャネルというのは、シナプス後細胞の細胞膜に埋め込まれた形をとる蛋白質の構造体で、第一にレセプターの働きを具えています(図6.6)。第二にイオンチャネルの働きをあわせて具えています。

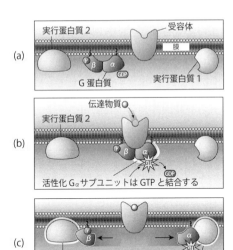

G蛋白質の作用の基本的な過程
(a) 不活性化状態では、G蛋白質のサブユニットにGDPが結合している。
(b) G蛋白質共役型受容体によって活性化されると、GDPはGTPに置き換わる。
(c) 活性化されたG蛋白質は開裂して、G_α(GTP)サブユニットと$G_{\beta\gamma}$サブユニットに分かれて、それぞれが実行蛋白質(エフェクター蛋白質)を活性化できるようになる。
(d) G_αサブユニットのGTPはゆっくりとリン酸(PO_4)が外され、GTPはGDPに変化し、活性が終了する。

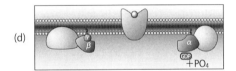

図6.7　G蛋白質共役型受容体の動作概念(文献10から)

第6章　古典的音響心理学から獲物を匿した〈二次メッセンジャーカスケード〉　133

構造体の中央を貫通する穴があり、レセプターに神経伝達物質が結合するとそこが開くことにより電荷をもつ特定のイオンがこのゲートを通過し、膜内外のイオン濃度を急激に変化させて〈脱分極〉や〈過分極〉を引き起こし、シナプス後電位を発生させるというかたちで情報を伝える仕組になっています。聴覚系など中枢の感覚神経系で働く神経伝達物質〈グルタミン酸〉のレセプターは、伝達物質作動性イオンチャネルとして代表的なものです。この蛋白質に伝達物質のグルタミン酸が結合すると、中心にある穴が開き、細胞の外側に多く存在しているナトリウムイオン(Na^+)、カルシウムイオン(Ca^{2+})が細胞内へ、同時に細胞内に多く存在しているカリウムイオン(K^+)は細胞外へと急速に移動し、それに伴って、$-65\,\mathrm{mV}$ に分極していた膜電位が部分的に分極を打ち消す〈脱分極〉とよばれる電位の変化〈興奮性シナプス後電位〉(excitatory postsynaptic potential = EPSP)を発生します。こうした電位が重なってある閾値をこえると、〈活動電位〉を発生させることになります(図6.6 b, c)。

なお、このとき伝達物質作動性イオンチャネルにたとえばグルタミン酸が結合してからチャネルが開口するまでの時間はきわめて速く、1マイクロ秒(μsec)以下と推定されます。その速さを反映して、シナプス前細胞の終末に神経インパルスが到達してからシナプス小胞内の神経伝達物質グルタミン酸が放出され、イオンチャネルに結合してEPSPを十分発生するまでに、2ミ

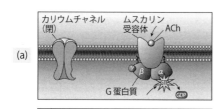
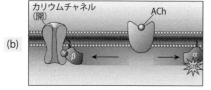

短絡経路
(a) 心筋の G 蛋白質は ACh がムスカリン受容体に結合することによって活性化される。
(b) 活性化された$G_{\beta\gamma}$サブユニットはカリウムチャネルを直接開口させる。

図6.8 G 蛋白質が直接イオンチャネルを活性化する短絡経路(文献10から)

リ秒(msec)程度しかかかりません。聴覚や視覚など人間を取り囲む環境の状態を認識する役割を担った感覚神経系が、その環境内に生起する事象を、事実上時差を無視したリアルタイムの事象として認識している現実は、感覚と知覚にかかわる分子伝達系の作動のこうした迅速性なしにはありえません。

ところが、脳波計測とPETによって超高周波を含むFRS(フルレンジ・サウンド)による活性化が示された報酬系で働く神経伝達物質ドーパミンのレセプターは、伝達物質作動性イオンチャネルとはまったく異なる動作をする〈G蛋白質共役型受容体〉なのです(図6.7)。

この受容体のふるまいは、伝達物質作動性イオンチャネルと大きく違うかなり複雑なものになっています。グルタミン酸レセプターのような伝達物質作動性イオンチャネルでは、伝達物質の担うメッセージを受信する蛋白質と、そのメッセージ内容を実行に移しゲートを開いてイオンを通過させる〈実行蛋白質〉(effector protein)とが同一のもので、一体にまとまっています。こうした構造によって、伝達物質が結びつくのと同時にゲートが開くという迅速性を実現しているのです。

ところがG蛋白質共役型受容体は、メッセージを担った伝達物質を受容することは行うものの、実行装置としてのイオンチャネルはもたず、そのメッセージを直接実行に移すことはできません。代わりに近傍にある〈G蛋白質〉と結合してそれをα、βの2分子に分割するとともに活性化します。α、βはそれぞれ、伝達物質が担ってきたメッセージどおりの働きを実現する

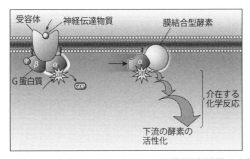

図6.9 二次メッセンジャーカスケードの構成要素(文献10から)

〈実行蛋白質〉に結合してそれを活性化し、こうしてようやく、伝達物質（たとえばドーパミン）が運んできたメッセージがイオンチャネルの開口という現象として実行されることになります。

　ところが、これですべてが説明できるわけではありません。それは活性化したG蛋白質の働きが一様ではなく、二つのまったく異なるプロセスを導くからです。

　そのひとつは、G蛋白質がイオンチャネル機能をもった実行蛋白質に結合してそれを活性化し、そのイオンチャネルを開口させる〈短絡経路〉と呼ばれる過程です（図6.8）。ここで注目されるのは、1個の受容体が1分子の伝達物質で活性化されたとして、そこで活性化された受容体は、その触媒作用によって次々にいくつものG蛋白質を活性化し、それらによって実行蛋白質である数多くの〈G蛋白質共役型イオンチャネル〉が活性化されてゲートを開きます。つまり一段階の直列増幅を受けています。この過程は、神経伝達物質が受容体に結合してから30～100 msec 以内に反応が始まるといわれているように、2～3 msec で迅速に応答する中枢神経系ほど速くはないけれども、秒以下のかなり素速い応答を導く可能性をもっています。実際、超高周波を含まないハイカット音を聴いていて、それが超高周波を含むフルレンジ音に切り替わった途端に、音が快く豊かに聴こえるケースがあります。そうした見かけ上時差のないようなハイパーソニック・エフェクトの波及現象とこの短絡経路がかかわっている可能性も考えられます。

　もうひとつのG蛋白質共役型受容体に始まる桁違いに複雑壮大な分子伝達の経路が、〈二次メッセンジャーカスケード〉を伴う系です（図6.9）。それは、神経伝達物質を受け入れて活性化したG蛋白質によって賦活された〈膜結合型酵素〉が、伝達機能を担った化学物質〈二次メッセンジャー〉(second messenger)をつくり、これがメッセンジャーとして働いて細胞内の他の酵素を活性化し、その酵素の生産物が次のステップの二次メッセンジャーになってまたもや……、というふうにカスケード状に連なり各段階ごとに増幅されて壮大な系が形成されるのです。しかも、このカスケードはさらに、分岐す

る場合さえあります(図6.10)。

　超高周波を含むハイパーソニック・サウンドが活性化する脳の報酬系は、先に述べたとおりドーパミン作動性神経系で構成されていると考えられます(第5章)。それは、即時的に反応する短絡経路と、壮大な規模に増幅された多くの反応群を長時間にわたって活動させる二次メッセンジャーカスケードとをあわせて励起することができるはずです。

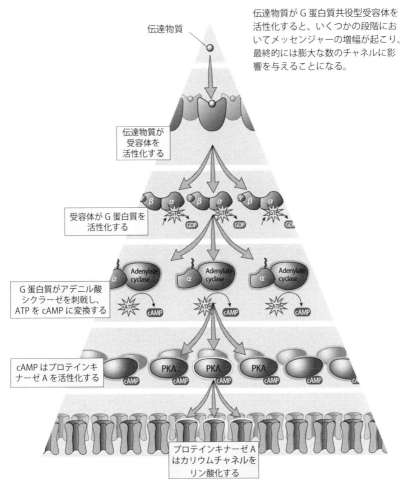

図6.10　G蛋白質共役型二次メッセンジャーカスケードによるシグナル増幅(文献10から)

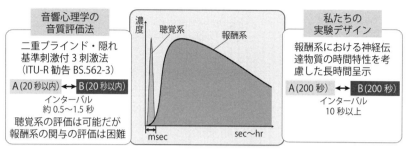

図6.11 聴覚系と報酬系との時間的応答の違いを捕える

　PET計測の〈SPM〉でその非常に高い活性のピークを示した中脳は、ドーパミンを伝達物質とする報酬系の拠点のひとつであり、快感の源のひとつでもある〈腹側被蓋野〉を含みます。また、同じく〈主成分分析〉によって明らかになった、そこから脳内に展開するドーパミン系神経回路網の活性化は、真善美を司る〈前頭前野〉や、心の豊かさの泉となる〈前帯状回〉に及んでいます。

　ドーパミン系は、脳の〈広範囲調節系〉の代表的なもので、脳活動全体のモードを統一的に制御する役割を果たしています。ハイパーソニック・サウンドによるドーパミン系の活性化は、脳機能全体の大規模な変容を実現するために40秒間ものタイムラグを必要とし、その変容が原状回復するのに100秒間もの残留時間を費やしているのは当然かもしれません(図6.11)。

　この壮大な脳機能の変容が、サーストンの一対比較法しか眼中になく、脳機能のダイナミズムについてほとんど考慮することのなかった古典的音響心理学者たちの思考と感覚を眩惑し、巨大な獲物を覆い匿して捕り逃がさせた背景として理解されるのではないでしょうか。

第6章文献

1　Thurstone LL, Psychophysical Analysis. Am. J. Psychology, **38**, 368-389, 1927.
2　CCIR Recommendation, 562. Subjective Assessment of Sound Quality, 1978-1982-1986-1990.
3　ノーバート・ウィーナー，『サイバネティックス』，池原止戈夫ほか訳，岩波書店，1962．
4　フォン・ノイマン，『人工頭脳と自己増殖』，品川嘉也訳，中央公論社，1965．

5 ルトヴィヒ・フォン・ベルタランフィ,『一般システム理論』, 長野敬, 太田邦昌訳, みすず書房, 1973.
6 大橋力, 仁科エミ, 河合徳枝, 環境高周波音の生理的・心理的機能に関する"トランス誘起モデル"とその検証. 日本音響学会聴覚研究会資料, H-88-66, 1-8, 1988.
7 Oohashi T, Nishina E, Kawai N, Fuwamoto Y, Imai H, High-Frequency Sound Above the Audible Range Affects Brain Electric Activity and Sound Perception. Audio Engineering Society 91st Convention (New York), Preprint no. 3207, 1-25, 1991.
8 Oohashi T, Nishina E, Honda M, Yonekura Y, Fuwamoto Y, Kawai N, Maekawa T, Nakamura S, Fukuyama H, Shibasaki H, Inaudible High-Frequency Sounds Affect Brain Activity: Hypersonic Effect. J. Neurophysiology, **83**, 3548-3558, 2000.
9 Hamasaki K, Nishiguchi T, Ono K, Ando A, Perceptual Discrimination of Very High Frequency Components in Musical Sound Recorded with a Newly Developed Wide Frequency Range Microphone. AES Convention Paper 6298, 2004.
10 ベアー MF, コノーズ BW, パラディーソ MA,『神経科学 ― 脳の探求』, 加藤宏司ほか監訳, 西村書店, 2007.

第 2 部

ハイパーソニック・エフェクトの実像

第 7 章　ハイパーソニック・ファクターの
　　　　　作用の双極性と周波数構造

第 8 章　ハイパーソニック・ファクターが
　　　　　ミクロな時間領域に示す変容構造

第 9 章　聴こえない超高周波の体表面からの受容

第 10 章　新たなパラダイム〈音の二次元知覚モデル〉

第 11 章　人類の遺伝子に約束された本来の音環境とは

第2部 ハイパーソニック・エフェクトの実像

第 7 章
ハイパーソニック・ファクターの作用の双極性と周波数構造

7…1 超高周波に対する〈齧歯類〉の応答

　ハイパーソニック・エフェクトを発現させる〈ハイパーソニック・サウンド〉は、これまで述べたように、人間に音として聴こえる空気振動〈可聴音〉と、それよりも周波数が高すぎて音としては聴こえない超高周波空気振動〈ハイパーソニック・ファクター〉との両者が共存したものです。とすると、人間へ入力するハイパーソニック・ファクターが波動として具えている諸属性、たとえば周波数や複雑性などの構造がどうであるのかということと、それらの入力に対応する出力として現れるハイパーソニック・エフェクトの発現状態がどうであるのかということとの関連を明らかにすることは、基本的な課題といわなければなりません。

　ちなみに、齧歯類の動物、とりわけラットでは、近年、〈ウルトラソニック・ヴォーカリゼーション〉(超高周波発声、ultrasonic vocalization)という現象とその脳機能に及ぼす影響が注目されています。たとえば、22 kHz 付近の鳴き声が負の情動反応を惹き起こし、脳の〈懲罰系〉の活性化[1-3]、および回避行動[2,4-7]を導くことが報告されています。これらに対して 50 kHz 付近の鳴き声は正の情動反応にかかわる報酬系を活性化し[1,2,8,9]、音源に近づこうとする〈接近行動〉を導く[2,10]ことが知られています。

　ただし、ラットが聴きとることのできる音の周波数上限は 50 kHz 以上に及んでいるので、これらの実験で使った音のすべては、ラットにとっては

〈可聴音〉に該当します。したがって、私たち人類に惹き起こされるハイパーソニック・エフェクトと同列に論じることはできません。しかし、人類の脳と共通するところが少なくないといわれる哺乳類齧歯目のラットにおいて、動物相互間で交信されているとみられる「鳴き声」という空気振動の中での周波数の違いが、ネガティブおよびポジティブな情動反応の違いを導いていることは注目に値します。

地球生命、とくにその脳・神経系には、アドオン（機能拡張、積み重ね）型に進化するという特徴があり、それは哺乳類の脳の進化でことのほか特徴的といわれています。とすると、ラットのウルトラソニック・ヴォーカリゼーションの進化型、退化型あるいはそれらの痕跡、残滓などが人類の脳に存在する可能性も否定できません。たとえば、たむろする若者撃退に使われている〈モスキート音〉（17 kHz くらいの不快な音）もそれらを反映する事象のひとつかもしれません。このような、音に対して生命が示す応答についての、周波数依存性を想定したアプローチは、ハイパーソニック現象の研究に必須のもののひとつと考えなければならないでしょう。

そこで、現に人間にハイパーソニック・エフェクトを発現させているハイパーソニック・サウンド中のハイパーソニック・ファクターを対象に、その周波数と効果との関係を、二つのステップを踏むかたちで調べてみました。

7…2　単純に割り切れないハイパーソニック・ファクターの作用

まず、第一のステップとして、これまでハイパーソニック・エフェクト発現の実績のあるバリ島のガムラン音楽の録音物を音源に選び、これも実績のあるバイチャンネル再生系で再生して、［16 kHz 以下の可聴音］と、［16 kHz 〜48 kHz の超高周波成分］とを共存させた場合と、同じく［48 kHz 以上の超高周波成分］とを共存させた場合とで、実験参加者（以下、被験者）の応答がどう変わるかを調べてみました。このとき、高周波を除いたハイカット音（HCS）を造るために、この実験のすべての被験者の可聴域上限周波数よりも

高い、周波数 16 kHz の〈ローパスフィルター〉(NF 回路設計ブロック CF-6FL、減衰傾度 80 dB/oct)でハイカットしました。超高周波成分(HFC)は、音源を、任意の周波数でローパス、ハイパス、バンドパスすることが可能な〈プログラマブル・フィルター〉(NF 回路設計ブロック製 FV-661)に通し、減衰傾度 70 dB/oct の条件で HFC を抽出しました。

被験者は、12 人の健常者(男性 6 人、女性 6 人、年齢 20〜31 歳)で、体調不良を訴えた 1 人を除く 11 人のデータを解析対象にしました。

ハイパーソニック・エフェクト発現の状態を調べる指標としては、その鋭敏な応答が注目される〈基幹脳活性指標〉(脳波 α_2 波ポテンシャル)を採用し、同じくこれまで私たちが構成してきた方法[11-13]に準拠して計測しました。

この実験で使ったガムラン音楽録音物の電気信号(図 7.1A)、その被験者に

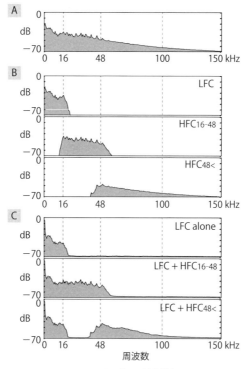

図 7.1　呈示音の周波数構造

呈示された 16 kHz のローパスフィルターを通した〈ハイカット音〉(LFC)(図 7.1B 上段)、〈16 kHz～48 kHz の高周波成分〉(HFC$_{16-48}$)(図 7.1B 中段)、〈48 kHz 以上の高周波成分〉(HFC$_{48<}$)(図 7.1B 下段)の電気信号、そしてそれらを再生した空気振動の被験者位置での周波数スペクトル(図 7.1C)を示します。図のように、適切な再生が行われていたことがわかります。

こうして行った実験の結果は強い注目に値します。まず、三つの呈示条件下における音呈示開始 100 秒後から 200 秒目までの基幹脳活性指標(脳波 α_2 ポテンシャル)を脳電位図(BEAM)で示します。図 7.2A に見られるように、可聴音(LFC)に 48 kHz 以上の高周波成分[HFC$_{48<}$]を加えて呈示した場合には、基幹脳活性指標が後頭部を中心に増強されます。これに対して、16 kHz～48 kHz の高周波成分[HFC$_{16-48}$]を加えて呈示した場合には、基幹脳活性指標は明らかに減少を示しました。この実験における基幹脳活性指標の被験者平均値は図 7.2B のようになり、[HFC$_{48<}$]の高周波を加えて呈示した場合の基幹脳活性指標の増強と、[HFC$_{16-48}$]を加えて呈示した場合の基幹脳活性指標の減少とのあいだには、統計的有意差のあることがわかりました。

これらの結果によって、これまで、可聴域上限をこえる高周波成分はすべて、ハイパーソニック・エフェクト発現に貢献するものと考えていた私たちの認識は、大きくゆらぎました。周波数によっては、ハイパーソニック・エフェクトと逆の現象が惹き起こされる可能性を否定できなくなったからです。

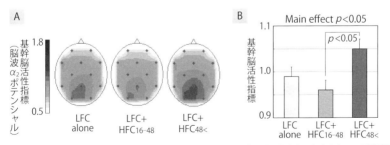

図 7.2 48 kHz 以上の超高周波を共存させたときと 48 kHz 以下の超高周波を共存させたときとでは基幹脳活性指標への影響が大きく異なる

7…3 超高周波帯域を細分化した実験から見出された〈ハイパーソニック・ネガティブエフェクト〉

そこで、この問題をより掘り下げて検討することにしました。呈示するHFCをより細かに分割し、狭い帯域成分を多段階に構成して、それぞれがどのようなハイパーソニック・エフェクト発現状態を示すか、詳しく調べました。

そのために、2台のプログラマブル・フィルターをカスケード接続にし90 dB/octの急峻なバンドパス・フィルターを構成して、16 kHz以上のHFCを、96 kHzまでは8 kHz刻みの10ステップ、それより上は96 kHz〜112 kHzと、112 kHz以上のすべての周波数成分との2ステップ、都合12ステップに分割して、それぞれの帯域成分を独立して呈示できるようにしました。このシステムから再生された電気信号は、図7.3に示すように、実験目的に沿ったものになっています。なお、図をつぶさに調べると、周波数帯域ごとにHFCのパワーが互いに異なることを否定できません。特に周波数が高い領域になるにつれて、帯域成分のパワーは明らかに減少しています。このことに注目すると、この実験の変数は単一ではなく、周波数の違いと、パワーの違いという二つの変数をもつ系を構成していることに注意しなければなりません。

この実験は、その1回ごとに約10人の被験者が参加する12のサブ実験から構成された、のべ104人の被験者の脳波をそれぞれ2系列ずつ計測する膨大なものとなりました。この実験のための被験者群として、19人の健常者(男性9人、女性10人、年齢20〜71歳)の母集団を編成し、その中から各回ごとに参加した7〜10人について、その脳波α_2ポテンシャルを解析の対象にしました。

実験の結果を図7.4に示します。

この実験を構成する12セットのサブ実験では、基幹脳活性指標は、呈示音を構成するHFCの周波数に依存して連続性を想定させる状態で負から正に変化しています。これを統計的に解析したところ、呈示する超高周波成分

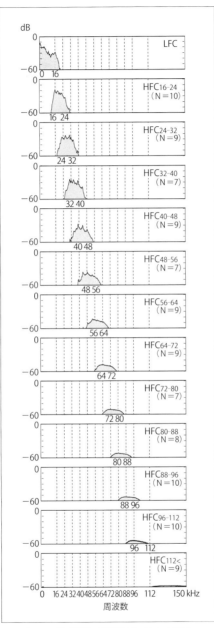

図7.3 サブ実験の呈示音のスペクトル(FFT)

の周波数帯域の違いによる主効果が認められました($p=0.039$)。また、基幹脳活性指標がもっとも低い値を示した16 kHz～24 kHz帯域のHFC(HFC_{16-24})を含む呈示音の場合と、もっとも高い基幹脳活性指標を示した[HFC_{80-88}]を含む呈示音の場合との間に統計的な有意差($p<0.05$)が認められました(図7.4A)。

次に、基幹脳活性指標が、呈示するHFCの周波数帯域32 kHz～40 kHzを境に連続的に負から正へと逆転しているのに注目して、12のサブ実験全体から得られたすべての基幹脳活性指標の変化量を、その平均値が負の値を示す16 kHz～32 kHz、および平均変化量がごく小さい32 kHz～40 kHzのHFCを含む音が呈示されたサブ実験グループの総データ($n=26$)と、その平均値が正の値を示す40 kHz以上のHFCを含む音が呈示されたサブ実験グループの総データ($n=78$)とに分けてそれぞれをひとつにまとめ、統計検定にかけました。その結果、両者が互いに異なるという事象に対して$p<0.0005$というきわめて高い値で有意性が示されました(図7.4B)。さらに、HFCが40 kHz以下の呈示音のグループと、同じく40 kHz以上の呈示音のグループとでそれぞれまとめたデータを調べたところ、前者は統計的有意に負の値をとること($p<0.05$)、後者は統計的有意に正の値をとること($p<0.0001$)が支持

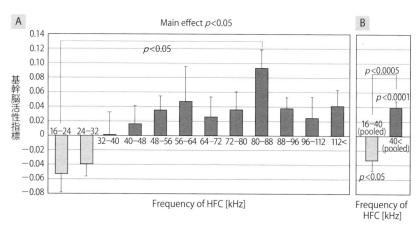

図7.4　HFCの周波数帯域と基幹脳活性指標

されました。

　以上を総合して観ると、ガムラン音に含まれる可聴域上限16 kHzをこえる高周波成分は、その［周波数に応じて連続的に］、かつ［正負にわたって］、被験者たちの基幹脳活性指標を変化させます。そのとき、32 kHzから40 kHzまでの帯域を境に、それより低い16 kHzまでの周波数帯域成分を共存させると、可聴音(HCS)だけ呈示したときよりも基幹脳活性指標は低下し、この帯域をこえる40 kHz以上の高い周波数帯域成分を共存させると、基幹脳活性指標は高まります。しかもこれらの諸現象は、各種の統計検定によってかなり高い水準の有意性をもって支持された、信頼性の確かな事象です。

　この実験で初めて見出された、可聴音に隣接する相対的に低い周波数帯域のHFCによる基幹脳活性の低下という現象はきわめて注目すべきものです。それは、ハイパーソニック・エフェクトの発現が、［呈示音中に含まれるハイパーソニック・ファクターの周波数に依存して正負にわたって連続的に変化する］という、これまでにまったく知られていなかった事象の存在を明らかにしたからです。この結果は2014年4月にPLOS ONEに発表しました[14]。

　以上により、16 kHzから32 kHz付近までのHFCを含む音が呈示されたときに観察される基幹脳活性の低下とそれに関連する諸現象を〈ハイパーソニック・ネガティブエフェクト〉と呼ぶことにします。また、このとき基幹脳活性を低下に導く高周波成分を〈ハイパーソニック・ネガティブファクター〉と呼びます。さらに、これまで、実際には40 kHz以上の超高周波が呈示音中に含まれたことによって発現し、〈ハイパーソニック・エフェクト〉と総称していた現象は、必要に応じて〈ハイパーソニック・ポジティブエフェクト〉と呼んで、前者と区別します。なお、その必要がない多くの場合、これまで同様、それを単に〈ハイパーソニック・エフェクト〉と呼ぶことにします。

7…4　ハイパーソニック・ファクターの〈双極性〉を巡って

　私たちが見出した、ガムラン音に含まれる 16 kHz〜32 kHz の高周波成分の存在がハイパーソニック・エフェクトの発現を反映する基幹脳活性指標（脳波 $α_2$ ポテンシャル）を低下させ、同じく 40 kHz 以上の高周波成分の存在が基幹脳活性指標を上昇させるという現象は、第 11 章で述べる〈本来・適応・自己解体モデル〉の実在を反映して、フルレンジ音が〈本来〉、ハイカット音が〈自己解体〉に対応していることを現している可能性が考えられます。また、この章の冒頭で述べたラットのウルトラソニック・ヴォーカリゼーションに見られる 22 kHz 付近の鳴き声が脳の懲罰系の活性化や回避行動を導くのに対して 50 kHz 付近の鳴き声では反対に脳の報酬系が活性化されることを示す数々の報告と相通じるものがあります。進化的にもっとも始原的な哺乳類と考えられる齧歯目のラットと、進化の頂点に立つ現生人類との間に見られるこの共通性は、はたして偶然か、それとも進化という文脈の中で必然性を考慮して捉えうるのか、今後の興味深い課題です。

　もうひとつの話題として、この研究が行われる以前に私たちが行ったいくつかの研究を、この実験から得られた知見に立脚して再検討してみます。

　まず、まったく萌芽的な心理実験から、ハイパーソニック・エフェクト発見への道をブレークスルーした初期の脳波実験の過程では、ハイカット音（HCS）を 26 kHz のローパスフィルターを使って形成していました。それは、超高周波成分が可聴域成分によってコンタミネーション（汚染）を受けることをできるだけ防止しよう、という配慮から選ばれた条件でした。しかし、これをこの研究から得られた知見に照らしてみると、私たちが〈対照〉として呈示していた HCS は、実は、16 kHz から 32 kHz あたりまでに及ぶハイパーソニック・ネガティブファクターの主力となる 16 kHz から 24 kHz の帯域成分を含んでいて、それに起因するネガティブエフェクトによって、対照としての値が、〈ベースライン〉としてあるべき値つまり 0 よりもさらに低下していたと考えられます。被験者たちの実質的可聴音、16 kHz 以下の成分だけで〈対照〉が構成されていた実験を想定すると、私たちの設定したそのと

きの実験の条件下では、そうした真のベースラインを使ったときよりもハイパーソニック・エフェクトの見かけ上の発現の度合が顕著になっていたはずです。この特異な現象を発見するうえで大変貴重な偶然の恩恵に、それとは知らずに浴していたことが、この帯域別実験を行ったいまにしてわかります。

7…5 〈動物行動学的記号〉としての注目

　コンラート・ローレンツらが築いた動物行動学の重要な基本概念〈生得的解発機構〉の理論では、遺伝子中にデフォルトプログラムとして設定された〈生得的行動〉は〈鍵刺戟〉の入力に応答して反射的にリリース(解発)されます。この過程は、「思考」や「判断」の過程を内部に含んでおらず、それらと独立したいわば「理屈抜き」のものです。こうした鍵刺戟として比較的広く知られている〈威嚇の表情〉には、実は、種を超越した普遍性が認められています。ローレンツは主に犬を対象にしてこの理論を体系化しました(図 7.5、e が威嚇の表情)[15]。

　このときローレンツは、犬の顔面の表情を構成する筋肉群が選択的に収縮して一定のパターンを形成することを認め、これを「威嚇のパターン」として定式化しました。ローレンツは、これらの威嚇のパターンの特徴として、

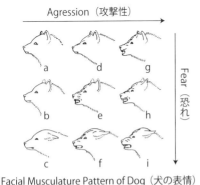

図 7.5　犬の表情パターン(Lorenz, 1963 から)[15]

図 7.6　顔の筋肉に現れる威嚇のパターン (Bolwig, 1964)[16]

攻撃しようとする動機と逃走しようとする動機とが拮抗してしまってどちらを採ることもできず、相手を精一杯、脅して勝負をつけるやり方だ、と説明しています。のちに同じく動物行動学者のニールス・ボルウィグは、霊長類であるチンパンジーの威嚇の表情に見られる顔面筋のパターンが犬とほぼ同様のものであることを指摘し、威嚇という行動の、種を超越した普遍性を示しています（図7.6）[16]。

さらに、ジーン・サケットは、成長期の仔猿に猿のいろいろな写真を見せることによって、威嚇のパターンが仔猿に接近行動（快感因から発信される快感

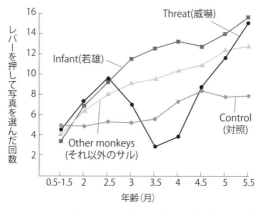

図7.7 "怖いもの見たさ"の源流（猿の脳の報酬系が導く接近行動）[17]

図7.8 威嚇のシグナル[18]

誘起性の情報をより強く享受しようとして情報源に近づこうとするふるまい）を惹き起こすことを見出しています（図7.7）[17]。

さらに、この威嚇の表情による快感誘起現象との関連が考えられる事象として、人類が祝祭やその芸能で使う人工造形物「仮面」での威嚇のパターンの強調という現象も見出されています[18, 19]。これらは、光学的情報系に属する視覚刺戟というカテゴリーにおける生得的解発機構の鍵刺戟のひとつ、〈威嚇のシグナル〉（図7.8）[18]が、少なくとも哺乳類のあいだで、種を超越した共通性、あるいは普遍性を具えている可能性を示唆します。

しかし、空気振動あるいは音というカテゴリーでは、このような切口からの検討があるかどうか判然としません。もしかすると、このような生得的解発機構にかかわる鍵刺戟という観点を踏まえた問題意識は、まだ私たちに限定されたものかもしれないのです。

もちろん、今回見出された20 kHz周辺でネガティブ、40 kHz以上でポジティブという情動的応答に見られる共通性は、単に偶然の一致かもしれません。しかし、これが〈威嚇のシグナル〉のように哺乳類に普遍的な動物行動学的〈記号〉であることを否定する材料が視野内に存在しないことも事実です。新しい観点からのアプローチが、期待されるところです。

第7章文献

1　Brudzynski SM, Pharmacological and behavioral characteristics of 22 kHz alarm calls in rats. Neurosci. Biobehav. Rev., **25**, 611-617, 2001.

2　Brudzynski SM, Ultrasonic calls of rats as indicator variables of negative or positive states: acetylcholine-dopamine interaction and acoustic coding. Behav. Brain Res., **182**, 261-273, 2007.

3　Brudzynski SM, Ethotransmission: communication of emotional states through ultrasonic vocalization in rats. Curr. Opin. Neurobiol., **23**, 310-317, 2013.

4　Brudzynski SM, Chiu EM, Behavioural responses of laboratory rats to playback of 22 kHz ultrasonic calls. Physiol. Behav., **57**, 1039-1044, 1995.

5　Litvin Y, Blanchard DC, Blanchard RJ, Rat 22 kHz ultrasonic vocalizations as alarm cries. Behav. Brain Res., **182**, 166-172, 2007.

6　Kim EJ, Kim ES, Covey E, Kim JJ, Social transmission of fear in rats: the role of 22-kHz ultrasonic

distress vocalization. PLoS ONE, **5**, e15077, 2010.
7 Parsana AJ, Moran EE, Brown TH, Rats learn to freeze to 22-kHz ultrasonic vocalizations through auto-conditioning. Behav. Brain Res., **232**, 395-399, 2012.
8 Thompson B, Leonard KC, Brudzynski SM, Amphetamine-induced 50 kHz calls from rat nucleus accumbens: A quantitative mapping study and acoustic analysis. Behav. Brain Res., **168**, 64-73, 2006.
9 Sadananda M, Wöhr M, Schwarting RKW, Playback of 22-kHz and 50-kHz ultrasonic vocalizations induces differential c-fos expression in rat brain. Neurosci. Lett., **435**, 17-23, 2008.
10 Wöhr M, Schwarting RK, Ultrasonic communication in rats: can playback of 50-kHz calls induce approach behavior? PLoS ONE, **2**, e1365, 2007.
11 Oohashi T, Nishina E, Honda M, Yonekura Y, Fuwamoto Y, Kawai N, Maekawa T, Nakamura S, Fukuyama H, Shibasaki H, Inaudible High-Frequency Sounds Affect Brain Activity: Hypersonic Effect. J. Neurophysiology, **83**, 3548-3558, 2000.
12 Oohashi T, Kawai N, Nishina E, Honda M, Yagi R, Nakamura S, Morimoto M, Maekawa T, Yonekura Y, Shibasaki H, The role of biological system other than auditory air-conduction in the emergence of the hypersonic effect. Brain Res., **1073-1074**, 339-347, 2006.
13 Yagi R, Nishina E, Honda M, Oohashi T, Modulatory effect of inaudible high-frequency sounds on human acoustic perception. Neurosci. Lett., **351**, 191-195, 2003.
14 Fukushima A, Yagi R, Kawai N, Honda M, Nishina E, Oohashi T, Frequencies of Inaudible High-Frequency Sounds Differentially Affect Brain Activity: Positive and Negative Hypersonic Effects. PLOS ONE, **9**(4), e95464, 2014.
15 コンラート・ローレンツ,『攻撃 1』, 日高敏隆, 久保和彦訳, みすず書房, 1970.
16 Bolwig N, Facial expression in primates with remarks on a parallel development in certain carnivores. Behaviour, **22**, 167-192, 1964.
17 Sackett GP, Monkeys reared in isolation with pictures as visual input: evidence for an innate releasing mechanism. Science, **16**, 154(3755), 1468-1473, 1966.
18 Oohashi T, "SHISHI AND BARONG — A Humanbiological Approach on Trance-inducing Animal Masks in Asia — ". International Symposium on the Conservation and Restoration of Cultural Property — Masked Performance in Asia, 129-153, 1987.
19 Oohashi T, Shishi und Barong — Eine humanbiologische Annaeherung uber tranceausloesende Tiermasken in Asien, In "Masken — Eine Bestandsaufnahme mit Beitraegen aus Paedagogik", Geschichte, Religion, Theater, Therapie. Herausgegeben von Klaus Hoffman, Uwe Krieger und Hans-Wolfgang Nickel, Haus kirchlicher Dienste, Hannovers, 2004.

第 2 部　ハイパーソニック・エフェクトの実像

第 8 章
ハイパーソニック・ファクターが
ミクロな時間領域に示す変容構造

8…1 〈高速フーリエ変換〉の盲点

　前の章で述べたとおり、ハイパーソニック・エフェクトの発現は、ハイパーソニック・ファクターの周波数構造と緊密に結びついています。そしてそれは、16 kHz〜32 kHz までの周波数帯域では基幹脳の活性を低下させるネガティブエフェクト、40 kHz 以上の周波数帯域ではその活性を高めるポジティブエフェクトを導きます。

　それでは、40 kHz 以上の周波数をもった超高周波成分でありさえすればすべて、ハイパーソニック・エフェクトを発現させうるのでしょうか。実態はそれほど単純ではありません。たとえば、ガムラン音楽をバイチャンネル再生系で超高周波成分(HFC)とそれを除いた音(HCS)とに分けたうえで、(図 8.1)[1]、それらを一緒に再生・呈示すると、被験者たちにはハイパーソニック・エフェクトが発現します。ここで、ホワイトノイズをフィルタリングしてガムランのHFCと同様の時間平均パワースペクトルを示すように作成したHFCを別途用意します。このHFCは、高速フーリエ変換(FFT)で調べたパワースペクトルが、ガムラン音とほとんど同じになるようにしました。このように準備した2種類の超高周波成分(HFC)をそれぞれ音源としてハイパーソニック・エフェクトの発現する様子を比較してみると、ガムラン音楽それ自体から抽出したHFCを共存させた実験では、もちろん、通常観察されるのと同様のハイパーソニック・エフェクトの発現が認められます。それに

対して、ホワイトノイズをフィルタリングして造った HFC を共存させた実験では、ハイパーソニック・エフェクトが発現しないのです(図8.2)[2]。

この両者は、あらかじめ FFT にかけて確かめているとおり、その時間平均パワースペクトルはよく接近したものになっているにもかかわらず、まったく違った結果を示しています。

そこで、手法としては適切とはいえないかもしれませんが、この二つの HFC の違いの一端を把握することを期待して、両者を短い時間領域に分割して、それら細分化した時間ごとの FFT スペクトルを連続的に計測し図 8.3 に示す結果を得ました。図にみられるとおり、ガムラン音の HFC はかなり激しくそのレベルを変動させているのに対して、ホワイトノイズ起源の HFC はそうした変化をしない定常的な姿を現しています。そして前者の激しく変化する HFC がハイパーソニック・エフェクト発現に有効であるのに対して、後者の定常的な HFC は有効性を示しません(図8.2)。同じように有

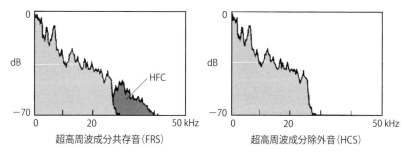

図8.1　ガムラン音の高周波成分共存音と高周波成分除外音の FFT スペクトル

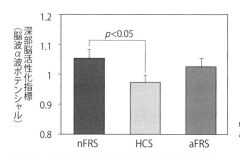

nFRS：自然超高周波成分共存音
aFRS：人工超高周波成分共存音

図8.2　ホワイトノイズ起源の高周波成分ではハイパーソニック・エフェクトが発現しない

効性を示さないものとして、その他にも、正弦波およびその倍音を含む定常音、さらには高速標本化 1 bit 量子化 A/D 変換に伴ういわゆる 1 bit ノイズなども、音質に対して微妙な影響を及ぼすことはあっても、ハイパーソニック・エフェクトの発現となると、判然としません。

それら有効性を示さない音たちの超高周波成分と、明らかに有効性を示すガムランの HFC との情報構造上の大きな違いは、ガムラン音が示す[ミクロな時間領域における著しい変化]ということができます。

ところが、この性質の違いに問題の鍵が潜んでいた場合、私たちは現状の音響学のツールに依存するだけでは、問題に本格的にアプローチする途がうまく開けない、という深刻な問題が浮かび上がってきました。なぜなら、先

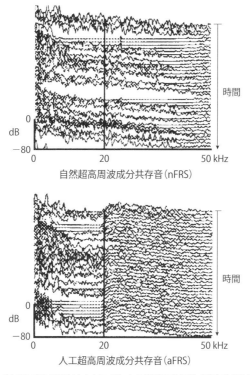

図 8.3　ガムラン音の HFC(上)とホワイトノイズ起源の高周波成分(下)の時間的変化

に原理的に無理があるものの、他に適切な手法が見当たらず、無理をして短時間のデータについてノイズが無視できないスペクトルをとったFFTのもつ本質的な限界という問題があるからです。FFTによる解析は、もっとも基本的な振動のデータといえる〈周波数パワースペクトル〉を得る最善の方法であることは確かであり、その単機能の専用機などは、現実的に比類ないほどの力を発揮してくれます。

　しかし、この方式には原理的に、「同じ振動構造が永遠に続く」という前提の上に立っているために、周波数が途中で変化する対象には適さない、という限界があるのです。FFTでは、測定時間に見られる波形は全体の一部であって、同じ波形が無限にくり返されているという仮定から出発します。ただし、ただくり返しただけではつなぎ目が不連続になってスペクトルが大きくゆがんでしまうため、つなぎ目が連続になるように適当なウィンドウ関数（たとえばハニング・ウィンドウ）をかけてやります。この操作は、短時間のサンプリングでは実際の波形と無視できない大きな違いを導いてしまう可能性がありますので、高精度で測定するためには、長時間のデータを取り込まなければなりません。そうすると、ミクロな時間領域のゆらぎ構造は平均化され埋没して、変化が存在しないも同然の値が与えられてしまうことになります。

　FFTにはまた、基本的に離散性（ディジタル）のスペクトルデータしか与えず、そのままでは連続した情報のかたちを観察することができない、という限界もあります。

　こうした限界をもちながら、その一方で、FFTという手法は、たとえば音楽のマクロな時間領域の中に形成された定常的・離散的な情報構造、すなわちたとえば楽譜に書けるような音の構造を、たいへん精度よく捉える力をもっています。その性質から、音楽を主とする諸々の音現象と人間とを結ぶさまざまな音の情報構造を記述するにあたって、このFFTという手法は基本的な尺度として、他に比類ないほど圧倒的に優先されてきているのが実情です。いい換えると、音と人間とのかかわりを調べる現在の〈音の科学〉では、音現象というものが、[FFTに適切にマッチする定常的・離散的な構造をも

つ振動という側面を選択的に捉える]、さらにいえば［極度に強調して捉える]という状況の中にあるのです。そこには、「手段」が「内容」を規定する、という本末転倒的な状態が観られることを否定できません。

8…2　生命科学的な音楽の概念

　こうした状況は、これまで私たちが依って立ってきた音の科学の「FFTさえあれば大丈夫」という体質の陰に何らかの重要な思考上の空白を宿してはしないか、という不安を久しく以前から私に覚えさせて止みませんでした。

　これまでの音の科学にとってもっとも対象にされる機会が多かった〈音楽〉にアプローチする科学的・芸術的姿勢について、私にとって特に気がかりだった点を述べます。古代ギリシアで〈自由七科〉中の一科目［運動する数学］に位置づけられた〈音楽〉は、東欧を経て西欧に受け継がれ、大バッハから現代に至るまで、離散性に大きく傾いた数理科学的性格が強調されたかたちで貫かれてきました。具体的には、音楽という現象の担い手を、〈楽音〉という空気振動の基礎単位の組合せと配列によって構築されたもの、いいかえれば［マクロな時間領域において定常的な音の要素〈楽音〉がつくる離散構造］すなわち［楽譜］に表せるものとして捉えます。このとき楽音以外の音は〈噪音（そうおん）〉であり音楽にとって本質的でない付随的なものとして、事実上対象外に置き無視する態度も貫かれてきました。これは、線形的かつ離散的なせまい数理科学の世界の中への閉塞ということができるでしょう。それは、西欧音楽における〈五線定量譜〉という表現形態によく表れています。

　こうした方向性の思想を意識的に強化したケルン放送局電子音楽研究所初代所長ヘルベルト・アイメルトは、音楽の基本要素とする〈楽音〉を［音の高さ、音の強さ、音色（倍音の構造）が一定時間変化せず保たれた音］とし、その思想に沿って、当時この研究所に所属していた作曲家カールハインツ・シュトックハウゼンが1953年、『習作I』(STUDIE I)を発表しました。「サイン波のための初めての作品」と銘打って、倍音を含むサイン波だけで、しかも

上記の〈楽音〉の条件を満たした音だけで十分間ほどの作品を残しています。この作品は、他のいくつかの作品とともに、1991年、いわば録音技術の粋を尽くしてCD化されました。しかし、それが［人類の遺伝子に約束された音楽］としての美しさ快さを感じさせるかというと、私にはとうていそう感じることはできません。アイメルトやシュトックハウゼンらの念頭にある音楽という名の事象と、人類の遺伝子ならびに脳にプリセットされ諸民族の中で生物学的に実現している音楽という名の生命現象との間には、なにか大きな不一致があるように思えてならないのです。そこで私はかつて、音楽を生命現象として捉え直し、音楽の概念を生命科学的に構築することを試みました。これによって、アイメルトやシュトックハウゼンの「音楽」が、人類本来の音楽であるかを検討することが可能になるはずです。

　生命科学的音楽概念の構築について、詳しくは別の文献[3]にゆずり、ここではその到着点を述べます。すなわち、［音楽とは、特異的に持続し、ミクロな時間領域では連続して変容する情報構造をとり、マクロな時間領域では文化という脳機能体系によってコード化された離散的情報構造をとり、脳の聴覚系と報酬系とを活性化する音の人工物である］[4]というものです。

　すこし説明を加えましょう。［特異的に持続し］とは、言葉が言葉そのものから「歌」へと転じていく過程を観察するとよくわかる、音が長く引き延ばされていく状態です。また、［マクロな時間領域でとる離散的情報構造］とは、人間が歌うとき、声を出せる範囲内であればどのような高さも出せるのに、いざ歌うとなると、あえてそこから1オクターブが5音とか7音だけに限られる〈音階〉に組織された高さの音だけを使う、という生理現象の結果物です。西欧文化圏では、音楽の要素が、音階という周波数階梯上へのサンプリングの音高とその音価（音の長さ）とを示す〈音符〉に記号化され、〈五線定量譜〉を使って精密に視覚情報に固定された〈楽譜〉として記述されます。そしてそれは［音楽と等価］であって実際の音楽との間で相互に可逆的に変換できるもの、とされます。つまり［楽譜＝音楽］ということです。

　この〈音楽と楽譜との可逆的等価変換律〉ともいうべきルールを成立させる

ためには、音楽の設計図にあたる楽譜の中に書かれたひとつひとつの〈音符〉が演奏ごとに変化できるものでは成り立ちません。楽譜がそのような役割を果たすためには、ひとつひとつの音符は、［共通の規格をもった不動の部品群］として働いていなければならないわけです。それを厳密に規定したのが、先に述べたアイメルトによる楽音の概念です。それは、［高さ、強さ、音色という属性が一定時間変化することなく保たれた音］に他なりません。もちろん、西欧音楽の中には、根元的な理念として、このような楽音の概念が潜在的に横たわっており、それが時に応じていろいろな姿で顕在化してきたことも事実です。

　こうした思想を理想的な状態で実現した作品、たとえばシュトックハウゼンの『習作Ⅰ』は、電子的手法によって造られたサイン波だけで構成され、ひとつの音のどの時間領域をとっても完全に同じ波動成分によって同質に形成された理想的な楽音だけで「楽曲」が創られています。ところがそうした「理想的な楽音」なるもののひとつひとつは、音楽という感じがなぜか欠けて感じられるのです。つまり私の感覚のなかでは、音楽というものは、理想的な楽音だけでは成り立たない可能性があります。

　そこで、もうひとつの属性として、これまでの西欧音楽の理論のなかには見当たらない［ミクロな時間領域で連続して変容する情報構造］に注目します。具体的に例を挙げましょう。アイメルトとシュトックハウゼンが『習作Ⅰ』で聴かせてくれた音ときわめて対照的な音を使った音楽です。それは、日本の虚無僧たちが伝えてきた〈普化尺八〉(虚無僧尺八)の響きです。「一音成仏」という言葉に象徴されるその響きは、五線譜上に記述するとたった１個の音符に相当する、音楽の一要素にしかすぎません。しかしその音は、譜面上はひとつの音符でありながらその響きは時とともに千変万化し、次の音に移る前に見事な音楽を成就してしまう現実を、特に日本人はよく知っています。

　「音楽の素材は、楽音、旋律、リズムと拍子、音階、和音から構成される」(エンサイクロペディア・アメリカーナ)という西欧音楽の思想にのっとると、この一音は音楽の素材に該当するかそれに足りないかの境界にあります。西

欧音楽の思想に加担してこの尺八の音のような働きを無視し、あるいは音楽から追放することは、私にはできません。むしろ、こうしたミクロな時間領域における連続した情報の変化こそ、[人類という生物が行う音楽という生命現象]と、同じく[人類の行うその他の音による情報伝達]とを区別する決定的な属性の違いかもしれないのです。

　人類が音を媒体に使って実行している情報伝達の様式は、〈合図〉、〈言葉〉、そして〈音楽〉の三つのカテゴリーに類別して捉えることができます（図8.4）。それらの中で、音として他と区別できる特徴をもった「声」を含む〈合図〉は、単純なシンボル操作による単発的で離散的な情報伝達です。〈言葉〉は、合図と同じように他と区別できる特徴をもった声の粒子が連鎖して〈分節構造〉を形成した離散的な情報伝達で、ひとつの言葉が聴き分けられた都度、つまり時間的に飛び飛びの点で、伝達された情報量が階段状にステップアップしていく、時間的にも意味内容（情報量）的にも離散的な情報伝達です。

　ところが音楽は、人間が「音楽が聴こえる」とその存在に気づいた瞬間からそれが終わったと悟る時点までの時間領域のどこをとっても、つまり無音の「間」のときであっても、そこに切れ目なく音楽が存在し続けて空白がありません。この連続性は音楽だけのものです。こうした情報構造上の特徴に注目すると、先に私の挙げた[ミクロな時間領域では連続して変容する情報構造をとり]という性質は、[音楽という生命現象のもつ必須の属性]と位置づけることが可能なはずです。この概念の構築によって、旋律、和音、リズムといった概念道具の媒介なしに、尺八の一音は音楽の資格を獲得できます。

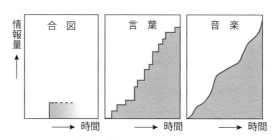

図8.4　人類が音を媒体として行う情報伝達の三つの形式

そしてこうした考え方は、ミクロな時間領域における変容可能性を視野から排除した西欧音楽の理念と二律背反的な思想を構成するものでもあります。

8…3　ミクロな時間領域における情報構造の連続した変容を巡って

　第二次世界大戦以後、アイメルトに率いられたケルン放送局電子音楽研究所だけでなく、世界中のいろいろなところから、電子的発振機能を応用した楽器の開発が始まり、さまざまな失敗や成功があったことは想像に難くありません。それらのひとつの例として、開発した電子楽器の音が始めも終わりもない平坦そのもの「ノッペラボウ」であることから、すこしも面白味がなく音楽らしい音がしない、そればかりか、他の普通の楽器と調和せず一緒に使いにくい、という問題が起こりました。これは現実には、〈エンベロープ・ジェネレート〉という技術を開発することで解決し、音楽用シンセサイザーの離陸のひとつのきっかけになっています。〈エンベロープ・ジェネレーター〉という回路を構成して、ユーザーが弾いたひとつの音に、〈ADSR〉（〈Attack〉（立ち上がり）、〈Decay〉（減衰）、〈Sustain〉（減衰後の保持）、〈Release〉（余韻））という変化を与え、生の楽器を鳴らすときに起こる音の自然な変化に近い性質を、電子的に実現したものです（図8.5）。このエンベロープ操作は、アイメルト的な理想の楽音概念に反逆したものといえます。そしていい換えればそれは、[ミクロな時間領域における連続した変容]を音楽に導入し楽音というコンセプトを事実上打破したものに他なりません。実はエンベロープの構造

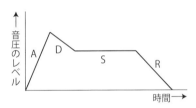

図8.5　シンセサイザーに実用化の途を開いた〈エンベロープ〉の概念

は〈作曲〉というかたちでアプリオリに規制されてはおらず、実態はシンセサイザー演奏者の任意性に委ねられています。些細なことかもしれませんが、このことは、作曲が演奏を厳密に規定することを不可能ならしめ、〈音楽と楽譜との可逆的等価変換律〉を理論的に成立不可能にします。

　こうした電子楽器類の発達に並行して登場したいわゆる〈エフェクター類〉(エコーマシンなど)の機能も、ほとんどがミクロな時間領域における音の連続した変容を伴っています。これらの電子楽器類に見られる具体的な技術開発のひとこま、ひとこまは、音情報のミクロな時間領域における連続的な変容にかかわる加工技術といって過言ではないでしょう。しかし、音楽をより美しく快く感動的な音に高めるそれら現実的手法に対して、西欧音楽理論の中でこれまで、然るべき市民権を与えられた形跡が認められません。また、西欧芸術音楽はもとより、それ以外の音楽一般をも視野に入れている音楽人類学、音楽音響学など西欧近現代文明をプラットフォームとする音楽への理論的アプローチの中で、このミクロな時間領域の変容に、それにふさわしい市民権が与えられ関心が注がれてきたとも、私には思えないのです。

　このことをもっとも端的に示していることがらのひとつが、これまでの音の科学においてそのような情報構造──ミクロな時間領域において振動構造が連続的に変化する状態──を意味のあるレベルで精度よく適切に計測・分析する手法が存在していないことです。くり返しになりますが、音楽に使われる音を調べるために使われている標準的な分析手法FFTは、音楽の中の定常構造を調べるためのもの、という性格にきわめて強く偏った機能です。もちろん、FFTが不得手な顕著な変化を特徴とする波動現象の解析手段としてたとえば〈ウェーブレット解析〉が知られています。しかしこれは、速やかに減衰しながら振動する波形の描写にかかわる表現であって、［特異的な持続］を特徴とする音楽については、ごく限定された対象を除いて、適切な情報を得ることは困難でしょう。

　このような精密な分析手法類のほかに、特に実用の面で重要な役割を果たしている方法として、しかもある意味で音の情報構造の連続的な変化を主な

対象とした方法として、〈スペクトログラム〉がよく知られています。人間の声の属性のひとつ〈声紋〉の検出をはじめ、楽器や音楽を形成している音の分析、動物の鳴き声の分析など、その用途は、実用的にも非常に幅広いものになっています。この手法は、一見して、ミクロな時間領域で変容する音の情報構造についての知識を与えてくれることが期待されます(図8.6)。

このスペクトログラムを描くための方法は、古典的には〈バンドパスフィルター〉を使って各周波数帯域ごとのパワーを時間領域で区切って連鎖的に示すスタティックなやり方に基づくものです。また〈短時間フーリエ変換〉(STFT)を使って一定時間領域幅で区切ったスペクトルの連鎖を示します。これはもともとのデータがFFTから導かれるので、やはり本質的にはスタティックな、しかも離散的な数値によって、近似的に音の構造の変化を示すにとどまります。つまり、現在実用化されている中でもっとも期待されるスペクトログラムであっても、その基礎的、根源的なデータの扱い方自体、定常的で離散的な性格のものなのです。こうして見ると、音楽音響学の中で、あるいは広く音響学の中で、ミクロな時間領域における波動の連続した変容を、精密に捉えることができる有力方法はありえないのではないでしょうか。もしかすると、それらにかかわる専門分野においては、このような計測手段のもつ限界があまり大きな問題に結びつかず、空白に委ねられたままであったのかもしれません。

このように、[西欧の文化という脳機能体系]にはきわめて根強く、音楽を

図8.6　ヴァイオリンのスペクトログラム(Wikipedia[5]から)

マクロな時間領域での定常的・離散的な〈線形的情報世界〉としての方向だけから捉える姿勢が際立っています。その反面、私の探索力の乏しさの故かもしれませんが、[人類本来の生命現象としての音楽]にとって必須の属性である可能性の高い、[ミクロな時間領域での連続して変容する情報]の存在、あるいはそうした情報のもつ構造・機能については一顧だにしないという姿勢しか視野に入ってこないのです。そうした西欧近現代の音の科学の中に、私の求めるような思想や知識、あるいはそれらにかかわる方法論またはそのヒントなどを求めるだけだと、停滞を続けることになりそうです。それは許されないのかもしれません。私は深刻に見直しをはかりました。

8…4 〈最大エントロピースペクトルアレイ法〉を構築する

　西欧の音楽に深くコミットした音の科学が現在とらわれているこうした思想の限界は余りにも著しく、もしかすると危険かもしれません。しかし、そうした伝統的な音の科学と無縁な科学の領域では、たとえば振動というものを定常的・離散的・線形的な世界像のみで捉えず、あるがままに、つまり非定常的・連続的・非線形的世界像も排除せずそのままの姿で捉えようとする科学的アプローチが行われていないか、伝統的な音の科学以外の世界に幅広く、探索することにしました。

　こうして注目した分野のひとつが、音それ自体とはほとんどかかわりが見出せない〈地球科学〉の分野です。その重要な主題である〈地殻変動〉は、それが引き起こす〈地震〉が示すとおり、〈波動〉を発生させます。この地震という波動は周知のとおり非常に不規則で、波がきれいに反復する周期性すなわち定常性が希薄です。しかもよほどの大地震でない限り「揺れる回数」には限りがあり、サンプリング可能なデータ量は決して多くはないはずです。さらに、現象の成立ちは決して線形的でなく、むしろその全体は非線形の現象として捉えることが妥当かもしれません。そうであるとしたら、このような分野の研究手法として、わずかの振動を捉えたデータから、つまりミクロな時

間領域から、連続性をもったスペクトルやその変化する態様を捉えうる方法論が打ち立てられている可能性が考えられます。

　こうして地球科学分野に探索の網を広げる過程で、ジョン・バーグが1967年に提案した〈最大エントロピー法〉(Maximum Entropy Method＝MEM)による大地の振動の解析法の存在を知りました(なお、最大エントロピー法の原理は、1957年、エドウィン・ジェインズによって提唱されています)。この分野では、不安定であるうえに、多くは短時間で終わってしまう地震波のような波動を扱わなければなりません。そのため、当然のことながらFFTでは解析力に限界があることを否定できません。バーグは、〈情報エントロピー〉の概念を取り入れ、これが最大になるように自己相関関数を推定し、それからスペクトルを求める、という方法がもっとも合理的であると提案しました。こうして、最大エントロピー法(MEM)が、短時間の測定データから正確なスペクトルを予測するうえでは圧倒的にFFTに優ることが示されました[6,7]。しかし、音響学をはじめ他の分野の研究者には地球物理学者バーグの研究論文が目に触れるチャンスが少なかったこと、当時FFTが圧倒的な普及を示し、関係者たちはそれに多くを依存して不便を感じていなかったことなどから、この方法が地球科学以外の他の分野で応用されるようになったのは比較的最近です。

　一方、これとは独立に、赤池は1969年、自己回帰式を用いたスペクトル推定法を発表し[8,9]、これがMEMと同じアルゴリズムであることが後年、明らかにされました。赤池は、セメント回転窯の制御についての研究の過程でこの方法を開発しています[10]。制御すべきパラメーターは温度、圧力など多数あり、それ以前の制御法は数式モデルに基づき理論的に設計されていました。しかしそれは攪乱に弱く、熟練した人間の経験的判断に劣るという状態でした。赤池はその原因を、システムが統計的不規則変動を示すという認識が欠けている点にあるとみて、統計的手法を使ってシステムの特性を把握することを提案しました。統計的分析法には周波数領域からのアプローチと時間領域からのアプローチとがあります。赤池は、複雑な相互作用をもつフィードバックを含んだシステムでは、周波数領域からだけでは解析が不可能で

あることを洞察し、自己回帰表現による線形予測式を用いた実用的な方法を提案したのです。そして各パラメーターの変動データに多変数自己回帰式を適用し、各々の相互関係を解析して成果を挙げました。

近年になって、MEM は短い測定時間で高分解能のスペクトルを推定することができる画期的な方法として、さまざまな領域で注目を集めるようになっています。MEM の非常に優れた特徴は、短い測定時間のデータからでも分解能のよい安定したスペクトルが得られることで、まさしく私が切望しつつ探索していた性能を具えたものといえます。その性能の背景は、有限な測定時間内のデータに対する取扱い方の根本的な妥当性にあります。測定した時間をこえて永久に一定の振動が続くと仮定するFFTと違って、MEMでは測定した時間内のデータだけしか前提にせず、波形をまったく歪めることがありません。この点に、MEM が分解能、安定性ともに FFT に較べて、より優れた信頼性の高いスペクトルを与えるひとつの大きな根拠があります。

さらに、FFT で得られるのが離散的なスペクトルデータであるのに対して、MEM では連続したスペクトルデータが容易に得られるという注目すべき特徴があります。このため、FFT のように得られたデータを内挿して連続したスペクトルにするという手続きが不要となり、二つ以上のスペクトルの間の比較や、ピークの形状、勾配のような詳細な分析においてもはるかに信頼性が高まります。

この方法の最大の欠点は、おそらく、手法が複雑で計算時間が長くかかることでしょう。しかし、コンピューター、とりわけ一般的なワークステーションの高速大容量化に伴ってそれは大きな問題ではなくなりつつあります。

ここで、MEM の理論について述べます。

時系列データ $x_i(=x(i \cdot \Delta t))$ に対し、情報エントロピー H を最大にする条件は、自己相関関数 $C(k)=E\{x_i \cdot x_{i-k}\}$, ($E\{\}$ は期待値)を使って、

$$\frac{\partial H}{\partial C(k)} = 0 \tag{1}$$

と表せます。H は $\{x_i\}$ の同時確率分布を $p(x_0, \cdots, x_m)$ とすれば、

$$H = -\int p(x_0, \cdots, x_m) \log p(x_0, \cdots, x_m) dv$$

と定義される量です。p がガウス(Gauss)分布であれば、

$$H = \frac{1}{2} \log [\mathrm{Det}\, C_m]$$

$$C_m = \begin{bmatrix} C(0) & \cdots\cdots & C(-m) \\ C(1) & \cdots\cdots & C(-m+1) \\ \vdots & & \vdots \\ C(m) & \cdots\cdots & C(0) \end{bmatrix}$$

となります。

また、自己相関関数 $C(k)$ とスペクトル $P(f)$ とのあいだにはWiener-Khintchine の関係式

$$P(f) = \Delta t \times \sum_{k=-\infty}^{\infty} C(k) \exp(-i2\pi f k \Delta t) \qquad (2)$$

が成り立ち、さらに

$$\lim_{m \to \infty} (\mathrm{Det}\, C_m)^{1/(m+1)} = 2f_N \exp\left\{\frac{1}{2f_N} \int_{-f_N}^{f_N} \log P(f) df\right\} \qquad (3)$$

の関係が成立します。ここで、$f_N = 1/(2\Delta t)$ はナイキスト周波数(第1章3節)です。

エントロピー密度を h とすると、

$$\begin{aligned} h &= \lim_{m \to \infty} \frac{H}{m+1} \\ &= \lim_{m \to \infty} \frac{1}{2} \log [\mathrm{Det}\, C_m]^{1/(m+1)} \\ &= \frac{1}{4f_N} \int_{-f_N}^{f_N} \log P(f) df + \frac{1}{2} \log 2f_N \end{aligned} \qquad (4)$$

と書くことができます。式(2), (3), (4)より、(1)式は、

$$\int_{-f_N}^{f_N} \frac{\exp(-i2\pi f k \Delta t)}{P(f)} df = 0 \quad (k > m+1)$$

であるから、$1/P(f)$ が有限な級数で展開でき、次のように書くことができます。

$$1/P(f) = (\Delta t P_m)^{-1} \left\{ \sum_{k=0}^{m} \gamma_k \exp{(i2\pi f k\Delta t)} \right\} \cdot \left\{ \sum_{k=0}^{m} \gamma_k{}^* \exp{(-i2\pi f k\Delta t)} \right\}$$

これを(2)式と比較し、$\exp{(i2\pi f k\Delta t)}$ の等冪の項から、次の連立方程式が導かれます。

$$\begin{bmatrix} C(0) & C(1) & \cdots & C(m) \\ C(1) & C(0) & \cdots & C(m-1) \\ \vdots & \vdots & & \vdots \\ C(m) & C(m-1) & \cdots & C(0) \end{bmatrix} \begin{bmatrix} 1 \\ \gamma_{m1} \\ \vdots \\ \gamma_{mm} \end{bmatrix} = \begin{bmatrix} P_m \\ 0 \\ \vdots \\ 0 \end{bmatrix}$$

ここで $\{\gamma_{mk}\}$ は〈予測誤差フィルター〉と呼ばれる未知係数で、m を以後、モデル次数と呼びます。P_m は予測誤差フィルターからの平均出力です。バーグのアルゴリズムでは、$C(m)$ も未知とするため、連立方程式よりも未知数の数が多くなってしまいます。この点を解決するために、新たな判断基準として［予測誤差フィルターに信号を前向きに通す場合と逆向きに通す場合の平均出力 P_m を最小にする］を導入します。これから導かれる方程式

$$\frac{\partial P_m}{\partial \gamma_{mm}} = 0$$

に加えて漸進的に解を求め、これから MEM スペクトル

$$P(f) = \frac{\Delta t \cdot P_m}{\left| 1 + \sum_{k=1}^{m} \gamma_{mk} \exp{(i2\pi f k\Delta t)} \right|^2} \tag{5}$$

を計算します。

一方、赤池の方法では、自己回帰式

$$\widehat{x_i} = a_i x_{i-1} + a_2 x_{i-2} + \cdots + a_m x_{i-m}$$

これに順次 x_{i-k} をかけて期待値をとれば、

$$C(k) = a_1 C(k-1) + a_2 C(k-2) + \cdots + a_m C(k-m) \quad (k=1, 2, \cdots, m+1)$$

これは(1)式と同等です。したがって、MEM によるスペクトル解析は、

確率過程に自己回帰式をあてはめることに相等しいものとなります。

　音楽や環境音は時間的にマクロにみると定常的性格が強く、ミクロにみると非定常性が際立ってきます。このミクロな変化を解析するために、まず時系列データを短い時間領域に分割し、それぞれの領域ごとに MEM スペクトルを計算して時系列に並べることが有効と考えました。

　ミクロな変化を的確に捉えるためには、短い時間のデータで安定なスペクトルを得ることが重要です。これには MEM が威力を発揮します。FFT の場合、加算平均によって確率的な誤差を減少させる操作が必須で、加算平均する前の生スペクトルは、確率誤差が大きくたいへん不安定です。したがって、真の構造と確率誤差とを判別し、真の構造の微細な変化まで捉えることが FFT では困難です。また、FFT では測定時間を短くするとそれだけ信頼性が落ちるので、ミクロな分析のため短時間で分割しようとすると、スペクトルの信頼性がますます落ちるという結果になります。したがって、こうした方法は MEM の安定性を前提としてはじめて有効になります。

　次の手順として、得られた多くのスペクトルデータをメモリーします。この操作は、単にスペクトルの観察だけで終わるのではなく、次のステップとしてより高度な、たとえばダイナミックな、あるいは微細な分析を行うために必須といえます。仮に音声学のように個々のスペクトルパターンの把握が最優先の課題である場合は、メモリーしないで表示だけに終わらせることにも意味があるでしょう。しかし音楽や環境音などの分析においては、個別的なパターンの観察にとどまらず、そのスペクトルの時間的変容をはじめ普遍的な特徴を抽出することがより優先する目的となります。もちろんメモリーした個別のスペクトルデータからさらにピーク周波数やパワーなどの二次データを抽出して分析することも重要です。

　しかし、すべてのスペクトルデータをメモリーするためには大きなメモリー容量が必要となり、メモリー容量の限界が解析時間長の限界にもつながっていました。そこで私たちは、MEM スペクトルを導出する過程で得られた〈予測誤差フィルター〉$(r_{m1}, \cdots, r_{mm})$ と、〈予測誤差の分散〉(P_m) とに注目しまし

た。式(5)からわかるように、これらの変数を求めることができれば、あとは自動的に任意の周波数のパワーが求められます。したがって、この $m+1$ 個の変数は時系列データの特徴のすべてを表現するものと考えることができるので、これらを時系列データの特徴量と定義します。この特徴量の数値さえメモリーしておけば、いつでもスペクトルを再現できることになり、大幅なデータの圧縮が可能になります。なお、私たちがこの解析法を初めて開発したころのコンピューターではメモリー容量が乏しかったので、このような工夫をしました。しかし、現在はコンピューターが進化したのですべてのスペクトルデータを容易に保存できるようになっています。

なお、モデル次数 m については、そのとり方によってスペクトルが大きく変わってくるので注意を要します。赤池らは、〈最終予測誤差〉(Final Prediction Error=FPE)を定義して、これが最小になる m をとることを提案しています。すなわち、

$$\mathrm{FPE} = E\bigl[(x_i - \widehat{x}_i)^2\bigr]$$

ですが、赤池によれば

$$(\mathrm{FPE})_m = \left(1 + \frac{m+1}{N}\right) P_m = \frac{N+(m+1)}{N-(m+1)} S_m^2$$

また、FPE が最小となる M はあまり大きくならないよう、$M < 2\sqrt{N} \sim 3\sqrt{N}$ にとどめるのが妥当だとしています。

私たちはこの FPE を採用することにしました。ただし、ひとつひとつのスペクトルについてモデル次数を決定することは計算過程が増え複雑になるばかりでなく、連続した一系列の時系列データに異なるモデル次数を適用することで不必要な構造の変化を招く恐れがあります。そこで、同一系列についてのモデル次数は固定することにしました。スペクトル分析の前に、予めそれぞれの系列ごとに FPE が最小となるモデル次数 m の統計をとり、もっとも出現頻度の高い m をもってその系列のモデル次数 m としました。

こうして得られた MEM スペクトルのメモリー内に蓄積された時系列データに、MATLAB によるソフトウェアを使ってアレイ表示をします。

MathWorks 社によって開発された数値計算言語 MATLAB は、多彩な関数を用いたデータ解析と強力な可視化機能を具えたプログラムで、さまざまな領域で広範に利用されています。特に、プログラム言語の中で使用される関数が、実際の数学数式に近い表記を用いているため、直感的なプログラミングが可能であるという優れた特徴をもっています。

　MATLAB では、グラフを描画する場合、描画領域の任意の場所にグラフを描画するための座標軸を設定することが可能であるため、座標軸を移動させることによって、ひとつの描画領域の中に複数のデータを表示することが可能です。そこでこの機能を利用して、最大エントロピー法によって得られた複数の時間領域(区間)のスペクトルデータをアレイ表示することを考えました。具体的には、AXES という関数を用いて最初の区間のスペクトルデータを描画するための座標軸(X 軸が周波数、Y 軸がパワー)の原点を描画エリアの中の特定の場所に指定するとともに、表示する周波数とパワーの範囲とを指定し、最初のスペクトルを線グラフで表示します。次に、座標軸の原点を上下方向と左右方向に一定距離ずらし、同じ周波数範囲とパワー範囲で次の区間のスペクトルデータを線グラフで表示します。さらに同じ距離だけ座標軸をずらして、次のスペクトルを表示するというプロセスを、表示したい区間の数だけくり返すことによって、複数区間のスペクトルの変化をアレイ状に表示することが可能になります。ここで上下方向、左右方向にずらす距離は、グラフが描画領域をはみ出さない範囲で自由に設定することが可能です。たとえば、上方向に描画領域全体の $+0.5\%$、右方向に $+0.5\%$ ずらすと、左手前から右奥へと時間が進むことになります。逆に上方向に -0.5%(すなわち下方向に $+0.5\%$)、右方向に $+0.5\%$ ずらすと、左奥から右手前へと時間が進むことになります。また座標軸をずらす間隔も任意に設定できるため、解析区間の長さに合わせてピッチを広くしたり狭くしたりすることも可能です。

　これによって、図 8.7、図 8.8 に示すような〈最大エントロピースペクトルアレイ〉(Maximum Entropy Spectrum Array = MESA)を描くことができます。これらの例では、音楽の演奏時間 0.5 秒または 1 秒を 25 に分割し、その 1 分割、

2 msec または 4 msec あたり 1 本の連続したスペクトルを、ノイズが問題にならないクリアな状態で 1 本のスペクトル線に描写しています。これが単位になる要素です。その一本一本は、MEM の特徴としてミリ秒というきわめて短い時間領域の現象を精密に描写できます。これによって、ある瞬間ではその音源の発生する音の振動数が 100 kHz をこえ 200 kHz に迫るといった驚異的なデータを得ることが可能になりました。たとえば、FFT では隣接する時間領域のデータと相殺され埋没してしまう一瞬の値を捕えるという、他の方法では考えられない MEM の強味を遺憾なく発揮します。次にこれをアレイ表示すると全体像が浮かび上がってきます。それは、あたかも「山並み」や「波濤」のように、マクロな時間領域とミクロな時間領域との双方にわたって、そのスペクトルの変容するありさまを「手に取るように」鮮明に描き出します。この段階に達したとき、私は、音楽の非定常的・連続的構造

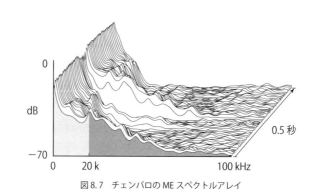

図 8.7　チェンバロの ME スペクトルアレイ

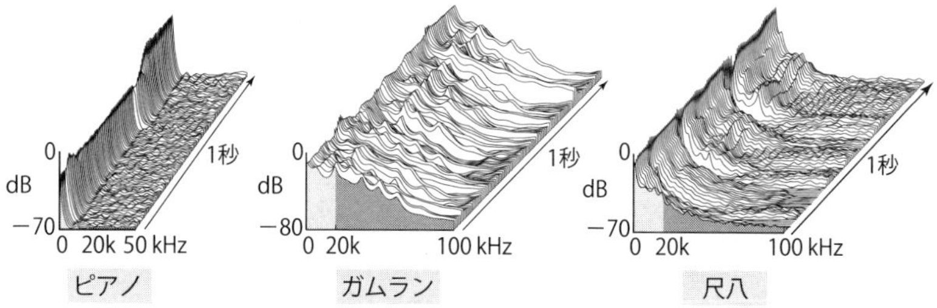

図 8.8　さまざまな楽器音の ME スペクトルアレイ

にアプローチすることを可能ならしめる決定的なツールとして〈最大エントロピースペクトルアレイ〉(MESA)が誕生したことを直観しました(図8.9)。

このMEスペクトルアレイで観察すると、ピアノに象徴される西欧近代の楽器は、超高周波をほとんどもたないだけでなく、ミクロな時間領域における情報構造の連続した変容も認められません。それに対して、〈尺八〉に象徴される邦楽器音の中に、あるいはバリ島のガムランのような民族楽器音の中に、超高周波領域にたいへんリッチな成分をもっているにとどまらず、それらがミクロな時間領域でダイナミックかつ連続的に変容する状態が描き出されています(図8.8)。このような切口からの認識は、最大エントロピー法の導入によって初めて、確実性の高い状態で可能となりました。これによって、超高周波であっても単なる正弦波やホワイトノイズでは発現しないハイパーソニック・エフェクトがどのような振動ならば発現するのか、という問題に、アプローチする途が開ける可能性があります。

以上のように、自然音の情報構造をより精密に分析する方法について検討する過程で、最大エントロピー法の有効性に注目し、これを中核とした新し

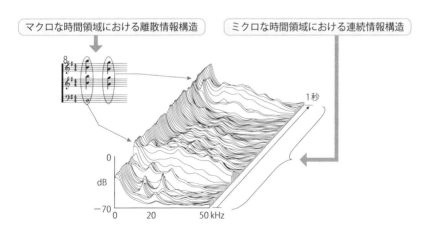

バリ島のガムラン楽曲『ガンバン・クタ』の一節

図8.9　音楽のマクロな時間領域における情報構造とミクロな時間領域における情報構造とをあわせて描き出すMESA

い音情報分析法、特に〈最大エントロピースペクトルアレイ法〉(MESAM)の開発に注力しました。この手法体系の開発と応用はまだ緒についたばかりでその経験は決して深くはありません。それにもかかわらずこの試みは、音楽や環境音の性質を特徴づける指標などを抽出し評価に結びつけるうえで、これまでの方法のもつ限界をはっきり打破しており、理論的・実際的にその有効性は少なからず期待できるのではないかと信じます。

8…5　散逸構造から自己相関秩序へ

　音という現象は空気の振動であり、バーグが対象にした地震という大地の震動と較べると、その規模も性質もたいへん異なっています。しかし、そうした大地の振動を捉えるためにバーグが構築した〈最大エントロピー法〉(MEM)を音という振動現象に応用することによって、ひとつのブレークスルーともいえる画期を迎えることができました。さらに、得られたスペクトルを三次元アレイ構造に形象化する方法を開発することによって、これまで的確な分析手段を欠いていた［ミクロな時間領域における連続して変容する情報構造］を、かなり精密に描写することが可能になりました。

　そこで、この手法を応用して、ここではこの章の冒頭で提起した、［超高周波であってハイパーソニック・エフェクトを発現させることができる振動］のもつ構造と、［超高周波でありながらハイパーソニック・エフェクトを発現させることができない振動］のもつ構造とはどう違うのか、という問題にアプローチします。

　互いに何の相互作用ももたない無機的なものたちの加算的集合においては、〈エントロピー〉という不規則さ、乱雑さを反映する物理量の総量は一定に保たれることはありません。それは、時間とともに増加することはあっても、決して減少することはないからです。この〈エントロピー増大の法則〉は、〈熱力学第二法則〉として知られています。しかし、自然界には、こうした乱雑さへの巨大な流れの中に生じる小さな「渦」や「逆流」のように、見かけ

上、大きな流れに逆らうようにしてある種の〈構造〉または〈秩序〉が生まれてくる場合があります。こうした現象を〈エネルギー散逸〉と〈エントロピー生成〉とが結びついた［パターンあるいは秩序の出現］すなわち〈構造生成〉という一般化した切口で捉えたのが、イリヤ・プリゴジーヌ（プリゴジン）による〈散逸構造論〉[11]です。多種多様な散逸構造の中の重要なカテゴリーのひとつとして、［自己を複製し進化することのできる自己完結した自動装置］すなわち〈生命〉にかかわる大きな領域が存在します。

　この生命という現象がかかわりをもつ構造には、［ユークリッドの幾何学やデカルトの解析数学のような決定論的な規則性に支配されるものでなく、かといってまったくの乱雑さをなすのでもなく、そのどちらにも属さない複雑な構造として形成される秩序］をとることが、多く見られます。このような秩序について、〈自己相関秩序〉という概念をここに設定します。これには、［それ自体に内在する何らかの要因間の相関性を包含する秩序］という意味を含みます。そしてこれらは基本的に、非線形の性質をもつものです。さまざまな〈ゆらぎ〉をはじめ、〈カオス〉、〈フラクタル〉など、それは多様な姿をとって現れます。そうした非線形性の事象を扱う枠組を構成し、その中にハイパーソニック・エフェクトを発現させうる波動の特徴を探ってみます。

8…6　フラクタル次元局所指数への注目

　自己相関秩序を反映するもののひとつとして、〈フラクタル次元局所指数〉について述べます。その前提として、まず〈フラクタル次元〉に注目します。〈フラクタル〉というのは数学者ブノワ・マンデルブロが1970年代の中頃に創り出した幾何学的概念で、その〈自己相似性〉（部分を拡大すると全体と似た形を示すこと。血管や葉脈などにみられる）から、自然現象とのかかわりがよく知られています。このようなフラクタル事象について、〈フラクタル次元〉が設定されています。フラクタルな図形は、この〈フラクタル次元〉という値で特徴づけられ、それぞれの図形ごとにそれぞれ固有のフラクタル次元をもちます。

この特別な次元は、その定義に従うと、実際に得られる値が[非整数次元]になるのが一般的です。

次に、フラクタル次元とその局所指数を調べる〈ボックスカウント法〉について述べます。ある図形のフラクタル次元を知りたいとき、それに使用する「ものさし」となる図形として、三次元の場合〈基準ボックス〉なる立方体または直方体を用意します。この「サイコロ」状の三次元単位空間で対象となる三次元曲面を完全に埋め尽くしてしまうために最低必要な基準ボックスの数を調べます。次いで、そのとき必要だったボックスの総数の対数を縦軸、このとき使った基準ボックスの一辺の長さの対数を横軸とし、基準ボックスの大きさが変わると必要となる基準ボックスの数がどう変わるかをプロットします。このグラフから得られた回帰直線の傾きを逆符号にした値が〈フラクタル次元〉となります。また〈フラクタル次元局所指数〉は、このグラフの特定の場所すなわち〈局所〉における傾き(すなわち微分値)となります。その値が局所ごとに明らかに変化する場合は再帰性が主張できず自己相関秩序の背景となるフラクタル的性質の存在は支持されません。

以下に、振動信号データを私たちが開発した〈最大エントロピースペクトルアレイ法〉(MESAM)を活かして描いた三次元パワースペクトルアレイを材料にして、その形状のフラクタル次元(ボックスカウント次元)の局所指数を求めることを可能にする手順について述べます。

(A) 標本化周波数 $2f_N$ (f_N は対象信号の最大周波数であるナイキスト周波数)で標本化された全長 T 秒間の振動の時系列データ X を長さ T_E 秒間の区間に分割した単位解析区間時系列データを $X_i(t)$ ($i=1, 2, \cdots, n ; t=1, 2, \cdots, 2f_N \times T_E$) とします。ここで、$X_i(t)$ と $X_{i+1}(t)$ とは、単位解析区間長の半分に相当する $T_E/2$ 秒間の重複区間をもつものとします。

すなわち

$$X_{i+1}(t) = X_i(t + f_N \times T_E) \tag{1}$$

ただし、($i=1, 2, \cdots, n-1 ; t=1, 2, \cdots, f_N \times T_E$) です。ここで、自己回帰モデルの次数 10 のユール・ウォーカー法を用いて、各単位解析区間の時系列デ

ータ $X_i(t)$ の片側パワースペクトル $Q_i(f)$ を求めます。

(B) 片側パワースペクトル $Q_i(f)$ のうち、人間の可聴域上限である 20 kHz をこえる成分を抽出し、それを dB 表記したものをパワー $P_i(f)$ とします。

すなわち

$$P_i(f) = 10 \times \log_{10} Q_i(f) \qquad (2)$$

ただし、$20\,\text{kHz} \leqq f \leqq f_N$ です。

(C) 次いで、横軸を周波数 f ($20\,\text{kHz} \leqq f \leqq f_N$)、前後軸を区間 i ($i=1, 2, \cdots, n$)、上下軸をパワー $P_i(f)$ として三次元空間に描写したものを、〈三次元パワースペクトルアレイ〉と呼びます。ただし、上下軸はパワースペクトル $Q_i(f)$ に対して対数表示になります。

(D) 一般に、曲面 S を一辺の長さが r の立方体で被覆した場合に必要な立方体の個数を $N(r)$ とします。$N(r)$ が r^{-D} に比例するような D が存在する場合、D を曲面 S のフラクタル次元(ボックスカウント次元)と呼びます。すなわち、曲面 S がフラクタル構造をもつ場合には、

$$N(r) \propto r^{-D} \qquad (3)$$

すなわち、

$$N(r) = C \times r^{-D} \qquad (ただし C は定数) \qquad (4)$$

が成立します。ここで両辺の対数をとると、次の式を得ます。

$$\log N(r) = -D \times \log(r) + \log(C) \qquad (5)$$

式(5)は、曲面 S において、さまざまな長さ r に対する $N(r)$ を求め、r と $N(r)$ とを両対数でプロットしたときの直線の傾きに -1 を乗じたものがフラクタル次元となることを示しています。しかし、実際に与えられる曲面 S は完全なフラクタル構造をとることは稀です。そこで、与えられた曲面 S において、さまざまな長さ r に対する $N(r)$ を両対数でプロットしたときに得られる回帰直線の傾きの符号を反転したものを統計的なフラクタル次元とみなします。

(E) 以上をふまえて、上記(C)で得られた三次元パワースペクトルアレイ

を三次元的な曲面 SA ととらえ、まず、曲面 SA の横軸、前後軸に沿った最大幅がそれぞれ 1 となるように、両軸をそれぞれ尺度合わせします。上下軸方向は、横軸および前後軸におけるそれぞれの縮小・拡大率の相乗平均で振幅を尺度合わせします。

（F）次に、横軸と前後軸が構成する平面への曲面 SA の正射影を底面とする一辺の長さが 1 の立方体の各辺を q^k 等分した立方体 B_k を考えます。ここで q は $q>1$ の実数、k は $k≧0$ の整数とします。立方体 B_k の一辺の長さは q^{-k} です。また、立方体 B_k で曲面 SA を被覆するために必要な立方体 B_k の個数を $M(k)$ とすると、式(5)において、$N(r)=M(k)$, $r=q^{-k}$ です。D は回帰直線から得られる傾きであることに注意しつつ式(5)にこれらを代入すると、次式を得ます。

$$\log M(k) ≒ D×\log(q^k)+\log(C) \quad (6)$$

同様に、次式を得ます。

$$\log M(k+1) ≒ D×\log(q^{k+1})+\log(C) \quad (7)$$

（G）ここで、k と $k+1$ の間の局所的な D の値を $L(k)$ とすると、次式を得ます。

$$\begin{aligned}L(k) &= (\log M(k+1)-\log M(k))/(\log(q^{k+1})-\log(q^k)) \\ &= (\log M(k+1)-\log M(k))/\log(q)\end{aligned} \quad (8)$$

ここで、q^{-k} を曲面 SA の〈時間周波数構造指標〉、$L(k)$ を時間周波数構造指標 q^{-k} における曲面 SA の〈フラクタル次元局所指数〉と定義します。

（H）フラクタル次元局所指数 $L(k)$ は、式(5)におけるグラフの微分値を差分により求めたものに相当し、フラクタル次元を厳密に定義することができない曲面についても算出することが可能です。一定の時間周波数構造指標の範囲内において曲面 SA がフラクタル構造をとる場合は、フラクタル次元局所指数 $L(k)$ は位相次元に相当する整数（曲面の場合は 2）でない一定値に近い値をとります。そこで、この局所指数の挙動を調べることによって、曲面 SA のフラクタル構造を分析しました。

実際に私たちが使った音源について説明します。

図8.10は、私たちが実際の研究に使ってハイパーソニック・エフェクトの発現を観察しているバリ島のガムラン音楽の、最大エントロピースペクトルアレイ法で描いた三次元パワースペクトルアレイの例です。これは、音源中の51.2秒間の連続した信号を、標本化周波数192 kHz、量子化bit数12 bitでディジタル化し、信号全体の分散を標準化して、全体を単位解析区間200 msec、単位解析区間重複50%に分割し、それぞれの区間ごとに〈ユール・ウォーカー法〉を用いて自己相関モデル次数10でパワースペクトル推定を行い、得られたパワースペクトルから人間の可聴域上限をこえる20 kHzから96 kHzの帯域成分すなわち〈ハイパーソニック・ファクター〉を抽出して、その時間変化について、横軸(左から右)を周波数の線形表示、前後軸(手前から奥)を時間の線形表示、上下軸(下から上)を各周波数成分の各時点におけるパワーの対数表示として、三次元的に描写することによって得られたものです。すなわち上述の方法において、$f_N=96$ kHz, $T=51.2$ 秒, $T_E=0.2$ 秒としたものに相当します。

　このようにして求められたさまざまな音源のスペクトルアレイを三次元の曲面と捉え、($q=2, k=1, 2, 3, 4, 5$) の条件のもとでフラクタル次元局所指数の計算を行います。その結果得られた、自己相関秩序の存在を反映しハイパーソニック・エフェクトを発現させうる振動のもつ時間周波数構造にかかわ

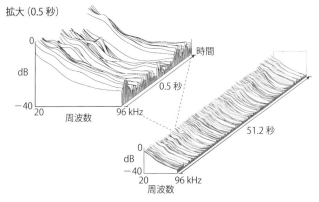

図8.10　バリ島のガムラン音楽の三次元パワースペクトルアレイ

るフラクタル次元局所指数の例を示すグラフを、図 8.11 に示します。ここで、〈時間周波数構造指標〉(Spectro-Temporal index, ST-index)とは、ボックスカウント法を用いて三次元パワースペクトルアレイ曲面のフラクタル次元局所指数を計算するときに用いる基準ボックスの一辺の長さを、解析対象となる三次元パワースペクトルアレイの周波数帯域幅全体(横軸)および時間全体(前後軸)に対する比として正規化して表したものです。図 8.11 において、これらの振動は、20 kHz をこえる成分の三次元パワースペクトルアレイの形状の複雑さと自己相似性を表現するフラクタル次元局所指数が、それを計測する基準尺度となる〈時間周波数構造指標〉が 2^{-1}〜2^{-5} の範囲で変化しても、常

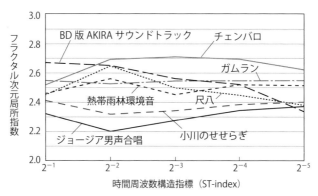

図 8.11　自己相関秩序の存在を反映する音のフラクタル次元局所指数の例

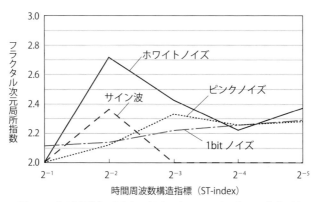

図 8.12　自己相関秩序の存在を反映しない音のフラクタル次元局所指数の例

に、面状の図形がもつ位相次元の次元数 2 より大きな〔2.2 以上 2.8 以下〕の値をとり、かつ、その変動幅は〔0.4 以内〕に収まっています。

　図 8.12 は、超高周波成分をもつ振動のうち自己相関秩序の存在が反映されずハイパーソニック・エフェクトを発現させない振動の例です。これらの例では、時間周波数構造指標が 2^{-1}〜2^{-5} の範囲のいずれかで、フラクタル次元局所指数が 2.2 未満の値をとっています。すなわち、ホワイトノイズは時間周波数構造指標が 2^{-1} のとき、ピンクノイズと 1 bit ノイズでは時間周波数構造指標が 2^{-1} と 2^{-2} のとき、サイン波では時間周波数構造指標が 2^{-1}、2^{-3}、2^{-4}、2^{-5} のときに、それぞれフラクタル次元局所指数が 2.2 未満の値をとります。さらに、ホワイトノイズでは、フラクタル次元局所指数の変動幅が 0.4 より大きい値を示します。このような数値の違いに注目することによって、ハイパーソニック・エフェクトを発現させやすい振動とそうでない振動とを区別できる可能性があります。

8…7 〈情報エントロピー密度〉と〈エントロピー変動指標〉

　自己相関秩序を反映するもうひとつの材料として、振動のもつ〈情報エントロピー密度〉に注目しました。自然界で観察される自己相関秩序をもった時系列の多くは、完全にランダムとはいえず、かといって完全に規則的でもない構造を示します。例を挙げれば、ホワイトノイズのように完全にランダムで予測可能性をまったくもたない時系列ではなく、同時に、サイン波などのように確定的な規則性を有し完全に予測可能な時系列でもなく、自己相関秩序にみあった固有の〈完全でない予測可能性〉と〈完全でない規則性〉とをあわせもっています。

　したがって、信号の不規則性、乱雑さの指標である〈情報エントロピー密度〉を求めた場合、ハイパーソニック・エフェクトを導くことのできる振動は、たとえばホワイトノイズのような完全に不規則で予測不能な振動と、たとえばサイン波のような完全に規則的で確定的で予測可能な振動との間のあ

る範囲内の値を示すことが期待されます。それに対して、ハイパーソニック・エフェクトを導かない振動のうち、たとえばホワイトノイズのような完全に不規則な信号からなる振動では、情報エントロピー密度は理論的に常に最大値をとります。また、同様にハイパーソニック・エフェクトを導かない振動のうち、完全に確定的な信号からなる振動、たとえばサイン波は、理論的に常に情報エントロピー密度が最小値をとります。さらに、ハイパーソニック・エフェクトを導かない振動、たとえばホワイトノイズやサイン波では、それらは常に一定の値を示すのに対して、自己相関秩序をもちハイパーソニック・エフェクトを導くことのできる振動では、時間とともに自己相関構造が変化するため、情報エントロピー密度が時間的に一定範囲以上の変動を示します。

以下に、私たちが行った情報エントロピー密度の求め方を示します。

振動信号の時系列データを対象に、その情報エントロピー密度を次の手順で求めます。

（A）標本化周波数 $2f_N$（f_N はナイキスト周波数）で標本化された全長 T 秒間の振動の時系列データ X を長さ T_E 秒間の区間に分割した単位解析区間時系列データを $X_i(t)$（$i=1, 2, \cdots, n$；$t=1, 2, \cdots, 2f_N \times T_E$）とします。

（B）$X_i(t)$ の両側および片側パワースペクトルを $S_i(f)$ と $Q_i(f)$ とすると、$X_i(t)$ の確率密度関数がガウス分布の場合、情報エントロピー密度 h_i は次式で表されます。

$$\begin{aligned} h_i &= \frac{1}{4f_N} \int_{-f_N}^{f_N} \log S_i(f) df + \frac{1}{2} \log 2f_N \\ &= \frac{1}{2f_N} \int_0^{f_N} \log \{f_N \times Q_i(f)\} df \end{aligned} \quad (1)$$

（C）各単位解析区間の時系列データ $X_i(t)$ から、自己相関モデル次数 10 のユール・ウォーカー法を用いて、片側パワースペクトル $Q_i(f)$ を求め、上記式(1)に代入すると、区間 i の情報エントロピー密度 h_i が得られます。

（D）情報エントロピー密度 h_i について、区間 1 から区間 n までの分散

$\mathrm{var}(h_i)$ を〈エントロピー変動指標〉(Entropy Variation index＝EV-index) とします。なお、ここでは、以上の方法を用いて、$f_N=96\,\mathrm{kHz}$，$T=51.2$ 秒，$T_E=0.2$ 秒の条件のもとで計算を行いました。

　ハイパーソニック・エフェクトを発現する典型的なハイパーソニック・サウンドとして以下の音素材を解析対象としました。〈熱帯雨林環境音〉、〈小川のせせらぎの音〉、〈インドネシア・バリ島のガムラン〉、〈ヴァイオリン〉、〈チェンバロ〉、〈尺八〉、〈ジョージアの男声合唱〉、〈Blu-ray 版映画 AKIRA の DolbyTrueHD フォーマットによる日本語版サウンドトラック〉です。

　またハイパーソニック・エフェクトを有効的に導かない典型的な音源として、〈ホワイトノイズ〉、〈ピンクノイズ〉、高速標本化 1 bit 量子化 A/D 変換（DSD）に伴う〈1 bit 量子化ノイズ〉、〈サイン波〉を同様に解析しました。

　以上の検討から明らかになった、自己相関秩序にかかわる振動の情報エントロピー密度とその時間変化の例を図 8.13 に示します。自己相関秩序をもちハイパーソニック・エフェクトを導くことのできる信号は、情報エントロピー密度がおおむね -5 以上 -1 以下の範囲内の値をとり、かつ時間的変化が大きいという特徴を示します。

　次に、自己相関秩序の存在を反映せずハイパーソニック・エフェクトを発現させない振動の情報エントロピー密度とその時間変化の例を図 8.14 に示します。図から明らかなように、これらのハイパーソニック・エフェクトを導かない振動のうち、ホワイトノイズは常に情報エントロピー密度が 0、サイン波は常に -5 以下の値をとり、しかもそれらの値には時間変化が見られず平坦です。ピンクノイズと 1 bit 量子化ノイズは、-0.5 以上 0 未満の値をとります。これらにも時間的変化がまったくみられません。

　次に、これまで対象にした典型的な振動について、情報エントロピー密度の時間変化度合を表す〈エントロピー変動指標〉(EV-index) を、図 8.15 に示します。エントロピー変動指標 EV-index とは、前に述べたように各単位解析区間の情報エントロピー密度の、全解析対象区間の分散です。図 8.13 で示

したハイパーソニック・エフェクトを発現させる振動は、エントロピー変動指標は[0.001以上]の値をとります。それに対して、図8.14で示したハイパーソニック・エフェクトを発現させない振動では、エントロピー変動指標が[0.001未満]の値をとります。

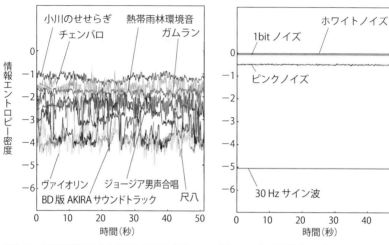

図8.13 自己相関秩序の存在を反映する音の情報エントロピー密度とその時間的変化

図8.14 自己相関秩序の存在を反映しない音の情報エントロピー密度とその時間的変化

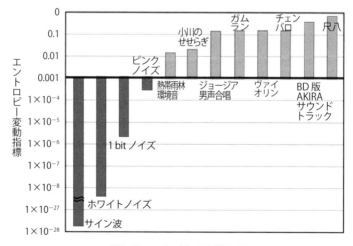

図8.15 エントロピー変動指標の例

これまで述べてきたように、ハイパーソニック・エフェクトを発現させることができるハイパーソニック・ファクターの振動構造について検討し、〈フラクタル次元局所指数〉、〈情報エントロピー密度〉、〈エントロピー変動指標〉という三つの切口から、そのハイパーソニック・エフェクト発現能力と関連する特徴を見出しました。すなわち、フラクタル次元局所指数が 2.2 以上 2.8 以下の値をとり、かつ、その変動幅は 0.4 以内に収まっていること、情報エントロピー密度が -5 以上 -1 以下の値をとること、そして、エントロピー変動指標が 0.001 以上の値をとることです[12,13]。

第8章文献

1　Oohashi T, Nishina E, Kawai N, Fuwamoto Y, Imai H, High-Frequency Sound Above the Audible Range Affects Brain Electric Activity and Sound Perception. Audio Engineering Society 91st Convention (New York), Preprint no. 3207, 1-25, 1991.

2　森本雅子，仁科エミ，不破本義孝，河合徳枝，八木玲子，大橋力，音の現実感と脳電位の過渡的変化．日本バーチャルリアリティ学会論文集，**3**(1), 21-26, 1998.

3　大橋力，連載：脳のなかの有限と無限．科学，**84**, 756-762, 1048-1054, 2014; **85**, 20-26, 360-371, 2015.

4　大橋力，連載：脳のなかの有限と無限．科学，**85**, 363, 2015.

5　https://ja.wikipedia.org/wiki/スペクトログラム

6　Ulrych TJ, Maximum entropy power spectrum of truncated sinusoids. J. Geophysical Research, **77**, 1396-1400, 1972.

7　Chen WY, Stegen GR, Experiments with maximum entropy power spectra of sinusoids. J. Geophysical Research, **79**, 3019-3022, 1974.

8　Akaike H, Fitting autoregressive model for prediction. Annals of Institute Statistical Mathematics, **21**, 243-247, 1969.

9　Akaike H, Power spectrum estimation through autoregressive model fitting. Annals of Institute Statistical Mathematics, **21**, 407-419, 1969.

10　赤池弘次，中川東一郎，『ダイナミックシステムの統計的解析と制御』，サイエンス社，1972.

11　ニコリス G, プリゴジーヌ I, 『散逸構造』，小畠陽之助，相沢洋二訳，岩波書店，1980.

12　大橋力，河合徳枝，仁科エミ，本田学，前川督雄，森本雅子，八木玲子，上野修，特許第 4663034 号（2011 年 1 月 14 日）．

13　Oohashi T, Kawai N, Nishina E, Honda M, Maekawa M, Morimoto M, Yagi R, Ueno O, US Patent 8, 167, 826 B2(1, May, 2012).

第 2 部 ハイパーソニック・エフェクトの実像

第 9 章

聴こえない超高周波の体表面からの受容

9…1　獲物を逃がさない実験モデル構築の難しさ

　ハイパーソニック・エフェクトを発現させるために不可欠の、決定的な因子であるハイパーソニック・ファクターが振動として具えていなければならない必須の属性は、周波数(第7章)そして複雑性構造(第8章)という切口から明らかにされてきました。それでは、そうしたハイパーソニック・ファクターすなわち高複雑性超高周波を、人間はどこから受容しているのでしょうか。

　人類には、空気中を伝播してきた振動を受容しそれを生物学的に高度に解析する〈聴覚系〉のほかに、躰に直接伝わってくる振動を受容する〈マイスナー小体〉〈パチニ小体〉〈メルケル触盤〉〈ルフィニ終末〉などと呼ばれる、圧力あるいは非常に周波数の低い振動を受容する器官が具わっています。これらの中で、ハイパーソニック・サウンドを受容する系として最初に念頭に浮かぶのが聴覚系であることは当然でしょう。

　聴覚系の入口は、外界に向かって開かれた〈気導系〉で、この系によって空気振動が捕えられ、内耳の〈蝸牛〉に存在する〈有毛細胞〉によって〈神経インパルス〉(電気信号)に変換されて脳の神経系に送られ、そこで処理されて「音の聴こえ」を形成します。それらの仕組は、聴覚生理学の分野で非常に詳しく解き明かされてきました。

　しかし、そうした聴覚生理学に照らしてみても、その他のこれまで知られている情報を総動員しても、ハイパーソニック現象を説明するうえでほとん

ど何の手がかりもみつけることができません。まず、人間の聴覚系を想定した場合、〈中耳〉において鼓膜に生まれた振動を〈内耳〉にリレーしている三つの〈耳小骨〉の物理的な限界によって、20 kHzをこえる振動はそれを神経信号に変換する内耳へと伝わりません。

　これとは別の視点から観た問題として、ハイパーソニック・サウンドの導く生理・心理・行動にわたる膨大な反応はすべて、ハイパーソニック・ファクターだけを与えても発現させることができません。それは、然るべき可聴音が共存してはじめて出現します。この事実は、ハイパーソニック・エフェクトが、ハイパーソニック・ファクターに対する単純な〈刺戟―応答反応〉ではなく、より複雑な相互作用に基づいていることを想定させます。しかし、このような現象は、これまでの聴覚生理学にとっては未曽有のことがらに違いありません。これらによって、ハイパーソニック・エフェクトを既存の聴覚生理学で説明することが、とても困難になっています。

　そこで私たちは、ハイパーソニック・エフェクトというこれまで未知だった現象の生命科学的メカニズムを解明していく第一歩として、それがいわゆる気導聴覚神経系単独の応答であると判断してよいのか、それ以外の受容応答系の関与を否定し、または無視することが可能なのか、あるいはそれは不可能なのか、という問題について検討してみることにしました。

　これは確かに難問です。なぜならそこで、聴覚系のみの関与が否定される可能性を無視することができず、そうなった場合、未知の何ものかを無限に想定しなければなりません。まかり間違うと、逐次的・探索的実験の蟻地獄を一生、這い回ることになりかねないからです。

　ここで、この問題に関連した思考過程についての言及を大きく省き、実行した実験モデルの骨子だけを述べます[1]。まず、実験の枠組として、［気導聴覚系だけの関与を考えればよいのか、反対にそれ以外の系の関与を否定することができないのかについて一刀両断する］、［もしも気導聴覚系単一の関与が否定された場合、ハイパーソニック・ファクター受容機構の候補を、できるだけ少数のカテゴリーの網の中に追い込む］という、いわば二つの方程式

を連立させ、それらを検証できる実験系をできるだけ単純なかたちで構成する、というものです。

　具体的に述べます。まず、これまでハイパーソニック・エフェクトを発現させた実績ある材料と方法、具体的には音源すなわちバリ島のガムラン音と実験系すなわちバイチャンネル再生系と音呈示方法とを使って、この研究における実験全体のコントロール（対照）となる[実験A]を構成します。次に、[実験B]として、バイチャンネル再生系の音声出力をイヤフォンだけで構成した系を構築します。この実験には、気導聴覚系だけでハイパーソニック・エフェクトが発現するか否かをはっきり示してくれることが期待されます。さらに、[実験C]として可聴音をイヤフォン、超高周波をスピーカーから再生する系を構築します。この系では、ハイパーソニック・ファクターの受容系が気導聴覚系以外である場合、この実験条件下でもハイパーソニック・エフェクトが発現するという現象が導かれることによってそれを知ることができるはずです。最後に[実験D]として、[実験C]と同じシステムを構築し、そのうえで音呈示のときに被験者の頭部から全身を遮音物で覆うことで、超高周波の体表面への到達を遮った系を構築します。この系では、空気振動が直接人体に伝達されてハイパーソニック・エフェクトが発現するのか、ハイパーソニック・サウンドが被験者の周囲の物理的・化学的あるいは生物学的環境に働きかけてそれら被験者を囲む環境を変化させ、その結果として二次的・間接的にハイパーソニック・エフェクトが発現するのかの判別を可能にします。そしてこれら四つの枠組の中のどれにも該当しない場合というのは、非常に稀なものとなるはずです。

9…2　モデルに沿った新しい実験システムの構築

　[実験A]、[実験B]、[実験C]、[実験D]の四つのサブ実験で構成される全実験を実行しようとしたとき、そこにはそれ以前の実験では思い及ばなかったさまざまの具体的な課題が現れてきました。まず〈対照〉となった[実験

A]は、[実験C]、[実験D]で試される実験参加者(以下、被験者)の躰――体表面全体に空気振動が直接伝わるか、直接の伝播が無視できるかという実験の〈対照〉としても役立たなければなりません。それは、厳密にいえば被験者たちがすべて、「一糸もまとわぬ」全裸状態であることを意味します。しかしそれは、被験者たちの母集団である普通の日本人にあっては正常な状態とはいえず、ハイ・ストレスを生じて報酬系の活性化が無視できないレベルに阻害される可能性を否定できません。そこで、着衣によって超高周波が遮られることをできるだけ少なくすることとし、まず、Tシャツと短パンという着衣構成にしました。次に、着用するTシャツの生地によってハイパーソニック・ファクターの透過状態に顕著な差があることに注目し、10種類ほどの互いに異なる素材のTシャツについてその超高周波成分透過性を実測し、もっとも良好な透過性を示した、あまり上質とはいえない土産品のTシャツを選択しました。

　また、特に[実験B]で重要性をもつバイチャンネル・イヤフォンは、その実体はもとより概念さえもこの時点で世の中に存在していません。当然ながら、これは実験目的にあわせて新たに設計、制作しました。イヤパッドをもたない挿入型で、左右ともまったく同じ構造をもたせたものです。その耳道

写真9.1　実験で使用したバイチャンネル・イヤフォン

写真9.2　[実験D]での被験者

挿入部は、硬質プラスティック射出成型により、超高周波を透過させない厚さ 2〜3 mm ほどの筐体構造を形づくり、その内部に超高周波成分用と可聴域成分用との二つの振動素子を収めたものです（写真 9.1）。このイヤフォンは、フォスター電機株式会社の協力によって、適切なものを造ることができました。

さらに、［実験 D］で超高周波が被験者の軀に到達するのを遮るための材料を探索しました。その結果、所与の条件下で最適な選択として、頭部をフルフェイスのヘルメットで覆い、軀は厚手のダウンコートを着用し、手袋、靴下を装着することで、ほぼ期待どおりの条件をつくることができました（写真 9.2）。

9…3　呈示システムのつくる音の周波数構造

構築した音呈示システムたちの概念を示すと、図 9.1 のようになります。空気振動発生装置がスピーカーの場合には、空気振動に対して軀全体を高度に開放した状態で音呈示が行われ、空気振動発生装置をイヤフォンにした場合には、気導聴覚系にだけ音呈示が行われるようになっています。さらに、スピーカー、イヤフォンともバイチャンネル再生系を構築しているため、たとえば超高周波をスピーカーだけから、あるいはイヤフォンだけから再生するといった特殊な呈示条件を構成することが可能です。

この実験でも、音源としては、PET 実験、脳波実験などで優れた実績を示してきたバリ島のガムラン楽曲『ガンバン・クタ』の全曲、200 秒（従来の 205 秒の音源から楽曲末尾の余韻を 5 秒間短縮したもの）を用いました。その電気信号は図 9.2a、スピーカーから再生した空気振動を被験者の位置で計測したデータは図 9.2b となります。前に述べた被験者たちが着用した T シャツを透過した成分は、図 9.2c の上の図のようになり、ある程度減衰しながらも、ハイパーソニック・エフェクトを発現させることが十分可能なレベルの超高周波を透過させています。超高周波が被験者の頭部に到達することを遮る目

的で装着したフルフェイスヘルメットの遮音効果は、図 9.2c の中の図に見られるように必ずしも完全とはいえず、わずかに超高周波の漏洩が認められます。一方、頭部を除く躰全体を覆った厚手のダウンコート（写真 9.2）は、図 9.2c の下の図に示すようにほぼ完全に超高周波を遮ります。

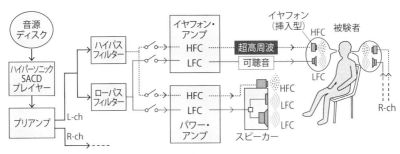

図 9.1　音呈示システム

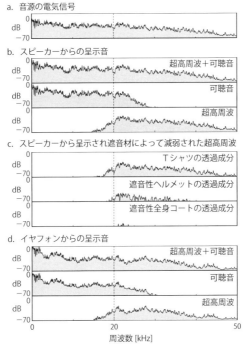

図 9.2　実験で使った音のスペクトル

さらに、バイチャンネル・イヤフォンを、成人の耳道の長さ 3.5 cm と同じ長さに設定した擬似的耳道に装着して計測した周波数応答は、図 9.2d のようになります。

9…4　計測指標に何を選ぶか

　この実験でのハイパーソニック・エフェクトの発現状態を、どのような指標で計測するのが適切でしょうか。まず〈脳血流〉という脳活動をもっとも直接的に反映する現象を対象にした PET や fMRI は、計測装置自体がさまざまな振動を発生し、それが被験者の躰に伝わることを防ぐ方法がなく、この実験に使うことができません。それに対して、私たちがほとんどの実験で使ってきた基幹脳活性指標、具体的には有効な超高周波の存在にもっとも鋭敏に反応する〈脳波 α_2 ポテンシャル〉という指標に注目した方法が、この実験には特に適切と考えられます(第 5 章 7 節)。また、テレメトリーによる脳波データの送信方式は、被験者を仰臥させる必要がなく、座位あるいは立位といった姿勢での計測を可能にします。このことは被験者の体表面の大部分を超高周波が届きやすい状態下に置くことを可能にし、この研究の目的にとって有効・適切な条件を与えてくれます。それ以前の研究を通じて、実用上、もっとも優れた実績をもち、したがって先行する実験例がもっとも多い私たち独自の脳波テレメトリー計測法が、この実験においてそのような特異的な適合性をもつのは幸運なことです。よってこの脳波 α_2 ポテンシャルを使った〈基幹脳活性指標〉を、計測対象のひとつに躊躇なく選びました。

　一方、私たちは、［マルチパラメトリック＆スタティスティカル］を標榜して、重要な実験にはできるだけ、複数の指標を設定しています。特に重要性の高いこの研究においても、そのスタンスは守られなければなりません。これまで私たちは、生理的指標として脳血流や脳波のほか、免疫活性、あるいはホルモン・神経活性物質などの化学物質を計測し、また心理的指標としていろいろな質問紙調査のデータに注目してきました。そして、それぞれがそ

の有効性を発揮してきたことも事実です。それらのなかからこの実験のために選んだ脳波 $α_2$ ポテンシャルは、ハイパーソニック・サウンドが間脳・中脳などに導く血流増大という、いわば［系の入力端］に起こる〈根本現象〉を照準したものという意味をもっています。

　このことを視野に入れ、こうした脳波と組み合わせて超高周波の受容部位をカテゴライズする実験をより適確に行うには、これら基幹脳を拠点に脳全体に投射される〈広範囲調節系〉、とりわけ〈報酬系〉として働く〈ドーパミン系ネットワーク〉の組織的な活性化を反映する〈前頭前野〉や〈前帯状回〉などの〈出力端〉に近い側に起こる活性化を視野におさめることの有効性は見逃せません。なぜなら、報酬系はいわゆる〈自己刺戟〉という現象に密接にかかわっているからです。それは、［欲求の惹起とその成就に伴う快感の発生］によって、動物の行動を［報酬系の活性をより高めることで行動を生存により適切な方向へと導く］働きを特徴とします。それは、〈快感〉という生理的事象と〈欲求〉という心理的事象とが統合されたものとしてハイパーソニック・エフェクト発現状態にある脳の支配下にある躰全体の〈出力端〉に現れる応答すなわち〈行動〉を意味します。しかも、入力端の応答が人類の普遍則に限りなく近いのに対して、心理の働きが否応なしにかかわってくる出力端の応答〈行動〉には、被験者ごとに違う個別性……〈人種〉、〈文化〉、〈主観〉、〈嗜好〉などの状態を反映しないことはありえないでしょう。

　このように、報酬系が強いかかわりをもつ出力端の応答を知ることには、ハイパーソニック・エフェクトの射程がそうした脳の高次の領域に及ぶかどうかを知るという大きな意味があります。報酬系という現象を初めて鮮やかに捉えた例として、よく知られたジェイムス・オールズ[2]の〈自己刺戟〉実験があります。こうした観点から、これまでの音響心理学の諸手法を改めて調べて、自己刺戟実験の概念にあい通じる〈被験者調整法〉[3,4]の存在を知りました。

　これは、被験者が意識できないような、あるいは言葉でたやすく表現することができないような、微妙な感覚の違いを検出する手法です。その原理は、

［被験者たちはより好ましいと感じる情報源により近づこうとし、音ならばそれをより大きな音量で聴こうとするように振る舞う］、という〈快感誘起性情報〉に対して人間が惹き起こす〈接近行動〉に注目したものです。これらを参考にして、被験者自身が調整する音量を指標とした新しい実験手法を開発しました[5]。

　この実験では、音再生系のヴォリューム・コントローラーを被験者が自由に操作できるシステムを形成し、この系で各被験者が呈示音ごとに設定し終えた［一番快適に聴こえる音量(Comfortable Listening Level＝CLL)］を比較検討する、という方法を構築しました。

9…5　〈快適聴取レベル〉計測システムの構築と運用

　ここで構築した実験の方法の詳細は、別の論文[5]にゆずります。その骨子を述べれば、ポイントとなるヴォリューム・コントローラーとしては、おおもとの音源からの信号がプレイヤーからプリアンプに送られる経路中に、リモート・コントロールによって動作する〈電動式フェーダー〉(PGFM3000、Peny & GilesGwent)を設置しました。この音量をアップ・ダウンするリモート・コントローラーには、レベルの大小を示す手がかりをまったく存在させていません。

　被験者は、この系で、脳波実験に使ったのと同じ、ガムラン楽曲『ガンバン・クタ』の全曲200秒をくり返して6回聴きます。はじめの2回は、最初に設定された一定の音量($79.4\ dBL_{Aeq}$, $200\ sec$, dBL_{Aeq}；インテグレーテッド騒音計LA-511: 小野測器製で計測して設定。以下、レベル計測はすべてこの騒音計を使用。またイヤフォン実験では主観的にこれと同じに聴こえるレベルに設定)で聴いたのち、続く3回で音量を好みのレベルに設定し、最後の1回は、その直前の試行で設定したレベルそのままで聴きデータを採ります。なお、ここで使った騒音計では、20 kHz 以下の振動成分だけが L_{Aeq}(等価騒音レベル)として計測されるため、20 kHz 以上の超高周波の存在が等価騒音レベルに影響を及ぼすことはあり

ません。

9…6　二つの指標はともに超高周波の聴覚系からの受容を支持しない

　まず脳波 α_2 ポテンシャルを指標にした実験は、次のように行われました。［実験A］には、被験者12人(男性5人、女性7人、年齢25〜51歳)が参加しました。可聴域を含む低周波成分(LFC)と超高周波成分(HFC)との両者を共存させたフルレンジ音(FRS)を呈示したときには、LFCを単独に呈示したときよりも基幹脳活性指標(脳波 α_2 ポテンシャル)が統計的有意に増大しており、これまでどおりハイパーソニック・エフェクトが発現していることが確認されました(図9.3a)。このとき、基幹脳活性指標の増大は、楽曲呈示の後半になるにしたがって顕著になっています。このことも、これまでの私たちが得た知見とよく一致しており、［実験A］のスコアを〈コントロール〉に設定するのが妥当であることを支持しています。

　次に、LFCとHFCの両成分ともイヤフォンから気導聴覚系に限定して呈示した［実験B］には、被験者15人(男性6人、女性9人、年齢25〜65歳)が参加しました。この実験では、基幹脳活性指標は、FRSの場合とLFC単独の場合との間にほとんど差が認められず、わずかにLFCを上廻る値が示され、ハイパーソニック・エフェクトの発現はまったく支持されません。この［実験B］の条件は、気導聴覚系だけの関与でハイパーソニック・エフェクトが発現すると想定した場合、その発現にとってきわめて適切な条件を構成しています。そのような［実験B］においてハイパーソニック・エフェクト発現の痕跡さえ認められなかったことは、ハイパーソニック・ファクターの受容に気導聴覚系が関与することはありえないのかもしれない、という知見を導いた実験として、見逃せません。なおこの問題については、本章8節でやや詳しく述べます。

　さらに、LFCをイヤフォンから気導聴覚系だけに呈示すると同時にHFCをスピーカーから気導聴覚系を除く体表面に呈示した［実験C］には、被験者

15 人(男性 7 人、女性 8 人、年齢 25〜65 歳)が参加しました。この[実験 C]の場合、その前の[実験 B]とは対照的に、ハイパーソニック・エフェクトの発現が[実験 A]に勝るとも劣らない状態で認められ、特に音呈示実験の後半において著しくなっています。このことは、この[実験 C]において、[気導聴覚

a 超高周波:スピーカー(全身)
　可聴音:スピーカー(全身)

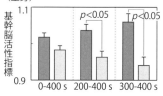

b 超高周波:イヤフォン(耳だけ)
　可聴音:イヤフォン(耳だけ)

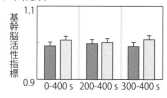

c 超高周波:スピーカー(耳を除く全身)
　可聴音:イヤフォン(耳だけ)

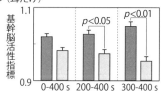

d 超高周波:スピーカー(全身を被覆)
　可聴音:イヤフォン(耳だけ)

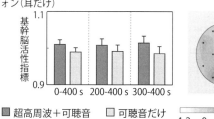

図 9.3　基幹脳活性指標の計測結果

系以外の身体器官または部位]によってHFCが受容されハイパーソニック・エフェクト発現に寄与することを示す一方で、[気導聴覚系の関与がゼロか無視してよいほど微弱であるか]のどちらかであることを支持しています。

最後に、[実験C]の条件下にある被験者にさらにフルフェイスヘルメット、ダウンコート、手袋、靴下を装着してHFCの体表面からの入力を躰の直前で遮った[実験D]は、13人の被験者(男性5人、女性8人、年齢25〜65歳)が参加して行われました。この実験においては、[実験C]できわめて顕著に観察されたハイパーソニック・エフェクトの発現が強く抑えられ、いわば痕跡程度になっています。このことは、[実験C]で観察された顕著なハイパーソニック・エフェクトの発現を導いている要因の主なものが、HFCの体表面への直接の到達であることを支持しています。同時にそれは、HFCが被験者の所在する環境に働きかけ、その物理的、化学的あるいは生物学的条件を変容させること ── たとえばオゾンの発生、いわゆるマイナスイオンの増加、特定の微生物・ウイルスなどの増殖や減少など ── に起因する可能性が、まったくないかあるいは認識できないほど微少であり、もしそれが存在するにしてもそれは考慮の対象になり得ないであろうことを示しています。それに対して、躰に直接HFCを照射した[実験C]においてハイパーソニック・エフェクトが強く発現したことは、体表面によるハイパーソニック・ファクターの受容が、この現象を発現させる主力となっていることを否定しがたいものにしています。

次に、〈快適聴取レベル〉を指標にした実験を行いました。脳波 $α_2$ 波ポテンシャルに注目した先の実験とは大きく原理を異にするこの〈行動実験〉においても、脳波実験と並行して互いにまったく矛盾の見出せない結果が得られています(図9.4)。図の中の〈折れ線グラフ〉は各試行での聴取音量を、FRSを呈示した場合を濃い線で、LFCのみを呈示した場合を薄い線で表しています。また、右側の棒グラフは最終試行のときのHFCのあり／なしによる〈聴取音量の差〉すなわち〈接近行動〉の大きさに反映されたハイパーソニッ

ク・エフェクト発現の度合を示します。

一連の実験において、HFC と LFC とがともにスピーカーから呈示される［実験 A］（音呈示条件は脳波の実験と同一）は被験者 10 人（男性 5 人、女性 5 人、年齢 25～65 歳）の参加で行われ、図 9.4a に示す結果を導きました。また、HFC を

a　超高周波：スピーカー（全身）
　　可　聴　音：スピーカー（全身）

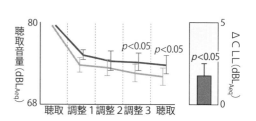

b　超高周波：イヤフォン（耳だけ）
　　可　聴　音：イヤフォン（耳だけ）

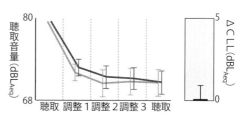

c　超高周波：スピーカー（耳を除く全身）
　　可　聴　音：イヤフォン（耳だけ）

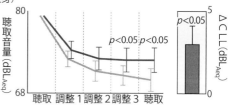

d　超高周波：スピーカー（全身を被覆）
　　可　聴　音：イヤフォン（耳だけ）

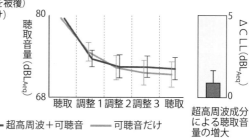

図 9.4　行動実験の結果

スピーカーからLFCをイヤフォンから呈示した、被験者10名（男性5人、女性5人、年齢31〜65歳）が参加して行われた［実験C］は、図9.4cに示す結果を導きました。これらはいずれも、脳波実験と同様に、HFCを含むFRSをより大きな音量で聴くという〈接近行動〉の大きさを反映する成績から、ハイパーソニック・エフェクトの発現を示しています。

これらと対照的に、LFCとHFCとをともにイヤフォンから呈示する被験者9人（男性3人、女性6人、年齢25〜50歳）が参加した［実験B］では、HFCを含むFRSのときと含まないLFCのときとでほとんど同じ低いレベルに快適聴取レベルが調整されました。この結果も、脳波を指標とする実験と同様のハイパーソニック・エフェクト発現に否定的な意味をもつものといえます。

最後に、［実験C］と同じ音呈示条件下で被験者の直前でHFCの到達を遮

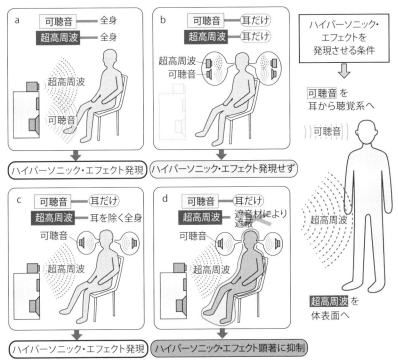

図9.5　ハイパーソニック・エフェクトを発現させる条件

第9章　聴こえない超高周波の体表面からの受容　　201

った[実験D]は被験者9人(男性4人、女性5人、年齢34〜65歳)が参加して行われ、実験Cで観察された快適聴取レベルの増大が顕著に抑制されることが示されました。これも脳波を指標とする基幹脳活性指標計測実験の結果と同様です。

　以上の四つの心理・行動実験の結果はすべて、基幹脳活性指標を計測した実験とまったく同じ傾向を反映する結果を示しており、高度の同一性を顕しています。

　〈基幹脳活性指標〉(脳波α_2ポテンシャル)と〈快適聴取レベル〉という互いに原理の大きく異なる2種類の指標を使った実験はいずれも、同一現象の発現を想定させる非常によく似た結果を示しました。それを単純化してまとめてみると図9.5のような仕組の存在する可能性が浮上します。

　これは衝撃的な知見です。私たちが現在もっている既存の音響学の知識の範囲内では、この仕組を説明することができません。かといってこの実験事実を否定することもできません。この知見は、[ハイパーソニック・エフェクトを発現させるためには、体表面に高複雑性超高周波すなわちハイパーソニック・ファクターを直接到達させることが必須である]という仮説を導くことを可能にします。私たちは、体表面に所在する既知および未知の振動受容体について、あらためてまなざしを注ぎ直さなければなりません。

9…7　超高周波の体表面からの受容可能性という新しい謎

　私たちの躰の表面には、先に述べたように、その場所に及ぶ力を知覚するいくつかの器官があります。マイスナーが発見した〈マイスナー小体〉とパチニが発見した〈パチニ小体〉が比較的知られているほか、〈メルケル触盤〉、〈ルフィニ終末〉などが見出されています。マイスナー小体は主に真皮下層に分布し圧力に対して素早く反応します。パチニ小体は真皮下層や皮下組織に分布し圧力に対してマイスナー小体よりもさらに素早く反応します。こうした性質は、圧力の変化に対する知覚すなわち〈振動覚〉というものを形成し、

その感受性を周波数応答として捉えることができます。その応答は、マイスナー小体が5〜50 Hz、パチニ小体が80〜600 Hzといわれています[6]。これらに対してメルケル触盤やルフィニ終末の圧力に対する反応はずっと遅く、周波数応答という切り口で捉えられてはいない模様です。つまり、これら既知の皮膚感覚受容器官の応答周波数上限は1 kHzをこえることはありえないと考えられます。したがって、40 kHz以上で真価を発揮するハイパーソニック・ファクターの受容体になりうるとは考えにくいものたちです。もちろんこれら諸器官が超高周波に何らかの反応をしている未知の可能性の存在も、否定できません。

これまで注目したような〈器官〉レベルの振動受容体はこのように、ハイパーソニック・ファクターの超高周波の受容体としては想定しにくいところがあります。この点でより現実性が考えられるのは、生体の構成物として〈器官〉よりも下の階層を形づくっている〈細胞〉です。おりしもいま、神経細胞ではない一般の非感覚性細胞のレベルで、機械刺戟を生化学的シグナルに変換する現象、〈メカノセンシング〉(あるいは〈メカノトランスダクション〉)という現象が、注目されています。

このような〈機械刺戟受容能〉はいろいろな生命現象を支える根本機能として関心を集めつつあり、たとえば曽我部ら[7]はすでに、一般性のある〈機械受容チャネル遺伝子〉を真核細胞のなかに同定することに成功しています。これら細胞のメカノセンシングにかかわる最新の知見は、ハイパーソニック・ファクターの体表面からの受容という私たちが見出した現象にアプローチするうえで、見逃すことはできません。また、この点でもうひとつ注目されるのは、第18章で述べる下川らの超音波(超高周波)を使った〈リーパス(LIPUS)・セラピー〉です。そこでは、照射される超音波が細胞のメカノセンサーによって受容され、細胞の活性を変容させる可能性が示されています[8]。

さらに、気導聴覚系以外の振動伝達系として、近年、超高周波によって変調された音声信号を骨伝導を通じて認識できることが〈ultrasonic hearing〉として報告され[9]、応用も試みられています。こうした骨導系がハイパーソニ

ック・エフェクトの発現に、何らかのかかわりをもっているかもしれません。なお骨伝導補聴器の原理の発見で知られるマーチン・レンハートは、ハイパーソニック・サウンドの受容部位の候補として、〈眼球〉を挙げています[10]。

これらとは別次元の取組として、傳田ら[11]は、私たちの研究からヒントを得て無毛マウスの皮膚を高周波に暴露させ、これによって角質層と顆粒層との間の〈層状体分泌物〉が有意に増加し、皮膚の防御機能が高まるという結果を報告しています。これも超高周波に対する体表面組織の感受性を支持する事象と解釈することが可能です。

このような知見を視野にいれると、空気振動としての高複雑性超高周波すなわちハイパーソニック・ファクターが、何らかの機械振動受容チャネルを介して体細胞自体の状態変化──〈細胞内情報伝達〉、〈遺伝子発現〉、〈代謝調節〉、〈酵素反応〉、〈膜透過〉、〈分子拡散〉など──に影響を及ぼす可能性も否定できません。それらに起因する何らかの〈変調作用性生体情報〉が神経系、または内分泌系・免疫系を含む化学的メッセンジャー系などを介して脳に伝達されることによって、中脳・間脳を含む基幹脳の活性変化というハイパーソニック・エフェクトの根本現象を惹き起こしている可能性が考えられます。そこを起点にしたさまざまの波及効果のひとつとして、可聴域の音の脳内情報処理過程を含む何らかの仕組に修飾的な影響を及ぼし、「音の感じ」や「音の聴こえ」を変化させていることもありえるでしょう。

この体表面からの受容という切口からハイパーソニック・エフェクト発現にアプローチするうえで特に考慮すべき問題があります。それは、体表面およびそれに近く接する細胞たちをゆさぶるハイパーソニック・ファクターのエネルギーがあまりにも微弱であることです。〈集束強力超音波治療〉に使われる超音波は、分子レベルでおよそ $10^{-6} \sim 10^{-4}$ eV、〈エコー診断〉には $10^{-10} \sim 10^{-8}$ eV というごく弱いエネルギーの波が使われますが、ハイパーソニック・エフェクトはそれより何ケタも弱いエネルギーである可能性が高く、そうした微弱なレベルの現象をいかに実験的に捉えることができるか、すこぶる難題といわなければなりません。

以上のように、ハイパーソニック・サウンドに対する生体の応答メカニズムのなかでも特に重要なハイパーソニック・エフェクトの発現機構の開始点を解明するにあたっては、それを既知の気導聴覚系の単一関与だけに限定して捉え、それ以外の多くの系が関与する可能性を排除または無視する枠組を設定することが有効とは思えません。むしろ、関与するかもしれない系を先入観で特定のものに限定することなく、いわば全方位から探索することが現時点では大切なのではないでしょうか。

9…8　非線形歪説への最終的な回答

　話題は本筋から少し逸脱するかもしれませんが、ハイパーソニック・エフェクトの重要な一角を構成する事象として、実績ある材料を選び適切な方法に従って実験を行うと、超高周波を含むフルレンジ音(FRS)と、そこから超高周波成分を除いたハイカット音(HCS)との間に音質の違いが統計的有意に感じとられ、その違いは FRS が HCS に対してより美しく快く聴こえてくる、という事実があります。この知見に対して、この現象を既成の音響学の枠組内で解釈し、超高周波の関与を否定したいわゆる〈非線形歪説〉が提出され、日本の学術界・産業界そして一般社会にまで、権威をもった有力な、あるいは信頼すべき理論として、無視できない影響を及ぼしてきました。

　この説は、宮坂榮一[12]によって唱えられ、ハイパーソニック・エフェクトを[可聴音と超高周波の共存によって現れる事象。超高周波を含む音とそれを除いた音との音質が違って聴き取られること]という範囲に限定した枠組で捉えて、論を起こしています。そのため、音の聴こえ方の違いが、[超高周波を含む音の方が統計的有意に美しく快く聴こえる]という事実や、[超高周波を含む音を聴くときの方がそれを除いた音を聴くときよりも脳波 α 波ポテンシャルが統計的有意に増大する]という、その時点ですでに公表されていた私たちの得た知見[13]が無視された形をとっています。

　こうした限界のある枠組のなかで、次のような論が組み立てられています。

［それ単独では人間に聴くことのできない高周波が可聴音と共存するときに音質差を生じたとしても、その原因は高周波そのものにあるのではない。その高周波の存在が可聴周波数領域に発生させる影響として説明できる］というものです。この説を要約して示すと表9.1のように、四つに分けた系のそれぞれに可聴音の聴こえ方に影響を及ぼす〈非線形歪〉の発生が考えられる、というところに骨子があります。このうち［系1 音源収録時の系］は表にもあるとおり、実質的に意味がなく実際には無視されます。また、［系2 心理実験装置］については、私たちは、すでに1984年の時点でこの問題の発生する余地のない〈バイチャンネル再生系〉（第3章1節）を開発して、以後これを使っていますので、この非線形歪説の対象になりません。

　問題は、［系3 伝搬系］と［系4 聴覚系］です。まず系3の伝搬系については、これを正面から捉えると、空気中を伝わる音波同士の間に発生する非線形歪を正確に計測し、それがどのような音質の違いにかかわるのか、あるいはかかわらないかという謎を解かなければなりません。［系4 聴覚系］につ

表9.1　非線形歪説（文献12から作成）

「系の非線形性によって可聴域内に発生する歪の差が音質差を感じさせているためではないか」

実験を構成する系		非線形性にかかわる問題点
系1	音源収録時の系	マイクロフォンからレコーダーまで	マイクロフォンおよびヘッドアンプ出力までを音源そのものとみなせば、非線形性を厳密に要求する必要はないかもしれない
系2	心理実験装置	レコーダーからスピーカーまで、フィルター等も含む	電子回路とスピーカーの非線形性による混変調歪が可聴周波数帯域内に発生し、主観的印象の差の一因となりうる
系3	伝搬系	スピーカー出力から耳の入口（鼓膜）まで	ある条件下では非線形性が問題となりうることが示唆されている
系4	聴覚系	鼓膜から聴覚連合野まで	聴覚に非線形性があることは古くから確認されている

耳までの系の線形性が保証された状態で実験を行ったとしたら、果たして「20 kH 以上の成分が聴知覚に寄与している」と言えるであろうか

いても、聴覚神経系内に発生する非線形歪をいかに把握し、音が違って聴こえるという現象と対応させるか、というハードルがあります。これらはともに、実験的に検討して正しいかどうかを確かめるという現実的な対応をにわかにとることのできる水準を大きくこえており、とても手を出すことのできないものともいえます。確かに、宮坂の指摘する伝搬系、聴覚系における非線形の相互作用については、それが可聴周波数帯域に及ぼす影響による音の聴こえ方の変化を含むハイパーソニック・エフェクトの要因であるか否かを実験的に検証することは絶望的に困難です。それゆえ、[系3]と[系4]についてはたやすく正否を決することができず、事実上、一種の不可知論を形成して、肯定も否定もできないながら超高周波の関与に疑義を呈し、そうした認識や理解の成立を阻むという効果を、現実的に発揮してきました。

この説について白か黒かの決着をつけることは、学術的にも社会的にも揺るがせにできません。私は、この問題のクリアな決着を、このハイパーソニック・ファクターの受容にかかわる一連の実験に託していました。そして、その結果から次のような理解を導くことで決着に達することができました。

まず、[系3 伝搬系]については、非線形歪説によると、空気中で超高周波成分と可聴域成分とがよく入り混じって相互作用が発生しやすい条件、すなわち先の[実験B]において、非線形歪が発生してハイパーソニック・エフェクトが発現するはずであり、空気中で二つの周波数成分が入り混じるチャンスのない[実験C]では、ハイパーソニック・エフェクトは発現しないはずです。ところが実際の実験はまさにその真逆の結果を示し、伝搬系で起こる非線形歪の関与を無視すべきものにしています。

次に、[系4 聴覚系]については、非線形歪説によれば、超高周波成分と可聴域成分とが一緒に気導聴覚系に入力され、以後すべて、聴覚系で一緒に処理されることが必要です。ここで[実験B]だけは両者の相互作用が発生しやすい条件を具えています。反対に[実験C]はそうした条件をまったくもたないゆえに、ハイパーソニック・エフェクトは発現しないはずです。しかし実際には[系3 伝搬系]の場合と同様に結果は真逆であり、よって[系4 聴

覚系]においても非線形歪説は成立しません。以上のように、超高周波によるハイパーソニック・エフェクトの発現をその受容機構から検討した今回の実験によって、非線形歪説は、その支持材料をほぼ完全に喪ったといえます。

第9章文献

1 Oohashi T, Kawai N, Nishina E, Honda M, Yagi R, Nakamura S, Morimoto M, Maekawa T, Yonekura Y, Shibasaki H, The role of biological system other than auditory air-conduction in the emergence of the hypersonic effect. Brain Research, **1073-1074**, 339-347, 2006.

2 Olds J, Pleasure center in the brain. Scientific American, **195**, 105-116, 1956.

3 Cullari S, Semanchick O, Music preferences and perception of loudness. Perceptual and Motor Skills, **68**(1), 186, 1989.

4 難波精一郎, 桑野園子, 『音の評価のための心理学的測定法』, コロナ社, 1998.

5 Yagi R, Nishina E, Oohashi T, A method for behavioral evaluation of the "hypersonic effect". Acoustical Science and Technology, **24**(4), 197-200, 2003.

6 Douglas PR, Ferrington DG, Rowe M, Coding of information about tactile stimuli by neurones of the cuneate nucleus. J. Physiol., **285**, 493-513, 1978.

7 Kanzaki M, Nagasawa M, Kojima I, Sato C, Naruse K, Sokabe M, Iida H, Molecular identification of a eukaryotic, stretch-activated nonselective cation channel. Science, **285**, 882-886, 1999.

8 Shindo T, Ito K, Ogata T, Hatanaka K, Kurosawa R, Eguchi K, Kagaya Y, Hanawa K, Aizawa K, Shiroto T, Kasukabe S, Miyata S, Taki H, Hasegawa H, Kanai H, Shimokawa H, Low-intensity pulsed ultrasound enhances angiogenesis and ameliorates left ventricular dysfunction in a mouse model of acute myocardial infarction. Arterioscler. Throm. Vasc. Biol., **36**, 1220-1229, 2016.

9 Lenhardt ML, Skellett R, Wang P, Clarke AM, Human ultrasonic speech perception. Science, **253**, 82-85, 1991.

10 Lenhardt ML, Eyes as fenestrations to the ears: a novel mechanism for high-frequency and ultrasonic hearing. Int. Tinnitus J., **13**(1), 3-10, 2007.

11 Denda M, Nakatani M, Acceleration of permeability barrier recovery by exposure of skin to 10-30 kHz sound. British J. Dermatology, **162**(3), 503-507, 2010.

12 宮坂榮一, 高周波音の知覚について. 日本音響学会誌, **55**, 569-572, 1999.

13 Oohashi T, Nishina E, Kawai N, Fuwamoto Y, Imai H, High-Frequency Sound Above the Audible Range Affects Brain Electric Activity and Sound Perception. Audio Engineering Society 91st Convention (New York), Preprint no. 3207, 1-25, 1991.

第2部 ハイパーソニック・エフェクトの実像

第10章

新たなパラダイム〈音の二次元知覚モデル〉

10…1　謎に満ちたハイパーソニック・エフェクト

　ハイパーソニック・エフェクトのように不可解な謎に満ち、容易にその実像を見せてくれない現象はめったにないのではないでしょうか。音響心理学についてまったくの素人だった私が最初に着手した実験の段階から、この現象は、その一筋縄ではいかない性格を露にしました。たとえば、第1章で述べた心理実験において、試行数を増やすと、理論的には高まるはずの統計的有意性が徐々に低下していき、遂には消えてしまうという、奇っ怪な事態などがそうです。しかしこのことは、のちにハイパーソニック・エフェクトのもつ脳機能への働きかけに起因する特異な時間特性を発見するきっかけを恵んでくれました。この例にみられるように、ハイパーソニック現象があふれんばかりに投げかけてくる謎の数かずは、それを解くことによって、ただならぬ価値をもった稔りがもたらされるであろうことを、約束するものでもあったのです。

　ここで、既成の音響学の知識だけでは説明できず、他の分野の力も加えた新しい観方をとることではじめて説明可能になった謎のいくつかを挙げてみましょう。

- 周波数が高すぎて聴こえない超高周波が共存することで、音の聴こえ方が美しく快い方向に変化する。しかしこのとき起こる脳の局所血流量の変化を調べると、音の聴こえ方を司っている聴覚系には変化がみられな

い。このとき変化が起こるのは、聴覚と直接には縁のない脳の深部構造である。そのひとつ、中脳の血流増大によって、ここを拠点とする〈報酬系〉が活性化され美と快の反応が高められていた。
- 同じく深部構造のひとつ、間脳が血流を増大させ、〈視床下部〉を活性化して、〈化学的メッセンジャー系〉の代謝に変化が起こり、ホルモン、免疫活性、神経活性物質などの血液中の状態が変わっていた。
- ハイパーソニック現象は、可聴音単独の呈示はもとより、超高周波成分単独の呈示でも起こらない。両者を一緒に呈示したときに限って発現する。その背後には、両者の相互作用が想定され、単純な［刺戟―応答系］の枠組で捉えることが困難であろうことを示唆していた。
- ハイパーソニック現象は、その入力に対応して即時に発現し消失することはない。ハイパーソニック・サウンド入力の開始からハイパーソニック・エフェクトの発現までに約40秒間の遅延を伴い、ハイパーソニック・ファクターが入力されなくなったあと約100秒間も、多くの特徴的な現象が残留する。

このような謎を全身にまとったハイパーソニック・エフェクトの発現メカニズムの全貌は、どのような姿を形づくっているのでしょうか。これに対して、古典的な音響心理学の知識と、それに基づく考察は、ほとんど何の解決も与えてくれません。私は、さまざまな謎に覆われたこの現象全体を矛盾なく説明できるモデルを新しく構築する、という課題に直面することになりました。

10…2 〈二次元知覚モデル〉の不動の祖型〈トランス誘起モデル〉

私たちが研究を始めて間もなく、これまでの知識では解くことのできない現象にいくつか遭遇し、それらを通底しているような特異な複雑性から、その発現メカニズムの中に相互作用が潜んでいるのではないか、という認識に早くから達していました。そしてそれを、超高周波と可聴音との相互作用か

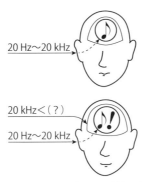

図10.1 超高周波成分による〈トランス誘起モデル〉(再掲)

ら導かれる脳の〈位相〉の変化、あたかも一種の微弱な〈知覚・意識変容状態〉(トランス状態)のごときものとして、たとえば物理学の〈相転移〉のような脳活動の位相転換として捉える〈トランス誘起モデル〉を樹てました[1]。それは1988年のことです。

このモデルは、超高周波の入力が脳の内部状態を変容させる、というチューリング・マシーン風の性質を脳機能に想定したもので、超高周波が入力しているときと、それがないときとで脳の内部状態が変わると考えます(第3章1節)。入力に変調作用因子(モデュレーター)として働く超高周波が含まれるか、含まれないかによって脳の内部状態が変化し、互いに異なる出力、たとえば[同じ音に対する互いに違った聴こえ方]を与える、という仕組です(図10.1)。

このモデルは、何段階かのステップを踏んでより本格的なモデルへと成熟してきた〈二次元知覚モデル〉の不動の祖型として、現在もその意義を喪っていません。

10…3 2017年現在の〈二次元知覚モデル〉

二次元知覚モデルの最初の形[2]が登場した1991年以来、くり返し書き換え更新し続けられている〈二次元知覚モデル〉の現時点の状態を示すと、図10.2のようになります。図が構成する第一の次元は、モデルの原型が登場

してから今まで、変わっていません。それは、メッセージの運び手、〈メッセージ・キャリアー〉として働く音の次元です。おおよそ 20 Hz から 16 kHz ないし 20 kHz くらいの、音として聴こえる空気振動（知覚できる周波数には個人差があります）であって、それを受容する古典的な気導聴覚系を経由して脳に入り、情報処理を受け、「音の聴こえ」を形成して、脳の高次構造にメッセージをもたらします。それは多くの場合「意識」に影響を及ぼし、心理的応答としての出力を与えます。以上のような二次元知覚モデル中の第一の次元〈メッセージ・キャリアー〉は、気導に始まる古典的聴覚系そのものにほぼ対応します。

　それに対する第二の次元、〈モジュレーター〉は、空気振動として約 16 kHz 以上の周波数をもち、ミクロな時間領域で自己相関秩序を形成し、体表面に分布する細胞中に存在するいまだ未知の何らかのメカノセンサーで受容されて、それに由来する未知の何らかの神経情報を形成し、それが〈変調信

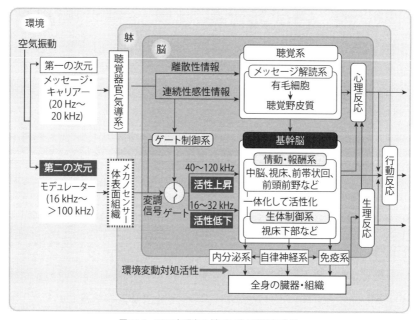

図 10.2　2017 年現在の〈音の二次元知覚モデル〉

号〉となって脳に伝達されます。そのとき同時に脳に入力している第一の次元を構成する音が〈快・不快〉、〈好・嫌〉などの情動反応を惹き起こす可能性をもち、かつ連続した情報構造を伴っているとき、それとの相互作用によって脳内に想定するひとつの〈ゲート〉を開きます。このゲートは、体表面が受容した超高周波に由来する〈脳深部の活動を変化させる変調信号〉を通過させる関門になっています。このゲートが開き信号が基幹脳に到達すると、体表面で受容された超高周波の周波数に依存して、ポジティブあるいはネガティブなハイパーソニック・エフェクトが発現する、というものです(図10.2)。

つまりこのモデルでは、何らかの体表面振動受容メカニズムに由来する〈変調作用性生体情報〉(変調信号)が基幹脳に送られて、その活性を変化させると考えます。このとき、体表面が受容した空気振動の周波数が40 kHzをこえている場合、変調信号は基幹脳の活性を上昇させ、機能を高め、その効果を全身全霊に波及させます。それに対して体表面が受容した空気振動が16 kHz〜32 kHzの範囲内にあった場合、変調信号は基幹脳の活性を下降させ、その負の影響を全身全霊に波及させることになります。

10…4　ハイパーソニック・エフェクトの全方位性

ハイパーソニック・エフェクトの実像は高度に複雑な構造をもち、その全体像が非常に把握しにくい、あるいは正確にいえば、それは永久に解き明かし尽くされないのかもしれない、という特徴を具えているように観察されます。それは、単純な〈刺戟―応答〉の系として把握しようとしても、その片鱗も捉えることができません。その理由は、脳の最深部にあって身体の活性と精神の活動とを統合する要衝、〈中脳・間脳〉を含む〈基幹脳〉の活性の劇的な変容を起点として、そのインパクトが全身全霊に波及するという構造にあります。全方位にわたる生存活動を統括する要衝、基幹脳を起点にしたこのような現象であることによって、その波及効果が及ばない生命活動の領域を考えることは難しいのです。実は、人類の生命活動のなかに、ハイパーソニッ

ク・エフェクトによる基幹脳活性化と無関係な事象を探索することの方が、その波及が生み出す事象を探ることよりもはるかに困難かもしれません。その〈全方位性〉の著しさは、仮に、人間の生存状態に〈相転移〉(たとえば、物体が〈気相〉、〈液相〉、〈固相〉の三つの相に互いに入れ替わること)のような概念が適用できるとすれば、〈ハイパーソニック相〉と〈ハイカット相〉との転換が、まさしくそれにあてはまるように思えるほどです。

このような観方に立つと、これまでこの書で注目してきた多様な切口の生命現象の側面が、基幹脳の活動を起点に体系的かつ並列的に現れてくる様子を、ある程度まで鮮明に描き出すことが可能なはずです。しかしそれは現在、ごくささやかな範囲に限られています。

ハイパーソニック・エフェクトはあらゆる生体情報伝達系に波及し、すでに述べたように、生理的には〈自律神経系〉、〈内分泌系〉、〈免疫系〉を通じて、また精神的には〈報酬系〉を含む脳の〈広範囲調節系〉を通じてあらゆる精神活動にかかわり、ほとんどすべての生命活動領域に関与したり介入したりする可能性をもちます。それに対して私たちの現有する知識や情報はあまりにも萌芽的であり、わずかにしか過ぎないことを否定できません。そうしたことから、これから述べる〈全体像〉にかかわる記述も、先の〈二次元知覚モデル〉と同様、「2017年現在における」という但し書きを添えなければならないものとならざるをえません。ご理解をいただきたいと存じます。

あらためてハイパーソニック・サウンドの入力によって惹き起こされる多様な現象の源を探っていくと、それらは窮極的に〈中脳・間脳〉を柱に構成された〈基幹脳〉に収斂します。つまり、ハイパーソニック・エフェクトの[単一の震源地]あるいは[源泉]がそこにあるわけで、この部位の活性化を〈根本現象〉としてそこから波及するかたちで、壮大な拡がりをもったハイパーソニック・エフェクト群が発現するわけです(図10.3)。

まず、この源泉の[噴き出し口]のひとつ、間脳では、有力な構成器官である〈視床下部〉の活性化が注目されます。視床下部は、〈自律神経系〉という生体の中枢と末梢とをくまなく結び、生理活性を統一的に調節する仕組の最高

器官であり、内外の環境条件の変動に対応して体調を調節し〈恒常性〉（ホメオスタシス）を成り立たせると同時に、広く〈化学的メッセンジャー系〉に分類されるホルモンを司る〈内分泌系〉、生体防御を司る〈免疫系〉など生理活性をもった［情報機能性化学物質の代謝］と深くかかわっています。それは、私たちの生存にかかわる生理活性を統合的に司る最高中枢ということができます。この視床下部を上部構造として、多種多様な生理活性調節を行う仕組がその下流に存在し、それらがさまざまなハイパーソニック・エフェクトを導いています。

　もうひとつの［噴き出し口］となる中脳は、脳全体にくまなく投射して脳のなかの［心］――精神――の働き全体の活動をひとつの方向にまとめる〈広範囲調節系〉とりわけ〈報酬系〉の拠点として注目されます。報酬系は、［欲求の惹起とその成就に伴う快感の発生］を司り行動を生存に適した方向へ導く心の働きの基盤をつくっています。したがって、中脳の活動の下流には、快の

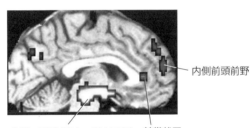

図10.3　ハイパーソニック・サウンドで活性化する間脳・中脳を含む基幹脳ネットワーク

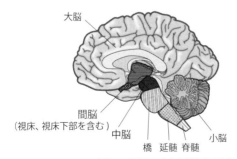

図10.4　隣接し一体化して存在し機能する中脳と間脳

第10章　新たなパラダイム〈音の二次元知覚モデル〉

発生、接近行動、認知機能などにかかわる心の働きとその変動が起こります。

　ここで特に注目しなければならない重要なことがらとして、生理活性を司る視床下部が存在する間脳と、精神活動を司る報酬系の拠点が存在する中脳とが器官として相互に密着して存在しているだけでなく、構造的にも機能的にも一体化しており、ハイパーソニック・サウンドに応答してその活性を変容させるうえでも、高度に並行した機能的渾然一体性を現すことです（図10.4）。これは、心と躰との間の一体性、無矛盾性を成立させ、生命の個体ごとにひとつのまとまりを与えるきわめて重要な機能といわなければなりません。「心身一如」とは、それが窮極的に達成された状態といえるでしょう。このような中枢制御を司る中脳・間脳が機能する基幹脳の下流に、その活性化と変容の状態を具体的に表現するさまざまな事象が現れてきます。

　次に、ここでこれまでとは反対に、ハイパーソニック・エフェクトの出力端の側に焦点を合わせ、その具体的な現れ方、特にその多様性をみてみましょう。なおここでは、基幹脳の活性の上昇に由来するハイパーソニック・ポジティブエフェクトの側から捉えていきます（図10.5）。ネガティブエフェクトについてはあえて言及しませんが、これらと逆相をなしているものとご理解ください。

　すべての起源になる〈根本現象〉の指標として、中脳・間脳が構成する基幹脳の局所脳血流の増大、そして脳波α波ポテンシャルの増強が観察されます。それらの指標に反映された脳の活性化が導く具体的な現象の例を挙げると、まず、視床下部の活性上昇を反映する〈免疫活性〉の向上例として、生体の一次防御を担うナチュラルキラー（NK）細胞が、統計的有意にその活性を高めます[3,4]。また、視床下部傘下の現象と理解される内分泌系では、ハイ・ストレス状態のときに多く分泌されるホルモン、アドレナリンとコルチゾールの血液中濃度の低下が統計的有意に認められ、ストレスの緩和が想定されます[3,4]。

　中脳とくに報酬系の活性化の波及効果として、快反応の強化による音に対

する好感度の増進(より美しく快く聴こえる)、音に対する接近行動(より大きな音量で聴こうとする)の出現、認知機能の向上、その他いろいろな効果が次々に発見されています。いうまでもなくここに挙げた例は、さまざまな可能性を調べる着手段階で発見された現象であり、「木を見て森を見ず」の冒頭の状態として理解されるべきでしょう。これらはいわば、ハイパーソニック・エフェクトという新大陸の稔りの豊かさを告げる、予兆に過ぎないと信じられます。

二次元知覚モデルが示すとおり、ハイパーソニック・エフェクトは、脳において精神活動と生理活性とを統合する基幹的領域、中脳・間脳が一体化して起こす劇的な活性化を根本現象とし、そのインパクトを全身全霊に波及さ

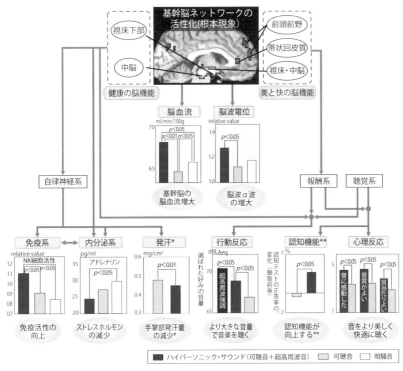

図10.5　2017年現在の〈ハイパーソニック・エフェクトの全体像〉(Oohashi T et al., 1991-2003, ＊山崎憲ら, 2008[5], ＊＊鈴木和憲, 2013[6])

せます。こうした構造によって、生命そのものをトータルに活性化するその全方位性が実現しているのです。ここで注目されるのは、従来私たちが脳の最上位階層と考えてきた〈大脳〉が、この系においては、いわば傍流ともいえるような位置を占めることでしょう。このことは、新しい問題意識を目醒めさせるものでもあります(むすび参照)。

第10章文献

1 大橋力,仁科エミ,河合徳枝,環境高周波音の生理的・心理的機能に関する"トランス誘起モデル"とその検証.日本音響学会聴覚研究会資料,H-88-66, 1-8, 1988.
2 Oohashi T, Nishina E, Kawai N, Fuwamoto Y, Imai H, High-Frequency Sound Above the Audible Range Affects Brain Electric Activity and Sound Perception. Audio Engineering Society 91st Convention (New York), Preprint no. 3207, 1-25, 1991.
3 仁科エミ,大橋力,超高密度高複雑性森林環境音の補完による都市音環境改善効果に関する研究 ― 脳波・血中生理活性物質・主観的印象評価の組み合わせによる評価.日本都市計画学会都市計画論文集,No. 40-3, 169-174, 2005.
4 大橋力,『音と文明 ― 音の環境学ことはじめ』,岩波書店,2003.
5 山崎憲,堀田健治,齊藤光秋,小川通範,渓流の音に含まれる超音波が人間の生理に与える影響について.日本音響学会誌,**64**(9), 545-550, 2008.
6 鈴木和憲,認知テスト成績を向上させる高周波音.科学,**83**(3), 343-345, 2013.

第 2 部　ハイパーソニック・エフェクトの実像

第 11 章

人類の遺伝子に約束された本来の音環境とは

11…1　ピアノの音と尺八の音、都市の音と森の音との違いが意味するもの

　私たちの開発した〈最大エントロピースペクトルアレイ法〉(MESAM) は、これまでの音響学が使ってきたさまざまな音響分析手法では鮮明に捉えることができなかった、ミクロな時間領域で変容するスペクトルそれ自体の連続性をもった高精度の描写を可能にしただけでなく、そのアレイ表示を可能ならしめたことによって、音がダイナミックに変容するありさまの全体像を認識しやすい状態で具象的に描き出すことを実現しました (第 8 章)。こうして知ることができるようになった、これまで不可視だった音の諸属性は、私たちが接する音世界について、ほとんどまったく新しいといってよいような知識を与えてくれます。

　この手法を使って〈楽器〉という人工物の世界を眺めてみましょう。たとえば、西欧近代の合理性を体現し「楽器の王者」と讃えられる〈ピアノ〉の響きを調べてみます。するとそれが、意外にもハイパーソニック・エフェクトの発現に必須の 40 kHz 以上の超高周波を識別できるレベルで含んでいないという事実に出合います。もちろん、ハイパーソニック・エフェクトを発現させるために超高周波がもたなければならない、〈自己相関秩序〉の存在を反映したミクロな時間領域で変容する情報構造は、そもそも超高周波それ自体が存在しないのですから、考慮の対象になりません (図 11.1 上)。

これに対して、たとえば武満 徹 作曲の『ノヴェンバー・ステップス第一番』における横山勝也の名演によって世界の認識が改まるまで、日本でも外国でも楽器として必ずしも高い評価を与えられているとはいえなかった〈普化尺八〉の音はどうでしょうか(図11.1)。まずその豊富な超高周波の存在が驚異的です。ピアノの高周波が人類の可聴域上限 20 kHz に達していないのに対して、尺八の超高周波はそれを 10 倍以上も上廻る 200 kHz に達しています。そしてその三次元スペクトルアレイに現れた音構造の変容は、ハイパーソニック・エフェクトの発現を可能にする 40 kHz 以上の帯域に十分及んでいるうえに、文字どおり波乱万丈に変容する高度に複雑な姿を視せます。MESAM による分析が実現する以前には想像もできなかったものです。こうして浮かびあがらせることのできた普化尺八のスペクトルアレイは、森羅万象をたったひとつの音で表現することを志す「一音成仏」というその表現理念が、虚構とはいえないことを教えます。こうした普化尺八の響きはまさしく、ハイパーソニック・エフェクトを発現させるための音といってよいでし

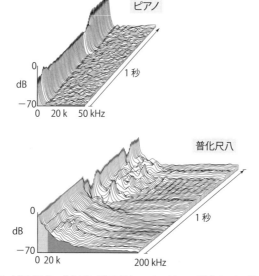

図11.1　ピアノの音、普化尺八の音の最大エントロピースペクトルアレイ(MESA)[1]

ょう(図11.1下)。

　ピアノと尺八という対照的なこの二つの楽器の音のスペクトルアレイの背後には、音楽をほとんど離散的・定常的な音の粒子の配列・組合せとして、つまり楽譜と同じ理念に基づいて捉えている西欧音楽と、それを主にミクロな時間領域における音の変容の側から捉えている日本音楽とのきわめて鮮明な対比が顕れています。そこには、互いに異なる文化という名の脳機能体系の大きな隔たりを観ることができるでしょう。なお、尺八によく似た特徴をもつ音として、バリ島の〈ガムラン音楽〉(図11.2)の存在が注目されます[1]。

　目を転じて、私たちが生存する[環境の中の音]を観てみましょう。この地上でもっとも複雑な生態系であろう、アフリカや東南アジアの熱帯雨林の環境音は、豊かな超高周波の存在とそれらがミクロな時間領域にみせる複雑な変容とが、尺八の音やガムランの音との共通性を感じさせます。こうした熱帯雨林の音に豊かな高複雑性超高周波を与えているその音源は何でしょうか。鳥たちの鳴き声、木々のざわめき、水音など、その音源の候補は多種多様なものが考えられます。そしてこれらの貢献も決して否定できません。しかし、それらと大きく違った熱帯雨林特有の決定的な超高周波音源となっているものが存在します。それは、[虫の音]です。これについては、本章6節で詳しく述べます。ちなみに、この音環境に棲む人類たちの本来の生存形態は、産業というカテゴリーに入らない〈狩猟採集〉です。

　この状態から第一次産業といわれる農耕に転じ、文明への第一歩を歩みだ

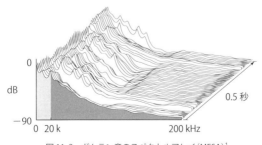

図11.2　ガムラン音のスペクトルアレイ(MESA)[1]

した人びとの生きる「村落」では、屋敷林や里山、村里などに、熱帯雨林のように壮麗高密度ではないものの、かなり豊かな自然環境音に恵まれたところがあります。そうした環境音たちは、周波数としてハイパーソニック・エフェクト発現に必須な 40 kHz をこえ、ミクロな時間領域におけるスペクトルの変容も単調ではないものをみせます（図 11.3）。ハイパーソニック・エフェクトの発現を十分に期待できる高複雑性超高周波を含む音ということができるでしょう。

次に、これまで挙げたような自然性の高い環境を離れ、いわゆる第二次、第三次産業に移った人びとの住む「都市」になると、音環境は、「森」や「里」と大きく違ってきます。その特徴は、まず低周波成分が多く高周波成分が極端に乏しい、という性質に現れています。高周波発生源として注目される車両類の発するブレーキ音を含む成分でもせいぜい 30 kHz 台で、ハイパーソニック・エフェクト発現のために必要な周波数の下限 40 kHz をこえることは稀です。しかもそうした音の多くはミクロな時間領域においては定常的で変化に乏しく、よってハイパーソニック・エフェクトを発現させるには程遠いものであるといわなければなりません。このような都市の人工物の

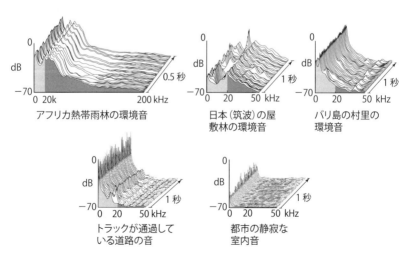

図 11.3　熱帯雨林、村里、都市の環境音のスペクトルアレイ（MESA）[1,2]

発する音の特徴は、ハイパーソニック・ファクターに欠けるという点でピアノの音と共通した性質をもっています。

ピアノの音と尺八やガムランの音との間に横たわる、一方は高複雑性超高周波をほとんど含まない、もう一方は反対にそれらを豊かに含む、という違いは、音を発生させる楽器という人工物に現れた「文化」という脳機能体系の違いの反映として捉えることが可能です。そのような観方をとると、高複雑性超高周波が欠乏している〈都市〉——産業化した人類の高密度化した住み場所——の環境音と、それらが特に豊かに含まれる熱帯雨林——狩猟採集に生きる人類たちの棲み場所——の環境音との違いは、その社会集団が「文明」という脳機能体系のもとにあるかないかの違い、あるいはそれら文明同士のあいだの性格の違いとして捉えることも可能でしょう。

では、私たち人類の生存にとって、音環境とは果たしてどのような意味をもっているのでしょうか。近現代という文明のプラットフォーム上では、物質・エネルギー環境と人間生存との間に抜き差しならない関係が横たわっていることが、深刻に認識されています。その一方で、音環境あるいはより一般的に〈情報環境〉と人間生存の間には、現存する社会では、いわば「どうでもよいもの」として、深刻な問題など存在しないも同然の扱いをしています。果たしてこれは正しいのでしょうか。

11…2　近現代社会の〈物質・エネルギー環境〉に対する姿勢と〈情報環境〉に対する姿勢との間には大きな落差がある

環境の安全性をどう捉えているかについて、物質・エネルギーの次元と情報の次元とを互いに比較してみると、知的に十分成熟しよく整備されているはずの近現代社会でありながら、両者に対する意識の間に大きな不均衡——落差——が観られることに気づきます。物質・エネルギー領域に属する環境問題については、少なくとも私たちの生存を脅かす要因が存在することは広く認識されていて、ひとたび問題が顕在化したとき、強力な社会的強制力や

合意形成力が発揮されてもいます。これに対して情報次元での環境不適合という問題は、その対策以前に、［問題が存在すること］自体ほとんど気づかれていないのが実情ではないでしょうか。

　これをまず、環境のなかの［人間の生存にとってあってはならないもの］という切口で比較してみましょう。物質環境の領域では、たとえば環境から摂取するダイオキシンの耐容一日摂取量〈TDI〉(Tolerably Daily Intake) は 4 pg/kg/日というように、許容される安全域が客観的数値によってほとんど網羅的に定められています。またエネルギー環境の領域では、たとえば事故に伴う放射線の〈被曝限度量〉に関する詳細な規定が制度的に定められています。

　これらに対して、情報環境の領域をみてみると、騒音や低周波公害といったごく一部の有害な情報についての検討が始められているものの、その認識はまだ萌芽的な段階にとどまっています。このため、たとえば騒音規制をみると、〈音量・音圧〉という一次元の量的指標で構成されたおどろくほど素朴な水準にあり、存在する音そのものの内容つまり「質」はまったく問われていません。そのため次のような問題が出てきます。たとえば熱帯雨林の環境音は、しばしば都市の居室に求められる 35〜45 dB という値をはるかにこえ規制値を大幅に上廻る 60 dB 以上 70 dB に迫るほどの値を示します。ところが、こうした音圧をもつ熱帯雨林の環境音は、その値とは裏腹に、途方もなく快適に、静寂感さえ漂わせて聴こえるのです。また〈ポケモン・バベル事件〉などによって、一定の周期をもった光のフラッシュが〈光過敏性発作〉を惹き起こすことが知られています。しかし、その光刺戟の強さ、コントラスト、周波数などの刺戟パラメーターについての検討は、物質やエネルギー領域で現在実行されている水準とは比較にならない素朴な状態にあります。このように、負の環境情報への対応が、物質・エネルギー環境要因への対応に較べてはなはだしい立ち遅れを観せていることは否めません。

　このような、環境からやってくる［あってはならないもの］から目を転じて、環境のなかの［なくてはならないもの］を観てみましょう。物質次元では、たとえば〈必須栄養素〉のように、健康な生存を維持するうえで不可欠の要因が

存在することが広く認識されています。それらを客観的指標をもってできるだけ網羅的に記述しようという努力が歴史的に永く継続して行われてきていることは周知のとおりです。エネルギー次元では〈生存可能温度〉をはじめ、決定的といえるその重みは、十分に承知されているところです。一方、情報という環境を構成する要因を観てみると、[どのような情報が環境のなかに存在していないと生存を維持することができないか]といった問題意識自体、これまで本格的に検討対象にされた形跡がありません。唯一の例外が、私たちの〈情報環境学〉[3]かもしれないのです。

新たに浮上してきた[脳は何らかの情報入力を求めているかもしれない]という問題を考えるうえで、かつて一部の研究者によって行われた〈感覚遮断実験〉は、たいへん示唆に富んでいます。ある実験では、目隠しや耳栓などによって視聴覚情報を遮断したうえに、人間の躰のもつ比重と同じ比重をもち体温と同じ温度をもった液体の中に被験者を丸ごと浸けることによって、

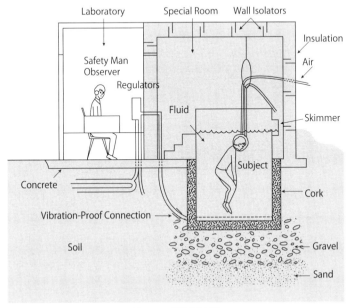

図11.4　感覚遮断実験[4]

温度ばかりか重力の感覚(情報)までも奪ってしまうという手法がとられました(図11.4)。このように五感から脳に入力される感覚情報を極端に制限すると、健常な若年被験者が数分のうちに幻覚妄想を覚えるようになり、数十分のうちに錯乱状態になったと報告されています[4]。

　人間の脳はしばしばコンピューターにたとえられます。これによって、これまでのほとんどの人びとが、脳のベースラインは［感覚情報入力のないアイドリング状態］であり、何らかの情報が入力されたときに初めて脳が活動するという暗黙の前提に立ってきたといえるでしょう。こうした暗黙の了解は、多くの心理実験において、被験者に何も刺戟を与えず、何の運動もさせない安静状態をコントロール(対照条件)と設定していることにも反映されています。

　ところが、上記の感覚遮断実験の結果から観ると、人間の脳は、自覚しているか否かにかかわらず、常に五感から入力される感覚情報に対して受容応答し続ける状態にあり、もしもそれらの情報入力が高度に遮断されると、きわめて特殊な、あるいはきわめて異常な環境からの情報入力、〈ハイ・ストレッサー〉として検知されることになります。その状態は、もはや脳が正常に機能し得ない内容の応答、おそらくは〈自己解体性の応答〉(次節参照)をとる可能性が大きいことを示唆しています。

　いい換えれば、脳とは、ある種の情報入力がゼロだと破綻してしまう装置かもしれないのです。

　こうした脳の特性は、あたかも躰というものが、たとえ安静にしているときであっても、常に〈基礎代謝〉と呼ばれる一連の生化学反応群を遂行し続けていること、あるいは、同じく躰が、必須栄養素と呼ばれる一群の化学物質のなかのどれかがひとつでも欠乏すると、もはや正常に機能しなくなり、さまざまな健康障害を生じることなどの、物質次元に起こる問題と非常によく似ています。ところが、このような化学物質における〈必須栄養素〉に対応する〈必須情報素〉というべきものについての概念は、公知公認されるに到っていず、そのためこのことは、環境の安全性や健康に対する影響を考えるうえ

での大きな空白地帯になっているといわなければなりません。

　人間が環境にどのくらい適応できるか、その適応可能性の射程について現代社会がどう認識しているかについても、物質・エネルギー環境と情報環境とを比較してみるべきでしょう。するとそこにも、同じように、両者の間に大きな隔たりがあることがわかります。物質・エネルギー環境については、人間の適応可能な範囲には厳しい限界があり、それをこえると健康が損なわれたり、生存それ自体が不可能になりうることが周知されています。

　これに対して情報環境についてはどうかというと、たとえば、音楽や絵の好みが人によって違うように、脳に入る感覚情報は、それがたとえどのようなものであっても、「多少我慢すれば慣れて適応することができるはず」、という暗黙の認識が支配的であるといえるでしょう。そうした通念のなかでは、物質やエネルギーの次元では常識となっている「適応できる範囲には限界がある」という認識がほとんど念頭にのぼらないように見受けられます。しかし、先に述べた感覚遮断実験は、情報が一定の限界をこえて乏しくなった場合、脳が適応不可能になってしまうであろうことを示唆しています。

　このように整理してみると、物質・エネルギー環境に比較して情報環境の安全・安心・健康対策は、科学的検討、社会的関心、倫理的対応のいずれもがきわめて未成熟な段階にあることを否定できません。こうした状況を急いで改善していく必要があります。それにあたって優先性が高いのは、現時点でもっとも検討が遅れているかもしれない「生命にとって必須の情報とは何か」への注目です。

　いうまでもなく、人間が生きていくためになくてはならない物質、すなわち必須栄養素を網羅的に明示し指標化したうえで摂取することは容易なことではありません。しかし現生人類は、そうした必須栄養素という概念さえ何人ももっていない太古の昔から、天然食品を摂取する、というごくあたりまえの対応で現代まで生存し続けてきています。このことは、人間が生存を維持するために必要な栄養素は、自然性が高い人類たちが日常摂取している天

然食品のなかに包括的に含まれているということを物語っています。もしそうでなかったら、ホモ・サピエンスという種は、進化の歩みのなかで淘汰されたでしょう。

　それと同じことが、情報についてもいえるのではないでしょうか。物質・エネルギーとの類比を背景に、［現生人類が生きてきた天然の環境のなかには、人類の生存を維持するうえで必要な〈情報〉が包括的に含まれているであろう］という仮説を立てることは、不可能ではありません。それに基づき、そのような天然の環境に含まれる情報と、それとは別の人工性の高い特定の棲息環境に含まれる情報とを比較し、もし両者のあいだに大きな隔たりがあるようであれば、まず、その差を示す情報要因を明らかにします。そして、そこに観られる情報要因の中に［環境の違いによる有無や多寡］が見出されたならば、その違いが、生体に影響を及ぼす起点となっている環境情報の受容・応答にあたる脳の部位や機能に対してそれぞれどんな作用を及ぼすかを明らかにします。これらは、〈必須情報〉を解明していくうえで有効な手がかりを与えてくれるでしょう。

11…3 〈本来・適応・自己解体モデル〉[3, 5-7]を読み解く

　ここで生命と環境との関係について、原点に還って考えてみましょう。この地球生態系は、ひとつの原初の生命個体が多様な地球環境に適応放散（進化的適応）を続けることでそれぞれの環境に適したさまざまな［種］が生まれ、現在のように複雑多様な姿をつくってきたと考えられています。その結果、それぞれの種は、そのおのおのが進化的適応を遂げた特定の環境とあたかも鍵と鍵穴のようにぴったり合った活性を、もっとも基本的な遺伝子レベルで実現しているはずです（図11.5）。そして、その種のもつ活性の初期設定（デフォルト）として、そうした特定の環境にぴったり合った適切な遺伝子プログラム群を発現させた状態で生存します。

　このときの環境を〈本来の環境〉または〈本来性環境〉、このときデフォルト

として発現している遺伝子プログラムを〈本来のプログラム〉、この状態全体を〈本来モード〉と呼びます。このような本来の環境においては、生命は、デフォルトとして生まれつき発現している遺伝子たちのもたらす活性によって、ストレスフリーに生きていくことができます（図11.6左）。

　次に、ある「種」を取り囲む環境に変化が起こったり、種が別の環境に移動するなどによって、環境の条件が種にとっての本来の環境と等しくなくなったとき、その種が実現している本来の活性と実際に生存する環境とのあいだにさまざまな不適合が生じて生存が脅かされる場合があります。そうしたとき、生命は〈ストレス〉を発生させそれがシグナルとなって、遺伝子のストックのなかで眠っているプログラム中の然るべきものを立ち上げ新たな活性を発現させて危機を乗り切り、生存をはかります（図11.6中）。

　このときの環境を〈適応可能な環境〉または〈適応性環境〉、発現するプログラムを〈適応のプログラム〉、この状態全体を〈適応モード〉と呼びます。

　生命は、この適応モードを採るために、適応のプログラムを呼び起こす〈ストレス〉、適応の活性を構築する〈コスト〉、そして適応が実現するまで生命が環境不適合状態下におかれる〈リスク〉という三つのデメリットを負わな

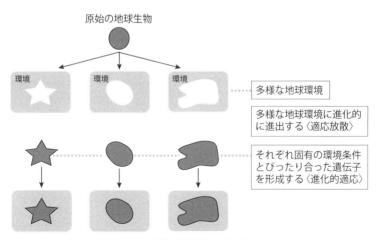

図11.5　多様な地球環境への進化的適応

第11章　人類の遺伝子に約束された本来の音環境とは　**229**

ければなりません。生存状態としての〈本来モード〉は、これらを要しないという点で、〈適応モード〉に対して優越しています。

このような適応のプログラムは無限に存在するものではなく、遺伝子の有限性を反映して有限です。したがってDNAのなかに適応のプログラムが準備されていない事象に対しては、適応そのものが不可能です。このような適応不可能な環境や事態に出合ったとき、生命は〈ハイ・ストレス〉を発生させ、死を迎えたときに働くのと同じ遺伝子プログラムを立ち上げて、己自身の躰を自ら分解します（図11.6右）。その内容は、生体を構成しているそのままでは再利用しにくい細胞膜、蛋白質などの〈生体高分子〉（ポリマー）を、すべての地球生命が共通に、しかもたやすく再利用できる共通規格の部品であるアミノ酸、ヌクレオチドなどの〈生体単量体〉（モノマー）に分解して環境に返還します。自己の躰を他のあらゆる生命に対して再利用しやすい部品に分解して提供する貢献、いい換えれば〈利他的貢献〉が著しいプロセスです。

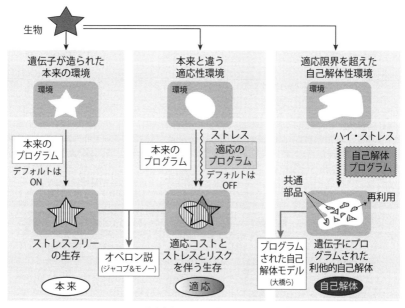

図11.6 地球生命の〈本来・適応・自己解体モデル〉

これを〈プログラムされた自己解体〉[6]と呼びます。また、このときの環境を〈適応不能な環境〉または〈自己解体性環境〉、このとき発現してくるプログラムを〈自己解体のプログラム〉、この状態全体を〈自己解体モード〉と呼びます。

　このような〈本来・適応・自己解体モデル〉が、生命を取り囲む食べ物などの物質環境、暑さ寒さなどのエネルギー環境にあてはまることについては、異論は少ないことでしょう。しかし私は、たとえば音環境といった情報環境やその要因についても、このモデルの成立可能性を考慮しなければならないと考えます。それは、地球生命では、[遺伝子に約束された〈棲むべき環境〉とともに、遺伝子に約束された〈棲むべからざる環境〉]というものが、情報という次元でも存在する可能性を、否定できないからです。

11…4　情動という制御回路[3, 5]

　このような〈本来〉、〈適応〉、〈自己解体〉という三つのモードの存在に対して、行動する生命として進化の進んだ脳をもっている脊椎動物とりわけ哺乳類は、どのようにして己の行動を合目的的に制御しているのでしょうか。この点では、[好き―嫌い]、[快―不快]など脳の情動の機能を行動に結びつけて制御する〈報酬系〉・〈懲罰系〉の働きが注目されます。〈報酬系〉は、ある行動をとろうとする欲求とそれが成就したことに対する報酬としての快感の発生すなわち[報酬の給付]という事象の組合せによって、動物の行動を生存に適切な方向に誘（いざな）う神経回路で、特にドーパミンを神経伝達物質とする〈ドーパミン作動性神経系〉が注目されます。〈懲罰系〉はその逆に、ある行動や状態に苦痛や不快という[罰の発生]を伴わせることによって、生存に不適切な行動を避けさせる神経回路です。

　この報酬系と懲罰系との組合せによる行動制御と本来・適応・自己解体モデルとをひとつに結んでさらにモデル化したのが図11.7です。

　まず[本来・適応領域]すなわち生命と環境との適合性が最高のところから

連続して低下していく空間を考えます。ここにおいて、遺伝子プログラムにデフォルト設定された本来の領域が具体的な棲み場所や行動として選ばれているとき「快」や「美」を司る報酬系の活性が最大となり、それを離れることによって適応の度合が高まるにつれてその活性が小さくなり快感は低下していきます。一方、懲罰系は、生存にもっとも適した本来領域ではその活性はゼロかまたは非常に低く、適応の度合が高まるにつれてその活性が大きくなっていきます。私たちが大気の温度を手掛かりにして居住環境を選ぶことを想定すると、「暑からず寒からず」という場所におのずと近づいていくかたちでこの二つの回路に導かれて、遺伝子に書き込まれている[本来の棲み場所]に行きつくであろうことを意味します。本来性がより高く、適応の度合がより低い行動が、自律的、必然的に選ばれる仕組です。

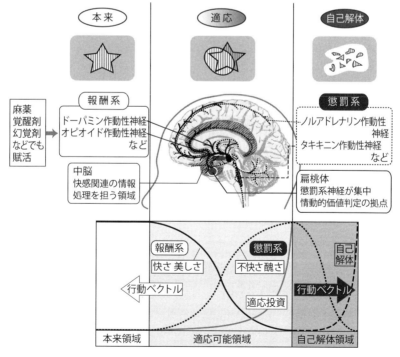

図11.7　本来・適応・自己解体モデルと高等動物の行動制御

では、生存のために必要な適応の度合が限度をこえて大きくなり、準備されている適応の遺伝子のレパートリーで間に合わなくなって［自己解体領域］に踏み込んでしまったとき、この情動という制御回路はどのように働くのでしょうか。その仕組・スキームに、このモデルの特徴が現れています。それは、環境条件が適応能力の限界を明らかにこえ自己解体領域に入ると、情動という制御回路が位相を逆転させて、［より本来から遠ざかり自己解体が進行する方向を辿るほど報酬系がより活性化して快感が高まるとともに、懲罰系の活性がより低下して抵抗感が減少］します。［反対により本来に近づき自己解体が緩やかになる方向を辿るほど報酬系がより不活性化して快感が低下するとともに、懲罰系の活性がより高まって不快や苦痛を増す］ようになるのです。

　この両者の協調した働きによって、この領域では自己解体がより加速する方向へと行動が導かれることになります。ちょうど、［本来・適応領域］と逆相の関係です。

　本来・適応・自己解体の三つのモードに対応した情動という制御回路のこれらの動作特性は、［できる限り適応を避けて本来に接近するように行動を制御する、しかしいったん自己解体領域に踏み込んだならば情動系は位相を逆転させ、「より生存に不適な選択」を行うよう行動を制御することで、で

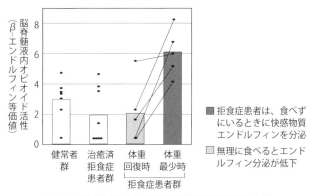

図 11.8　摂食障害にみられる情動系の逆制御現象（文献 8 から）

きるだけ速やかに、かつ効果的に自己解体が進行し事態が決着する方向へと行動を導く］ものです。一見不合理なこの働きは、実は〈生態系の原状回復〉、〈進化の加速〉などをはじめ、圧倒的な効果をもった合目的的過程として理解することができます[5,6]。

図11.8は、このモデルの妥当性を支持する古典的ながら注目すべき、〈摂食障害〉(拒食症)の例です[8]。拒食症の患者は、食事を拒み体重が低下を見せる状態下で、情動系神経回路のひとつβ-エンドルフィン回路の活性が高まり多幸感と鎮痛の効果を体感していることが、β-エンドルフィンの分泌の増加に反映して示されています。つまり拒食に快感が伴うのです。しかも、食物摂取を伴う治療によって体重を回復しつつある状態では、それとは逆に快・鎮痛物質β-エンドルフィンの分泌は低下し、相対的に不快・苦痛が増大することを示唆しています。なお、この拒食という病理は、食べものそのものといった物質の次元にその原因があるのではなく、いわば「心理的・文化的な病理」すなわち「情報環境不適合」として理解することができます。〈自殺〉や〈自傷〉なども、同根のものと考えることができるでしょう。

このような性質をもった自己解体領域はもとより、適応領域も避けられるものならできるだけ避け、もっぱら本来領域のなかで生きることが、すべての生命に対してこの自然が課している摂理といえましょう。このような自然の摂理を、食物、気温など物質・エネルギー環境にだけあてはまると根拠もなく断定することは危険です。実は、現状のように、環境音を含む情報環境の次元を無視することは、不可能なのです。むしろ、［人類の遺伝子に約束された本来の音環境］という概念を樹立しその存在を想定して、それが実在するかもしれない生態系やその情報構造、そしてそれが人間に及ぼす影響などを探索していくべきではないでしょうか。

11…5　人類のルーツを巡る諸説

この章の3節冒頭で述べたように、地球生態系の原初の生命は、多様な

地球環境のさまざまな地点へと多様に分岐した進化的適応を続けることで、それぞれの環境に適したさまざまな種を生み出し、現在の生物多様性に富んだ地球生態系を形づくるに至っています。この過程で生まれたそれぞれの種は、おのおのが進化的適応を成し遂げた〈本来の環境〉と、鍵と鍵穴のようにぴったり合った種に固有の活性を、根源的には遺伝子レベルで、さらにはそれにのっとって形成される脳・神経系そして化学的メッセンジャー系に至るまで通底して、実現しているものと考えられます。

　このような原則に照らしてみると、私たちの遺伝子に約束された〈人類にとって最適な音環境〉とは、他の生物同様、人類が進化的適応を遂げ種固有の遺伝子プログラムを形成した環境のもつ音のありさまということができます。地上でもっとも発達した脳を進化的に獲得している、人類を含む〈大型類人猿〉たちは、彼らの脳がもつ圧倒的に精緻な視覚系、聴覚系という環境情報リモートセンシング装置の存在が物語っているように、地上でもっとも複雑高度に進化し成熟した生態系での生存に見合った進化的適応を遂げたであろう可能性を示唆しています。

　では、それが具体的にどのような環境か、というと、この問題は、他の動物たちのように現在の生棲状態の観察から単純に決めるということが、人類についてだけはできません。私たち人類は現在、他の生命たちと違って〈特定の天然〉を棲み場所としてもたない状態で、森林から砂漠そして都市に及ぶ多様な環境に棲み、互いに異なるライフスタイルを採りながらこの地上に拡散し続けていて、捉えどころがないからです。その背景として、人類の、とりわけ〈現生人類〉の、地球生命の進化史上例を見ないほどの適応の活性の高さを考慮しなければなりません。

　そもそも、人類がどの地域で発祥したかについて知ろうとしても、〈サバンナ起源説〉をはじめとする諸説があり、現生人類（ホモ・サピエンス）の起源については〈多地域並行進化説〉、〈アフリカ単一起源説〉などが唱えられてきました。かつて有力であり現在でもそれを信じる人が少なくない「イーストサイド・ストーリー」で知られるイヴ・コパンの〈人類サバンナ起源説〉[9]は、［東部アフリカで

起こった〈大地溝帯〉西壁の隆起が、その東側（イーストサイド）の降水量を減少させてサバンナ化を導き、西側の熱帯雨林では大型類人猿が栄えたのに対し東側のサバンナでは二足歩行が促されて人類が誕生した］、というものです。しかしこの説は最近では、大地溝帯東側のサバンナ化が200万年前よりも後であるのに対して、二足歩行をしていたと推定される600万年前から500万年前の人類の祖先の化石が見つかり[10]、さらに二足歩行を示す足跡の化石が350万年前の地層に発見されたりして[11]、成立困難になりました。多くの知見は森林性環境と人類との親和性を示唆しています。私自身の体験でも、下生えの少ない熱帯雨林は、ブッシュの多い二次林やサバンナよりも二足歩行、二足走行に絶好です。こうしてイーストサイド・ストーリーは「過去の物語」となりつつあります。

現生人類（ホモ・サピエンス）の出現についても、〈多地域並行進化説〉と〈アフリカ単一起源説〉との間で激しい論争が比較的最近まで続けられていました。はじめはミルフォード・ウォルポフやアラン・ソーンら形態人類学者の唱える多地域並行進化説が優勢でした。［180万年前くらいにアフリカに誕生した〈ホモ・エレクトゥス〉（いわゆる北京原人やジャワ原人などのグループ）が数十万年前から地球上の各地に進出し、それぞれが地域別に進化してさまざまな現生人類を生んだ］というものです。これに対して、アラン・ウィルソンらは〈ミトコンドリアDNA〉の解析に基づいて、〈ミトコンドリア・イブ〉で知られる〈アフリカ単一起源説〉[12]を唱え、多地域並行進化説との間で大論争が繰り広げられました。この中でアフリカ単一起源説は、宝来　聰らによるミトコンドリアDNAの解析に基づいた進化系統樹[13]や、馬場悠男らの化石研究[14]によって強化され、多地域並行進化説の成立は困難となり、現在では、現生人類アフリカ単一起源説がほぼ不動のものとなっています。

では、アフリカのどのような生態系が人類を誕生させたのでしょうか。まず、生態人類学の立場から、今なお人類の原点といえる原初的な狩猟採集のライフスタイルを守って生存している人びとがどのような環境に棲まっているか、という切口でこの問題にアプローチすることが可能です。そうした目

で観ると、カラハリ砂漠に棲むサン人（ブッシュマン）など特殊な例を除く過去現在の狩猟採集民のほとんどは、熱帯雨林を棲み場所として生活しています。生態学者 湯本貴和は、「ヒトという種は熱帯雨林を構成している数多くの動物、植物、微生物の中の一員である。熱帯雨林を考えるうえで、ヒトの存在を無視することは、そもそも不可能だし、不自然ですらある」[15] と述べています。それは、地上でもっとも進化し成熟をきわめ、その物質的複雑性とともに情報的複雑性も極致の状態に達した熱帯雨林をゆりかごとして、地球生命の進化の最終段階で登場した現生人類の遺伝子が、この熱帯雨林のもつきわめて複雑な物質環境とともに、同じくもっとも複雑であろう情報環境を鋳型とし、それに合わせた遺伝子プログラムを進化的に構築した可能性を支持しています。

次に、脳の進化に及ぼす情報環境の影響という切り口を設定して考えてみます。人間の脳の進化と社会情報環境とのかかわりについては、リチャード・バーンらの〈マキャベリ的知性仮説〉[16] があります。これらを参考にしつつここでは、フィールドを自然情報環境に拡張し、対象を人類を含む霊長類全体の脳に拡げて、考えてみましょう。

私たちの属する分類学上の大きな枠組、〈霊長類〉の登場は、最初の動物が出現したとされる約6億年前はもとより、最初の哺乳類が登場した2億年

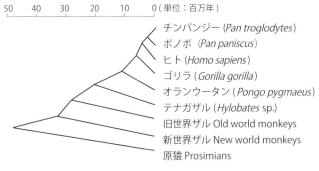

図11.9　霊長類の系統樹[5]

前よりもさらに新しい、約7000万年前から5000万年前くらいとされています（図11.9）[5]。一方、森林という生態系はそれ自体の進化史をもっており、そのなかにいくつかの「画期」といえるような転換期が認められます。それらのなかで注目されるのは、恐竜たちが栄華をきわめていた白亜紀（1億4400万年前ころから6500万年前ころ）に地球の植物相に起こった劇的な変化です。それまで、〈シダ〉や〈ソテツ〉のような〈裸子植物〉（胚珠が露出している）の寡占下にあった地上の生態系が、新たに登場した〈被子植物〉（胚珠が心皮で包まれている）のきわめて急速な繁殖によって、様相を一転させました。それまでの植物相の主力であり、比較的単調な植物相を形成していた裸子植物たちが大きく後退して脇役となり、それにとって代わって主役となった被子植物たちが、種の数と個体数とをともに爆発的に増やし、生態系の様相を一変させています。

　旧世代の覇者、裸子植物は、その花粉や種子つまりDNAの拡散を「風」に依存した〈風媒〉に託しています。そのため、子孫たちの拡散する距離に限界が大きく、同種の生命が固まって群生した単調な生態系をつくる傾向がありました。それに対して新たに登場した被子植物は、種子や花粉に仕込まれたDNAの拡散を、昆虫、鳥類、哺乳類などの動物に託す〈動物媒〉をとり、拡散の射程を大きく拡げています。このやり方は必然的に、多くの種が入り混じった複雑性の高い生態系をつくります。そしてそれは、その生態系に棲む動物たちの種の多様性と、それに伴う個体密度の高まりを導くことになりました。

　このような森林生態系の植物相にみる裸子植物から被子植物への主役の交代は、動物相にも大きな変化をもたらしました。それを象徴するのが、隕石落下が原因ともいわれる恐竜たちの退場とそれに代わる哺乳類の繁栄です。新しく現れ、しかもその複雑性を旺盛に高めていく新しい森林性の生態系は、それに見合った動物相の複雑化を導きます。そして、このような複雑な環境に棲息する動物では、複雑な生態系の発する複雑な環境情報に対応する、より高度な環境情報認識能力を獲得した種が生存値を高めたことでしょう。こ

うしたなかに登場したのが、〈霊長類〉です。その出現とさらなる進化の舞台となったのは、当時複雑化を加速していたであろう森林生態系、とりわけその樹上環境だったと考えられます。この環境は、それまでの地球環境に見られなかった豊かさと複雑性、さらに安全性を具え、必然的に、かつてない濃密な環境情報を発信するものであったに違いありません。

　進化した森林生態系から発信されてくる質・量ともにかつてない豊かさに達したであろう環境情報を受けとめ処理するために、この環境の「落とし子」霊長類は、その心身に大規模な進化的改造を進めます。手肢の構造・機能を発達させ、両眼が顔の正面に並んで〈立体視〉を実現し、さらに全方位をカバーして休止することのない聴覚系によって環境の全体像を二六時中切れ目なしにモニターできる能力を開発しています。森林生態系の複雑化と軌を一にしたこのような環境情報処理機能の発達は、運動機能の発達とあわせて、爆発的ともいえる脳の構造の進化を促しています。なかでも視覚・聴覚情報と深くかかわる〈大脳皮質〉の著しい進化的拡大は、それまでの哺乳類と一線を画する脳機能 —— 知能の祖型ともいえるもの —— を霊長類に芽生えさせました。

　霊長類と森林生態系との相互に密接にかかわった進化（共進化）は、霊長類のなかでもっとも進化したグループ〈大型類人猿〉の、地上でもっとも成熟をきわめた生態系であろう〈熱帯雨林〉への登場という窮極的なステージの幕を開けます。このステージは、熱帯雨林生態系の物質的にも情報的にも比類ない複雑性、濃密性という環境条件と、その環境情報を受容し処理する大型類人猿たちの脳機能の突出した高度化として顕れています。大型類人猿に属する人類が脳の構造・機能を途方もなく発達させた背景を、地上に並ぶものなく豊饒をきわめた熱帯雨林の、物質的・情報的環境の豊饒さとかかわるものとして捉える視点をもつことは不可欠でしょう。

11…6 人類本来の音環境とは

これまで述べた人類生態学や脳の進化生物学的な知識は、人類の遺伝子が進化的適応を遂げつつ形成された環境を熱帯雨林という生態系以外に求めるのが困難であることを教えます。私たち人類の遺伝子に約束された本来の音環境が熱帯雨林のそれである可能性は、きわめて高いと考えなければなりません。しかしそれは、あくまで「状況証拠」に過ぎないことも事実です。この重要な問題について、「物的証拠」に基づく適切な検討が行われるべきでしょう。

まず、熱帯雨林の環境音をその音源という切口から捉えると、河や小川のせせらぎ、木々のさやぎをはじめ森の木々たちの発する音、けものや鳥たちの鳴き交わす声、虫の音（ね）など、森林性の音源がとりわけ豊富に存在します。これらの多くは、人類の聴覚で「音」として捉えることができます。さらに、成熟した熱帯雨林の特徴として、膨大な種にのぼり窮極的な個体密度に達している昆虫たちの鳴き交わす声が、人類に音として聴こえる音とともに、周波数が高すぎて人類には音として聴こえない超高周波帯域にも、顕著な存在

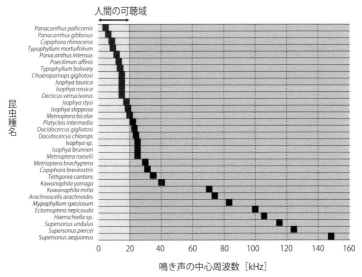

図 11.10　昆虫種の多様性が広帯域にわたる豊富な超高周波を生みだす（文献 17 から作図）

を示していることに注目しなければなりません。

その虫たちの音(ね)の中心周波数の分布は、図11.10のように、人類の可聴域はもとよりそれをはるかにこえた150 kHz近くにまで及んでいることが、近年明らかにされつつあります[17]。そしてそれらのひとつひとつは、中心周波数を頂点にした二項分布的に拡がる帯域成分を伴い、楽器の音のように複雑性をもった音たちを生み出しています(図11.11)。こうした昆虫の種ごとに異なる超高周波が、種類としても数かぎりなく、個体の数となるとまさしく天文学的な値に達してつくっているのが、熱帯雨林環境音の実態です。このような虫たちの多様な鳴き声の数知れない集積によって、周波数の上限が200 kHzにも及び、自己相関秩序をもった高複雑性超高周波を豊かに含む熱帯雨林固有の音の環境が形成されているのです。この高複雑性超高周波は、まさに熱帯雨林固有のもので、他のいかなる自然生態系も、その足元にも及

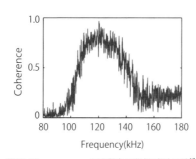

図11.11　supersonus属の昆虫の発する超高周波[17]

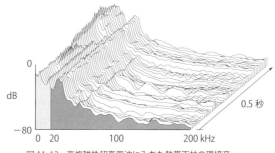

図11.12　高複雑性超高周波にみちた熱帯雨林の環境音

ばないといってよいでしょう。観方によっては、この地上で、音楽という人工物を除く質・量ともにもっとも豊饒な音といえるかもしれません（図11.12）。

　私たちの祖先が進化を遂げて霊長類に達してからおおよそ5000万年、同じくもっとも進化し成熟した森林環境である熱帯雨林の中に大型類人猿として登場してから1300万年、いずれも古い昔です。このような悠久ともいえる時間を費やした熱帯雨林への大型類人猿の登場から私たち人類に及ぶ熱帯雨林への進化的適応は、おそらく窮極的な水準に達していると考えなければならないでしょう。

　こうした自然環境とそれに適合した〈狩猟採集〉というライフスタイルを人類の一部が離れ始めたきっかけは、ごくわずかの人びとが実現した〈農耕〉です。しかもそれはたかだか1万2000年くらい前で、そのうえ人類社会のなかのほんの一部にしかすぎません。大型類人猿あるいは〈ヒト科〉の熱帯雨林への出現以来1300万年をこえる進化的適応によって、私たちの遺伝子は、熱帯雨林とあたかも鍵と鍵穴のようにぴったりはまった状態にあることでしょう。そうした人類の遺伝子に約束された音環境の候補として、熱帯雨林環境音以上に有力なものは、私の視野のなかには存在しません。

　そのような進化を遂げた遺伝子が設計する私たちの脳は、少なくとも環境音に関するかぎり、熱帯雨林の対極にあるような都市環境と適合しないところをいくつも見せています。それは、人間たちの現状が音環境との不適合を解消するための〈適応モード〉や、解消不可能な不適合を決着するための〈自己解体モード〉に相転移していることさえ窺わせます。

　私たちが見出した熱帯雨林の音環境の独特の構造と、人類の進化生物学からのさまざまな知見と、そして本来・適応・自己解体モデルとを照らし合わせると、［熱帯雨林こそ人類の遺伝子に約束された本来の棲み場所であり、100 kHzをこえる高複雑性超高周波を含むその環境音こそ、人類の遺伝子に約束された本来の音環境である］という仮説を唱えることが射程に入ります。［高複雑性超高周波を欠落させた環境音下にある都市は、人類の遺伝子に約束された自己解体性の音環境であり、棲んではならない場所である］という

仮説とともに……。

　この熱帯雨林の高複雑性超高周波を含む音環境こそ人類の遺伝子に約束された本来の音環境である、という仮説を支持する実験事実を、私たちはいくつも観察してもいます。まず、ポジトロン断層撮像法(PET)によるハイパーソニック・エフェクトの発現実験で、バリ島のガムラン音楽が展開する〈熱帯雨林環境音〉型の高複雑性超高周波を含むハイパーソニック・サウンドが基幹脳を活性化し快適性を高めつつ生理状態を向上させるのに対し、それから超高周波成分を除外して〈都市環境音〉型にしたハイカット・サウンドが基幹脳活性を低下させ、健康の維持を妨げるさまざまな負の作用を顕していることがそのひとつです(第5章5節)。この実験は、〈熱帯雨林本来仮説〉への実証的支持材料を提供します。それは強力なものですが、しかし、熱帯雨林環境音そのものを使っていないので、ひとつの状況証拠として位置づけるべきでしょう。

　次に、熱帯雨林環境音それ自体を使ってより直接的な検証を試みるとどうでしょうか。私たちは、実験室内で実在の都市環境音の高精度の録音物を再生し、そのときの実験参加者(以下、被験者)の反応をいくつかの指標によって調べ、続いてその音に熱帯雨林環境音(ハイパーソニック・サウンド)の高精度録音を重畳・補完して再生し、同じ指標を使って被験者たちの反応を調べて比較する実験を続けました[18,19]。

　これらの実験では、都市環境音のもとでは多くの指標上で負の効果への傾きが認められたのに対して、そこに熱帯雨林固有のハイパーソニック・サウンドを補完すると、根本現象となる基幹脳活性化の指標、脳波αポテンシャルなどが高まり、それを反映するポジティブな効果がさまざまな指標上で示されました(次章、図12.9〜図12.11参照)。この実験に限らず、本書の随所に観られるように、熱帯雨林環境音を使ったさまざまの実証的実験からは例外なく、仮説を支持する、互いによく似た結果が得られ続けています。こうした知見は、自らの立てた仮説が確かめられつつある歓びとともに、深刻な問題意識を私に投げかけずにはおきません。

私たちのこれまでの少なからぬ検討により、人類の遺伝子とそれが造り出す脳機能とは、1300万年になんなんとする悠久の時を費やして、熱帯雨林の環境音、とりわけその高複雑性超高周波を含む空気振動を、人類を含む大型類人猿本来の音環境として刻み込んでいる可能性を否定できないものにしています。それに対して、たかだか1万2000年余りの文明化とともに決して普遍的にではなく部分的に発生した、〈都市〉という森林と乖離した居住形態は、高複雑性超高周波を甚だしく欠落させた音環境を形づくってきました。私たちは、このような音環境に対して人類がほとんど進化的適応を実現できずにいることをはっきりと示唆するような実験事実を少なからず見出しています。〈本来・適応・自己解体モデル〉にのっとっていえば、いまの都市の音環境は、人類にとって、少なくとも適応を必要とし、もしかするとその域をこえて自己解体を導く可能性がより大きい音環境になっているかもしれないのです。

　こうした問題意識をふまえつつPET実験の結果（第5章）を改めて読み解くと、もうひとつの解釈が可能になります。現在の実験室の中の常識として、この種の実験ではまず、音刺戟を与えていない暗騒音（無音）の状態を〈対照〉（コントロール）としての〈ベースライン〉に位置づけ、それに対応する手続として超高周波を含む音を聴かせると「活性が上がる」、それを含まない音を聴かせると「活性が下がる」として事を進め、判断を下しています。私たち自身もそうした通念に準拠して論文を構成し発表してきました。しかし、これらの現象を先に述べたような進化生物学的な視点で捉えなおすと、生物としての私たち人類にとっての真の音環境のベースラインとは、［音刺戟が呈示されない暗騒音（無音）状態］すなわち［悠久の進化の過程でおそらく一度として遭遇したことがないであろう条件］でよいはずはないという立場をとることもできます。私たち人類がその祖先であったころから、永い進化の時間のほとんどすべてを過ごしてきた、熱帯雨林の高複雑性超高周波を豊富に含んだ環境音が周りに満ちあふれている状態、すなわち実験条件でいえば［超高

周波を含む音を呈示した条件]こそが、真のベースラインであり実験のコントロールとしてむしろ妥当であるという考え方が成り立つからです。

　そこで、このようにベースラインを転換させてPET実験のデータなどを読みなおしてみると、都市化・文明化が進むことに伴い環境から音がなくなったり、音があっても耳に聴こえない高複雑性超高周波が失われたりすることによって、人類の遺伝子に約束された本来の音のベースラインからの逸脱が起こり、基幹脳の活性が慢性的に低下した状態が、現代都市で生活する私たちの脳の実態であるという理解が可能になります。同じ観点に立って、人間生存の原点である狩猟採集を生業として熱帯雨林に生きる人びとをみてみると、そうした人びとは、ハイパーソニック・エフェクトをきわめて発現させやすい音に包まれて、生活習慣病などと無縁に健やかに生きていると理解できる状態を見出すことでしょう。これらの事実は、人類の遺伝子と脳が、約束された本来の音環境として熱帯雨林環境音を与えられており、その高複雑性超高周波を含むハイパーソニック・サウンドを〈必須音〉としている可能性がきわめて高いことを告げています。その一方、これを否定する材料はいまなお見出されていません。

　このような深刻な問題が宿されていることに気付いていなかったこれまでの私たちは、人間と音環境との調和という大きな課題について、もっぱら音を除き遮るという方向で対応してきました。私たちの研究は、世界のこれまでのそうした通念を打破するとともに、〈必須音〉というものの存在を否定できないものにしました。本書ではさらに、[人類は基幹脳機能を健全に保つうえで不可欠な必須音であるハイパーソニック・サウンドに包まれて生きなければならないことを明らかにするとともにそれを現実に活かす。それが無いならば補完する]という考え方へ切り換えるきっかけをつくりました。とりわけ保健・医療も視野に入れた状態で(第18章)、ここに新たな展望を開くことができたと信じます。

　物質・エネルギー・情報を三位一体で捉える〈情報環境学〉の視座に立つと、

現代の人類は、〈物質環境〉の次元では地球圏外縁に及ぶ〈オゾン層の破壊〉、〈エネルギー環境〉の次元では全地球規模の〈温暖化〉というきわめて巨大で深刻な問題に直面しています。

私たちの研究は、〈情報環境〉の次元でも、これらに次ぐ規模の大きな環境破壊がほとんど気付かれない状態で進行しつつあることを指摘するものとなっています。その規模の大きさは、〈文明圏〉というサイズにほぼ該当する決して小さくないものです。

ちなみに私は先に、〈文明〉について生命科学的な定義を試みています。すなわち［文明とは、遺伝子に約束された本来の棲み場所と生き方からやむなく、もしくは自ら求めて乖離し、産業化に転じた人類たちが、環境条件や生存様式と遺伝子設計とのあいだの不適合から導かれる生存内容の低下を本来のそれに近づけようとして行う、居住の集積化・固定化を伴う高度に適応的な社会行動の体系である］[5,20]。

こうした文明には周知のようにいくつもの潮流があり、もっとも広く知られた〈四大文明〉は、その系譜に属する〈西欧近現代文明〉を含めて、森林と乖離した状態で〈都市〉というものを構成する特徴をもち、必然的にハイパーソニック・サウンドを喪失しています。

このような性質を窮極的に体現している近現代文明では、森林という情報環境と隔絶した状態で形成された〈都市〉という情報環境において、必然的に〈必須音ハイパーソニック・サウンド〉を欠落させているわけです。その被害空間の範囲は、当然ながら文明圏のほぼ全域に及ぶことになります。

一方、〈長江文明〉や〈縄文文明〉など森林との親和性の強い文明の系譜のなかでは別の位相が認められ、現存する日本の〈屋敷林〉などには、ハイパーソニック・サウンドを伴う人工環境が計画的に形成されていることも事実です。

もうひとつ指摘しなければならないのは、この［必須音ハイパーソニック・サウンドの喪失］というかたちの環境破壊が、〈長江文明〉や〈縄文文明〉などわずかの〈森林共生型文明〉を除く通常の文明では、その起点において早くも始まることです。一木一草もみあたらない〈パルテノン神殿〉に〈必須音

ハイパーソニック・サウンド〉を供給するために、それを含んだ特殊な〈音楽〉という人工物が必要とされたのかもしれません。このことを別な観点から捉えると、私たち人類が初めて侵した環境破壊は物質環境でもエネルギー環境でもなく、実に情報環境次元に起こっていた、ということになります。私たちは、もっとも古い起源をもつ環境問題に、もっとも遅れて、やっといま、気付いたのかもしれません。

私たちは以上のように、近現代文明圏を蔽(おお)い尽くす規模で〈必須音の欠如〉が進行し、それによって現在の現代病の蔓延をはじめとする生命に対し文明が及ぼす災害が導かれている懸念を明らかにするとともに、これら必須音の復活・補完による問題解決の道程をも示しました。

本書はここで、私たちの住む近現代文明を蔽い尽くす〈必須音の欠如〉という巨大な情報環境破壊の存在について警告とともに注意喚起し、多くの方々が、これまで気付かれていなかったこの問題に注目くださり、解決のための思考・行動にともに立ち上がってくださることを切に期待するものです。

第11章文献

1 大橋力, 河合徳枝, ハイパーソニックの光景. 科学, **83**(3), 290-295, 2013.

2 仁科エミ, 文明の病理と本来・適応・自己解体. 科学, **83**(3), 304-310, 2013.

3 大橋力, 『情報環境学』, 朝倉書店, 1989.

4 Shurley J, In "Proceedings of the Third World Congress of Psychiatry. Vol. 3". University of Toronto Press, Toronto, Canada, 1963.

5 大橋力, 『音と文明 — 音の環境学ことはじめ』, 岩波書店, 2003.

6 Oohashi T, Maekawa T, Ueno O, Kawai N, Nishina E, Honda M, Evolutionary acquisition of a mortal genetic program: the origin of an altruistic gene. Artificial Life, **20**, 95-110, 2014.

7 大橋力, 中田大介, 菊田隆, 村上和雄, プログラムされた自己解体モデル. 科学基礎論研究, **18**(2), 21-29, 1987.

8 Kaye WH, Pickar D, Naber D, Ebert MH, Cerebrospinal fluid opioid activity in anorexia nervosa. Am. J. Psychiatry, **139**(5), 643-645, 1982.

9 イヴ・コパン, 『ルーシーの膝 — 人類進化のシナリオ』, 馬場悠男, 奈良貴史訳, 紀伊國屋書店, 2002.

10 Senut B, Pickford M, Gommery D, Mein P, Cheboie K, Coppens Y, First hominid from the miocene

(Lukeino Formation, Kenya): Premier hominide du Miocene (formation de Lukeino, Kenya). C. R. Acad. Sci., Paris, Sciences de la Terre et des planètes / Earth and Planetary Sciences, **332**, 137-144, 2001.

11 Johanson D, Edey M, "Lucy: the Beginnings of Humankind", Simon and Shuster, New York, 159-161, 1981.

12 Cann RL, Mark Stoneking M, Wilson AC, Mitochondrial DNA and human evolution. Nature, **325**, 31-36, 1987.

13 Horai S, Hayasaka K, Kondo R, Tsugane K, Takahata N, Recent African origin of modern humans revealed by complete sequences of hominoid mitochondrial DNAs. Proc. Natl. Acad. Sci. USA, **92**(2), 532-536, 1995.

14 Baba H, Aziz F, Kaifu Y, Suwa G, Kono-T R, Jacob T, Homo erectus Calvarium from the Pleistocene of Java. Science, **299**, 1384-1388, 2003.

15 湯本貴和,『熱帯雨林』, 岩波新書, 1999.

16 リチャード・バーン, アンドリュー・ホワイトゥン編,『マキャベリ的知性と心の理論の進化論 ─ ヒトはなぜ賢くなったか』, 藤田和生ほか監訳, ナカニシヤ出版, 2004.

17 Sarria-S FA, Morris GK, Windmill JFC, Jackson J, Montealegre-Z F, Shrinking Wings for Ultrasonic Pitch Production: Hyperintense Ultra-Short-Wavelength Calls in a New Genus of Neotropical Katydids (Orthoptera: Tettigoniidae). PLOS ONE, **9**(6), e98708. doi:10.1371/journal.pone.0098708, 2014.

18 中村聡, 仁科エミ, 八木玲子, 森本雅子, 河合徳枝, 大橋力, ハイパーソニック・エフェクトを応用した屋内音環境改善効果の検討 ─ ハイパーリアル・エフェクトの研究(II). 日本音響学会2003年春季研究発表会講演論文集, 723-724, 2003.

19 仁科エミ, 大橋力, 超高密度高複雑性森林環境音の補完による都市音環境改善効果に関する研究 ─ 脳波・血中生理活性物質・主観的印象評価の組み合わせによる評価. 日本都市計画学会都市計画論文集, No. 40-3, 169-174, 2005.

20 大橋力, 連載：脳のなかの有限と無限, 科学, **76**, 684-690, 2006.

第3部

ハイパーソニック・エフェクトの活用

第12章　「脳にやさしい音の街」を成功させた〈好感形成脳機能〉の活性化

第13章　博物館展示をハイパーソニック化して音によるリアリティーを構築する

第14章　移動する閉鎖性空間〈乗り物〉の内と外との音環境を快適化する

第15章　美と感動の脳機能に着火する〈ハイレゾリューション・オーディオファイル〉をいかに創るか

第16章　超高精細度造形作品とハイパーソニック・サウンドとを軸とした新しい時空間演出技法を開発する

第17章　大型商業施設のための都市化の先端と天然の極致とを結んだ音環境を創る

第18章　生命本来の活性を目醒めさせて健やかな心と躰をつくる新しい〈サウンド・セラピー〉への展望

第3部 ハイパーソニック・エフェクトの活用

第 12 章
「脳にやさしい音の街」を成功させた〈好感形成脳機能〉の活性化

12…1 〈必須音〉〈効果音〉〈侵害音〉と人類の遺伝子に約束された本来の音環境

　この章から、精妙たぐいない音の恵みハイパーソニック・エフェクトを、文明の病理から人類を護りより適切・快適な生存へと導くためにどう活かすかについて述べます。新しい応用のための理論やそれらを実現する手段などについて、実用化の現場から、具体的に、そしてできるだけ詳しくお知らせすることに努めます。

　その糸口となるこの章では、ハイパーソニック・エフェクトが、近現代文明社会とそこに生きる人類たちに、どのような貢献を果たすことができるかのひとつの取組として、ハイパーソニック・サウンドを導入して、「街」の音環境を造りかえることに成功したアプローチについて述べます。

　現代社会の文明化(civilization)すなわち都市化に伴って、いわゆる〈現代病〉、〈文明病〉が蔓延しています。これらは、感染症や怪我などと違って、治りにくいのが特徴です。その理由は、最近の分子生物学的研究を中心にして解き明かされています。それは、がんが典型的に示すように、現代病の仕組そのものが私たちの遺伝子の中にプログラムとして生まれつき組み込まれており、通常は眠っているそれらのプログラムに何らかの原因でスイッチが入って目醒めると、活性が発現して病が惹き起こされる〈自己解体現象〉(第11章3節)だからです。

こうした自己解体の引金というべき役割を果たしている脳の部位があります。詳しくは第5章で述べた、間脳・中脳を中心とする心身相関・統合の要衝、私たちのいう〈基幹脳〉です。この部位の働きが不全になることによって、多種多様な現代病のプログラムが目醒め、病気を惹き起こします。

　ここで注目されるのは、この基幹脳こそ、私たちの生命を心身一如の状態で活き活きとさせるハイパーソニック・エフェクトの起点に他ならないことです。この基幹脳の活性が維持できなくなったとき、さまざまな現代病の引金が引かれるのです（第18章3節）。であるならば、ハイパーソニック・エフェクトは、基幹脳の活性を高める――より正確にいえば、［超高周波を欠いた都市型環境音によって活性を低下させられた基幹脳の活性を正常のレベルに復帰させる］――働きをもつことによって、現代病の防波堤となりうるのではないでしょうか。

　この基幹脳の活動は、物質によっても左右することができます。たとえば

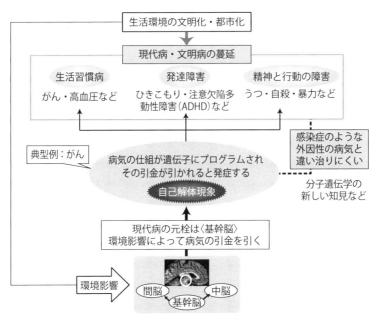

図12.1　現代病は基幹脳が引金を引くプログラムされた自己解体

アンフェタミン類（覚醒剤）のように……。しかしそれは、地球生命本来の生命活動からすると、偽装快感誘起物質の投与によって導かれた一種の「誤動作」に他なりません。本来これらの脳部位は、生命を取り囲む環境からの、物質でもエネルギーでもないもうひとつの重要な要因、〈情報〉の入力にかかわってその活動が左右される脳機能を担っているからです。したがって、文明化、都市化に伴う環境の変化を、情報という環境の変化として捉えることができれば、この深刻な問題に新しい切口から科学的にアプローチできるはずです。

　人間を取り囲む環境はこれまで、〈物質〉と〈エネルギー〉という二つの科学的な次元から非常に詳しく捉えられてきました。しかし、人間存在が単なる木石ではなく血の通った生命現象であるからには、物質とエネルギーだけに注目してこと足りるはずはありません。端的にいって、生命現象を他と区別する〈自己増殖〉の原点は、〈遺伝情報〉という〈情報〉の存在にあります。情報なくして「自己増殖するオートマトン」すなわち生命はありえません。この〈情報〉というもうひとつの次元を、物質・エネルギーと独立した、しかもそれらに等しく生命にとって不可欠の次元として位置づけなければなりません。

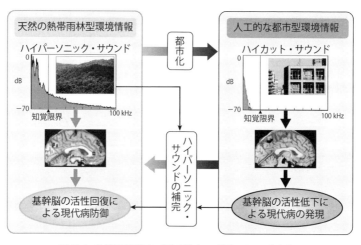

図12.2　熱帯雨林環境音の都市環境音への補完による現代病防御

身近な例として、正常な感覚をもつ人間には聴くに耐えない騒音というものがあります。具体的にいえば、耳元で鳴るチェーンソーの音などが該当するでしょう。それは、〈物質〉ではないので、何グラム、何ミリグラムといった物質の次元で捉えることはできません。また、その音がある人の鼓膜を振動させたパワーを空気振動エネルギーとして計量してもあまりにも微弱で、計測誤差と区別できないかもしれません。この二つの次元で科学的、定量的に捉えようとするかぎり、音という環境の要素は事実上存在しないも同然となってしまい、問題になりません。ところが、人間の感覚に訴える〈情報現象〉として捉えたとき、それは忍容の限界を大きくこえる顕著な［侵害性の入力］という姿を顕し、情報科学的、定量的に捉えることが可能となります。

　このようなかたちの、［情報という環境と人間生存とのあいだの不調和］の位置づけは、既成の環境科学全体の中で、公式的にはいまだ曖昧かもしれません。そうした中で、1989年に刊行された『情報環境学』が新しいパラダイムを立て、正面からこの問題を扱っています。その骨子は、［物質・エネルギーの概念に情報の概念を加え、これらが有機的に一体化したものとして環境を捉える発想の枠組のもとに構成する学問体系を"情報環境学"と名付ける］[1]、というものです。

　情報環境学の重要な基礎理論のひとつに、〈物質と情報との等価性〉があります。たとえば、ラットに〈テトラベナジン〉という化学物質を投与すると、「落ち込んで」うつ病のような症状を呈します。次に、テトラベナジンを投与する際に同時にブザー音を聴かせることをくり返します。するとラットは、テトラベナジンを与えない条件のもとブザー音を聴くという情報の入力だけで落ち込み、うつ状態を呈するようになります。ここではテトラベナジンという薬品＝〈物質〉とブザー音という空気振動＝〈情報〉とが、区別できないほどよく似た病理をラットから導き出しています。しかも、これらの症状は双方とも、〈抗うつ薬〉の投与によって回復するのです。ここに、テトラベナジンとブザー音とのあいだに、すなわち［物質と情報と］のあいだに、〈等価性〉をみることができます。

もうひとつ、何らかの群れ型動物の個体、たとえばサルを 1 匹だけ群れから引き離して隔離し、外部からの情報もできるだけ遮断した環境のもとに、孤立した状態でやや長期間飼育します。すると、サルは統合失調症や自閉症によく似た異常行動を呈するようになります。一方、通常の群れの一員として生存しているサルの 1 匹を選んで〈アンフェタミン〉または〈メタアンフェタミン〉(いずれも覚醒剤)を連日投与し続けると、このサルも統合失調症や自閉症によく似た症状を呈するようになります。ここでは、隔離という〈情報の遮断〉と覚醒剤という〈物質の投与〉とのあいだに等価性が認められます。

　これらの事例は、高等動物の脳が、〈情報〉に対して〈物質〉と同じように反応しうることを支持します。環境要因としての物質のあり方が人間の生命活動に直結しているのと同様に、環境要因としての情報のあり方も、物質と変わらず人間生存と深刻なかかわりをもつものといわなければなりません。

　私たちの生きる近現代文明は、まず〈物質文明〉のステージから幕を開けました。それを反映して、人間生存に欠くことのできない物質と、その反対に生存を脅かす物質との双方が存在することについては、この文明の黎明期からはっきりした認識があり、早い段階で、ビタミンのような〈必須栄養〉の概念が、ヒ素のような〈毒物〉の概念とともに形成されています。

　続いて、〈産業革命〉を契機に〈エネルギー文明〉が幕を開け、それは第二次世界大戦終末における〈核〉の開発で、文明のみならず生命と自然生態系全体の崩壊の芽を宿しました。

　この文明が生命科学を視野に入れた本格的な〈情報文明〉のステージを拓くことができたのは、1953 年、DNA 二重らせん構造が遺伝情報を担っていることが知られたころからといえるでしょう。このような[情報についての認識の後発性]を反映して、これほど進んで観える近現代文明でありながら、物質世界の〈必須栄養〉に対応する〈必須情報〉という概念自体が、いまなおほとんど空白に委ねられていることを見逃すことはできません。

　こうした空白を埋めるアプローチとして、人間生存にかかわる物質世界と情報世界との等価性を手がかりに、1989 年、〈情報中毒〉、〈情報失調〉、〈必

須情報〉の概念が、〈薬物中毒〉、〈栄養失調〉、〈必須栄養〉のアナロジーのかたちをとって、提案されました[2]。さらに、2003年、前記の必須情報性の音の因子として〈必須音〉の概念が、情報中毒性の音の因子としての〈侵害音〉の概念とともに提唱されています[3]。それらの概念群は、情報環境学の考え方を土台にして構築された〈音の環境学〉(sound ecology)を体系化した著書『音と文明』[4]の中で提唱されました。その中で示されている概念のセットとして、環境に存在する音たちを人間生存とのかかわりという切口で類別しています。それは以下のようなものです。

1. 〈必須音〉(essential sounds)すなわち「人間の生存を支える、なければならない音」
2. 〈効果音〉(functional sounds)すなわち「何らかのポジティブな効果を発揮しうる音」
3. 〈侵害音〉(noxious sounds)すなわち「ネガティブな効果を導く、避けなければならない音」

ここで目を転じて、〈本来・適応・自己解体モデル〉(第11章3節)と〈必須音〉との関係を検討してみましょう。必須の存在とは、視る角度を変えると、〈本来の環境〉にアプリオリに存在するものの中の何ものかでなければなりません。なぜなら、それらがもし自然本来のデフォルト状態において環境要因として存在するものでなかったならば、何らかの適応によって手に入れたものということになり、「本来の範疇」を脱してしまうからです。よって、本来の音環境は必然的に、必須音を含むものとして成り立っていることになります。いい換えると、人類にとって生きるうえで欠かせない〈必須音〉を探すとすれば、それは人類の遺伝子に書き込まれた本来の生存環境を示すプログラムのなかにその一要因として存在しているはずだ、ということになります。

このような切口から、手はじめに、私たちの棲む現実の環境の中の音世界がどのように構成され、それらが人間生存とのかかわりをどのように示すかを質問紙調査による非常に単純な実験を構成して調べてみることにしました。

まず、できるだけ大づかみな実験によって、大局的な認識を得ることにし、

実験条件〔1〕では、都市に現存する建造物内の環境音のみ、条件〔2〕では、〔1〕の環境の中に、現生人類に約束された本来の環境のもっとも有力な候補と考えられる熱帯雨林のもつ環境音をフルレンジ音として流したとき、条件〔3〕では、それに代わって同じ熱帯雨林環境音をCDフォーマットに近い条件でハイカット音として流したとき、という3種の音環境を造って、それぞれの人間の心に及ぼす影響を互いに較べてみたのです。

これにあたっては、私たちの生きる現実の文明化した音環境の実態を重視することにして、実験空間に実際に稼働中の高等学校の図書室を選びました。音再生装置は、ハイパーソニック・エフェクトの発現が検証されている実績のあるシステム[5]を使いました。さらに、今回の実験では、高度に統制された条件を設定するのでなく、あるがままの現実を大局的に把握することをめざし、実際に図書館を利用している高校生たちを対象にした大まかな質問紙調査という手法を採りました。

その具体的な設定は、回答者たちの滞在時間を含む動向に一切注文をつけず、まったく統制しないで平常どおりに図書室来訪行動をしてもらうことを重視しました。この際、〈サーストンの比較判断の法則〉に基づいて、同一の回答者が先に述べた三つの呈示環境音のすべてを体験して比較する、というやり方を採用して感度、精度の向上を図ることもしていません。このように統制を欠いた質問紙調査は、忠実に現実を反映する面では信頼性が高いので実質的には大きな価値をもっています。しかし、たとえば3条件の相対的な比較という切口がないだけでも、検出感度、精度ともに低くなり、よほど大きな違いがない限り判然とした結果が期待できません。

こうした限界を少しでも補うために、二つの対策を立てました。その第一は、回答者数をできるだけ大きくすることです。各実験日に図書室に来室した生徒に図書室から退室する時点で質問紙調査への回答を依頼し、回答するかどうかは任意としたところ、条件〔1〕ではのべ144名、条件〔2〕ではのべ103名、条件〔3〕ではのべ100名から回答を得ています。その第二は、質問群それ自体の設計です。［統制しない］という限界を克服するために、質問紙

調査票の設計に次のような工夫をこらしました。質問項目群を二つのブロックに分け、第一のブロックでは通常の質問設定方法により、回答者が来室していたときの図書室環境についての印象を八つの評価項目について質問しました。この評価条件はいわゆる〈絶対評価〉であって大きな限界をもちます。そこで第二のブロックでは、回答者が図書室に入る前と図書室滞在後との自己の内部状態について内省比較を求めるという特殊な質問形式を設定して、より感度を高めうる〈サーストンの比較判断の法則〉を成立可能にし、四つの評価項目について判断を求めることにしました。その際の評価項目については、発現が期待されるハイパーソニック・エフェクトが脳の心身相関の要衝、基幹脳を活性化させ心身一如の全方位的活性化を導くこと、特に対象を特定化しない〈好感形成脳機能〉の活性化を考慮して、聴覚系以外の反応をも捕捉できるような質問項目を工夫しました。質問紙調査票は、図書室退室直前に記入することにしました。なお、すべての評価項目について5段階で評価してもらうことを求めました。このようにして得られた回答を集計し、t検定にかけて統計的有意性を調べ図12.3と図12.4に示す結果を得ました。

まず、手法それ自体が低感度の設定でしかありえなかったにもかかわらず、全体として有意性が高いかなり判然とした結果が現れ、3種の音環境条件のそれぞれが、互いに無視できない人間への影響の違いをもたらしたであろうことを否定できないものにしています。

第一ブロックの質問項目については、熱帯雨林のフルレンジ環境音を流した場合について、それを流していない通常の場合よりも図書室の「雰囲気が良かった」「空気が澄んでいた」「やすらいだ」「ゆっくりしたいと感じた」といった項目で統計的有意性をもったポジティブな評価がみられました(図12.3)。一方、CDフォーマットに近い条件でハイカットした環境音を流した場合には、こうした効果は見出されず、多くの項目について超高周波を含むフルレンジ音とそれを含まないハイカット音とのあいだで、相対的な影響の違いが認められました。音呈示がない通常の状態ではフルレンジ環境音の場合に及ばないものの、ハイカット音よりも良好な印象が形成されていること

が、ハイパーソニック・ネガティブファクターとの関連で注目されます。

次に第二ブロックの質問項目については、全体としてフルレンジ環境音が明らかにポジティブな評価を獲得しています。図書室でフルレンジ環境音をある程度の時間にわたって体験することによって、入室前よりも「さわやか」「頭が軽い」「はっきり音が聴こえる」「はっきり物が見える」と統計的有意に感じとられていることは、注目に値します（図12.4）。ハイカット環境音ではこうした効果はまったく認められず、呈示音のないベースライン条件

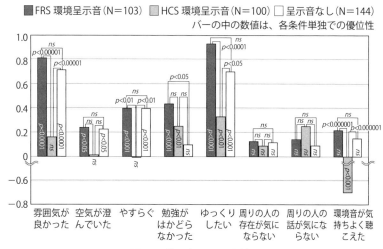

図12.3　第一ブロックの評価結果

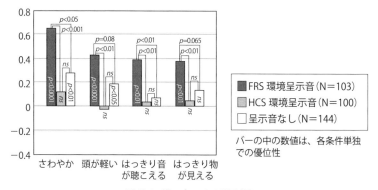

図12.4　第二ブロックの評価結果

よりもむしろ低い評価を示していることは、このハイカット呈示音がハイパーソニック・ポジティブファクターを含むことができないうえに、ハイパーソニック・ネガティブファクターを含む帯域構造をとっていることを視野に入れると、見過ごすことができません。

これらの結果は、呈示した超高周波を含む熱帯雨林環境音の録音・再生物がハイパーソニック・エフェクトを発現させ、心身にポジティブな作用を及ぼすという狙いどおりの効果を現す可能性を強く示唆しています。

そこで、ここで描いたようなシナリオの実現可能性をより確かなものにするために、次に、高精度の録音物を音源にして、私たちが現に住んでいる都市の環境音と、人類の遺伝子のゆりかごの候補としてもっとも有力であるばかりでなく、現に狩猟採集という人類本来のライフスタイルで生きる人びとが棲んでいる熱帯雨林の環境音との音の構造を比較分析するとともに、それらを高い忠実度で実験室内に再現して音環境のモデルを構成し、それらの音環境が人間の心身に及ぼす影響をより詳しく精密に調べることにしました。

12…2　実験室内で〈街の音〉と〈森の音〉との人間への影響を比較したモデル実験

［人類を含む地球生命のそれぞれの「種」には、その遺伝子に約束された理想(本来)の環境が「種」として普遍的かつ生得的に決まっている。情報環境もその例外ではない］という前提から出発し、人類という種にとっての本来性が体現されたもっとも有力な候補として熱帯雨林環境音に注目しました。これに基づいて前の節で述べた大局的な実験を行い、その環境音の有効性を支持する手がかりをつかんだわけです。そこで次のステップとして、この音と私たちが実際に住んでいる都市の音とがそれぞれ、どのような情報構造をもっているのか、人間に対してどのような生理的影響を及ぼすのか、さらにどのような心理的影響を及ぼすのかを、今度は実験室内にできるだけ統制された条件を整えて、詳しく検討しました[6]。

熱帯雨林の環境音は、インドネシア・ジャワ島のウジュンクロン国立公園内のよく保存された熱帯雨林で現地収録したものを材料にしました。その録音は、計測用マイクロフォン B&K 4939／B&K 4135、高速標本化 1 bit 量子化(DSD)方式のオリジナル録音機により標本化周波数 3.072 MHz、6〜8 チャンネル録音を行いました。このシステムは、100 kHz 付近までの応答をもっています。

　FFT から得られたそれぞれの環境音の時間平均パワースペクトルは、図 12.5 のようになります。ただし、これらの FFT のデータは、ミクロな時間領域の音の構造とその変化を反映しません。そこで、それらの情報構造まで描き出すことのできる〈最大エントロピースペクトルアレイ法〉(MESAM)(第 8 章 4 節)で処理して図 12.6 を得ました。図からわかるように、市街地の環境音には 20 kHz 以上の成分がほとんど認められないのに対して、熱帯雨林の環境音には 100 kHz をこえる超高周波の存在が認められました。また、これらの音がミクロな時間領域で変化する様子をみると、市街地の音にはほとんどそうした変化が認められない一方、熱帯雨林の音では、100 kHz に及ぶ帯域全体にわたって、常にゆらぎ＝変容が存在している状態がわかりました。つまり情報構造的にみて、この熱帯雨林環境音はハイパーソニック・サウンドとして有資格といえるものです。

　次に、この森の音、街の音双方を音源として、再現性を含む厳密な実験条件の設定が可能な実験室内において、それらが実験参加者(以下、被験者)に及ぼす生理的な影響を比較しました。まず、市街地環境音を呈示して被験者に対する影響を調べました。続いて同じ市街地の音に熱帯雨林の環境音を図 12.7 のようにオーディオミキサーを使って補完して新しい音環境を造成し、その影響を調べ前者と比較しました

　音を再生・呈示するシステム全体の概要を図 12.7 に示します。実在する音環境のもつリアリティーをできるだけ忠実に再現するため、音空間を上・下・左・右・前・後の 6 チャンネル・フルサラウンド構成とし、市街地環境音をディジタルレコーダー TASCAM DA98HR によって 6 チャンネルで記

録し、再生しました。もう一方の熱帯雨林環境音は、先に述べたオリジナル録音を 100 kHz に及ぶ超高周波を記録できるスタジオ用マルチトラック・レコーダー SONY 3324xx(3.072 MHz 高速標本化 1 bit 量子化特別仕様機)に記録し、6 チャンネルで構成された市街地環境音の各チャンネルにミックスするかたちで補完した状態で再生しました。

音試料の長さは、市街地の音、熱帯雨林の音とも、40 分間です。これらの音の時間平均パワースペクトルを図 12.8 に示しました。両者の間には超高周波成分の圧倒的な違いが認められます。

これらの音を再生するためのスピーカーシステムは、可聴音を GENELEC 1029A、超高周波を Pioneer PT-R9 が担当する組合せとしました。このシステムを使って再生される市街地環境音と、それに熱帯雨林環境音が補完され

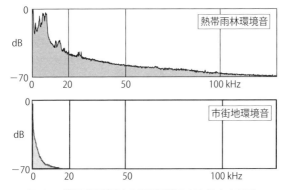

図 12.5　熱帯雨林環境音と市街地環境音とのスペクトル(FFT)

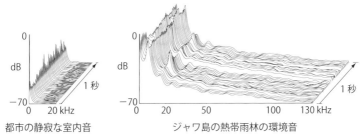

都市の静寂な室内音　　　ジャワ島の熱帯雨林の環境音

図 12.6　熱帯雨林環境音と市街地環境音との最大エントロピースペクトルアレイ(MESA)

た音との2種類の呈示音を各40分ずつ、あいだに10分間の休憩をはさんで再生しました。

被験者としては健常な20人(男性10人、女性10人)からなる母集団を編成して、脳波計測に9人(男性5人、女性4人)、生理活性物質計測に11人(男性4人、女性7人)の参加を得ました。

生理的指標のひとつ深部脳活性化指標(脳波α波ポテンシャル)の計測は、私たちが常に実施しているのと同じテレメトリー方式を使って、通例どおり行いました。血液中の生理活性物質計測対象項目としては、健康維持、恒常性、生体防御、心身相関などにかかわる物質に注目し、ナチュラルキラー(NK)細胞活性、免疫グロブリン、アドレナリン、ノルアドレナリン、ドーパミン、セロトニン、5-HIAA、コルチゾールを選択し、分析は専門の臨床検査機関

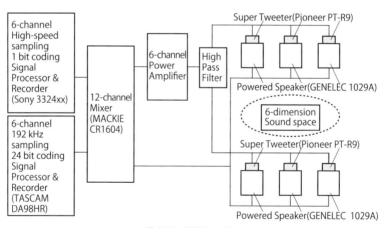

図12.7 音呈示システム

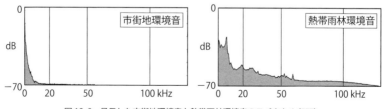

図12.8 呈示した市街地環境音と熱帯雨林環境音のスペクトル(FFT)

に委託しました。

　これらの結果、市街地環境音への熱帯雨林環境音の補完によって、まず基幹脳を含む脳の奥の領域の活動を反映する深部脳活性化指標が統計的有意性をもって上昇しており〈図12.9〉、ハイパーソニック・エフェクトが発現している可能性が認められました。

　生理活性物質類の血液中の濃度や活性の変化をみると、図12.10のように、熱帯雨林環境音の補完によってがんの一次防御などに働くことで知られるNK細胞の活性、そして3種の免疫グロブリンの活性が統計的有意に上昇しています。このとき被験者たちに特異的に入力しているのは、〈ハイパーソニック・サウンド〉つまり高複雑性超高周波を含む音という〈情報〉であって、細菌、異物など抗原抗体反応を惹き起こす〈物質〉は投与されていません。したがってこれらは、音を聴いた人びとの免疫力の高まりであり、ハイパーソニック・エフェクトにより視床下部が活性化したことを反映していると理解するのが妥当です。一方、ストレスが高いときに血液中の濃度が高くなるアドレナリンはその濃度を低下させ、熱帯雨林環境音の補完によって情報環境がストレスフリーの方向に動いたことを示唆しています。

　以上は市街地環境音に熱帯雨林環境音を補完したときに観察された、統計的有意性に裏付けられた生理的な効果です。

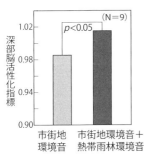

図12.9　市街地環境音への熱帯雨林環境音の補完による深部脳活性化指標の増大

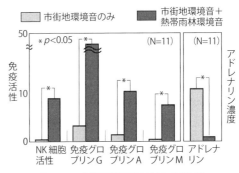

図12.10　熱帯雨林環境音の補完による生理活性物質の変化

では、この市街地環境音への熱帯雨林環境音の補完は、心理的には何をもたらすのでしょうか。生理実験に参加した被験者たちに対して、1回目の市街地環境音だけの呈示直後の休憩時間と、続く2回目の、市街地音に熱帯雨林環境音を補完した実験の終了直後とに、音の印象を尋ねる質問紙調査を〈シェッフェの一対比較法〉によって行いました。二つの音の主観的印象を、15の質問項目について5段階で評価するものです。このとき、この章1節のときと同じように質問項目を二つのブロックに分け、第一のブロックでは、通常どおりの質問設定により被験者が滞在した実験環境で聴いた呈示音の印象を11対の質問項目について求めました。第二のブロックでは、被験者が環境音に接する前と後との自己の内部状態について内省し比較した結果を求める質問項目を4項目設定して〈比較判断〉を可能ならしめています。なお、これらについては、もし被験者においてハイパーソニック・エフェクトの発現があった場合、それはしばしば聴覚に限定されない全方位的な美・快・好感を形成する場合があるので、それを捕捉することも狙っています。

　この実験から得られたスコアについてt検定による統計的検討を行い、図12.11の結果を得ました。まず第一ブロックの11項目については、市街地環境音に熱帯雨林環境音を補完することによって、「雰囲気がよかった」「空気が澄んでいた」「やすらいだ」「ゆっくり居たいと感じた」など、すべての項目で十分な統計的有意性($p<0.01$)をもって熱帯雨林環境音の補完により快適性や好感が形成されたことを反映する評価が得られています。

　第二ブロックの四つの質問項目についても、熱帯雨林環境音の補完によって、すべての項目についてポジティブな評価が、十分な統計的有意性($p<0.01$)をもって与えられました。あわせて、このように熱帯雨林環境音を市街地環境音に補完する実験に伴うネガティブな作用や効果を反映する回答は、今回検討した限りでは、まったく見出されませんでした。

　以上により、市街地環境音に熱帯雨林環境音を補完する実験室内でのモデル実験は、基幹脳の活性化を起点とするハイパーソニック・エフェクトの発現が全方位的に実現している可能性を反映するものとなりました。そしてそ

れらは、全体的にも部分的にも、こうした音環境再構築の方法に合理性と存在理由があることを示すものとなっています。見逃せないことは、特に生理的検討において、この試みが安全性を脅かす何らの材料も与えず、もっぱら快適性と健康の増進に結びつく有効性を支持する結果が得られたことです。このことは、予想されたとおりとはいえ、この応用研究のもつ安全・安心への期待を裏付け、実用化を支持する有力な材料として注目されます。

　こうして得られた結果をもとに、最終段階として、実在する都市の街区を選んでハイパーソニック・システムを実装し、都市それ自体のもつ音環境と、それに熱帯雨林の環境音を補完して創成した音環境とが人間に及ぼす心身両面での影響を比較検討することを企てました。必須音の補完による都市の音環境の再構築が期待されるような有効性を発揮するかどうか、実践的に検証することに挑戦したのです。次に、その具体的なアプローチと成果について述べます。

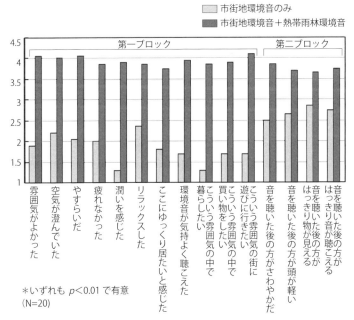

図12.11　市街地環境音への熱帯雨林環境音の補完による音環境の印象変化

第12章　「脳にやさしい音の街」を成功させた〈好感形成脳機能〉の活性化

12…3　彦根市四番町スクエアにおける実装実験

　現実に存在する特定の市街地にハイパーソニック・システムを実装し、熱帯雨林の環境音を補完してまったく新しい音環境を創成しこの方式の社会に貢献する可能性について究めることは、この研究が達成しなければならない使命のひとつに違いありません。しかし、いざ具体的にこの課題に取り組むとなると、それは微力な私たちにとって、とても叶いそうもない課題に他なりませんでした。

　まず、先立つもの──「予算」。100 kHz 以上まで周波数応答をもち、市街地の屋外に据え置くことのできるスピーカーをはじめとする実用レベルのハイパーソニック・システムを開発し、相当数製作するための経費は膨大です。無名で弱小の、しかも学業界から、ありていにいえば不都合な理論を唱える「異端」の徒としての処遇に浴しているわが研究室にとって、音響学関連の分野に配分される大型の公的予算を獲得することは到底ありえません。そのような既存の学会や権威の力の及びにくい枠組の中からチャンスを捕えるしかありませんでした。

　たまたま、文部科学省〈産学官連携イノベーション創出事業費補助金〉(独創的革新技術開発研究提案公募制度)という、既成の専門分野を離れた競争的研究費補助の枠組が見つかりました。これに〈脳にやさしい街づくり〉を掲げて応募し、決して低くない競争率だったのですが、幸いにも採択されることができました。配分された予算の規模は、トップダウンの大型国家プロジェクトとは較べようがないものの、私たちのようなグラスルーツ(草の根)的プロジェクトとしては、たのもしい実質をもつ効果的なレベルのものでした。しかも、この制度の一部をなす〈フォローアップ委員会〉の存在が有効で、メンバーである小林重敬　横浜国立大学教授、最上公彦　株式会社竹中工務店取締役(いずれも当時)から得た助言、支援などは、大きな成果に繋がりました。とても幸運だったと思います。

　もうひとつの難問は、実装する市街地の発見と確保です。多くの候補地について全国規模で実地見聞を重ねたのですが、それら対象地固有の立地条件、

音環境条件、現行の都市機能との調和、住民や行政当事者の意識との調和などについて適切な答が容易に得られず、難航を続けました。

そうした中で、プロジェクトメンバーの伊藤 滋 東京大学名誉教授の紹介でプロジェクトに加わってくださった国土交通省 小澤一郎 審議官(当時)のお力で局面が打開しました。ここで小澤審議官が迷うことなく挙げたのが、中島 一 彦根市長(当時)でした。中島市長はもともと建築設計家であり、市長在任中に彦根市にアコースティックのよい音楽ホールの建設を実現するなど、音に対する理解もあるのです。小澤審議官の仲介によって中島市長に直訴したところ、たいへん的確な理解を得られるとともに、まことに格好な題材が提供されました。

具体的には、彦根市内に国土交通省の〈中心市街地活性化法〉の支援を受けて進行中の"四番町スクエア"という市街地のリニューアル計画があるので、その一環として音環境創成を試みてはどうか、というものでした。私は、この提案をすべての題材のなかでもっとも適切なものと判断し、四番町スクエアの中にハイパーソニック・システムを実装し音環境創成の試みを実践させていただくことを提案し、中島市長から快諾をいただきました(写真 12.1)。これに従い彦根市役所都市計画課ならびに土地区画整理組合との協議を重ね、地元からの全面的な協力を得ることもできました。この間特に心に残るのは、このときの彦根市都市計画課の担当、八若和美課長(当時)の、この計画に対する明晰な理解と実装実験の成功に向けた献身的な努力です。あわせて、本町地区共同整備事業組合長 西村正臣さん(当時)の熱意も忘れられません。

対象市街地となった四番町スクエアは、街区の中に設けられた約 150 m^2 の〈パティオ〉をもち、当時は〈大正ロマン溢れる街〉というコンセプトを掲げて視覚的、デザイン的に独自性を主張する方向を辿っていました(図 12.12)。

このパティオのもつ実装実験フィールドとしての大きなメリットのひとつは、車の乗り入れが禁じられていることです。また、外周の街路からの交通騒音はパティオを取り囲むように建てられた建物群によって効果的に遮断されていて、補完する音をさほど大音量にせずに音環境の再構築が見込めるこ

とも好都合でした。一角には小規模な野外ステージが設けられ、地域のひとつの核として位置づけられています。このような空間にハイパーソニック・スピーカー群を配置するにあたり、店舗やステージ、さらにパティオの中心に設けられる湧水装置などと一体化した修景計画の一環としても位置づけることになりました。

次に大きな課題になったのが、以上のような条件のもとで適切に稼働しうる、まだ世界に存在しない屋外用全天候型のハイパーソニック・スピーカーシステムの開発です。システム全体としては目立たなく小型で、風雨によく耐えるばかりでなく、特に湧水装置内に組み込む場合があるので、水によく耐えることが必須です。これらについては、筐体をアルミニウム鋳物で造っ

写真 12.1　彦根市長とのミーティング

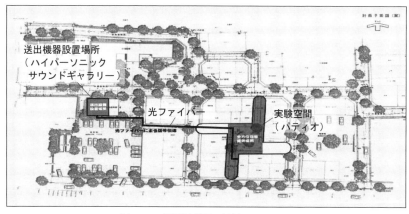

図 12.12　信号送出機器の実験空間と設置場所

た密閉型とし、アンプを内蔵するアクティブシステムを構成しました。耐水性については、可聴域を担当するウーファーユニットをポリプロピレン・コーンタイプ、スクォーカーをチタン逆ドームタイプとすることで適切な対処ができました。

　困難を極めたのがハイパーソニック・サウンドを発生するために必須のスーパートゥイーター・ユニットにどのようなものを起用するかです。当時、市場に流通していた最高性能のスーパートゥイーター・ユニットとして有力なものは、アルミニウムやベリリウム製のリボン型スーパートゥイーターで、ホワイトノイズに対する応答が 80 kHz くらいまで平坦なものもあり、ハイパーソニック・エフェクトの発現に有効な 50 kHz〜90 kHz くらいの超高周波をかなり良好に再生します。その性能から、この研究の実験室レベルでのモデル実験では、このタイプのスーパートゥイーターでよい結果を導くことができました。しかし、既成のリボン型のスーパートゥイーターにとっては水分が天敵で、一瞬にして致命的な損傷を受けます。また、構造が複雑・脆弱であるため雨も風も禁物で、現実問題として屋外での使用に耐えません。そのうえ、重量が重くスーパートゥイーター・ユニット単体でキログラムオーダーに達するのが普通です。しかも、万一ベリリウムリボンが燃焼すると、猛毒の酸化物を生成しきわめて危険です。これらの理由から、リボン型スーパートゥイーターは今回の使用目的には不適切と判断し、断念せざるを得ませんでした。

　リボン型とほとんど肩を並べる性能を示すものに、ダイヤモンド・ドーム型があります。しかしこれも風雨に弱く重量も重く機構がデリケートであるうえにたいへん高価で、リボン型同様選択肢に入りません。セラミックス・ドーム型は、同様に大型で重く屋外の使用に不適であるうえに、周波数応答も不十分かつ平坦性に乏しく、性能的に資格に欠けます（図 12.13）。

　このように、この時点で既成の有力なスーパートゥイーターの形式はすべて、この研究目的に沿ったスピーカーシステムを構成できないことが明らかになり、計画はいったん頓挫した状態となりました。ところが折しも、〈プ

リンテッド・リボン型〉という新形式の製品が市場に現れました。強靭なプラスティック・フィルムの中にコイルを印刷・封入した構造をもつものです。それを入手して周波数応答を実測してみたところ、既存の優秀なスーパートゥイーターに及びません。しかしその構造はシンプルで、耐水性、耐風性を与えることが容易であると見受けられるものでした。

　そこで、この市販のプリンテッド・リボン型トゥイーターのメーカー〈フォステクス社〉の協力のもと、現在品を祖型にして再開発を進め、ネオジウムマグネット・プレートを重ねて磁束密度を高めるなどの工夫によって100 kHzに達する周波数応答を得ることができました。あわせて水に浸けることも可能な水準の耐水性も実現しました。さらに、これらのスピーカー・ユニット群に適合するアンプリファイアーを設計製作し、これらを一体化して、アクティブタイプ・スピーカーシステムとして完成しました。このようにして、周波数応答、耐環境性の両面で、この時点においては世界に例のないハイパーソニック・アクティブ・スピーカーシステム OOHASHI MONITOR Op. 5 を開発することができました（写真 12.2、図 12.14）。

　こうして開発されたハイパーソニック・アクティブ・スピーカーシステムは写真 12.3〜12.5 に示すような状態でパティオ内に設置しました。その配置の基本構成は、上方にフロント L／R＋リア L／R の 4 チャンネル、下方にサイド L／R の 2 チャンネルからなる〈6 次元連続マトリックス方式〉により設置し、上方のスピーカーは建物の軒下につり下げ、下方のスピーカーは

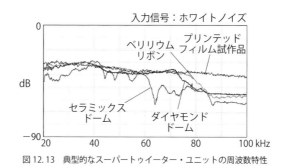

図 12.13　典型的なスーパートゥイーター・ユニットの周波数特性

ベンチの下側に設置しました。このようなスピーカー配置によって、［前後・左右・上下］というリアリティーの非常に高い空間イメージを構成することができました。

　これらのスピーカー群を駆動するハイパーソニック・サウンドの発信拠点となる〈コントロールルーム〉は、次のように構築しました。

① ハイパーソニック信号をネットワークを介して街区に供給する送出機能を実現する。

② 街に流れているものと等しいハイパーソニック・サウンドを、良好な音響特性を有する室内で来場者が体験できるハイパーソニック環境音体験機能をもたせる。そのためにスタジオ内に6台、スタジオ外に6台のハイパーソニック・スピーカーシステムを設置して、整備された条件での6次元ハイパーソニック・サウンド体験を可能にする。

③ 〈脳にやさしい街づくり〉のシンボルとしての展示機能をもたせる。スタ

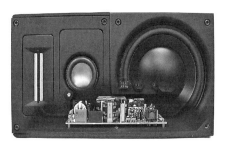

写真12.2　ハイパーソニック・スピーカーシステム OOHASHI MONITOR Op. 5 の外観と内蔵アンプリファイアー

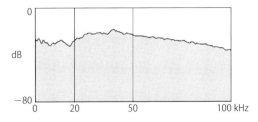

図12.14　OOHASHI MONITOR Op. 5 の周波数特性

ジオ内の機器や作業状況を室外から見学可能にするとともに、パネル等の展示も行う。

④ 超高周波成分を豊富に含む音素材を加工編集し、ハイパーソニック・サウンドによる作品を制作しうる音響編集機能をもたせる。そのために、高周波応答特性の優れたミキシングコンソールを設置する。

このコントロールルームの設計にあたって特に注意したことがあります。このコントロールルームは、ハイパーソニック・レベルのスタジオ機能をもつことはもとより、街づくりのシンボルとして視覚的な美観と開放性が求められる一方、レコーディングスタジオを構成するコントロールルーム・レベルの吸音性能と音響的独立性も要求され、さらにはリスニングルームとしての快適なアコースティックもほしい、という、互いに矛盾したところさえある複数の課題をすべて満足させなければなりません。それらのなかでも、コントロールルーム全体の吸音処理は、従来のどのような方法をもってしても、この場合の目的に沿うことが困難でした。そこで、これについては、コントロールルームの設計にあたった豊島政実博士を中心にまったくオリジナルな〈音響パネル〉を開発して、問題を解決しました。

コントロールルームの吸音処理には、普通、ベニヤ板などの両面にグラスウールを貼り付けた〈ベーストラップ〉などと呼ばれるサンドイッチ構造体を、遮音層（遮音壁）に直角または直角に近い角度で固定します。この方法は吸音に優れている反面、視覚的開放性とは矛盾し、結果的に壁が厚くなって室内

写真 12.3 モデル地区街路へのハイパーソニック・スピーカーシステム実装状態

写真 12.4 軒下に取り付けられたスピーカーシステム

写真 12.5 ベンチの下にセットされたスピーカーシステム

の有効容積が狭くなるうえ、施工にも少なからぬ時間と経費がかかります。

　これらの問題を解決するために、ベニヤ板の両面にグラスウールを貼り付けたパネルを遮音壁に平行に設置する、という方法が豊島博士により考案されました。この音響パネルの効果に対する録音のスペシャリストたちの評価は高く、その後、いろいろなスタジオ設計に国際的に応用されつつあります[7,8]。さらに、この機能を活かして、パネルをレールに吊り下げて可動化する方式を開発しました。この方法では、グラスウールによる吸音効果とともに、パネルそのものの板共振による吸音効果が期待できます。また、パネルの大きさや配置をはじめとする設計上の自由度も高くなります。さらに、デザイン的にも優れ、設置後の移動、取付け・取外しが容易であるうえに、経費的にも安価ですむことがわかりました。そこで、目的とするコントロールルームの求める諸条件を最適にクリアするようにパネルモジュールを設計しました。これは、図12.16に示すように、厚さ5.5 mmの定尺ベニヤ板の両面に密度32 K、厚さ40 mmのグラスウールを貼り付け、防火クロスで覆っ

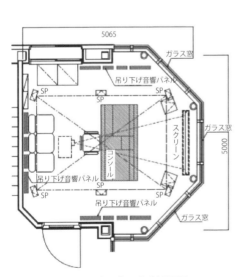

図12.15　オープンスタジオ平面図

写真12.6　地区中核施設の1階に開設されたオープンスタジオ

写真12.7　オープンスタジオの内部

て製作しました。

　完成したコントロールルームにこのパネルモジュールを設計どおりに配置して残響時間特性を計測したところ、図12.17に示すように、0.2〜0.4秒にわたりほぼ平坦な応答をもつ、良好な結果が得られました。またパネルの着脱、移動もそれぞれ適切に行うことができ、期待する効果を発揮することがわかりました。

　これまで述べてきたハードウェアを主とする音環境創成システムの構築と並行して、もうひとつの重要課題、対象街区に補完する基幹脳活性化作用をもったハイパーソニック・サウンドを熱帯雨林から採集することをめざしました。

　そのためにはまず、自然性が良好に保全された手つかずに近い熱帯雨林への接近に想定される諸条件——車両の通行可能な道路がなく輸送が難しいためすべての機材を人力で手運びしなければならない、高温多湿であるため機材がダメージを受けやすい、山中には電源が存在しないなどなど……のもとで運用可能なポータブル超広帯域録音機を開発しなければなりません。最終的に確立したその仕様は次のとおりです。直流電源(電池)搭載可搬型、高速標本化1 bit量子化(DSD)方式による5.6448 MHz標本化AD/DA変換、8チャンネルマルチトラック録音／再生可能、記録装置としてAITレコーダーSIR-1000 2台を使用、8チャンネル同時録音連続2時間、周波数応答20〜150 kHzという画期的なものです。システムが完成した2000年以後、2012年にその次世代機を私たち自身が完成するまで、世界に例のない高性能機と

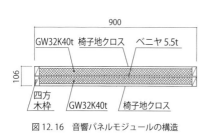

図12.16　音響パネルモジュールの構造　　図12.17　オープンスタジオの残響時間特性

して稼働しました(写真 12.8、図 12.18)。

このオリジナルな録音機の性能を前提に、ハイパーソニック・サウンドの資源として熱帯雨林の環境音に注目しました。特に天然の熱帯雨林が良好に保存されているマレーシア・ボルネオ島サバ州の森林に、京都大学 北山兼弘教授の厚意ある尽力により、サバ州政府をはじめとする関係機関の許諾と支援のもとに立ち入ることができ、非常に優れた音源を収録することができました。

私たちのオリジナル録音システムで記録したボルネオ熱帯雨林の環境音は、図 12.19 に示すように、まさしく驚異的なものでした。その周波数の上限は FFT による値、つまり時間平均値で 100 kHz をこえています。都市環境音が、騒音レベルが高い場所でもせいぜい 20 kHz 程度の値を示すのに比較して、雲泥の差といえるほどの違いを示します。

これを私たちが開発したミリ秒オーダーの瞬間値を捉えることのできる〈最大エントロピースペクトルアレイ法〉によって調べると、図 12.20 のように、たしかに 100 kHz をこえ、130 kHz に迫るゆらぎに満ちた超高周波成分をもっていることがわかりました。

そこで、この熱帯雨林環境音をハイパーソニック・サウンドの基本的な資源とし、これに電子的合成音で作成したオリジナル音楽を非常にひかえ目に加えた〈ミュージック・コンクレート〉様式の 3 楽章からなる〈補完用音源〉『夢彦根』(第 1 楽章〈あけぼの〉、第 2 楽章〈にぎわい〉、第 3 楽章〈しじま〉)を作曲山城祥二により構成しました。

写真 12.8　オリジナル AD/DA コンバーター／レコーダー

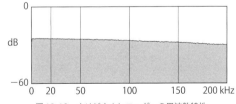

図 12.18　オリジナルレコーダーの周波数特性

補完のための音源『夢彦根』の第1楽章〈あけぼの〉の信号は図12.21のとおりで、FFTデータは130 kHzに達する超高周波成分を豊かに含むものであることを示しています。これに対して、実装対象となる四番町スクエアそのものの市街地環境音は20 kHzに達しておらず、ハイパーソニック・ポジティブエフェクトとは無縁である可能性が高いことを示唆しています。以上のようにしてすべての準備を整え、実装状態でのテストに入りました。

　まず、この街区の〈パティオ〉に、実装されたハイパーソニック・システムを使って補完用コンテンツを流し、その再生音のFFTスペクトルを実測したところ、図12.22に示すように、100 kHzを上廻る超高周波を豊かに含

写真12.9　熱帯雨林環境音のフィールド収録

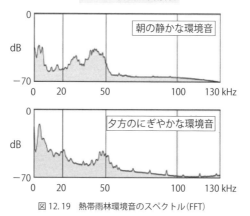

図12.19　熱帯雨林環境音のスペクトル（FFT）

む音環境が実現していることがわかりました。

そこで、被験者たちに実際に〈パティオ〉内に滞在してもらい、もともとのこの街区自体の環境音のときと、そこに補完用コンテンツを重ねて再生した場合との生理的・心理的反応の違いを詳しく調べました[9]。

まず、ハイパーソニック・エフェクトの根本現象となっている基幹脳の活性化の尺度、深部脳活性化指標を調べました（図12.23）。方法、条件は私たちが先に設置したとおり[5]で、被験者は10人（男性5人、女性5人）です。

その結果、前節で述べた実験室内のモデル実験と同様に、熱帯雨林環境音を主体とする補完用音源（熱帯雨林性環境音を含む『夢彦根』）の呈示によって基幹脳の活性を現す深部脳活性化指標が統計的有意に増大し、被験者たちにハイパーソニック・エフェクトが発現していることを示すデータが得られました。

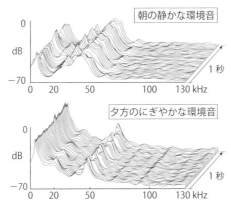

図12.20 熱帯雨林環境音の最大エントロピースペクトルアレイ（MESA）

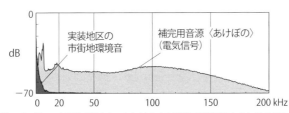

図12.21 実装モデル地区の市街地環境音とこれに補完する熱帯雨林環境音を含む楽曲のスペクトル（FFT）

次に、ハイパーソニック・エフェクトの発現を反映する血液中の生理活性物質の濃度が、熱帯雨林性環境音の補完によってどう変わるかを12人を被験者として調べました。もともとの市街地音だけの状態30分と補完した音を流した状態30分とで、その前後の各種神経活性物質などの血中濃度を較べました(図12.24)。

この実験から、さきの実験室内のモデル実験と同様に、熱帯雨林性環境音の補完によって、ストレスが高いときに多く分泌されるホルモンであるコルチゾールの血液中の濃度が、統計的に有意に($p<0.05$)減少するとともに、ストレス時に分泌されるもうひとつのホルモン、アドレナリンも同傾向を示し($p=0.16$)、実装したシステムからの音の補完によってストレスが緩和されたことを反映しています。また、NK細胞の活性が高まる傾向も示されました。

以上の生理実験の結果は、実験室内で行ったモデル実験の結果とよく整合していて、実際の市街地に実装した条件下でもハイパーソニック・エフェクトが発現し、生理的にポジティブな効果を被験者たちに導いていることを実証しています。

さらに、環境に対する心理的印象が熱帯雨林性環境音補完によってどう変わるかについて調べました。被験者13人(男性5人、女性8人)に、ハイパーソニック・システムが実装されたパティオ内に30分間滞在してもらい、もともとの市街地音だけの場合とそこに熱帯雨林性環境音を補完した場合とを比較しました。

被験者が体験した音環境についての印象を尋ねる第一ブロックの質問項目

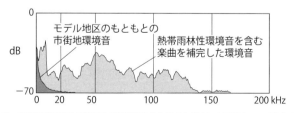

図12.22　市街地環境音と熱帯雨林性環境音を含む楽曲を補完した環境音のスペクトル(FFT)

に対しては、市街地環境音に熱帯雨林性環境音を補完することによって、「潤いを感じた」「リラックスした」「やすらいだ」「雰囲気がよかった」(以上 $p<0.01$)など、すべての項目で統計的有意性をもったポジティブな評価がみられました(図12.25)。この結果は、前節で述べた快適性を反映する深部脳活性化指標が増大していることや、血中の生理活性物質がストレスの低下を意味する数値を示していたことともよく整合しています。

被験者がその音環境に滞在する前と後との自己の内部状態について内省し比較して回答する第二ブロックの質問項目についても、熱帯雨林性環境音を補完することによって、すべての項目において印象の好転が統計的有意に認められました。熱帯雨林性環境音に接することによって、この空間に滞在する前よりも「さわやか」「頭が軽い」(いずれも $p<0.01$)という全身的状態の自覚的改善効果とともに、「はっきり音が聴こえる」($p<0.01$)、「はっきり物が見える」($p<0.05$)という視聴覚情報処理系の活性向上を示唆する結果が得られています。

これらの結果を導いた被験者数は、一般的な心理実験としては必ずしも多くはありません。にもかかわらず、超高周波成分を豊富に含む熱帯雨林性環境音の補完によって基幹脳の活性化が誘導され、それを反映して環境に対する快適感が向上するとともに、脳の視聴覚情報処理機能の全般的な向上を導

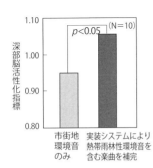

図12.23 熱帯雨林性環境音の補完による深部脳活性化指標の増大

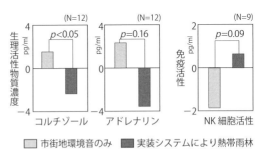

図12.24 熱帯雨林性環境音を含む楽曲の補完による血漿内生理活性物質の変化

くことを示唆するスコアが、すべての質問項目にわたって統計的有意に示されました。この結果は、深部脳活性化指標の計測結果、および生理活性物質の分析実験の結果ともまったく矛盾なく整合し、ハイパーソニック・エフェクトという生命現象がここにゆるぎなく実在するであろうことを支持しています（図12.23，図12.24，図12.25）。

そこで試みに、システムを実装したパティオに来訪した不特定の方々（主として観光客）を対象に、小規模なアンケートを行ってみました。

その結果は、図12.26に示すように、肯定的な意見が圧倒的に多く、否定的な意見が、こうした試みとしては異例といえるほど少ない、という特徴を示しています。

これらさまざまな手法による学術的な評価と、この街区を構成する皆様の強い支持によって、試みに実装したハイパーソニック・システムは、この街

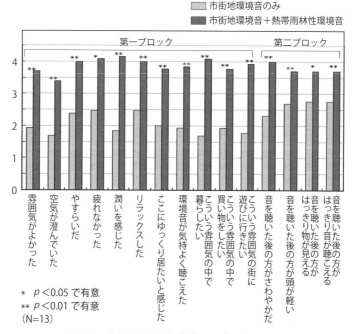

図12.25　熱帯雨林性環境音の補完による音環境の印象変化

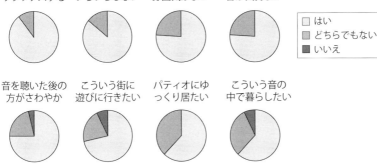

図12.26 来訪者による補完した音環境の印象変化（N＝29）

写真12.10 システムが実装されたパティオ

のシンボルという位置づけで以後恒久的に運用されることになりました。そして、当初の『大正ロマン』という街創りのコンセプトは、2005年に行われた「街開き」の時点で、『音と水と祈りの街』へと正式に変更されました。

12…4 『音の街づくり』への評価と〈好感形成脳機能〉

四番町スクエアの街開きは、2005年11月4日〜6日の3日間にわたって行われました。その前後の四番町スクエア協同組合のホームページ http://www.4bancho.com/ には、次の記事が掲載されています。

○（2005年10月1日）　脳にやさしい街づくりの一環として、街なかプラザ1階にハイパーソニック・サウンドギャラリーがお披露目されました。

このハイパーソニックサウンド「脳にやさしい音」は人類の遺伝子のゆりかごになった熱帯雨林に多く存在する超高周波の環境音で、脳全体の活動を制御するとともに、心と体の健康維持に大きな役割を果たす基幹脳を活性化します。

11月4〜6日に開催される四番町スクエアの街開きにあわせ、この世界初の「脳にやさしい心地よい音」が街じゅうに流れるようになります。

○（2005年11月7日）　新しい街づくりに取り組んできました「四番町スクエア」の街開きお披露目会と売出しを下記により開催いたしました。

四番町スクエア："音"と"水"と"祈り"の街

行事

11月4日（金）

　•世界初！音の街づくり：スタジオと街中に配置された40個あまりのスピーカから流れる"脳にやさしい音"のお披露目　（以下、略）

○（2005年12月1日）　緊急発表！

世界初の「脳にやさしい音」を中心に四番町スクエアの街並みがNHKの生放送で紹介されました！

このハイパーソニックサウンド「脳にやさしい音」は街なかプラザ1階のハイパーソニック・サウンドギャラリーから発信され、四番町スクエアの町じゅうに流れています。

人類の遺伝子のゆりかごになった熱帯雨林に多く存在する超高周波の環境音で、脳全体の活動を制御するとともに、心と体の健康維持に大きな役割を果たす基幹脳を活性化します。

こうしてオープンした四番町スクエアに対して、その街づくりの成果に対する高い評価が集まりました。特に注目されるのは、新しい街づくりの最高賞ともいえる〈土地活用モデル大賞／国土交通大臣賞〉と、観光地づくりの最高賞〈優秀観光地づくり賞／金賞国土交通大臣賞〉とを獲得したことで、特に前者の国土交通大臣賞は「該当者なし」の年度も現れる難関です。これら最高位の賞をはじめ、日本の街づくりの主要な賞を総なめにしたといっても過言ではないような評価の数々からしても（表12.1）、四番町スクエアの街づくりは、大成功をおさめたといえるでしょう。

　このような評価の中で興味深いのは、〈都市景観大賞／美しいまちなみ優秀賞〉および〈公共の色彩賞〉の受賞です。それはいうまでもなく、この街づくりが優れた色彩構成を実現していることに他なりません。それと同時に特に注意を喚起したいのは、四番町スクエア空間に溢れているハイパーソニック・サウンドがその空間に滞在する人びとの脳に惹き起こしたであろう〈報酬系〉の活性化、いいかえれば〈好感形成脳機能〉の活性化です。脳がこの状態に達すると、すべての感覚入力について、それをより美しく快く好ましく感じとることは、本書においてすでに少なからぬ例を示してきたところです。

　特に、視覚像については、ブルーレイ映像ディスクAKIRAのサウンドトラック[10]について第15章11節に示すように、音のハイパーソニック化によって視覚像にかかわる「映像に感動した」「色彩が鮮やか」などの評価が、統計的有意に現れています。もちろんまったく同じ映像に対して……。こうしたハイパーソニック・サウンドによる［好感形成脳機能の活性化効果］がど

表12.1　彦根市四番町スクエア「音と水と祈りの街」受賞例

- 平成18年度土地活用モデル大賞／国土交通大臣賞
- 平成18年度優秀観光地づくり賞／金賞国土交通大臣賞
- 平成18年度都市景観大賞／美しいまちなみ優秀賞
- 平成18年度公共の色彩賞
- 平成16年度関西まちづくり賞
- 中小企業庁"がんばる商店街77選"選定

など受賞多数

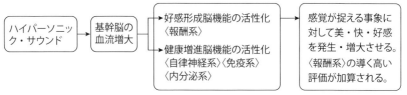

図 12.27　ハイパーソニック・サウンドの好感形成効果

のように顕著なものであるかは、前の節で述べた、当該街区でのハイパーソニック・エフェクトの発現を支持する生理実験の結果と、好感形成脳機能の活性化を反映する心理実験の結果から明白です。このような意識できないメカニズムの存在が、この街の与えるポジティブな主観的印象の形成を感性脳レベルで生命科学的にバックアップし、この街づくりに高い評価を導く無視できない効果を発揮していたと信じられます。

第 12 章文献

1　大橋力，『情報環境学』，朝倉書店，1989.
2　大橋力，『情報環境学』，朝倉書店，p.8, 1989.
3　大橋力，『音と文明 ― 音の環境学ことはじめ』，岩波書店，p.508, 2003.
4　大橋力，『音と文明 ― 音の環境学ことはじめ』，岩波書店，2003.
5　中村聡，仁科エミ，八木玲子，森本雅子，河合徳枝，大橋力，ハイパーソニック・エフェクトを応用した屋内音環境改善効果の検討 ― ハイパーリアル・エフェクトの研究(II)．日本音響学会 2003 年春季研究発表会講演論文集，723-724, 2003.
6　仁科エミ，大橋力，超高密度高複雑性森林環境音の補完による都市音環境改善効果に関する研究 ― 脳波・血中性活性物質・主観的印象評価の組み合わせによる評価．日本都市計画学会都市計画論文集，No. 40-3, 169-174, 2005.
7　Toyoshima SM, The latest on recording studio design～Hypersonic sound studio ― About the acoustic devices and materials. ASIAGRAPH Journal, **4**(1), 44-48, 2010.
8　豊島政實，大橋力，音響特性制御ボード装置及びそれを用いた空間装置並びに音響特性制御方法，特許第 5042569 号.
9　仁科エミ，大橋力，ハイパーソニック・エフェクトを応用した市街地音環境の改善とその生理・心理的効果の検討．日本都市計画学会都市計画論文集，No. 42-3, 139-144, 2007.
10　ブルーレイ AKIRA ライナーノーツ，バンダイビジュアル，2009.

第3部 ハイパーソニック・エフェクトの活用

第13章
博物館展示をハイパーソニック化して音によるリアリティーを構築する

13…1 熱帯雨林を彷彿とさせるジオラマ

　第12章で述べたような文明化した環境への熱帯雨林環境音の導入が、別な次元からシンボリックな状態で実現しました。それは、私たちのハイパーソニック・エフェクト研究を早い時期から見護り続けてくださり、要所要所で、とりわけ研究が難関に遭遇したときに、たいへん適切な指導や支援をたまわってきた長尾 真 元京都大学総長が、ご自身の日本国際賞ご受賞にあたって、京都大学がその独自性を誇る総合博物館の熱帯雨林を再現した自然史展示場に、ハイパーソニック・サウンドシステム一式を寄付されることになり、私はそのお手伝いをすることになったのです。役割の内容は、システムの設計・構築、ソフトウェアの設計・制作です。

　この自然史展示場はボルネオ島ランビルの森をモデルにした一種のジオラマを構成しています。このランビルの森は、熱帯雨林という環境が、その音を含めていかに完全無欠であり、素晴らしいかを私に熱心に語ってくださった井上民二 京都大学生態学研究センター教授の研究フィールドであり、先生が飛行機事故で亡くなった場所でもあるのです。井上教授の卓越したお仕事を偲んで、このランビルの森を復元して展示することになったと聞きます。それは本物の熱帯雨林を彷彿とさせる見事なジオラマです(写真13.1、写真13.2)。とりわけ全体の中心になっている巨木(実は模型)を核にした構成のもつ視覚的リアリティーは、感動的といってよいでしょう。このような展示環

写真 13.1　ボルネオ島ランビルの森

写真 13.2　ランビルの森のジオラマ
（京都大学総合博物館）

境の一方の壁面にスクリーンを設けて、ランビルの森の VTR を流すというシステムが造られています。このジオラマにもともと設けられていた映像音声システムは通常の仕組ですので、映像はそのまま残し、音声部をハイパーソニック・エフェクトが発現可能な新しいシステムに全面的に入れ替えるとともにそのコンテンツをハイパーソニック・サウンドで構成することにしました。元のままの映像部と新しい音声部との両者が同期して調和するようなシステムを構築することになったのです。

13…2　システムの構築

　まず、ハイパーソニック・サウンドを再生可能なスピーカーシステムを、ジオラマ内に設置しなければなりません。この目的には、第 12 章において市街地環境音をハイパーソニック化するため私たちが開発したハイパーソニック・アクティブ・スピーカーシステム〈OOHASHI MONITOR Op. 5〉が、ぴったりと適合します。このスピーカーシステムを複数個適切に配置することで、この空間をハイパーソニック・サウンドで満たすことが可能になります。しかし、このジオラマや映像が潜在的に求めている音源を想定すると、そこには実際の熱帯雨林の音の属性ともいえる雷鳴や、激しい風雨にさらされた巨木たちの鳴動など、重低音を含む大音量を伴うはずです。それらは超高周波に特化したスピーカー Op. 5 だけでは再生できません。そこでこれら重低

音を専ら再生する〈サブウーファー〉を導入して、スケールの大きな音にも対応できるスピーカー構成としました。

具体的には、図13.1に示すように、ジオラマの天井裏に4個、ジオラマの吊り橋下に2個のOp.5を設置、巨木の根元にサブウーファーを設置しました。

これらのスピーカーを駆動する信号は、超高周波まで多チャンネルで録音・再生が可能な2.8224 MHz標本化DSD方式によるSACDプレイヤーの5.1チャンネル特別仕様機を製作してSACDディスクからのサブウーファー音源を含む多チャンネル再生を実現可能にし、これらの出力をベリンガー社ユーロデスク・ミキサーを使って再生レベルを調節した状態で各スピーカーシステム（すべてパワーアンプ内蔵のアクティブタイプ）に送り、空気振動に変換しました。

なお、映像と音とを同期させるために、特別仕様の同期装置をつくり、映像再生装置とSACDプレイヤーとを同期させています。

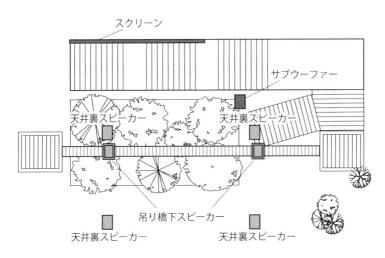

図13.1　ジオラマ内に設置したスピーカーシステム

13…3　ソフトウェアの構成・制作

　ランビルの森の所在するボルネオ島の、もうひとつのよく保全されたサバ州の熱帯雨林で採集した環境音を素材として、呈示用の音を制作しました。素材は、第12章で使ったものによく似ています。ただし、編集作業を経て形成されたコンテンツは、市街地に流したものとは大きく異なるところをもつものとなりました。

　第12章で対象になった地域は、コンパクトな店舗にとり囲まれた屋外空間（パティオ）で、主たる対象は買物客と観光客です。このショッピングに特化した空間では、音は静かで快適なものであることが第一の要件になります。ところがこのような条件下では、熱帯雨林の録音物そのままではとうてい使用できません。なぜなら、生の熱帯雨林環境音には、木々のざわめき、地鳴り、雷鳴、獣の咆哮など、衝撃的な音がいつとび出すかわからない状態で存在しているからです。それらはしばしば、膨大な箇所に達し、編集作業でこれらを丹念に取り除いて初めて、使い物になるようなものなのです。

　ところが、京都大学総合博物館のジオラマでは事情が逆転します。展示自

写真13.3　京都新聞2007年7月4日（水）版から

体がランビルの森を彷彿とさせるリアリティーを狙い、それに成功したものですから、音にも同様に、高度のリアリティーが要求されることになります。実際に編集を始めてみると、こうしたリアリティーの表情をコンテンツに与えることが容易ではないことがわかりました。しかし、たとえばひどく無粋に聴こえるサイチョウの声が、鳥獣の天国、熱帯雨林のイメージ形成に絶好であることなどを見出すうちに、私自身、すっかりこの編集作業の魅力にとりつかれてしまったことが、忘れられません。

　京都大学総合博物館という最高の舞台にハイパーソニック・サウンドを常設的に展示させていただけたことを心から歓ばしく光栄に思っています。なお、このお披露目のとき、写真13.3のような新聞記事による紹介がありました。

第3部　ハイパーソニック・エフェクトの活用

第14章
移動する閉鎖性空間〈乗り物〉の内と外との音環境を快適化する

14…1　試験車両（シミュレーター）内に構築したモデル音空間を使った音環境快適化の試み

　文明化・都市化に伴う音環境質の劣化は、〈必須音〉を減少・喪失させた空間を生み出しただけでなく、〈侵害音〉の発生・増大というかたちでも現れています。これらの具体例の一領域として、文明が造り出した〈乗り物〉という移動する閉鎖性の空間があります。ハイパーソニック化が待望されている宇宙船をはじめ航空機、自動車、船舶、さらに潜水艦に及ぶ多様な移動体たちの宿している共通した普遍的な課題、ならびに種々の移動体がそれぞれ抱えている個別的、特異的な課題は、まことに膨大なものとなっています。しかし、移動体の設計、製作にあたっている機関や企業のハイパーソニック化に対する意欲は総じて高く、たとえば自動車、ことに運転席などは、カーオーディオの進化形として比較的容易に実現できるハイパーソニック化が、カーナビや自動ブレーキなみに標準装備される日も遠くないかもしれません。

　このような領域の動きは目下日進月歩であるため、それを現状で固定して本書に盛り込むのは適切とはいえません。そこでこの章では、産業革命を象徴する〈列車〉という閉鎖性空間の内と外とを題材にして、必須音の喪失とその復活、さらに侵害音の快適化を中心に、これまでの検討とその稔りについて述べます。

　誰もが知るとおり、列車というものはその走行に伴ってきわめて大きな騒

音を発生します。それは、列車の乗客それ自体に受容されるだけでなく、列車の走行する周辺、たとえば駅のプラットホーム上の人びとや、線路周辺に居住する人びとなどに、侵害性の音として働きかけることになります。

列車の発生するこのような必須音の喪失と侵害性の負の音の発生は、これまでは、ほとんどの場合、必須音の喪失は度外視し、侵害音を遮り減らすことでその有害性を抑え込むことが図られてきました[1]。他の原理に基づくやり方、たとえば逆相の音を発生させて侵害音との相殺を図る〈アクティブ・ノイズコントロール〉の実用化などは、実際問題としては遠い目標にとどまっています。また、日本の列車に欠かせないアナウンスのような〈サイン音〉も、それ自体騒音として人間に働きかける側面を無視できません。

こうした鉄道騒音を、ハイパーソニック・エフェクトを応用してやわらげよう、という企てが東日本旅客鉄道株式会社(JR東日本)で試みられ、私はこれをお手伝いしました[2]。

まず、JR東日本の研究所が保有する〈Smart Station 実験棟〉に所在する〈試験車両〉(実際に運行されている電車の車両が忠実に再現されたシミュレーター)内に忠実度の高い再生システムを使って電車が走行中に乗客たちが体験する音に非常によく似たモデル音空間を構築しました(写真14.1)。そのための実験空間として、試験車両の中の向かい合う2列の座席スペースを実験参加者(以下、

写真14.1 〈Smart Station 実験棟〉の試験車両内に構築した実験空間

被験者)たちの所在する場所とし、この場所を取り囲むようにコンサート用PAスピーカーシステム、ネクソ社PS-10を4台配置し、さらにサブウーファーとして、アポジー社アーティストシステム5000を2台加えました。また、実際に走行中の車両内の音を高忠実度で録音し、このシステムからこれを再生しました。

　この車両内環境音の録音は192 kHz／24 bit×4チャンネルのレコーダー、ソノサックス社SX-R4を使い、DPAマイクロフォンズ社4033型コンデンサーマイクロフォン4本(L／R×フロント・リア)を使って、実際に走行中の列車内で行っています。この音源から実験に不適切なノイズなどを取り除く編集作業を行って呈示音〈仮想車両内環境音〉を造りました。この呈示音は、目を閉じた状態で聴くと、あたかも走行中の列車内を彷彿とさせるリアリティーの水準に達しています。また車内に流れるアナウンスは、実際に使われている女性の声によるCDフォーマットの自動アナウンス録音物を、環境音と同じ編集環境下で192 kHz／24 bitのPCMフォーマットに編集し〈ハイカット・アナウンス音〉としました。

　これらに加えて呈示するハイパーソニック・サウンドとしては、まず、ボルネオ島の熱帯雨林環境音からカットオフ周波数24 kHz、減衰傾度80 dB／octのハイパスフィルターを経由して超高周波成分を抽出し、192 kHz／24

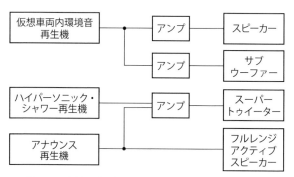

図14.1　試験車両内の実験空間に構築した音再生システム概念図

bit PCM でファイル化した聴こえない超高周波だけで構成された〈ハイパーソニック・シャワー〉を造りました。さらに、この〈ハイパーソニック・シャワー〉を〈ヴォルテージ・コントロール・アッテネーター〉(VCA)で上記の〈ハイカット・アナウンス音〉を制御信号として変調し、その出力を〈ハイカット・アナウンス音〉自体にミックスして〈ハイパーソニック・アナウンス音〉としました。

　これらハイパーソニック・サウンドの再生にあたっては、フルレンジ・スピーカーとして OOHASHI MONITOR Op. 5、超高周波の再生用にはパイオニア PT-R9 を使いました(図 14.1)。

　以上のようにして再生された呈示音を被験者の位置にマイクロフォン B&K 4939 を置いて計測し、図 14.2 を得ました。走行する車両内の環境音は、時おり 20 kHz をこえる高周波が含まれ、瞬間的には 40 kHz を上廻ることがあります。これら録音物の電気信号の FFT スペクトルとこの実験システムの被験者位置での空気振動の FFT スペクトルとは互いによく一致しており、実験の設定は適切なものと判断されます。これらの音を呈示し、

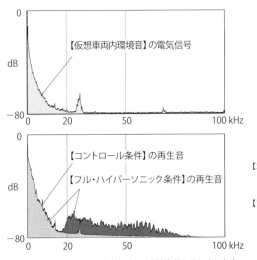

図 14.2　試験車両内の実験空間に呈示された音のスペクトル(FFT)

〈基幹脳活性指標〉(脳波 α_2 波ポテンシャル)を計測する生理実験と質問紙による心理実験を行いました。

まず、[〈仮想車両内環境音〉+〈ハイカット・アナウンス〉]を呈示したとき(コントロール条件)と[〈仮想車両内環境音〉+〈ハイパーソニック・シャワー〉+〈ハイパーソニック・アナウンス〉]を呈示したとき(フル・ハイパーソニック条件)とそれぞれの基幹脳活性指標を較べた実験から、図14.3に示す結果を得ました。被験者は14人(男性8人、女性6人、34〜62歳)です。

図に示すとおり、フル・ハイパーソニック条件下で基幹脳活性指標が増大することが、$p=0.006$ というきわめて高い統計的有意性のもとに示され、被験者たちの基幹脳が活性化されハイパーソニック・エフェクトが発現していることが示されました。

次に、上の実験と同じ2種の呈示音(コントロール条件とフル・ハイパーソニック条件)を聴いているときの印象を比較するために、シェッフェの一対比較法による心理実験を行いました。被験者は16人(男性9人、女性7人、34〜62歳)です。その結果、図14.4に示すように、まず、現在の車両内環境音は13項目のうち8項目(図14.4の左側に下線で表示)で、乗客にネガティブな印象を与えていることが統計的有意に示されました。これに対して、フル・ハイパーソニック条件下では音環境の印象が全体的に改善され、特にその中の10項目については、改善に統計の有意性($p<0.05$)が認められ、1項目について

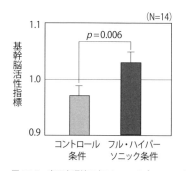

図14.3 車両内環境の〈フル・ハイパーソニック〉化による基幹脳活性指標の増大

はより高い統計的有意性($p<0.01$)が認められました。

　車両内で不可欠なアナウンスは路線によって異なるため、もしもこれらをすべてハイパーソニック化しようとすると膨大な時間や費用を要します。それに対して〈ハイパーソニック・シャワー〉だけを車両内音環境に加えることによってハイパーソニック・エフェクトを発現させることができるならば、路線ごと、駅ごとに異なる個別性の高いアナウンスのそれぞれをハイパーソニック化する対応の必要がなくなるためコストが抑制され、この効果の応用普及が促進されることが期待されます。そこで、アナウンスは現状のハイカットのままで、〈ハイパーソニック・シャワー〉のみを加える効果を検討する実験を行いました。

　まず、[〈仮想車両内環境音〉+〈ハイカット・アナウンス〉]を呈示したとき

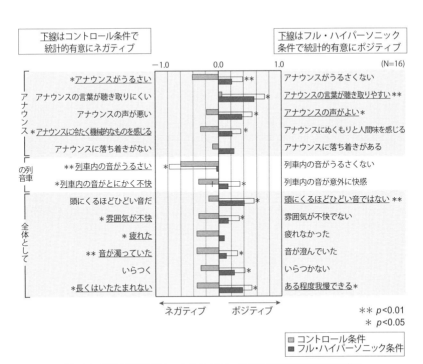

図14.4　車両内環境の〈フル・ハイパーソニック〉化による音環境印象の改善効果

（コントロール条件）と［〈仮想車両内環境音〉＋〈ハイパーソニック・シャワー〉＋〈ハイカット・アナウンス〉］を呈示したとき（ハイパーソニック・シャワー条件）との基幹脳活性指標を較べた実験から、図 14.5 に示す結果を得ました。被験者は 12 人（男性 7 人、女性 5 人、37～62 歳）です。

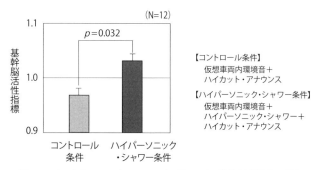

図 14.5　〈ハイパーソニック・シャワー〉の呈示による基幹脳活性指標の増大

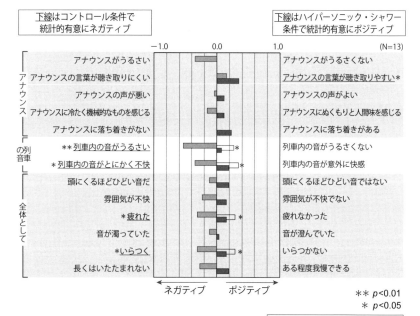

図 14.6　車両内環境の〈ハイパーソニック・シャワー〉呈示による音環境印象の改善効果

図に示すとおり、私たちが期待したハイパーソニック・シャワー条件下であっても基幹脳活性指標が増大するという注目すべき現象が、$p=0.032$という統計的有意性のもとに示され、被験者たちの基幹脳が活性化されハイパーソニック・エフェクトが発現していることが認められました。

　次に、上の実験と同じ呈示音(コントロール条件とハイパーソニック・シャワー条件)との印象を比較する心理実験を行いました。被験者は13人(男性7人、女性6人、37〜62歳)です。その結果、図14.6に示すように、ハイパーソニック・シャワー条件下であっても音環境の印象が全体的に改善され、特にその中の4項目については、統計的有意性($p<0.05$)が認められました。

　これらの実験で特に注目される事象として、仮想車両内環境音とまったく起源を異にする熱帯雨林環境音から抽出した、〈ハイパーソニック・ファクター〉を主力として含む〈ハイパーソニック・シャワー〉が、歴然とした有効性を示したことを特筆しなければなりません。なぜなら、これによって、［必ずしも呈示されつつある可聴音とかかわりをもつ音(たとえばある楽器とその倍音)というような条件がなくても、適切な自己相関秩序をもつ高複雑性超高周波でありさえすれば、それを可聴音と適切に共存させることによってハイパーソニック・エフェクトを発現させることができる］、という事実を明らかにすることができたからです。それは、第15章で述べる、CDフォーマットで録音されたアーカイブ類をハイパーソニック・サウンドとして蘇らせる〈ハイパーソニック・ウルトラディープエンリッチメント〉などの理論的背景となっています。

14…2　イヤフォンを使う乗客にハイパーソニック・エフェクトを発現させる

　電車の中でイヤフォンを着けて音楽を楽しむ人びとが急増しました。それらの音源の大部分は〈ハイカットディジタル音〉であろうと推定されます。そ

れらの周波数上限は、おそらく、22 kHz または 24 kHz どまりであるため、ハイパーソニック・ネガティブファクターという〈侵害音〉を含みうるものとなってしまい、生理的にも心理的にも負の作用を導く恐れを否定できません。

　ここで、第 9 章で述べたハイパーソニック・エフェクトを発現させる超高周波の受容部位が気導を経由する聴覚系でなく体表面である、という現象に注目します。これと、前の節で明らかになった、［可聴音と超高周波とはまったく起源を異にするものであっても、あるいは振動構造として無関係なものであっても、それぞれごとにその要件を満たしているならば、両者の共存によってハイパーソニック・エフェクトを発現させることができる］、という知見とを結び合わせてみましょう。そうすると、次の可能性が想定されます。すなわち、イヤフォンからハイカットディジタルサウンドを聴取している被験者たちの体表面に、適切な高複雑性超高周波たとえばハイパーソニック・シャワーのかたちをとったハイパーソニック・ファクターを呈示(照射)すると、各人がそれぞれ別個に聴いている互いに異なる音楽(可聴音)と、空間に張り巡らせたただ一種のハイパーソニック・ファクターとの相互作用に基づいて、互いに別々のハイカットディジタル音楽を聴いている各人にハイパーソニック・エフェクトが発現するかもしれない、という予測です。

　そこで、この作業仮説のもと、14 人の被験者(男性 8 人、女性 6 人、34～62 歳)に、いつもよく聴いている好みの音楽をポータブル・プレイヤーに記録して持参してもらい、それらのファイルを密閉型インナー・イヤータイプのイヤフォン、オーディオテクニカ ATH-CLP330 で再生して聴いてもらいます。そのときの基幹脳活性指標を測定し、ハイカットディジタル音のコントロール条件およびハイパーソニック・シャワーを使ったフル・ハイパーソニック条件について較べました。結果は図 14.7 のとおりです[2]。

　フル・ハイパーソニック条件下で被験者たちの基幹脳活性指標の平均値は、コントロール条件下の値を統計的有意($p=0.014$)に上廻って増大しており、ハイパーソニック・エフェクトが発現していることを示しています。

　この実験の結果は、音楽に対する個人の趣好、好き嫌いの多様性を超越し

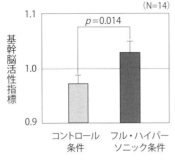

図14.7　イヤフォン装着者に対する〈フル・ハイパーソニック〉化による基幹脳活性指標の増大

た快適性の向上を可能にするものとして注目されます。なぜなら、この実験で超高周波のリソースにしたハイパーソニック・シャワーは人間の可聴域上限を上廻る周波数帯域にあって何人にも知覚できず、意識のうえでは存在しないも同然です。そうでありながら、これを車両という公共空間に張り巡らすならば、イヤフォンで個人ごとに互いに異なる好みの音楽を聴く人びとは、個人別の趣好を満足させながらハイパーソニック・エフェクトの普遍的な発現を享受し、心身を健やかにすることが期待できるからです。そのストレス低減効果は、車内トラブルの減少など、安全・安心の増進という効果も、予感させます。

14…3　車両の外側（駅ホーム）の音環境質をハイパーソニック・エフェクトで改善する

　都市化が進んだ地域に所在する大型の駅のホームは、列車の走行に伴う大音響を筆頭に、乗客たちの発する雑踏ノイズ、会話音、アナウンス、発車ベル（チャイム）その他のサイン音など多様な音が重なり合って音圧レベルの高い混沌とした音響空間を形成しています。それがしばしば、劣悪な音環境の代名詞となっていることは、周知のとおりです。

　当然のこととして、「音の発生それ自体を抑える」音源対策、「発生した音

を減らす」遮音・吸音対策などが図られているものの、その効力には限界があります。一方、アナウンスや発車ベルをはじめとするサイン音は、混沌たる雑踏音や車両の走行音をつき抜けて、大きくはっきり聴こえてくれなければ役に立ちません。このような相互の矛盾さえかかえた駅ホームの音環境質の改善は、「打つべき手は打ち尽くしてもどうにもならない」きわめつきの難題となっています。

　駅ホーム音環境の示す不快感を、ハイパーソニック・エフェクトを活用してやわらげることができないか、というねらいのもとに、この研究は、実際の駅ホームを使って行われました[3]。日本で最大級の乗降客を扱っている超大型のターミナル駅で、列車の発着が行われていないホーム上に、被験者たちが所在する 6.4 m×3.1 m のサイズの実験空間を設定しました。実際には列車が入線しない時間領域に設定されたこの実験空間に、列車が発着するホームさながらの音環境を構築するため、この空間の四隅に、比較的コンパクトでありながら出力が大きく解像力の高い音再生を特徴とする屋外仕様のコンサート用 PA スピーカーシステム、ネクソ社 PS-10 を 4 台設置し、さらに低域再生用サブウーファー、アポジー社アーティストシステム 5000 を 4 台加えました。このシステムから、実際に列車が頻繁に発着するホームの音を高忠実度で録音した音から造った〈仮想駅ホーム環境音〉を再生しました。〈仮想駅ホーム環境音〉は、この駅の別のホームの環境音を、192 kHz／24 bit／4 チャンネルのレコーダー、ソノサックス社 SX-R4 と DPA マイクロフォンズ社 4033 型コンデンサーマイクロフォンを使って録音し、その音源から実験に不適切なノイズなどを取り除く編集作業を行って造りました。

　駅ホームに流れるアナウンス／発車ベルは、この駅の別のホームで実際に使われている男性・女性の声による自動アナウンスと発車ベルのそれぞれ CD フォーマットで記録された録音物を、環境音と同じ編集環境下で 192 kHz／24 bit の PCM フォーマットに編集して、呈示音〈ハイカット・アナウンス／発車ベル〉を造りました。〈ハイカット・アナウンス／発車ベル〉の再生には、解像力が高く、100 kHz をこえる周波数帯域まで再生可能な小型フ

ルレンジ・スピーカー OOHASHI MONITOR Op.5 を 6 台使いました。これらのスピーカー類は実験空間の外周に、被験者を取り囲むように設置しました（図14.8）。

　以上の再生システムを使って呈示した〈仮想駅ホーム環境音〉に〈ハイカット・アナウンス／発車ベル〉を加えた呈示音の電気信号の周波数スペクトル、および実験時の被験者位置にマイクロフォンを置いて計測した再生音の周波数パワースペクトルを図14.9に示します。両者のスペクトル形状はよく似

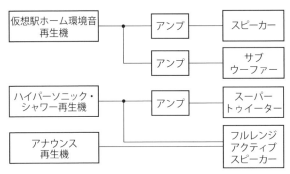

図14.8　ホーム上の実験空間に構築した音再生システム概念図

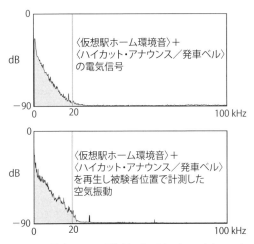

図14.9　〈仮想駅ホーム環境音〉に〈ハイカット・アナウンス／発車ベル〉を加えた音のスペクトル（FFT）

ており、周波数分布として忠実度の高い再生が実現していることがわかります。聴感的にも、列車を待つときとそっくりの音環境を造成することができました。被験者位置で計測した呈示音の3分間の等価騒音レベルは81 dBに達しています。

このような〈仮想駅ホーム環境音〉に強力なハイパーソニック・ファクターを付加するために、〈ハイカット・アナウンス／発車ベル〉に、VCAを使ってその音圧の時間的変動に相関させた〈ハイパーソニック・シャワー〉を付加した音源を作成しました。これを〈ハイパーソニック・アナウンス／発車ベル〉と呼びます。

これらと同時に再生する〈ハイパーソニック・シャワー〉は、前の節の実験と同じものを使いました。〈ハイパーソニック・アナウンス／発車ベル〉の再生には、OOHASHI MONITOR Op. 5を使いました。また〈ハイパーソニック・シャワー〉の再生には、OOHASHI MONITOR Op. 5およびパイオニアスーパートゥイーター PT-R9を使いました。

〈仮想駅ホーム環境音〉、〈ハイパーソニック・アナウンス／発車ベル〉と〈ハイパーソニック・シャワー〉をともに再生し、実験時の被験者位置にマイクロフォンを置いて計測した呈示音の周波数パワースペクトルは図14.10のようになります。その周波数上限は80 kHzに及ぶことが確認されました。

以上の実験体制を整えて、シェッフェの一対比較法を使った心理実験を行いました。被験者は14人（男性7人、女性7人、16～57歳）です。

この実験から、図14.11の結果が得られました。図からもわかるように、

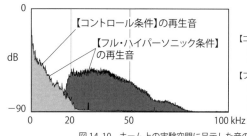

図14.10　ホーム上の実験空間に呈示した音のスペクトル（FFT）

［コントロール条件］の音と比較して［フル・ハイパーソニック条件］の音は、すべての項目においてより好感度の高い印象を与える傾向が示されています。

二つの条件の各評価項目の評点と中点 0 との差について、ウィルコクソン（Wilcoxon）の符号付順位検定により検討しました。［コントロール条件］すなわち現在のホーム環境音そのものに対する印象は、14 の評価項目のうち 6 項目において統計的有意にネガティブな印象を与えて音環境質が劣悪であることを反映していました。これらを〈ハイパーソニック・アナウンス／発車ベル〉と〈ハイパーソニック・シャワー〉に換えた［フル・ハイパーソニック条件］では、「アナウンスの言葉が聴き取りやすい」「男女のアナウンスが分離して聴きわけやすい」「発車ベルの音がよい」「頭にくるほどひどい音ではない」という 4 項目においてポジティブな印象を与えています。二つの条件間の印象の差に統計的有意性が認められた項目は図 14.11 のグラフに

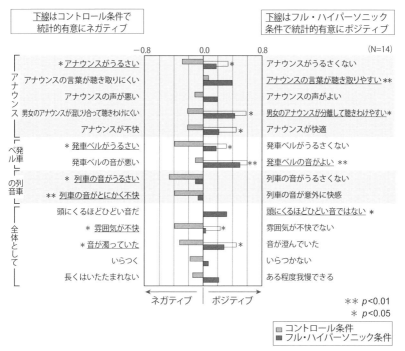

図 14.11　駅ホーム環境へのハイパーソニック・サウンド呈示による音環境印象の改善効果

「＊」または「＊＊」で表示した7項目で、[コントロール条件]でネガティブな評価だった「アナウンスがうるさい」「発車ベルがうるさい」「雰囲気が不快」「音が濁っていた」という不快な印象が統計的有意に緩和され、アナウンスの分離感と快適感が認められ、発車ベルの音のよさについても評価が統計的有意に改善されています。これらの結果から、適切なハイパーソニック・ファクター(高複雑性超高周波成分)を付加することによって、駅ホーム音環境の印象が改善され、快適化されうることを反映していると判断できます。

さらに、〈ハイパーソニック・シャワー〉および〈ハイパーソニック・アナウンス／発車ベル〉によって、アナウンスや発車ベルだけでなく、ホーム全体の雰囲気も快適化していることが示されました。特に重畳しているアナウンスが「音の分離がよい」と感じられていることは、実用化のうえから、注目に値します。

1節で得られた生理実験の結果と心理実験の結果とは理論的に互いによく整合していましたが、今回の心理実験の結果も、それらとまったく矛盾が見出せません。すなわち、先の生理実験の計測対象となった脳波 $α_2$ ポテンシャルは、鋭敏な基幹脳活性指標(第5章7節)として中脳・間脳などの活性が高まることを、高い統計的有意性($p<0.01$)のもとに示しており、それは、ドーパミンを神経伝達物質とする報酬系をはじめ、ポジティブな情動反応を導く脳の神経回路が活性化していることを反映しています。実際の駅ホームという環境で行った心理実験でも、ハイパーソニック化によって、ホーム固有の音に対する不快感がやわらげられ快適感が向上していることが示されています。しかもその効果は、決して微弱なものとして無視することはできません。おそらく、実用的有効水準に達している可能性が高いと考えられます。

この方法は、現在限界を露にしている「音そのものを抑え込む」という方法の行き詰まりを打破する可能性を想定させます。注目に値する現実的な方法の実用化可能性を示しているのではないでしょうか。

第 14 章文献

1 北川敏樹, 長倉清, 鉄道騒音における伝搬系対策. 日本音響学会誌, **68**(12), 622-627, 2012.

2 Onodera E, Nishina E, Nakagawa T, Yagi R, Fukushima A, Honda M, Kawai N, Oohashi T, New technology toward improving the acoustic environment of passenger railway cars — An application of the hypersonic effect. ASIAGRAPH, **7**(1), 81-90, 2013.

3 小野寺英子, 仁科エミ, 中川剛志, 八木玲子, 福島亜理子, 本田学, 河合徳枝, 大橋力, ハイパーソニック・コンテンツを活用した駅ホーム音環境の快適化：高複雑性超高周波付加の心理的生理的効果について. TVRSJ, **18**(3), 315-325, 2013.

第 3 部　ハイパーソニック・エフェクトの活用

第 15 章
美と感動の脳機能に着火する〈ハイレゾリューション・オーディオファイル〉をいかに創るか

15…1　ハイレゾ音源は〈感動のファイル〉と〈冷血のファイル〉とに二極分化している

　高品質の音楽配信で注目されている〈ハイレゾリューション・オーディオ〉、いわゆる〈ハイレゾ〉のなかには、音が美しいばかりでなく、現存のCDでは絶対に味わうことのなかった、血潮をわき立たせ魂を天外に翔ばすような感動をもたらしてくれるサウンドが確かにあります。その一方で、音は美しく整っているけれどもすこしも血潮の熱くなることがない、冷血なコンテンツがあることも確かです。その違いはあまりに大きくあまりに奥深いといわなければなりません。なぜ、このような違いが起こるのでしょうか。そしてどうすれば「魂を翔ばす」ハイレゾコンテンツを創ることができるのでしょうか。この章では、この謎を解くハイパーソニック・エフェクトの諸理論を厳密にふまえた録音・編集の最前線からの具体的なスキルやツールに及ぶ情報を、詳しく述べます。

　ハイレゾには、国際的に取り決められた規格というものはありません。ちなみに Wikipedia（英語版）によれば、There is no standard definition for what constitutes high-resolution audio, but it is generally used to describe audio signals with bandwidth and/or dynamic range greater than that of Compact Disc Digital Audio (CD-DA)とあります。つまり現行のCDのフォーマット――標本化周波数

44.1 kHz、量子化 bit 数 16 bit のどちらか、あるいは双方——を上廻る高密度ファイルの呼び名である、ということになります。

オーディオ先進国を自認する傾向のある日本では、社団法人電子情報技術産業協会(JEITA)が 2014 年 3 月に、また社団法人日本オーディオ協会(JAS)が 2014 年 9 月に、それぞれハイレゾリューション・オーディオの概念を定義しています。両者のあいだには微妙な、しかし無視できない距離が感じられます。

まず、JEITA による定義は、標本化周波数、量子化 bit 数のいずれかがリニア PCM に換算して CD スペック(ただし、JEITA のそれは 44.1〜48 kHz／16 bit)をこえていればよいとしています。

一方、JAS は、「録音、及び再生機器並びに伝送系」について以下のように言及しています。まず、音声データのフォーマットについて、リニア PCM(ファイル形式 WAV)とその可逆圧縮フォーマット(ファイル形式 FLAC、Apple Lossless、AFF など)に加えて、DSD フォーマット(DSF、DSDIFF、WSD)をハイレゾの範疇に含めています。機器については、〈ディジタル機器〉とともに〈アナローグ機器〉が取り上げられていることが注目されます。それによれば、

1. 録音マイクの高域周波数性能——40 kHz 以上
2. アンプ高域再生性能——40 kHz 以上
3. スピーカー・ヘッドホン高域再生性能——40 kHz 以上

とあり、ハイパーソニック・エフェクトの発現可能性をもった周波数領域(40 kHz 以上)を限界的ながら射程に収めているといえます。しかし、アナローグ録音機器やアナローグ記録媒体への言及はありません。

実はこの空白地帯に、ある意味でハイレゾの真髄を開花させる性能が潜んでいるのです。時の流れに埋もれようとしているそれらの情報のなかに、魂を天外に翔ばすハイレゾを創るにはどうすればよいのかの貴重なヒントが実に豊かに蓄積されています。それらは、ハイレゾに圧倒的な魅力をもたらし、尽きることのない需要を喚起するに違いありません。すこし回り道になるかもしれませんが、それら至宝のような情報・知見について、やや立ち入って

注目することにします。

　まず、往時のスタジオ用磁気式アナローグ・テープレコーダーについて簡略に述べ、続いてLPレコードについてやや詳細に述べます。スタジオ用アナローグ・テープレコーダーは、1/4インチ幅の磁気テープを使ったステレオタイプや、2インチテープを使う24チャンネル・マルチトラックタイプなどが標準的に使われたほか、1トラックの幅を2倍にした1/2インチステレオタイプなど複数の仕様のものが使われています。レコード会社の録音スタジオなどでは、これらを秒速76 cmといった高速で走行させていました。これらのアナローグ・レコーダーが現役として活躍していた1980年代には、超高周波伝送性能にかかわる計測手段がまだ十分整備されたとはいえない状況でした。そのため、こうしたレコーダーの実力がはっきりわかってきたのは、それらアナローグ機器類が終焉を迎えたあとの、21世紀になってからといえるでしょう。その周波数応答は、驚くべきことに、100 kHz付近にまで延びていたのです。これは、PCM方式のハイレゾ規格だと標本化周波数192 kHzに相当し、周波数応答において押しも押されもせぬハイレゾの水準に達していたものといえます。そしてこのことは、往時のアナローグ・マスターテープのなかに、聴こえない超高周波を含むハイパーソニック・サウンドがアーカイブされていた可能性を示唆するものです。

15…2　LPレコードという名のアナローグ・ハイレゾリューション・メディアが潜ませていた驚くべき実力と実績

　音声信号の記録媒体としてLPレコードが具えていた実力は、これも超高周波領域に対する計測手段が充実してきた現時点で再評価すると、記録・再生が可能な超高周波数応答における優越性が認められます。優れた製造環境に恵まれたLPのなかには、100 kHz程度まで記録・再生することができ、PCM方式によるハイレゾの192 kHzサンプリング規格に匹敵し、あるいはそれを上廻るような性能を示すものがあったのです。つまりこれは、JEITA

およびJASのいうハイレゾの周波数の資格をアナローグでありながら優に満たしていたということができます。

　第2章3節でやや詳しく述べたように、私自身、ひとりの作曲家兼指揮者　山城祥二としてCDというメディアのために創った作品『輪廻交響楽』において、同一のアナローグ・マスターから造られたLPとCDとのあいだに、あまりにも大きな「響き」と「感動」の違いが現れることを体験し衝撃を受けました。LP音の玄妙不可思議な美しさ豊かさそして感動が、CDから聴こえてくる「同じ音」では一転して無味乾燥な、そして無感動なものに変わっていたのです。しかし、当時の(一部では現在も)常識として、そのような「非科学的」なことがあってよいはずがないと考える人びとが圧倒的に多数でした。なぜなら、CDはLPのもつさまざまな欠陥や限界を新しい科学技術を活かしてことごとく合理的に克服して登場した「夢のレコード」であったからです。

　では、CDはLPよりもどこがどのように勝れているのでしょうか。まず、LPのように音溝を針でなぞるという機械的接触をしないので、針音(スクラッチノイズ)がせず、振動データの読み取りも離散的な数値を光が読み取るという方式によってきわめて正確であるうえに、読み取りの誤りを修正する働きももっています。盤に刻まれた肝心の音のデータが摩耗することもありません。埃にも外部からの振動にもよく耐えます。ワウ・フラッター(回転むらに起因する音の振れ)も出力する音には影響しません。過渡的応答(トランジェント)も針やカンチレバーといった物体を動かさないですむCDの方が優れていることはいうまでもありません。ダイナミックレンジは、LPの約65 dBに対してCDは96 dBに達しており、CDのそれはLPを足元にも寄せ付けません。ステレオ録音の質にかかわる左右チャンネルのセパレーションは、1本の音溝から2チャンネル分の音声信号をひろうLPレコードでは、左右チャンネル間の〈クロストーク〉が避けられないのに対して、CDでは原理的に問題になるレベルのクロストークの発生する余地がありません。このような再生音の質そのものにかかわる優越性の他、CDではリモートコントロー

ラーを使って秒単位の正確さで音の「頭出し」ができるランダムアクセスという、LPのマニュアル操作では困難な機能も可能になっています。

このように並べてみると、CDは、LPはもとよりそれまでのすべてのオーディオメディアを大きく凌駕する、「夢のレコード」の名にふさわしい存在として登場したことは確かだといえましょう。そして、これらの機能的優越性について理解をもつ人びと、とりわけ一定水準以上の知識・教養があり、科学性に裏打ちされた(いうならば「言語性脳機能優越型」の)良識的、合理的な思考を常とする「民度の高い」人びとにとって、このような科学技術的背景をもつCDはすんなりと受け入れられていったわけです。そうした人びとの非常に大きな部分が、「LPよりもCDの方が音がよいはず」という観念に支配され、そういった先入観でLPとCDとを比較してCDに軍配を上げる、という現実的結果を導いたように見受けられます。さらにやっかいなことに、厳密な心理実験の手法を採らず、単純なやり方でちょっと聴き較べると、CD再生音の方がLP再生音よりも鮮明なよい音に聴こえるケースも確かにあったのです(本章3節)。

ここですこし視点を変えます。この社会のなかでマイノリティーと呼ばれるかもしれない、現代人としての合理的な脳機能体系を共有しているか否かとは関係なく、職業的な背景から、暗黙知的な非言語性脳機能を生存戦略として磨いてきた人びとが存在します。一流料亭の腕の立つ料理人や商業音楽スタジオの売れっ子のエンジニアなどに、その例を見ることができるでしょう。その特徴は、[理屈はどうであれ、うまいものはうまい、まずいものはまずい]のであって、まさしく「味」だけがすべての出発点であり帰結点になるという世界像のもち主たちです。そして、「食の料理人」も「音の料理人」もともに、知識、合理、論理にまったく影響されることなく「味」という暗黙知の世界を自在に生きることのできる人材だけが淘汰に耐えて成功者として生き延びていく、という傾向がはっきり見られます。

前に述べたように、私は、音楽家 山城祥二として幾度かこうした世界像

をもつ人びとと一緒に音楽を制作する過程を通じて、非言語性脳機能の支配する暗黙知的な世界像を知らず知らず身につけてしまっていたようなのです。それをひとことでいえば、論理性、合理性などの言語性脳機能とはまったくといってよいほど独立に働くことのできる、美、快、好、感動などに反応する感覚感性──脳の働き──に目覚めたことといえるでしょう。それは科学者大橋 力と心身を共有しながら、それにもかかわらず、音の料理人としての世界像のもとにものを視、聴き、味わうことを可能にしていったのです。

　そうした山城祥二にとって、『輪廻交響楽』のLPの音は、完全無欠とはいえないにしても疑いもなく自己の作品として納得できる響きと感動とをもたらすのに対して、CDの音は無機的でよそよそしく、無感動に響く、という「生命現象」としての違いをもたらしました。

　それは、同一人格を構成する科学者 大橋 力をして、理論的にはこれほどまで圧倒的に性能の優越しているCDがLPに一歩を譲る唯一のスペック、[超高周波の再生性能]へと思考の矛先を向けさせることになりました。そして、1990年代のはじめころから、そうした問題意識のもとにLPとCDとを直接・間接対峙させつつ、PETによるRI（ラジオアイソトープ）を使った非侵襲脳機能計測を頂点とするさまざまな研究を展開しました。そのなかで、いわば実証に徹して真実を究明していくことに努めたのです。

　なお、この究明のための音源として、問題の発端になるとともにその後の研究に耐える世界でもトップクラスの制作工程と品質管理を実現していたビクター音楽産業株式会社(当時)制作の山城祥二作曲『輪廻交響楽』のLP(VIH-28257)とCD(VDR-1200)との双方が存在していたことの効果は絶大でした。これらをゆるぎない対比材料として確保し、それによって高度に厳密な比較実証実験を遂行できたことは、このうえもない僥倖といわなければなりません。

　この作品では、一般のクラシック音楽やポップスよりも音響的な処理が難しい非西欧圏の民族唱法の声や民族楽器の音が多く取り上げられ、CDのダイナミックレンジの大きさ、過渡応答の忠実さ、情報読み取り精度の高さな

どのアピールが企てられました。バリ島の青銅製の打楽器アンサンブル〈ガムラン〉、同じく竹製の打楽器アンサンブル〈ジェゴグ〉をはじめ、日本の〈三十弦〉(琴)、〈鹿踊の太鼓〉、〈声明〉の声などを積極的に使いました。これらはいずれも、超高周波成分を豊かに含んでいます。

　それらを収録するマイクロフォンとしては、B&K 4007、同 4006、NEUMANN U57、SCHOEPS 269、同 U54、同 U5 など、高性能のコンデンサーマイクロフォンを選択しました。一部にダミーヘッド・マイクロフォンも導入しています。

　ちょうどアナローグからディジタルへの転換のさなかにあったこの時期を反映して、四つの楽章からなるこの楽曲の1、2、4楽章はアナローグ・マルチトラックレコーダー OTARI MTR-90 II-24 を、3楽章だけはディジタル・ステレオレコーダー VICTOR DAS-900 を使って収録しました。ミックスダウン(2チャンネルステレオへの編集)は日本に初めて輸入された当時最新鋭のソリッドステートロジック(SSL)社製アナローグ・ミキシングコンソール SSL-4000E によって行いました。そのアナローグ・マスターデータを、並行して、一方ではアナローグ・テープレコーダー STUDER A-80 に記録して LP 用アナローグ・マスターを造り、もう一方ではディジタル・テープレコーダー DAS-900 に記録してディジタル・マスターを造り、カッティング(製盤)工程に進めました。私はこれらの工程のすべてに作曲家・指揮者の立場で立会い、作業に参画しています[1]。

　このようにして造られた『輪廻交響楽』の LP と CD とを、1990年代になってから、いろいろな角度からくわしく比較検討し、誕生のときに味わった両者のあいだの衝撃的な美と快と感動の違いについて、できる限り厳密詳細に吟味してみました。

　まず、記録されている音の周波数構造を比較しました。そのために、この楽曲の中からその第2楽章中の一楽曲「金剛明咒」を実験材料として選びました。この楽曲は、日本の声明と仏教儀式用の打楽器〈銅鑼〉や〈鐃鈸〉、そしてバリ島のスマルプグリンガン様式のガムラン・アンサンブルで使われる、

〈ゲントラック〉という真鍮塊から削り出した多数の鈴を集めた超高周波の強力な発生が期待される楽器が使われています。このLPの再生には、ベルトドライブ式LPプレイヤー MICRO SX8000 II を使い、ピックアップカートリッジとしては、DENON DL-103LC-OFC、DENON DL-1000A、SATIN M-21P を使いました。また、CD の再生は CD プレイヤー VICTOR XL-Z711 を使いました。これらが再生する音の周波数の計測は、FFT アナライザー小野測器 CF-360 を用い、LP と CD の再生音を直接取り込んでパワースペクトルを求めました（ウィンドウ関数：ハニング・ウィンドウ、最大分析周波数帯域：100 kHz、周波数分解能：125 Hz）。

　まず、楽曲中でガムラン楽器のひとつゲントラック（鈴の集まり）が鳴らされている箇所の再生信号をLPはカートリッジDL-1000A、CDはプレイヤー VICTOR XL-Z711 を使ってくり返し約1分間にわたって取り込み、その時間平均パワースペクトルを求めて、図15.1に示す結果を得ました。図に示すように、20 kHz あたりまでの周波数応答には両者のあいだには大きな差は認められません。ところが、CD の再生上限周波数 22.05 kHz を境に両者のあいだにはきわめて大きな違いが現れます。CDが規格通り 22.05 kHz 以上ではすこしの再生信号も出力しないのに対して、LPはそうした帯域にも明瞭な再生信号の存在を示し、しかもそれは、微弱ながら 100 kHz をこえる勢いをみせています。ハイパーソニック・エフェクト研究はいたるところで謎や驚きに出逢うのですが、この計測結果も大きな驚きのひとつです。

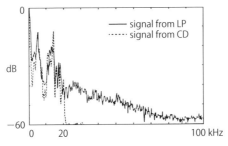

図 15.1　『輪廻交響楽』から LP と CD との〈ゲントラック〉再生音（電気信号）のスペクトル（FFT）の比較[1]

期待はしていたものの、まさかこれほどの結果が現れようとは思い及びませんでした。この結果から、この楽曲は超高周波成分を豊かに含み、実験材料として注目に値する適切なものと判断しました。

次に、上記のゲントラック音を含む楽曲「金剛明咒」全曲180秒間について、プレイヤー VICTOR XL-Z711 を使った CD からの再生音と、3種の互いに異なる機種のカートリッジ、DENON DL-103LC-OFC、DENON DL-1000A、SATIN M-21P をそれぞれ使った LP からの再生音とを比較しました。

図15.2から図15.4に示すように、どのカートリッジを使って LP を再生した場合にも、CD の同一箇所の再生周波数上限 22.05 kHz を明らかに上廻る電気信号を再生していました。それらは、起伏があり無音部分も含む 180 秒間に及ぶ「金剛明咒」全曲の平均値として、もっとも高域応答の低い DENON DL-103LC-OFC であっても 40 kHz をこえ、DENON DL-1000A と SATIN M-21P では 60 kHz をこえるほどの信号を再生しています。また、DL-1000A の再生信号が 22 kHz 以下の帯域で示した CD 再生信号との驚くべき一致は、このカートリッジの再生周波数応答の忠実度がきわめて高いことを反映しています。さらに、M-21P が 30 kHz 以上の帯域に示すパワーの豊かさも、サテン(繻子)の衣ずれを思わせるその音色から、注目に値します。

以上の検討によって、LP というメディアは 100 kHz に及ぶ振動の情報を再生可能な状態で記録できていることがわかりました。つまり、LP は、192 kHz サンプリング PCM ハイレゾ並みの周波数応答をもった、極上ともいえるハイレゾリューション・メディアだったのです。

15…3　LPの音とCDの音とでは音の聴こえ方も脳の活性も違ってくる

では、そうした LP から再生される音と CD から再生される音とでは、人間に対する影響に果たして違いがあるのでしょうか。それともそれらは人間には何の影響の違いも導かないのでしょうか。続くステップとして、このことを吟味しました。

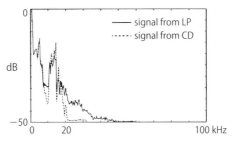

図 15.2　カートリッジ DL-103LC-OFC 再生電気信号と CD 再生電気信号とのスペクトルの比較（FFT）[1]

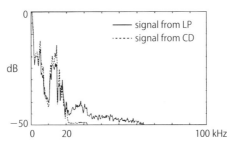

図 15.3　カートリッジ DL-1000A 再生電気信号と CD 再生電気信号とのスペクトルの比較（FFT）[1]

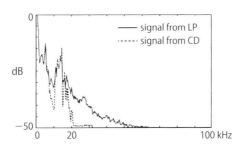

図 15.4　カートリッジ M-21P 再生電気信号と CD 再生電気信号とのスペクトルの比較（FFT）[1]

　まず、生理的な影響が同じか違うかを、基幹脳とその傘下の神経回路網総体の活性を包括的に反映する〈深部脳活性化指標〉（脳波 α 波ポテンシャル）で調べました[2]。音源としては、前の実験と同じ『輪廻交響楽』の第 4 楽章「転生」から、〈鼓動のバリエーション〉〈幻視のガムラン〉と続く 160 秒間を使いました。この部分は、バリ島の巨竹打楽器アンサンブル〈ジェゴグ〉、同じく青銅の打楽器アンサンブル〈ガムラン〉、〈声〉、そして〈シンセサイザー〉な

どの音源を使って多彩に構成されています。

　そのLP再生音の人間への生理的影響を調べるにあたって、たいへん困った問題に遭遇しました。それは、LPからの再生という人間の手指を微妙に使った繊細な操作が、この実験が要求する水準の厳密な再現性をとうてい実現できない、という現実的な、そしてきわめて深刻な問題です。この問題はやり方を次のように工夫して解決しました。LPをカートリッジDENON DL-1000Aで再生した電気信号と、CDをSONY CDP-X555ESAプレイヤーで再生した電気信号とをそれぞれ、1.92 MHz標本化1 bit量子化の性能をもつ高速標本化1 bit量子化レコーダーYAMAHA DRU-8改造機(早稲田大学 山崎芳男教授(当時)に手造りいただいたもの)に一旦ディジタル記録し、このリソースから同一データを統計処理が可能な同一条件で何度でもくり返して再生可能ならしめる、という方法です。

　このレコーダーに、①DL-1000AカートリッジによるLPの再生信号〈LP-FRS〉(LP-フルレンジ音)、②SONY CDP-X555ESAによるCDの再生信号〈CD音〉、③①からその22 kHz以上の高周波成分をローパスフィルターでカットした信号〈LP-HCS〉(LP-ハイカット音)の3種の信号を記録しました。この③を設定した理由は、①と②の比較だけでは、第一に超高周波があるかないか、第二に信号処理がアナローグかディジタルかという二つの条件の違いを区別できない系となってしまうためです。そこで③を加えて三者を比較することによって、周波数成分の差の影響と信号処理方式の違いの影響とを区別できるようにしました。

　呈示音の再生系は、いつも私たちが使うバイチャンネル再生系で行い、脳波α波ポテンシャルの計測もいつも通りテレメトリー方式で行いました。また、頭頂部(Pz)を中心とする頭皮上1/3の面積を占める領域からのデータを対象にしてα波ポテンシャルの平均値を算出し、深部脳活性化指標を導いています。これらを含む実験条件はすべて、これまで述べたものと同じです。

　実験に先立って、このシステムで実験参加者(以下、被験者)が着席したとき

の耳の位置に到達している各呈示音の状態を計測し、図15.5を得ました。図に示すように、LP再生音は、160秒の平均値として40 kHzをこえる高周波を被験者に到達させており、ハイパーソニック・エフェクトの発現を可能ならしめるものです。CD再生音は約22 kHzまでの成分しか伝達させません。LP-ハイカット音もCD音とほとんど同じようなスペクトルを示しています。これらにより、この実験に適切な条件が設定できたと判断されます。

以上の条件下で、音呈示開始後60秒目から150秒目までの90秒間の全被験者の等価脳波 α 波ポテンシャル平均値から作成したBEAM(脳電位図)を図15.6中段に、その頭頂部を中心にした頭皮の1/3領域からの脳波 α 波ポテンシャルから求めた深部脳活性化指標を下段に示します。被験者は8人(男性5人、女性3人)です。

図に見られるように、基幹脳の活性は、アナローグ(LP-ハイカット)かディジタル(CD)かという信号処理方式の違いの影響はほとんど受けません。それは超高周波成分を含む(LP-フルレンジ)か含まない(LP-ハイカット)かに依存してはっきりと変化し、超高周波の存在下にそれが顕著にしかも統計的有意($p<0.05$)に高まっていることがわかりました。同時に、CD音とLP-ハイカット音とがほぼ一致した値を示したことが注目されます。

それでは、肝心の音の聴こえ方は、LPとCDとで、あるいはアナローグとディジタルとで、または超高周波のあり／なしで、どのように違ってくるのでしょうか。こうした問題を扱うのに適合性の高い〈シェッフェの一対比

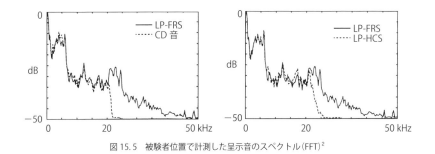

図15.5 被験者位置で計測した呈示音のスペクトル(FFT)[2]

較法〉を使って調べてみました(方法の詳細は文献[3]をご参照ください)。〈評価語対〉は図 15.7 に示す 20 対を用意し、評価尺度は 5 段階としました。呈示音の長さは CCIR の勧告が 20 秒以内としているのに対し、私たちは第 6 章で取り上げた〈二次メッセンジャーカスケード〉の存在による脳の働きの遅延・残留を考慮して、勧告よりも 8 倍長い 160 秒間に設定しています。こうした条件のもと、被験者 10 人(男性 5 人、女性 5 人)による評価実験を行い、図 15.7 に示す結果を得ました。

　この実験からも、いくつかの重要な情報を得ることができます。まず、LP-フルレンジ音と CD の音とは、普通の日本人を集めた被験者たちに、確かに、互いに違って(統計的有意に違って)聴きわけられています。その内容は、[LP の音は CD の音よりも、より柔らかく($p<0.01$)、より厚く／耳当たりよく／うるおいがあり(以上 $p<0.025$)、奥行きがあり／雰囲気が豊か(以上 $p<$

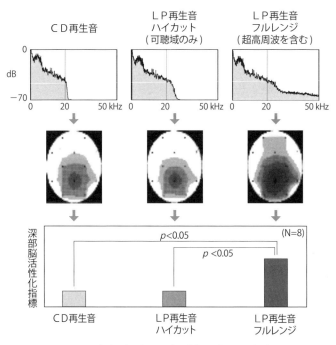

図 15.6　超高周波を含む LP 音は基幹脳活性を増強する[2]

0.05)に聴こえる]をはじめとする、全面的にポジティブな答が得られたのです。これらは全体として、LP音の美しさ快さ好ましさを反映しているといえるでしょう。

この結果は、非常に深刻な問題を内蔵しています。なぜなら、この章の2節でやや詳しく述べたように、CDはSN比、ダイナミックレンジ、トランジェント、情報の読み取り精度など音質を劣化させるLPの限界のほとんどすべてを克服し高音質を保証しているからです（表15.1）。それゆえCDはLPよりも音質が優れていることこそあれ、LPに劣ることはありえないはずです。欠陥だらけのLPレコードに較べて、それらのすべてを改善したCDの

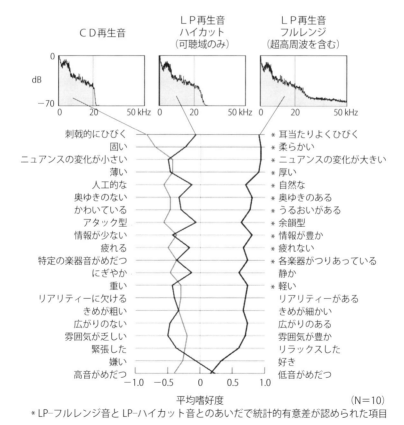

図15.7　超高周波を含むLP音は美しく快く好ましく響く[2,4]

音質の方が劣るということは、とうてい考えられません。ただし、人間に音として聴こえないゆえに無関係であろうと誰もが信じている超高周波をLPが録音再生でき、CDにはそれができない、という一点を除いては……。

　表15.1にまとめたように、音質に影響を及ぼすほとんどの性能においてCDはLPに対して圧倒的に優越しており、それらはLPの音質にとって大きなハンディキャップを形成しているはずです。ところが、伝送周波数上限というワンポイントだけが優位に立ったLP-フルレンジ音が、実際の音質では、表15.1に列挙した多大なハンディキャップの重圧をはねのけて図15.7に示す著しい優越性を示しているのです。しかもそれは、ハイパーソニック・エフェクトの発現を反映した深部脳活性化指標の統計的有意性をもった増大（図15.6）によって強力に支持されています。

　LP-ハイカット音がCD再生音と同様に、深部脳活性化指標と音質評価との双方でLP-フルレンジ音よりも明らかに、そして顕著に劣った結果を示したことは注目に値します。ちなみに、LP-フルレンジ音とCD音との音質を比較した心理実験で統計的有意差を示した7項目のうち6項目までが共通

表15.1　LPとCDとの性能の優劣と音の心理・生理評価

項目	LP-FRS フルレンジ	LP-HCS ハイカット	CD
SN比、スクラッチノイズ	劣	劣	優
ダイナミックレンジ	劣	劣	優
トランジェント	劣	劣	優
ワウ・フラッター	劣	劣	優
クロストーク	劣	劣	優
読み取り精度	劣	劣	優
伝送可能な周波数上限	優	劣	劣
心理評価 （シェッフェの一対比較法）	優	劣	劣
生理評価 （深部脳活性化指標）	優	劣	劣

して、LP-ハイカット音とのあいだでの「音の違い」に統計的有意性を示しています(図15.7)。このようにLP-ハイカット音がCD音とほとんど同じ聴こえ方をしていることからも、この音の聴こえ方の違いは[LP-アナローグ vs. CD-ディジタル]という信号処理方式の違いに基づくものではなく、[LP-超高周波を含む vs. CD-超高周波を含まない]という周波数成分の差に基づくものであることが明らかです。

脳波α波ポテンシャルに基づく深部脳活性化指標を使った生理実験と、信頼性の高いシェッフェの一対比較法による心理実験という実証性の強固な二つの実験の結果がともに、性能が劣っているはずのLP-フルレンジ音のCD音に対する優越を告げていることの意義は重大なものがあります。つまり、超高周波まで再生できハイパーソニック・エフェクトが発現するということは、それほど強力に、人間へのポジティブな効果を導いていたのです。

しかし経験的には、〈二次メッセンジャーカスケード〉現象(第6章)などに配慮した厳密な実験でなく、LP音とCD音とを短時間で単純素朴に切り換えて聴き較べると、CDの方が鮮明でよい音に聴こえることがしばしば起こる、という事象があることも否定できません。この謎は、次の実験でおおむね解けたのではないかと考えられます。

LP再生音とCD再生音とのそれぞれが、音呈示過程を通じて深部脳活性化指標をどのように変化させるかを追跡すると、図15.8のようになります。ここで注目されるのは、音呈示開始直後から30秒時点まではCD再生音の方がLP再生音よりも高い深部脳活性化指標を示したのち、音呈示開始後30秒目から60秒目までの時間領域でそれが逆転し、以後時とともにLP音条件下で被験者たちの深部脳活性化指標が高い値をとる一方、CD音条件下の深部脳活性化指標が低下し続けていることです。その差は一方向性に大きくなっています。深部脳活性化指標は、音の美しく快適な受容をよく反映します。したがってこれらのデータは、[CD再生音は聴き始めはLP再生音よりも美しく快く好ましく聴こえるものの、連続して聴いている時間が30秒から1分をこえるとそれが逆転してLP音の方がより美しく快く好ましく聴

こえるようになる]という経過が辿られることを示唆しています。CD音のもつこの「聴いた瞬間のよい音の感じ」が人びとを幻惑させ、「CDの方が音がよい」という判断を導いた可能性も無視できません。別の角度から観ると、この遅延して発現するLP再生音による美・快・好感形成は、この反応が二次メッセンジャーカスケードによる時差を伴うハイパーソニック・エフェクトの一環として現れたものであることを支持しています。

　以上、同じアナローグ・マスターからつくられたLPの再生音とCDの再生音とを直接対峙させた脳波を指標とする生理実験、およびシェッフェの一対比較法による心理実験は一致して、LP再生音が被験者たちにハイパーソニック・エフェクトを発現させうるのに対して、CD再生音ではそれを発現できないことを反映する結果を示しています。しかもそれは、CDが実現していたであろう高いSN比、ダイナミックレンジ、トランジェント、情報の読み取り精度をはじめとするもろもろの音質改善効果から導かれるLPにとっての大きなハンディキャップをはねのけてあまりある美・快・好感形成をLPが実現していることを、雄弁に物語っています。このような理由によって、LPの優越性を、その再生音に含まれる超高周波に起因するハイパーソニック・エフェクトの発現に求めることは、もっとも自然であり、妥当であり、合理的でもあるでしょう。そしてこの認識は、ハイレゾオーディオに大きな展望をもたらすものとなるのです。

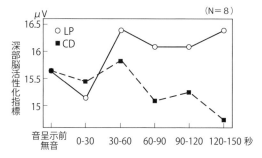

図15.8　同じアナローグマスターから造られたLPレコードとCDとの再生音を聴いた人たちの深部脳活性化指標の時間的変化[4]

15…4 〈マニア〉たちの脳科学 ── 欲望脳機能の頂点〈飽和することのない自己実現の欲求〉

　LP 再生音の CD 再生音に対する美・快・好感度にわたる優越性の背景は、その豊かな超高周波の存在によるハイパーソニック・エフェクト発現にある可能性が否定できないものとなりました。それは、LP レコードをこよなく愛好したオーディオマニアと呼ばれる人びとについて、このことを主題にした脳科学的アプローチを可能にします。私たち自身が行った PET 実験などの知見から、その脳内メカニズムは以下のように想定できます。

　[実験に使った LP の音に豊富に含まれている高複雑性超高周波が、共存する可聴音との相互作用によって、聴く人の基幹脳の血流を高めて、この部位の活性化を起点とする一連のハイパーソニック・エフェクトを発現させる。このとき基幹脳中の〈中脳腹側被蓋野(ふくそくひがいや)〉を拠点として〈前頭前野〉〈前帯状回〉などに展開する A-10 神経系 ──〈ドーパミン〉を神経伝達物質とする〈報酬系〉のネットワーク ── が組織的に活性化し、美しさ快さ好ましさそして感動などの生理的・心理的報酬を形成する。それらの報酬は〈入力〉すなわち〈呈示音〉にかかわるものとして認識され自覚されることから、LP の音は CD の音よりもより美しく快く好ましいという反応が統計的有意性をもって検出される]というメカニズムです。この LP にのみ含まれる超高周波が惹き起こす、基幹脳の賦活を起点とするハイパーソニック・エフェクトの発現こそ、人間の美と感動の脳機能を直撃するものであり、これからのハイレゾオーディオを繁栄に導く古くて新しい要因といえるでしょう。

　このことを観点を変えて考えると、かつて LP 全盛時代に起こった白熱的といっても過言ではないオーディオブームの根底には、優秀な LP というコンテンツと優秀な再生装置とが生み出すハイパーソニック・サウンドが惹き起こしたハイパーソニック・エフェクトによる報酬系、とりわけドーパミン系の活性化があったに違いないというシナリオが浮かび上がります。覚醒剤やコカインのターゲットでもあるドーパミン系の働きの特徴は、快感の形成とともに、それを求める欲求を惹き起こすことにもあるからです。

ここで、人間の脳に生起する「欲求」が大きく二つに類別できることに触れます。伊東俊太郎 東京大学名誉教授は、そのひとつを〈ブゾワン〉(besoin)、もうひとつを〈デジール〉(désir)と類別しました[5]。ブゾワンは、人間という生命が生存するうえで必要不可欠なものを求める欲望なのですが、その必要性は有限で、ある量が与えられると欲求は飽和して消えてしまいます。これには〈食〉や〈性〉などが該当します。それに対してデジールの対象は、人間という生命にとって生存上の必要性はまったくありません。そうでありながら、その欲望はひとつ手に入れるともっと良いものがもっと数多く欲しくなり、決して飽和することがない、つまり「きりがない欲求」なのです。〈ハイファッション〉や〈スポーツカー〉などへの嗜好が該当するでしょう。一度ハマったら加速の一途をたどるこの欲求の発生源は、ドーパミンが神経伝達物質になっている報酬系なのです。

　伊東の注目した欲望の二つの種類をさらに細かくしたようなモデルが、20世紀の中ごろ心理学者アブラハム・マズローによって創られています。彼は、人間を行動に誘（いざな）う要因を階層化した〈人間の動機理論〉[6]を立てました。人間の〈基本的欲求〉(伊東のいうブゾワンにおおむね該当)は階層化している、とし、もっとも基層をなす第一階層を〈生理的欲求〉、次の第二階層を〈安全の欲求〉、第三階層を〈所属と愛の欲求〉、第四階層を〈承認(自己評価と他者からの尊重)の欲求〉とし、これらと一線を画する最上位の第五階層を〈自己実現の欲求〉と定義しました。そして、例外の存在は認めながら、より下位の欲求が満たされたときに初めて次の階層の欲求が現れ、人はその欲求に支配される、と指摘しました(図15.9)。いわく「基本的に満たされた人がこれらの欲求をいだくとすれば、それは腹一杯の人に飢えがあり、一杯のビンにアキがあるといったようなほとんど形面(而)上学的意味においてのみである」[7]。……とするならば、最上位の自己実現の欲求が満たされたということは、すべての欲求が飽和し、消えてしまっていることを意味するのでしょうか。

　このことについてマズローは、別の仕組の存在を唱えているのです。すなわち、「普通の人々にとって、動機とは自分たちに欠けている基本的欲求を

満足させようとする努力を意味する(大橋注：伊東のいうブゾワンを満たすことに該当)。ところが自己実現者の場合は実際のところ、基本的欲求の満足においては何ら欠けるところはないのであるが、それにもかかわらず彼らには動機が存在している。普通の意味ではないが、彼らは働き、試み、そして野心的である。彼らにとっては、動機となっているのは単に人格の成長であり、性格を表現することであり、また成熟や発展である。すなわち、一言で言えば自己実現なのである」[7]といいます。マズローによれば、このような性質をもった自己実現の欲求には、〈飽和点〉というものがありません(図15.9)。飽和点をもたないことに加えて、[生存上なくてはならないものではない]という点でも、マズローの自己実現と伊東のデジールとは共通しています。しかし両者の本質は、まさに真逆なものといえるのです。マズローの記述がいうところの〈自己実現〉の内容を探ると、そこにはデジールと根源的に異なる[真・善・美への希求]や[利他的思考・行動]などに象徴される高貴で高邁な世界像が描き出されます。それは、人類の脳の本来の設計に沿った次元の高い生存戦略といえるでしょう。

このような欲望の階層構造、そしてその頂点をなす決して飽和することのない自己実現の欲求の背後には、生命科学的に観てどのようなメカニズムが横たわっているのでしょうか。マズローが人間を深く観察し、その経験から想定した〈人間の動機理論〉は、現在明らかになっている脳の解剖学的および

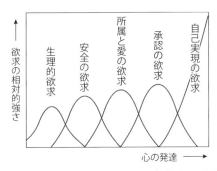

図15.9　マズローの「人間の動機理論」モデル(文献6から作図)

進化生物学的な構造の階層性や神経科学的な機能の階層性と、驚くほど調和したところをもっています。

　高等動物の発生過程では、脳の進化がひととおりなぞられるといわれています。また、もっとも進化した人類の脳では、原始的な脳から高次脳に至る進化がもたらした階層構造を見ることができることも確かです。欲求と快感によって人間の行動を駆動し制御している脳の報酬系も、その例外ではありません。先にモデル化した脳の階層構造[8,9]に沿って、報酬系の働きをあらためて眺めてみます(図15.10、図15.11)。

　脳の進化史に初めて登場し行動制御系の土台となった階層は、広義の〈脳幹〉(高等動物では中脳・間脳などが構成する基幹脳を含む)です。心臓の鼓動や呼吸など生命維持の基盤を司ることから、生命脳とも呼ばれます。並行して脳幹

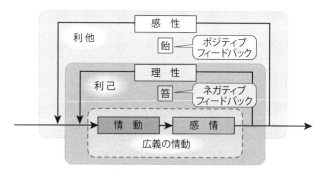

図15.10　哺乳類の行動制御系の構成(文献9から)

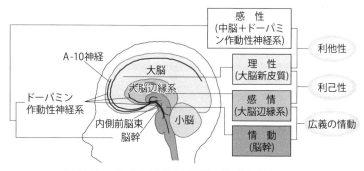

図15.11　人間の行動を制御する脳機能の階層構造(文献9から)

は、動物にとってもっとも基本的な食や性にかかわる生理的欲求の発生、そしてその成就に伴う快感の享受を司ります。

　脳幹のもつこの働きは、狭義の〈情動〉に該当します。それらは、プリセットされた行動プログラムおよびそれと結びついたもっとも始源的な快・不快反応によって、かなり自動的に働いているものと考えられます。その働きは、動物行動の原動力です。さらに、行動が首尾よく実現した場合に快感という「飴(あめ)」を与えて活性を強化する機能すなわち〈報酬系〉、失敗して身の破滅を招く前に自らに苦痛・不快という「答(むち)」を下して行動を制止する機能すなわち〈懲罰系〉の拠点も、脳幹に存在します。

　脳幹の上方を囲む大脳辺縁系は、脳幹の働きを増幅するカスケード系と見ることができます。「喜怒哀楽」といった〈気分(じょうせい)〉を醸成し脳幹の要求を自覚させて行動に拍車をかけたり、その気分を表情や音声のような視聴覚情報に変換して環境に発信し他の動物に働きかけ、己の目的達成に有利な状況を導くなどの役割を果たします。脳幹と提携した大脳辺縁系が出力するこのような活性は、〈感情〉、または広義の〈情動〉に該当するでしょう。

　魚類や両生類などでは、以上のメカニズムが行動制御の大枠と観ることができます。さらに、爬虫類、鳥類、哺乳類と進化するに従って、行動制御メカニズムは高度化していきます。たとえば感情に直線的に支配された行動が成就し難いことは、狩りや求愛行為における「猪突猛進」の結末が教えるとおりです。そうした場合に、忍耐を伴う待ち伏せや迂回、あるいは自制を伴う贈り物や愛のプレゼンテーションなど、一見脳幹の要求に逆行するようにも観える負のフィードバックを行動にかけて、成功性を高めています。これらを司っているのが、進化的に新たに開発された〈大脳新皮質〉、特に進化の進んだ高等哺乳類の脳では、〈前頭前野〉を拠点とする〈理性〉の働きです。その働きには記憶や推論などを含む高次の脳機能が反映されています。とはいえ、これら一連の仕組の真の主役は脳幹なのです。脳幹の要求を自覚させ環境へ発信する大脳辺縁系、それを安全確実に実現させるための戦略戦術を練る大脳新皮質、というように、上位脳の貢献は、脳幹の要求の実現を支援

することに本質があることを見誤ってはなりません。理性と情動とを同じレベルにある対立項として捉える一般的な考え方も生命科学的、脳科学的には正しいといえません。理性は情動のサポート機能を果たしているのが実態であることに気付くべきでしょう。

　この前頭前野という階層までの行動制御系の働きを、それらの〈射程〉という面から、一旦整理してみましょう。まず、〈脳幹-情動系〉の働きは、個体の内部環境が主たる制御対象となり、〈大脳辺縁系-感情系〉では、他の生命個体が制御対象として加わり、〈大脳新皮質-理性系〉のレベルでは、生命と生命以外の要素とを含む〈環境〉にまで制御対象が拡がる、というように、システムレベルが段階的に上昇することに対応して制御の射程が階層的に拡がっています。また、この水準までの制御システムの構成は、「自己と他者」という対峙構造をとり、制御目標はほとんど、「自己(その延長としての仔を含む)の生存値の向上」に設定されています。つまり、理性という階層までの行動制御機構の動作原理は、〈利己性〉一辺倒です。なぜなら〈理性脳〉は、〈意識〉を司る言語性脳機能を拠点に離散的要素の一次元遂次処理に傾き、単純な自己中心性、たとえば目先の利害計算などに閉塞しがちだからです。

　哺乳類の脳には、そして萌芽的ながら鳥類の脳にも、理性を超越した制御の仕組〈感性〉を観ることができます。それは、始源的な脳である脳幹から脳内各処に投射される〈広範囲調節系〉とりわけ報酬系神経回路網に属する一種のポジティブフィードバック回路で、A-10神経が典型的なものとして注目されます。中脳腹側被蓋野のA-10から発するこの回路は、高次脳の頂点に立つ前頭前野に特に濃密に展開してそのシナプス末端からドーパミンを放出し、快感という報酬を体感させます。この機構が仕掛ける快感や感動という「飴」は、投射先である前頭前野に所在する理性の働きを強く誘導することでしょう。その現れのひとつとして、マズローのいう〈自己実現の欲求〉を想定することができます。

　この系の特徴は、脳機能の頂点にある理性を担当する前頭前野へ、もっとも原始的な脳幹(中脳腹側被蓋野)から直接、制御信号を送るという回路構成に

あります（図15.11）。この仕組をつくった脳の進化は、自己を中心にその内側から対象を視るだけでなく、自己を離れた「高所」から、己と、何らかの対象と、それらを囲む環境とを過去、現在、未来に拡がる時間尺度でひとつの視野内に捉える〈メタ認識〉の視点をもつことを可能にしています。そこに構成される〈メタ世界像〉では、それ以前の進化段階にある脳で認識主体になっていた［個体を中心にした視野像］から、［己自身を含む生態系の全体像］へと一挙に射程が拡張されることによって〈大局観〉が生まれ、これに基づいて〈利他性〉への道が開かれた視野像が形成されています。それは、マズローのいう自己実現ともよく調和します。

　私たちは、もうひとつの研究テーマとして、地球生態系における、利己一辺倒の生命に対する利他性をプラグインした生命の圧倒的な優越性を解明してきました[10]。その認識からすると、卓越した真・善・美の回路 A-10 神経系をアドオン的に脳にプラグインした高等動物たちは、理性を誘導する〈感性〉という名の、利他性につながるより上位の制御回路に恵まれた存在として、にわかに煌めいて観えてきます。西欧文明の「理性を最上位に置く信仰」には甚だしく抵触するのですが……。

　行動を制御する脳機能についての私の立てた階層化モデルは、マズローの動機理論の階層モデルと興味深い共通性を見せます。脳幹の働きはマズローの生理的欲求と安全の欲求に、大脳辺縁系は所属と愛の欲求に、大脳新皮質は承認の欲求におおむねよく対応し、これらはいずれも飽和点をもちます。さらに A-10 神経による真・善・美や利他への希求を宿した報酬系という感性の回路の働きは、マズローのいう自己実現の欲求とは何かを説明する脳機能として絶好です。だとすると、真・善・美や利他を含む自己実現の欲求とその快感には飽和点というものが存在しないのでしょうか。

　この問題に新しい光を与えるであろう驚くべき知見が、近年の脳の分子遺伝学的研究から得られています。人類の脳で真・善・美や利他といった自己実現を駆動する神経回路と私が想定する、腹側被蓋野を起点とする A-10 神経は、先に述べたとおりドーパミン作動性神経系です。ドーパミンのような

快感発生性神経伝達物質を合成する神経細胞には、〈オートレセプター〉(自己受容体)という分子装置が付いています。あまりにも快感物質が造られすぎ分泌されすぎたとき、その生産にブレーキをかける仕組です。これは、欲求が十分満たされたとき、飽和状態が訪れる分子生物学的背景のひとつになっている可能性があります。

ところが、ジェイムズ・ミーダー=ウッドルフらは、特に進化した霊長類や人類に限って、報酬系のA-10神経細胞上にオートレセプターを造る遺伝子活性が発現しないことを発見しました[11]。つまり、究極的な進化を遂げた霊長類、特に人類にあっては、真・善・美や利他などの自己実現を駆動する快感の回路にはブレーキが付いておらず、飽和することがないであろう可能性が高いのです。この事実は、快感のブレーキを外した尽きることのない真・善・美の希求や利他の心を宿すまでに進化した脳をもつ者たちが、地球生命の脳進化の頂点に立っていることを示唆します。ちなみに私たちは、現存する地球生命が単細胞生物の段階から、〈利他の優越〉を普遍的に具えていると考えその根拠を示してきました[10]。

しかし、伊東の指摘した〈デジール〉のもつとめどない欲求は、〈飽和点をもたない欲求〉が、人間を自壊させる絶望的な暗黒の病理であることを訴えてやみません。この問題に正面から対峙するのを避けることは、許されないでしょう。

15…5　オーディオマニアを生み出す絶妙な脳の仕組

そもそも報酬系とは、動物が適切な行動を採ったとき〈快感〉という報酬を与えることによって、動物の行動を生存に有効な方向へと誘う合目的的な戦略のもとになる回路です。この回路が存在することによって、そうした行動を成就させ報酬としての快感を手に入れようとして、動物は全身全霊をあげて自然の摂理を読み取り、それに合致することによる必然性に裏付けられた成功性の高いふるまいを探り出し実践しようと努めます。この神経回路の本

体が中脳に拠点をもつ脳の広範囲調節系のひとつ、ドーパミン神経系で、非常に効果の高い、戦略性に富んだ行動制御系といえましょう。

ところが、この絶妙な神経回路のもつ真の存在理由、すなわち［快感という飴につられて合目的的行動実現のために動物自身が自己を奮起させ〈刻苦勉励〉する］という、［本来目的とするプロセスを、ほぼ完全にショートカットしたかたちで快感という飴を手にいれる］のが、化学物質〈覚醒剤〉摂取によるドーパミン系の直接の活性化です。薬物摂取という取るに足りないふるまいで、刻苦勉励して手に入れたと同じ至上の快感を、まったく労せずして手に入れることができます。その元凶物質〈アンフェタミン〉、〈メタアンフェタミン〉は、神経細胞から快感発生物質ドーパミンを強制的に放出させるとともに、作用し終わったドーパミンの分解・回収を妨げて快感の回路を脱制御的活性化状態に導き、快感を暴走させつつ人を崩壊に陥れます。覚醒剤は、真・善・美や利他の希求というA-10神経本来の役割とまったく無関係に、化学物質を使って強制的にドーパミン神経系を活性化し［真・善・美を追求しそれを成就することに伴う本来の快感］とまったく無関係に、その至上の快感だけを摘み取っているのです。この覚醒剤への依存は、周知のとおり、一方ならず手を尽くしても脱出できないほど強く人間を支配することがあります。コカという植物に含まれる〈コカイン〉や〈たばこ〉に含まれる〈ニコチン〉という化学物質も、これに似た作用をもっています。

これに次ぐショートカットの例が、〈ギャンブル〉です。一番負担の大きい刻苦勉励という必然性に裏付けられたプロセスを経由することなく、ほとんど無為に等しい〈賭け〉という名の［期待の設定］に置き換えて偶然に委ね、たまさか「当たり」にぶつかると、〈刻苦勉励ぬきの快感〉を味わうことができます。しかも、ここで行われる［期待の設定］は、ドーパミン系が、単に欲求の成就によって活性化されるだけでなく、［報酬が得られることを期待した思考・行動］をとっているときにも活性化されるという性質をもっていることと密接にかかわっています。さらにギャンブルに次ぐショートカットの例として、〈ゲーム〉があります。そこでは、仮想的な刻苦勉励がすこしばかり

発生します。それに対して過大な大願成就の快感を準備することによって、嗜癖性を著しくしています。これらは、ドーパミン系の特徴のひとつ、〈依存〉を導く点に特に注意が必要です。

　伊東のいう〈デジール〉は、真・善・美そして利他という自己実現像のなかから真・善・利他が脱落して建設性、生産性、倫理性などを伴わない方向へ暴走したもの、ということができます。それはまた、人類という生物に本来は存在しない人為的に生起させられた〈依存〉という名の生命現象を伴うものとして理解することもできます。しかし、薬物、ギャンブル、ゲーム、スポーツカー、ハイファッションその他のデジールといった〈高等動物本来の快感要因ではない偽装事象〉の入力によって、つまり「ニセの合鍵」を使って〈ショートカット回路〉の鍵を開け、労せずしてドーパミン神経系を活性化しその快感をむさぼることは、身の破滅を意味します。これらのニセの合鍵的事象の乱用が導く悲惨な現象は、もっとも否定されるべきものでしょう。しかし、観方を思い切って変えると、［真・善・美や利他などの自己実現に本来機能している脳機能の回路 A-10 神経を人工的に刺戟してその優越性を確認するための生体実験の結果］としてそれら悲惨な事態を解読することも不可能ではありません。それは、真・善・美や利他性を司る自己実現の脳機能がいかに凄まじい力で人間という生物を支配するかを浮彫にするからです。

　これらの「実験」から特に注目されるのは、ここで報酬系が機能する自己実現の一形態としての［利他的思考・行動の強化］です。動物本来の属性からすると、自己増殖、自己保存など生命個体の基本的な生存戦略に一見反するような〈利他的思考・行動〉は、忌避されることはあれ、好んで行われることはないはずです。そうした生き物本来の性向を打破して〈利他的思考・行動〉をあえて選択させる仕組として、かくも強力な報酬系が構築あるいは進化的に開発されてきたと考えると、その精妙さに驚嘆せずにはいられません。

　そうした眼で観ると、ドラッグやギャンブルをはじめとするもろもろのデジールは、［人間に最高の、しかも果てしない快感をもたらす優れた生存戦略である自己実現の脳機能に対し文明環境からの誤操作がもたらす、一種の

自己解体]^{5, 10}として理解することができます。そしてそれがいかに凄まじく人を「たらし込む」かは、すなわち、人間にとって自己実現という名の利他の脳機能活性化の誘惑と快感がいかに激しくいかに甘美であるかを物語るものでもあります。これらのことから、［人間は本来、真・善・美や利他を尽きることなく欲求する存在として淘汰に打ち勝って進化してきた生き物だ］、ということもできるでしょう。このように、人類の脳は窮極において利他を含む自己実現の快感にもっとも強く支配されているのならば、それは、人類にとって誇るべき進化の精華に他ならないのではないでしょうか。以上の認識をふまえて、〈オーディオブーム〉、〈オーディオマニア〉という事象について考えてみます。

　オーディオマニアという人たちは、伊東の分類に従えば、典型的なデジールに支配された人びといえます。それと同時に、マズローに従えば、典型的な自己実現者ということもできます。なぜなら、多くのオーディオマニアたちを見ると、食、性、安全、所属と愛、承認（自己評価と他者からの尊重）において大きく欠けることがなく、それらを求める〈基本的欲求〉はおおよそ満たされていて、それらに支配されているようにも見えません。ですがこの人たちは無為に過ごしておらず、常に〈オーディオ道〉ともいうべき動機 ── むしろ衝動 ── につき動かされつつ、努め、試み、なによりも求道的です。その営みは、自己のオーディオ装置というものを独自に創り上げ、その音源（レコード）も自ら収集して、それらを再生し享受する創造行為といえます。それは根底において、自己の人格の成熟や発展をめざすものであり、それを表現することにもつながっています。

　このように検討してくると、他者の創造物であるスポーツカーやハイファッションをあれこれコレクトするデジール、あるいは偽装された「合鍵」によって刻苦勉励をショートカットして快感の扉を開く〈ドラッグ〉、〈ギャンブル〉などを嗜好する人びとと、オーディオ道の本筋を行く真のオーディオマニアたちとは根源的に違っていることを否定できません。

　このような、自己実現者としてのオーディオマニアを輩出したLPレコー

ドの最盛期、それが上質のLPレコードとその再生装置の生み出す超高周波を含むハイパーソニック・サウンドによるA-10神経系——ドーパミン系の報酬系神経回路——の活性化を決定的な要因としたものであったとき、それは人間生存にとって類いなくポジティブな境地を形成していた事象として理解することができます。なぜなら、そもそもハイパーソニック・サウンドが惹き起こすハイパーソニック・エフェクトは、精神的に至高の境地を導く報酬系の拠点〈中脳〉を活性化するとともに、自律神経系・免疫系・内分泌系の拠点〈間脳〉、つまり生命力を増強する脳機能を、快感の脳機能と高度に相関した状態で一体化して活性化することが、RI（ラジオアイソトープ）を使ったPET実験に基づく〈主成分分析法〉などによって強力に支持されているからです。つまり、LPレコードの超高周波を含む再生音がハイパーソニック・エフェクトを発現させ、「心身一如」の状態で至高の生命の活性化を実現している可能性は、きわめて高いのです。

　先に述べたように、報酬系とは、生命にとってポジティブな何らかの行為の遂行とその成就とに快感という報酬を与えることによって、行動を生存上有意義な方向へと誘（いざな）う脳の仕組をいいます。であるならば、ドラッグやギャンブルなどの生命にネガティブな偽装要因による快感の誘起、あるいはデジールの標的がもたらす生命にとってネガティブではないかもしれないが決してポジティブでもなく、しかも決して飽和することはない、いわば「無限の徒労」を意味する快感の追求のいずれも、文明のもたらす不適切な入力による報酬系の誤動作、いわば文化という脳機能体系が惹き起こす自己解体と判断すべきかもしれません。

　それに対して、先に詳しく検討したLP再生音によるハイパーソニック・エフェクトが導く美・快・好感や感動という報酬は、自律神経系・免疫系・内分泌系の活性化を伴うものであり、それは報酬系本来の活性の実現に他なりません。LP再生音のなかにそれとは意識せぬままハイパーソニック・エフェクトを追求してきた少なからぬオーディオマニアたちの努力は、「聴かせたがり」——他の人とも至福の音体験を分かちあわずにいられない利他的

習性——とあいまって、まさしく自己実現そのものです。それを生命科学的にみたとき、その合理性は否定しがたいものといえましょう。

15…6　魔法のような小さい楽器〈カートリッジ〉

　このような視点を設定すると、LP黄金時代の「オーディオブーム」、「オーディオマニア」という事象を科学技術的に解読することができます。まず、オーディオシステムの入口となるカートリッジが超高周波をいかに拾うかが問題です。この分野ではブーム当時、〈オルトフォン〉(ortofon)、〈デノン〉(DENON)、〈サテン〉(SATIN)など、もの狂おしいほどの嗜好を集めたモデルたちがありました。それらは、聴こえない超高周波の再生能力に大きくかかわっていたに違いありません (図15.1〜15.4)。

　カートリッジというものは、レコードに刻まれた音溝を忠実にたどって、刻みこまれた物理的振動を忠実に電気信号として取り出す変換装置として認識されています。図15.3などを見ると、それはまさしく理論通りに実現しているかに観えます。しかし、図15.2、図15.3、図15.4を較べてみると、単に周波数応答という切口だけでも、機種による応答の違いは歴然たるものです。そして音質に影響の大きい過渡応答その他を視野に入れると、これらは、変換系(トランスデューサー)としての忠実度が決して高くない、というよりはひどく低いシステムであることを否定できません。これに対してCD再生音は、こうしたLPとは次元の異なる高忠実性を達成しているため、刻み込まれたとおりの音を再生するという、見方によっては面白味のないものになっています。このカートリッジの忠実性の限界というよりは〈低さ〉を含む独特のノンリニアーな性質こそ、実はLPレコードの再生音に特異的かつ本質的な魅力を与える源泉でもあるのです。それは、以下に述べるような不可思議な背景に基づきます。CDでは、記録された音声信号がほぼそのまま電気信号に変換されます。それに対して、LPではいくつものステップで、決して忠実性に沿わない修飾を受けます。ところがこうして起こる信号の変質

は、再生音を著しく美化する場合があるのです。

　音楽信号の伝達過程として観ると、LPレコードにはCDの電子的信号処理と本質的に異なる「仕掛け」が可能であり、それらを積極的に追求することもできます。実は、早くもカッティングやプレスという製造工程において、続いてレコードのカートリッジによるトレースという過程で、それらの修飾は無視できないレベルに達します。LPではこれらの工程で、ある波形構造は制約されたり喪われたりする一方、ある波形構造が強調されたり、マスターテープには存在していなかった要因が介入したり発現(発振)してくる場合さえあります。こうした非線形性が、設計者の意識・無意識両面できわめて積極的に追求された結果物として、千差万別のノンリニアーな特性をもったカートリッジたちがいわば「楽器」として誕生してくるのです。したがって、このカートリッジの設計段階の作業の本質は、「カートリッジという名の楽器の設計」という性格に大きく傾きます。こうして創られた［レコードに刻まれた音溝によって演奏される小さな楽器］、それがカートリッジの正体なのです。それは、聴こえない超高周波はもとより［聴こえる音たち］にも著しい修飾の効果をもたらすことができ、たとえばピアノのように、超高周波をほとんど発生しない楽器音も、美しく装うことがあります。

　後に述べるマイクロフォンにも、［生演奏音によってダイアフラムを震わせる楽器］という性格があり、このプロセスで効果的な修飾が施されることがあります。しかしカートリッジにおける修飾は、それとは比較にならない驚くばかりのスケールに及んでいるのです。

　すこし具体的に観てみましょう。まず音溝信号として存在することができてもカートリッジの発電素子を取り付けたカンチレバーがそれに追随して動けないような不自然な波動は、信号として拾えず音になりません。これは、限度をこえて不自然な電気信号がマスター音源に含まれていた場合、CDだとそのまま拾ってしまうところ、うまく造られたカートリッジはそれを拾わない(実は拾えない)ことによって、不快感をやわらげて自然に近づけるという効果につながる可能性があります。そしてさらに決定的にカートリッジの魅

力を高めるのが、振動系のもつ固有の振動特性です。しかもそれは、カンチレバーとコイルとダンパーなどで構成されるごく小さい 1 個の振動システムに集約されるため、そこに構成される響きは、善かれ悪しかれ、［ひとつのまとまった固有の音宇宙を構成する］、という注目すべき結果を導きます。こうした効果につながるミクロな部分の設計が大きく成功した場合、原信号の忠実な再生ではとうてい足元にも及ばない「天来の美音」が出現する可能性があります。それは往々にして、演奏の限界をこえて音楽の完成度を高め、作曲家や演奏者の随喜の涙をさそうケースさえありうるでしょう。

　このように、いわば決定的、支配的な性能を発揮しうるカートリッジが優秀なものであった場合、ユーザーの LP レコードのコレクションから現れる再生音は、全体として光彩陸離たるものとなりえます。そして、それとは違った別の優秀なカートリッジに換えることに成功すると、コレクションのすべては、もうひとつ別の光彩陸離の世界を構成するでしょう。いうまでもなく、カートリッジの出来が悪かったり不適合であった場合は、悲惨きわまりない事態を避けられないことにもなります。

　こうしたカートリッジの独特の働きは、LP レコードの世界を底知れない魔力の支配する深遠きわまりないものにしています。

　もうひとつの魔力の泉は、システムの出口で電気信号を空気振動に変換するスピーカー、とりわけ超高周波帯域を担当するスーパートゥイーターです。この分野では、〈ゴトウユニット〉というブランドに象徴される、当時の（あるいは今も）音響学の専門家から観ると明らかにオーバースペックのホーン型スピーカーユニット、しかも常軌を逸したと思われるほどの性能と価格に達しいわば神格化しているそれらに対して、熱狂的な支持が形成されています。そのマニアックな状態に対して、「何の科学的根拠をもたないオカルト」などの批判も盛大に浴びせられましたが、ブームはゆるぎもしませんでした。今日のハイパーソニック・エフェクトを視野に入れた認識から観ると、このことは「健全な良識派」や「専門家」たちよりも「マニア」たちの「マニアックな分別」の方が正当であり妥当であったことを物語っています。考えて

みると、LPという音源を起点とするかつてのオーディオの繁栄——オーディオブーム——は、人類にとってひとつの幸運だったのかもしれません。

　CDによって歴然と、かつ迅速に破綻させられてしまったこの幸運を、新たなオーディオブームの到来として復活させる潜在活性を秘めた注目すべき新しい音の器、それが〈ハイレゾリューション・オーディオ〉です。そしてその核心こそ、ハイパーソニック・エフェクトに他なりません。ハイレゾリューション規格で伝送可能になる高複雑性超高周波を含むハイパーソニック・サウンドは、ハイレゾコンテンツたちに窮極の美と快と感動、そして健やかな躰までをももたらす力を与えます。それとともに、尽きることのない欲求に基づく果てしない需要の創造を約束する「至宝」でもあるのです。

15…7　ハイレゾリューション・オーディオの成功を約束する周波数規格

　ハイレゾリューション・オーディオは、インターネットによる配信という流通形態をとることによって、ハイレゾリューション・メディアとしてのLPのもろもろの欠陥を克服しただけでなく、CDには手の届かなかった絶対的に優越した性能を射程におさめています。その決定的な要因は、CDには不可能なハイパーソニック・サウンドの伝送を可能にする規格をもっていることです。そして、それを具体的に実現するさまざまな信号処理上の規格が実用に供されつつあります。もちろん、それらはすべてディジタル信号処理です。現実的には、それらを含む規格の母集団は、A/D変換方式によって、二つに大別されています。

　ひとつはPCM方式によるもので、JEITAの例示によれば、

　　48 kHz／24 bit、96 kHz／16 bit、96 kHz／24 bit、

　　192 kHz／24 bit、192 kHz／32 bit、384 kHz／32 bit、

　　96 kHz／12 bit、32 kHz／24 bit

などです。これらの規格は、再生する音の上限周波数を決めます。その点で、ハイパーソニック・エフェクトの発現可能性という決定的な評価基準に基づ

いて再検討しなければなりません。周知のとおりPCM方式では〈ナイキスト周波数〉の存在によって標本化周波数の1/2の周波数までしか伝送できません。そのため、96 kHzサンプリングのフォーマットでは48 kHzまでが伝送可能になります。ところが、第7章3節に詳しい検討結果を述べたように、16 kHzから32 kHzにかけての周波数帯域はハイパーソニック・ネガティブエフェクトを発生し、この面からマイナスの作用を現す危険性を否定できません。また、32 kHzから40 kHzの帯域成分は正負どちらとも判定できず、96 kHzサンプリングの規格下ではわずかに40 kHzから48 kHzにハイパーソニック・ポジティブエフェクトの発生が期待されれるものの、全体としては、32 kHz以下のネガティブエフェクトの勢力が著しいものとなっています。つまり、96 kHzサンプリング条件下では、ハイパーソニック・(ポジティブ)エフェクトの顕著な発現は期待できません。このことから観るかぎり、96 kHzというサンプリングレートは、ハイパーソニック・エフェクトの発現という視点からはプラスの評価を下しにくく、どちらかといえば回避すべきフォーマットとするのが妥当かもしれません。

　それに対して、比較的広く使われている192 kHz／24 bitという規格は、ハイパーソニック・エフェクトを発現させる40 kHz以上の帯域成分を96 kHzまで伝送でき、特に有効な70 kHzから90 kHz周辺の帯域成分がそこに含まれうるので、十分実用水準に達しています。もちろん、より高密度の規格であれば申し分ありません。

　もうひとつの流れは、DSD方式によるものです。この方式は、〈高速標本化1 bit量子化方式〉とも呼ばれ、スーパーオーディオCD(SACD)というディスク・メディアの形態で1999年に実用化されました。現行の〈ハイレゾ配信〉では、DSD方式として2.8224(略して2.8)MHz／1 bit、5.6448(5.6)MHz／1 bit、11.2896(11.2)MHz／1 bitが実用化されています。DSD方式は、超高周波領域に良好な応答をもち音質的にも優れていることは確かなのですが、宿命的に付随する〈1 bit量子化ノイズ〉(1 bitノイズ)の影響をいかに克服するか、という問題を避けられません。

1 bit ノイズとは、DSD の $\Delta\Sigma$ 方式 A/D 変換に原理的に付随する、標本化周波数の 1/6 の周波数あたりから急増するランダムノイズで、周波数が高いために人間の耳には音として聴こえません。しかしそのエネルギーは決して無視できるものではなく、標本化周波数が相対的に低い 2.8 MHz サンプリングの SACD が実用化された初期の段階では、この聴こえない 1 bit ノイズが大量に共存したディスクからのデータをそのまま再生してしまうために（図 15.12）、超高周波領域を担当する〈スーパートゥイーター〉に過大な入力が入り、焼き切れるという事故が頻発しました。そのため、SACD プレイヤーの再生回路にこれを防止する 35 kHz～60 kHz くらいのローパスフィルターが挿入され、結果的にハイパーソニック・エフェクトの発現に有効な 40 kHz 以上の超高周波成分も除かれてしまった一種のハイカット音が再生される状態が起こっています。

　この例が示すように、DSD 方式では、標本化周波数が低いと 1 bit ノイズの周波数帯域とハイパーソニック・エフェクトを発生させるのに必須の高複雑性超高周波の周波数帯域とが重なり合ってしまい、この両者をもろともに除去するしかない、というやっかいな問題が伴い、それはハイレゾ配信においても避けることができません。

　ハイレゾ配信で DSD 方式が真価を発揮できるのは、5.6 MHz 以上の標本化周波数規格をもつ場合です。5.6 MHz 条件下での DSD では、1 bit ノイズの影響は 100 kHz くらいまでは軽少であり、しかも、実際の音源に含まれている超高周波成分と協調して音質を和らげてくれる場合もあり、そこに形

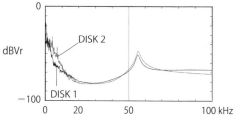

図 15.12　1 bit ノイズの多い SACD のスペクトル（FFT）の例

成される独特の柔軟な再生音は、厳密さを身上とするスタジオエンジニアリングレベルではやや「甘い」と思われるのですが、コンシューマーユースとしては申し分ありません。さらに 11.2 MHz のサンプリング周波数に達すると、1 bit ノイズは 100 kHz 以上に追い上げられてほとんど無視できるレベルとなり、200 kHz に及ぶ周波数応答と相まって、オリジナルな音源の収録やマスターテープ（マスターファイル）の編集などに真価を発揮します。

このような現状を踏まえると、「真髄」となるハイパーソニック・エフェクトを十分に活用するハイレゾリューション・オーディオのフォーマットとしては、PCM 方式としては 192 kHz／24 bit またはそれ以上、DSD 方式については 5.6 MHz／1 bit またはそれ以上の仕様をもつものが成功の条件を具えていることになります。

15…8　ハイレゾリューション・オーディオの成功を約束する音源とそれを捕えるマイクロフォン

ハイパーソニック・エフェクトをハイレゾの真髄として活用するために、そのフォーマットと同様に重視しなければならないのが、音源それ自体のもつ情報構造です。第 7 章、第 8 章で詳しく述べたように、それは、周波数構造としては 40 kHz 以上の周波数領域にひろがり、複雑性の面では〈自己相関秩序〉をもつものでなければなりません。これを周波数の視点から現在流通しているハイレゾ音源ファイルについて調べてみると、いくつかの問題を指摘しなければならなくなります。

たとえば、同じレコード会社から出版された同一楽曲の CD の信号とハイレゾで配信されているオーディオファイルとのあいだに誤差以上の差が見出されないようなものがあります（図 15.13）。このようなものの多くは、かつて CD 制作のためにソニーの 3348 マルチトラック・レコーダーやアビット・テクノロジー社 Pro Tools DAW で録音された 48 kHz／16 bit フォーマットのマスターデータそのものからハイレゾ用のオーディオファイルを造った

ものである可能性が考えられます。ハイレゾのファイルはマスターから直（じか）に配信用ファイルを造っているため、そして当然ながら高密度のハイレゾリューション規格が適用されているため、SN比、ダイナミックレンジなどが全体として高品位になっていることは確かです。しかしそれは、CDの欠陥の幾分かが軽減または解消されただけで、CDに特徴的な「冷血」を脱するには至りません。つまりマイナスがゼロに近づいたということに終わっていて、プラスの力、すなわち脳の報酬系を刺戟しドーパミンを分泌させて美しさ快さ感動の脳機能に着火するとともに、飽和することなく増殖する欲求を生み出す、という玄妙不可思議な力をもったハイパーソニック・サウンドとは無縁のままです。

　この点で、オリジナルの録音物それ自体が上質のハイパーソニック・サウンドで構成されているかどうかが決定的な問題になります。そしてこの問題は、音源それ自体とそのオリジナル録音の如何にかかっています。

　まず音源となる楽器や声それ自体に高複雑性超高周波が豊かに含まれているかどうか、という問題があります。ピアノ、ベーム式フルート、ベルカント発声法による歌声などは、ハイパーソニック・エフェクト発現に必要な40 kHzをこえる成分をほとんど含まないばかりか、ピアノやベルカントの声は20 kHzにも達しません。CDやDATと同じフォーマットになっているシンセサイザー類も、発生音は24 kHzどまりです。

　これらに対して、チェンバロ、バグパイプ、ヴァイオリンなどの生演奏音

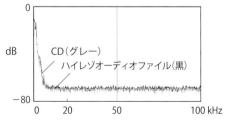

図15.13　ほとんど違いの認められないCD（グレー）のスペクトルとハイレゾオーディオファイル（黒）のスペクトルの例（FFT）

は50 kHzを大きくこえる音を発します。とりわけ西欧以外のいくつかの文化圏では、高複雑性超高周波を豊かに含む方向へと楽器を進化させてきたのではないかと推定されるものがあります。その代表例のひとつが近世の日本で、能管、普化尺八、薩摩琵琶、三味線などの例が見られます。スンダ列島の中にあるバリ島もそのひとつで、各種のガムラン・アンサンブルをはじめ、スロンディン、テクテカン（竹製でピッチをもたない打楽器アンサンブル）その他の例を見ることができます。ハイパーソニック・エフェクトの発現を目指すハイレゾのコンテンツを制作するためには、楽器が固有にもつ音がはたして高複雑性超高周波を含むものかどうかについてあらかじめ承知しておかなければなりません。

　次の大きな関門が、それらをいかに録音するかです。特に収録音の周波数上限を決めるのはマイクロフォンの固有の性能で、これを念頭に置かないと意図が達成困難になりかねません。現行のマイクロフォンの20 kHzをこえる高周波に対する応答性は、あまりにもバラエティーに富んでいるからです。

　ハイレゾ音源収録用に一般的に使われているマイクロフォンは、発電形式からみると、ダイナミック型（ムービングコイル型）、リボン型、コンデンサー型です。これらの中で、ダイナミック型は周波数の高い振動に応答することが難しく、ハイパーソニック・サウンドの収録に適しているとはいえません。リボン型の特徴は、音の過渡的変化によく追随することです。高周波への応答も原理的には決して悪くはありません。しかし、実用レベルでそれを実現しているものはきわめて稀で、Royer Labs（ロイヤー社）SF-24くらいかもしれません。これらに対して、コンデンサー型マイクロフォンの高周波振動への適合性は抜きんでています。実際、スタジオ用マイクロフォンのなかに、100 kHz付近までの応答を示すものが存在するほどです。したがって、良質のハイパーソニック・サウンドを収録するためには、コンデンサー型マイクロフォンはほとんど必須といえるでしょう。

　コンデンサー型マイクロフォンの超高周波に対する応答は、それらを創ったメーカーそれぞれのポリシーを反映して、メーカーごとに大きく異なる特

徴をもっていることに注意しなければなりません。たとえば、ナチス政権下のドイツに誕生した永い歴史と、クラシック音楽収録用マイクロフォンとしておそらく現在もっとも大きなシェアをもつ〈ノイマン社〉という存在があります。このメーカーのポリシーは、それを体現したと思われるU 87という代表的なモデルのコンデンサーマイクロフォンから推察できます。それはひとことでいえば、西欧クラシック音楽の演奏音から欠陥を抑制し長所を強調して美しい音を録ってくれるというものです。

　演奏された音楽の録音物とは、正確にいえば、生演奏の発する空気振動が揺り動かしたマイクロフォンの振動板（ダイアフラム）の震えを電気信号に変換したものです。したがって、私たちがマイクロフォンで採った音を聴く、ということは、厳密にいえば、もとの楽器や声を聴くのではなく、それらの空気振動によって震えさせられた、つまり「演奏させられた」マイクロフォンの音を聴いているのです。いい換えれば、マイクロフォンを使った録音とは、「生演奏音」という空気振動を使った［マイクロフォンという楽器の演奏音］を聴くことに他なりません。そこには、先に述べたカートリッジと同様の構造が認められます。そうであるならば、マイクロフォンとしては［入ってくる生演奏音という自分を演奏する「弾き手」がどうであろうとも、マイクロフォン自らは美しく歌わなければならない］、というのがノイマン社のポリシーといえます。主にクラシック音楽を対象にしてこうしたポリシーのもとに大成功を収めた一例が、ノイマンのモデルU 87です。このモデルは、巧みに支持体に吊り下げられた大きなダイアフラム（振動板）が、美しい固有の振動特性をもつことによってその特徴を発揮します。それは入力振動に含まれている不規則、不安定な振動を、その〈ラージダイアフラム〉（大きな振動板）のもつ固有振動によって「美容整形」します。このラージダイアフラムの構造によって周波数応答は16 kHzくらいから低下してしまうので、ハイパーソニック・サウンドを捕えるには不適です。このような性質によって、U 87は、不規則性、不安定性が瑕疵となりがちな西欧クラシック音楽の声楽や弦楽などを、実演奏よりも、場合によっては驚くほど美しく聴こえさせて

くれるのです。それは、「生演奏よりもレコードの方が音がよい」などといわれるほどの絶対的といってよい効果を発揮することがあります。

　ところが、ヨハネス・ブラームスころまでの西欧音楽に対しては比類なく有効なノイマンのマイクは、イーゴリ・ストラビンスキーあたりから後の時代の楽曲では、とりわけ民族音楽、ロックミュージック、ニューエージミュージックなどの影響が無視できなくなってくるにつれて、そしてオーケストラとともに普化尺八や薩摩琵琶などの民族楽器が使われるに及んで、U 87に象徴されるノイマンのマイクロフォンだけだとまったく物足りず、「生演奏でなければ全然だめ」といったことが起こりかねない気配が漂うようになりました。

　この空白を突くようにして現れたのが、ノイマン社と同じドイツ国籍の〈ショップス社〉のコンデンサーマイクロフォンです。ショップス社のサウンドポリシーは、ノイマン社と真逆といえるほど対照的なものです。ショップス社は実際、ノイマン社のサウンドポリシーを意識し、あえてそれと対照的な方向をめざすというストラテジーを採って成功しているのです。たとえば、ノイマンのU 87などと反対に〈スモールダイアフラム〉（小さな振動板）を標榜し、入力した音楽信号を色づけせずそのまま電気信号に変換する、というように。このようなポリシーのもとで開発されたショップス社のマイクロフォンには、初登場した1970年代のモデルのなかにすでに、100 kHzくらいまでの応答をもつものが存在していたことが、当時の録音物を取り出し計測してみることで、今にしてわかります。歴史的なアナローグ・アーカイブのなかに、こうしたハイパーソニック・サウンドとして通用する内容をもつものは決して少なくないと思われます。私自身、偶然にも、そして幸運にも、自己の作品の最初のレコーディングの時点でショップスのマイクロフォンに出逢いそれを活用することで、まったくそれとは知らずに、ハイパーソニック・サウンドをしっかりキャッチすることができました。

　なお、このノイマン社とショップス社とのあいだのサウンドポリシーの対比は、第8章の主題となった［離散的・定常的・線形的で意識性・言語性脳

機能と親和性が高い西欧近代の音楽］と［連続的・非定常的・非線形的で無意識性・非言語性脳機能と親和性が高い日本の近世の音楽］との対比に相通じるものがあります。たいへん興味深いコントラストです。

　超高周波に対して優れた応答を示す製品を提供しているその他のメーカーとして、計測用マイクロフォン製作で権威のあるメーカー、デンマークの〈ブリュエル・ケアー社〉(B&K)から独立した〈ダーニッシュ・プロ・オーディオ社〉(DPA)が注目されます。100 kHzまでの応答をもつDPA 4007をはじめ、ハイパーソニック・サウンドに対応できる有力な製品を擁しています。

　ポリシーとしてハイパーソニック・エフェクトを意識し、超高周波への応答を追究しているメーカーは、これらの他に、同じくドイツの〈ゼンハイザー社〉(MKH 8000シリーズ)や日本の〈三研マイクロホン社〉(CO-100K)があります。これらの新機軸のモデルによく目を配って、ハイパーソニック・ファクターを取り逃がさないマイクロフォンを準備しなければなりません。

15…9　録音機と編集機、特に編集の決め手となる〈アナローグ・ミキシングコンソール〉

　ハイパーソニック・サウンドのリソースとなる生音をオリジナルに録音する録音機としては、PCM方式の384 kHz／32 bitのフォーマットと、DSD方式の11.2 MHzフォーマットの録音機が非常に優れた記録・再生を実現します。これらで記録された超ハイレゾリューションの多チャンネルオーディオデータ、あるいはそれとは意識せずにハイパーソニック・サウンドを十分に捕えていたアナローグ・マルチトラックテープ・アーカイブなどを、ハイレゾ配信に対応した主として2チャンネルステレオのマスターファイルへとミックスダウン編集にかける、という課題があります。

　この工程にどのようなハードウェアを使うかが、現実的には大問題なのです。いまCDフォーマットを前提に実用化され制作現場を実質支配している〈ディジタルオーディオ・ワークステーション〉(DAW)である〈Pro Tools〉は、

出自それ自体がCDフォーマットの〈ローレゾリューション・システム〉で、ハイレゾへの対応は始まっているものの、目下のところ本格的な活用は困難です。録音機能とともに編集機能をもったハイレゾ対応のDAWの優秀なプロフェッショナル機種も、たとえば〈Pyramix〉(マージングテクノロジー社)などがプロ機器市場に現れています。それらは、かなり優れたスペックをもっています。しかし、ハイレゾの本命となりつつあるDSD方式から得られる1 bit 量子化のデータは、PCMデータのようなディジタル編集作業が現状の方式では技術的制約によって実現できません。そのため、せっかくのDSDデータを一旦PCMデータに変換して編集を行い、終了後のデータを今度はPCMからDSDデータへと再変換する、といった手だてを講じているのが現実です。ところが、少なくともスタジオレベルでの音質モニター環境では、このDSDからPCMへのフォーマット変換は、優秀なミクシングエンジニアたちの耳には不可逆的な音質劣化を導くという印象を与えることが少なくないのです。

　もうひとつDAW上の編集に難点があります。例として特定周波数の強調や減弱にかかわるイクォライゼーションのプロセスを観てみましょう。この作業は、［問題の感知と音質修正必要性の認識］、［言語機能性脳の作業による修正内容の言語記号化(データ化)とそのマシーンへの入力］、［生成物の試聴］という作業を同期して行うことによって円滑に成就するものです。しかしDAW上のディジタルな作業ではそれが円滑にできません。なぜなら、DAW上の作業は、各単位操作を独立させて逐次処理として行わなければならないためです。それは意識に残った音の〈短期記憶〉を手がかりに言語性脳機能依存の高い逐次操作(離散的数値の記号分節操作)を実行することになります。この作業は、現生人類の自然な脳活性との不一致が著しいもので、実は、ここに挙げた各単位操作を同時並行して行うことのできるアナローグ・ミクシングコンソールのもつ人類の脳機能との適合性の足もとにも及びません。CDレベルのあまり繊細鋭敏とはいえない編集ならばこれで問題はないのかもしれません。しかし、DSD 11.2 MHzレベルの圧倒的に質の優れたサウン

ドデータを優秀なシステムでモニターしつつ作業している場合には、アナローグ・ミクシングコンソールのような同時並行性をもたない DAW の逐次処理的な編集作業は、きわめて大きな頭脳的負荷となり、エンジニアの忍耐の限度をこえるほど大きな焦燥や葛藤を投げかけ、品質の劣化を招くことが起こりやすいのです。

　この二つの非常に深刻な問題は、各単位操作を同時並行させた状態でモニターしつつ実行できる優れた仕様と性能をもったアナローグ・ミクシングコンソールを使用することで解決します。とはいえ、これはこれで重く大きな課題に他なりません。それは、次のような目に見えない問題があるからです。音楽スタジオ用のアナローグ・ミクシングコンソールの世界的に有力なメーカーとして、〈ソリッドステートロジック〉(SSL)、〈エイメック〉、〈オートメーテッド・プロセスィズ〉(API)、〈フォーカスライト〉などが知られています。本格的なスタジオ用コンソールは、48 から 64 をこえるインプットチャンネルのほか、非常に複雑な機能をもったセンターチャンネルを具えているのが普通です。くわえて、各インプットチャンネルは、EQ、AUX、BUS、DYNAMIX など、個々のチャンネルごとに数十から百以上のパラメーターに達する付加機能をもっており、こうしたインプットチャンネルが何十チャンネルも並列しているのです。さらに、それらの個々のヴォリュームのレベルを操作する〈フェーダー〉は、レベルとその時間的変化を自動記録し、そのデータに従ってアッテネーション(ヴォリュームコントロール)のレベルとその経時変化を再現する〈オートメーション機構〉をもちます。そのメカニズムは、ひとつは〈ヴォルテージ・コントロール・アッテネーター〉(VCA)形式、ひとつは〈ムービング・フェーダー〉形式で、こうした重装備を背負ったミクシングコンソールの周波数性能を高く実現することは至難です。もちろん 100 kHz 超の優秀なものがある一方、CD 全盛時代に開発されたもののなかには 30 kHz 以下から応答が低下してしまうものもあるので、ハイパーソニック・ファクターが喪われてしまいます。あらかじめ確認が必要です。

　こうした問題をクリアしている高性能のアナローグ・ミクシングコンソー

ルを使った編集は、ハイレゾの真髄ハイパーソニック・サウンドを活かした精緻な作業を可能にします。しかもその強みは、LPからCDの全盛時代に開発された〈アウトボード〉(コンソールの外部に時に応じて取り付けてコンソールの機能を強化したり機能を補完する機材、たとえば、イクォライザー、リヴァーブマシン、コンプレッサーなどの単機能機)の多くがそのまま使えることです。それらの効果には、現行のDAWがとうてい及ばないものもあります。

　現状でもはや使命を終わったものとして廃棄されようとしているアナログ・ミクシングコンソールの中には、ハイレゾの観点から観たその性能の面で、現行のDAWではとうてい太刀打ちできない、珠玉のような性能をもつものがありえます。安易に廃棄することなく再点検、再評価のうえ活用したいものです。

15…10　ハイレゾリューション・オーディオファイルに「真髄」を宿らせるための録音・編集

　現在流通しているハイレゾファイルは、黎明期にあっては当然のことですが、いわば玉石混淆の状態にあります。ハイレゾの真髄、ハイパーソニック・サウンドがユーザーの手元においても再生可能な状態で搭載されているオーディオファイルは実際に存在するのでしょうか。もちろんそれらのなかには、超高周波を含まずハイパーソニック・エフェクトを発現できないものの、その他の点で優れた、価値ある名録音もあります。しかしそれらがハイレゾだけに可能な高複雑性超高周波(ハイパーソニック・ファクター)をあわせもつことによって初めて、脳の報酬系が高度に活性化し、音楽がより美しく快く感動的に受容されるようになるのです。このとき同時に、「よい音が手に入ればもっとよい音が欲しくなる」という〈デジール〉型の側面をもつ〈自己実現の欲求〉にかかわる脳の神経回路〈ドーパミン系〉が刺戟されて、結果的に大きな市場が創出されることも期待できます。

　このような立場に立って観ると、市場に流通しているハイレゾファイルが

その真髄たるハイパーソニック・ファクターを含んでいるかどうかは、きわめて深刻な問題です。いま市場に実際に出回っているファイルについて、具体的に検討してみることにしましょう。

まず、ひとつの例を挙げます。192 kHz／24 bit のハイレゾフォーマットの例です(図 15.14)。この図は、同じレーベルから CD として発売されているある楽曲のデータとハイレゾで配信された同じ楽曲のデータとを重ね書きしたものです。図に見る通り、CD とハイレゾとの間に誤差程度の違いしか見受けられません。これはもしかすると、CD 時代のマスターレコーディングの条件 48 kHz／16 bit PCM のディジタル・マスターからの復刻かもしれません。

次の例は、同じく 192 kHz／24 bit の PCM ファイルです(図 15.15)。図に見るように、FFT による平均値として 50 kHz をこえる立派な内容であって、周波数的にみて申し分ないでしょう。このファイルは、オリジナル段階からハイレゾで収録されたか、または往年のアナログ録音かもしれません。このレベルに達した録音物が市場では珍しい状態である現状が気がかりです。

次の例は、DSD 方式によるもので、人間の耳に音として聴こえない 1 bit 量子化ノイズの強い汚染を受けています(図 15.16)。このファイルの標本化周波数は SACD と同じ 2.8 MHz です。この章の 7 節で述べたように、SACD では、この聴こえない 1 bit ノイズが、スーパートゥイーターの耐久力をオーバーしてそれを破損するといった事故が頻発し、再生するプレイヤー内にローパスフィルターを設け 50 kHz をこえるような成分をカットしていまし

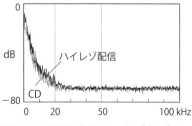

図 15.14 192 kHz／24 bit のハイレゾオーディオファイルのスペクトル例(その 1)(FFT)

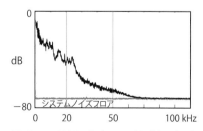

図 15.15 192 kHz／24 bit のハイレゾオーディオファイルのスペクトル例(その 2)(FFT)

た。その条件下では、40 kHz 以上で有効なハイパーソニック・ファクターが除外されるので、真のハイパーソニック・エフェクトの発現をあまり期待することはできません。注意が必要です。

　では、現行の録音・編集環境では、どの程度のレベルまでハイパーソニック・ファクターを含んだデータを形成することができるのでしょうか。私たち自身が制作したファイルについてそれを示します(図 15.17)。インドネシア・バリ島で録音した〈ガムラン・ゴン・クビャール〉の楽曲『ウジャン・マス』の一節です。オリジナル録音は 11.2 MHz／1 bit の条件で、8 チャンネルマルチトラック・レコーダーの独自開発機で収録しました。このシステムでは、1 bit ノイズの影響は 100 kHz 以下には及びません。このオリジナル・マルチトラック録音を、アナローグ・ミクシングコンソールの神格化された設計者、ルパート・ニーヴの窮極の作品といわれる〈AMEK 9098i〉でアナローグ編集しました。このコンソールを中核にすることによって、次の節で述べるように、おそらく現時点では世界最高であろう超高周波を扱うことのできるアナローグ編集環境が、確立しています。この編集環境を活かしてDSD 11.2 MHz のマスターファイルをつくり、それを DAW でフォーマット変換して各フォーマットの PCM および DSD 配信用ファイルをつくりました。それら各ファイルのスペクトルが、図 15.17 です。同じ DSD 11.2 MHz／1 bit のマスターから変換された PCM 192 kHz／24 bit、DSD 5.6 MHz／1 bitの FFT スペクトルは、それぞれのフォーマットの違いを反映して、50 kHz以上の超高周波領域でスペクトルの明らかな違いを示しています。そしてそ

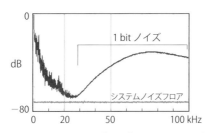

図 15.16　DSD 2.8 MHz／1 bit のハイレゾオーディオファイルのスペクトル例(FFT)

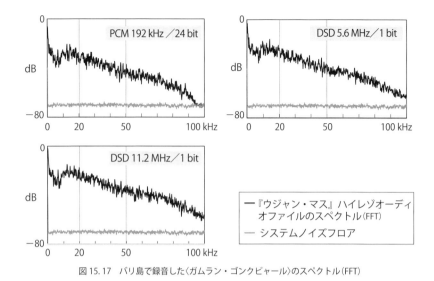

図15.17　バリ島で録音した〈ガムラン・ゴンクビャール〉のスペクトル（FFT）

の差は、聴感上、歴然としたものでもあります。ことに11.2 MHzファイルの音質の卓越性は、特筆に値します[12]。なお、このファイル[13]は第22回日本プロ音楽録音賞ハイレゾ部門「審査員特別賞」を受賞しました。

15…11　ハイパーソニック・ファクターという真髄を喪失したアーカイブをいかに甦らせるか

　CDというメディアは、脳の報酬系を活性化し音に対する美と感動を高める40 kHz以上のハイパーソニック・ポジティブファクターをまったく含まないばかりか、16 kHz～32 kHzの領域を占める〈ハイパーソニック・ネガティブファクター〉（第7章3節）のなかの16 kHz～22 kHzという大きな勢力を含むものとなっています。本書の第7章の検討に照らすと、音を楽しむための媒体としては、生命科学、特に脳科学からみてまことに不適切な規格が策定されてしまったことになります。しかも皮肉なことに、この章の3節で示したように、深部脳活性化指標を手がかりにしてLP再生音と較べると、

聴きはじめの時点ではCD音が快く聴こえ、やがて逆転する、というどんでん返しもありえます。こうしたことから、オーディオメーカーの内部にも、時を経るにつれて、超高周波の有効性を意識する動きが抑えられなくなっていった可能性があります。

ただし、日本のオーディオ業界には、CDという媒体を護るために、私たちの発見したハイパーソニック・エフェクトの存在を無視しようという申し合わせがあったやに伝えられることからも[14]、この問題を正面から科学的かつ公明正大に扱うには至っておりません。一方、あくまでCDを擁護するスタンスに立って、CDプレイヤーやオーディオアンプリファイアーの付加機能の形態をとりつつ、CDのハイカット音から電子的な諸手法を使い可聴域をこえる周波数成分を二次的に形成しようとする試みが数多く、しかもかなり長期にわたって追究されています。

こうした背景のもとで、複数の有力なメーカーや研究者によって、DAT、CDなどで採ったハイカットディジタル音源のなかに記録されている可聴音信号に対して電子的処理を加えて、可聴域上限とされる20 kHzをこえる高周波信号を人工的に造成し、それを元の音に加えて再生音の帯域を伸長させる技術がいくつか、開発されてきました。〈レガートリンク方式〉、〈フルエンシー方式〉、〈サンプル値制御方式〉、〈エンコードK2方式〉などが提案され、実用化されてもいます。

また、それらとは原理の異なるものとして、電子的に発生させたホワイトノイズを、可聴音の振幅変動に合わせて変調しミックスする〈ハーモネーター方式〉があります。これは、その有効性がかなり多くのユーザーたちに支持され広く使われています。

こうした方式はこれからも開発されていく可能性があり、優れたものが登場することも期待できます。しかし、これらに共通する「人類が悠久の進化の過程のなかでかつて出逢ったことがない、初めて遭遇する人工音である」という性質について無視することはできません。それらを人間に向かって放つことについては、慎重でなければならないと考えます。なぜなら、それら

の人工物が果たして人間に対して生理的に負の影響を及ぼさないかどうかがまったく確かめられておらず、それを確かめるためには、生命現象にかかわる事柄であるゆえに、長期にわたる精密で大規模な生理学・医学的検証が必要になるからです。

　ところが、そうした安全性だけでなくその有効性さえ、事実上検証されたも同然の超高周波資源がひとつだけ実在します。私たち自身の採録・実測の結果明らかになった、熱帯雨林の環境音に含まれている強力な高複雑性超高周波すなわち〈ハイパーソニック・ポジティブファクター〉の存在です。

　その安全性、有効性の背景は、先に第11章で詳しく述べたように、オランウータンの祖先にはじまり私たち現生人類に至る1300万年にも及ぶ〈大型類人猿〉たちの進化のゆりかごが一貫して熱帯雨林であり、私たちと同じ遺伝子をもつ現生人類(ホモ・サピエンス)の16万年をこえる歴史もその例外ではないという進化人類学の知見です。つまり私たちの遺伝子は、熱帯雨林という環境を鋳型にし、それにぴったり合うように進化してきている可能性を否定できないのです。さらに、第11章で述べたように、そうした熱帯雨林の環境音と都市の環境音とを比較すると、熱帯雨林の環境音が人間に対してポジティブな影響を示すのに対して、都市の環境音は逆にネガティブに作用することを示しています。生命科学的、理論的にいえば、私たちの遺伝子も脳も、熱帯雨林という自然環境と鍵と鍵穴のようにぴったり合った状態に達していると考えるのが妥当でしょう。それは環境音についても同様であり、人類の遺伝子と脳に熱帯雨林の音ほど適合した音環境は、他に考えられません。それに較べて、近々の数千年前から地球のごく一部に現れた都市環境音は、人類に対してネガティブに作用している危険性を否定できないのです。

　こうした認識判断に基づいて、私たちは、純正度の高い熱帯雨林から周波数が特に高域にまで延びているうえに複雑性が顕著な音源を収録し、その音源から可聴域をこえ音として聴こえない超高周波成分を抽出し、100kHz以上に及ぶ厳選された信号を〈ハイパーソニック・ファクター〉としてファイル化することを実現しました。

続いて、この因子をハイカットディジタル・アーカイブに補完することによって、それらのアーカイブをハイパーソニック・サウンドに生まれ変わらせることができないか、検討しました。その結果、熱帯雨林環境音から抽出した聴こえない超高周波だけで構成されたハイパーソニック・ファクターを〈ハイパーソニック・シャワー〉として降りそそがせている空間のなかでイヤフォンからハイカットディジタル音を聴くことによって、ハイパーソニック・エフェクトの発現を反映する生理反応・心理反応が明らかに検出できたのです（第14章2節）。つまり、必ずしも元もとの音源に含まれていたものではないハイパーソニック・ファクターであっても、それが適切な情報構造をもち適切に可聴音に補完されるならば、ハイパーソニック・エフェクトは発現可能なのです。この発見は大きな収穫といえましょう。なぜなら、人類にとって究極的な安全性が保証された熱帯雨林環境音からのハイパーソニック・ファクターを補完することで、膨大に蓄積されているハイカットディジタル・アーカイブたちを、音質がすばらしいうえに躰を健やかにする力も具え安心して使えるハイパーソニック・サウンドとして復活させることが射程に入ってくるからです。ちなみにCDフォーマットのままでは、心と躰の健やかさをさまたげるネガティブエフェクトの影響を逃れることができません。

　そこで、先に超高周波を除いてアーカイブされていたCD、DATフォーマットのハイカットディジタル音源に対して、人類への至上の貢献と安全性を保証する熱帯雨林環境音のハイパーソニック・ファクターを補完することを構想しました。理論的にその骨子を要約すると、まずひとつの方法は、熱帯雨林環境音からハイパスフィルターを使ってハイパーソニック・ポジティブファクターを抽出し、それをハイカットディジタル・アーカイブにミキシングする方法です。この単純な方法で、「ハッ」とするほどの効果がしばしば得られます。もうひとつは、ハイカットディジタル・アーカイブが示す振幅の変動を〈ヴォルテージ・コントロール・アッテネーター〉（VCA）の制御信号とし、これに相関させる状態で熱帯雨林由来のハイパーソニック・ファクターに変調をかけ、その出力を元のハイカットディジタル信号とミックスする

という方法です。具体的には、ハイパーソニック・サウンドの編集に常用している 9098i コンソールのインプットチャンネルに組み込まれている VCA 機能を利用して、ハイカットディジタル信号のレベルに相関させて変調した熱帯雨林からのハイパーソニック・ファクター信号の出力を、同じコンソールで元のハイカットディジタル信号にミックスして補完を実現しました。

ブルーレイディスク〈AKIRA〉の日本語版サウンドトラック(Dolby True HD、192 kHz／24 bit)はこの方法でつくられたものです。その信号構造は、図 15.18 に示すように、ハイパーソニック・サウンドとして十分に有資格です。それが人間に及ぼす生理的影響(深部脳活性化指標。実験参加者(以下、被験者)男性 4 人、女性 6 人)そして心理的影響(シェッフェの一対比較法。実験 1(ハイパーソニックサウンドを聴く)：被験者男性 3 人、女性 6 人、実験 2(ハイパーソニックサウンド付き

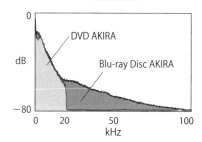

図 15.18 ブルーレイディスク〈AKIRA〉日本語版サウンドトラックの音は基幹脳を活性化しハイパーソニック・エフェクトを発現させる

の映像を見る）：被験者男性4人、女性6人）を元のハイカットディジタル再生音と比較すると、ハイパーソニック・エフェクトの発現を統計的有意性のもとに支持する結果を得ました（図15.18）[15]。

ハイカットディジタル・アーカイブに熱帯雨林環境音からのハイパーソニック・ファクターを補完してハイパーソニック・サウンドを再創造するこの方法の効果は、信号構造のうえからも、安全性のうえからも、生理的・心理的効果のうえからも、音質のうえからも、そして何より音楽的感動のうえからも、目覚ましいものを導きます（図15.19）。

〈ハイパーソニック・ウルトラ方式〉と名付けられ実用化されたこの方法の原理は、1980年代の末期から2010年頃までのCD全盛期に蓄積された膨大なハイカットディジタル・アーカイブの名演奏名録音を、美と感動の脳機能に着火する魅惑のハイパーソニック・サウンドとして甦らせてくれる可能性を拓くものといえます。

> このブルーレイディスクに収録されている常識を超えた高密度の日本語版サウンドトラックは、あなたのオーディオシステムの限界を試すと同時に、永遠に隣人を遠ざけるほど音に没入させるだろう。
> （The New York Times、2009年2月20日）

> 注目は芸能山城組が担当した音楽。「高周波音が脳の一部を活性化し、高揚感・陶酔感をもたらす」という大橋力・国際科学振興財団理事（作曲者・山城祥二）の理論を採り入れ、耳に聞こえないほど高い音を含む音楽が、ほぼ原音のまま収録されている。
> （朝日新聞2009年2月13日夕刊から抜粋）

> この Blu-ray でピカーの部分をひとつあげるとすると、それは音声だろう。……個々のスピーカーからまるで毛布が取り除かれたかのように、音のクリアさが瞬時に飛躍的に高まった。作品全体にわたって信じられない水準のクリアさがある。……音場を横切るヘリコプターの旋回音は確かに大きい、しかし決してうるさくないのだ……。
> （Dustin Somner, http://www.blu-ray.com/movies/Akira-Blu-ray/1872/#Review から）

図15.19　絶賛を浴びたハイパーソニックBD〈AKIRA〉

15…12 〈ハイパーソニック・ウルトラディープエンリッチメント〉で新しいいのちを得た『交響組曲 AKIRA 2016』

CDフォーマットのディジタル録音によって超高周波を喪ったアーカイブたちを甦らせるハイパーソニック・ウルトラ方式は、膨大なハイカットディジタル・アーカイブにハイパーソニック・サウンドとして新しいいのちを宿らせる展望を開くものであることを、BD(ブルーレイディスク)〈AKIRA〉は示しました。

これらに続く私たちの研究成果として、第7章で述べた、バリ島のガムラン音を材料にした新事実の発見があります。16 kHz 以上の高周波を 8 kHz きざみで 100 kHz より上まで細分化し、それぞれの帯域成分と元のガムラン音の 16 kHz 以下の可聴音とを組み合わせて、各帯域成分がハイパーソニック・エフェクトの発現に貢献する度合を比較した実験があります[16]。本節の主題ウルトラディープエンリッチメントとかかわりが深いので、すこし詳しく再説します。

先に述べたように、この実験の結果は、私たちの先入観をくつがえす衝撃的なものでした。まず、16 kHz から 32 kHz までの帯域成分は、基幹脳活性指標(脳波 α_2 ポテンシャル)を低下させてしまう〈ハイパーソニック・ネガティブエフェクト〉を導き、美と快と感動の脳機能の働きを妨げる恐れを否定できないことが見出されました。これに対して基幹脳の活性化がもっともめざましい帯域成分は、80 kHz〜88 kHz という途方もない超高域に存在することもわかりました。これらの新しい知見をふまえると、先に開発した〈ウルトラ処理〉を、[補完に供する熱帯雨林環境音の周波数構造]という観点から大きく見直さなければなりません。まず、16 kHz〜32 kHz 付近の基幹脳の活性化にネガティブな働きを示す成分が顕著なピークなどを形成することなく適切にコントロールされていることが望ましい、といえます。ただし、だからといってこの帯域成分をいたずらにカットしたりすると、あたかも香辛料を欠いた料理のように、音楽が生気を喪ってしまうおそれがあることにも注意が必要です。

この問題に勝るとも劣らない大きな問題は、ハイパーソニック・ポジティブエフェクトの発現に有効な帯域成分の周波数が極端に高く、最適周波数帯域が 80 kHz〜88 kHz 付近にあるという事実です。とすると、このような超高域に豊かな帯域成分を含む音源が果たして存在するのか、それを探索しなければなりません。しかし、人工的、電子的にそうした超高周波を造ったとしても、それが人間に対して負の影響を及ぼすことがないかを生理学・医学的に確かめるために、何年も何十年もかかってしまうかもしれません。

　ここでは、人類の遺伝子および脳との生物学的適合性、親和性、安全性が進化史的な時間尺度で支持された天然音であることが、現実性をもった唯一解となるでしょう。そうした例外的な唯一解として、私たち人類を含む大型類人猿の1千万年をこえる進化のゆりかごであり、それら生き物たちの脳の鋳型ともなってきた熱帯雨林の天然の環境音が有力な候補として浮かび上がったわけです。人類本来の遺伝子と脳とにぴったり合い、進化生物学的に人類との適合性、有効性、安全性が保証されたハイパーソニック・サウンドの資格をもつ、たぐいない天然資源として、これに注目しました。

　私たちは、この地球上の代表的な熱帯雨林に直接入り、さまざまの辛苦を重ねてそれらの環境音を収録・蓄積・分析してきました。その対象は、アフリカの旧ザイール共和国に所在する"イトゥリの森"、カメルーン中部"ジャー動物保護区"の森、中南米パナマに所在しスミソニアン財団によってよく

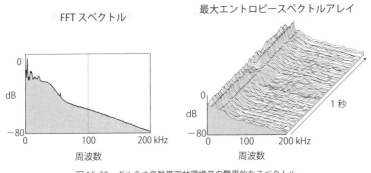

図15.20　ボルネオ島熱帯雨林環境音の驚異的なスペクトル

保全されている"パロ・コロラド島"、ブラジル"アマゾン流域の森"および大西洋側の"アトランティック・フォレスト"、東南アジアではインドネシア・ジャワ島の"ウジュン・クロンの森"、マレーシア"ボルネオ島の森"など広範に及びます。これらのデータをあらためて検討し、ハイパーソニック・ウルトラ処理のためにきわめて適切な周波数構造をもった天然の熱帯雨林環境音のひとつを見出すことができました。それはマレーシア領ボルネオ島のよく保全された熱帯雨林の絶好の地点で、私たちがオリジナルに開発した 5.6 MHz 可搬型 DSD レコーダーにより収録してきたもので、ミクロな時間領域にゆらぎをもつ超高周波を 200 kHz あたりまで 1 bit ノイズの汚染を受けていない状態で確保している驚異的なものです(図 15.20)。

この環境音からハイパスフィルターを使って超高周波成分だけを取り出し、それを超高周波を喪ってしまったハイカットディジタル・アーカイブの、マルチチャンネル音源の場合各チャンネルごとに図 15.21 のようなシステムにより、VCA を使って可聴域音声信号の振幅に相関させた動的に変動するハイパーソニック・ファクターを生成し、これを上記の可聴域成分に補完し

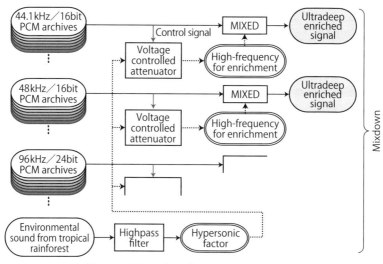

図 15.21　ウルトラディープエンリッチメント回路概念図

てみたところ、驚くべき有効性が発揮されました。その音質は、CDの欠陥や限界がいわば「跡形もなく」消滅しているだけでなく、生音のアナローグ録音を彷彿とさせるような、あるいはそれに優越するようなリアリティーを顕し、まったく新しい魅力にあふれる音源に生まれ変わることが体験されたのです。音素材の各チャンネルごとに、ハイパーソニック・ネガティブエフェクトも考慮して吟味した超高周波を補完するこの新しい方法を、〈ハイパーソニック・ウルトラディープエンリッチメント〉（ウルトラディープ方式、ウルトラディープ処理）と名付けました（図15.22）。

　この新しいウルトラディープ方式の導入を前提にして『CD AKIRA』のステレオ48 kHzサンプリングディジタル・マスターおよび『DVDオーディオ AKIRA 2002』からの4.1サラウンド96 kHzサンプリングのディジタル・マスターを比較検討し、その結果に基づいて、96 kHzサンプリングの『DVDオーディオ AKIRA 2002』のディジタル・マスターを主音源とし、一部にCDマスターを同期させてミックスするかたちの新音源を造ってこれらをそれぞれハイパーソニック・ウルトラディープ処理に付したのち11.2 MHz DSDレコーダーに記録し、これを素材に『ハイパーハイレゾAKIRA 2016』を制作しました。

　これらの音声信号の処理に当たっては、ミクシングコンソールの性能が、きわめて重要な意味をもってきます。というのは、CD時代に入ってから機能的な絶頂期を迎えたスタジオ用アナローグ・コンソールの有力な機種たちには、フェーダーオートメーションをはじめとする最新技術の重装備化と引

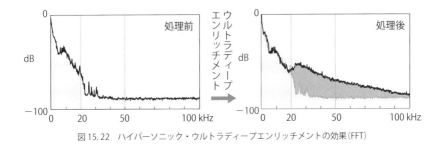

図15.22　ハイパーソニック・ウルトラディープエンリッチメントの効果（FFT）

き換えに、量り知れないほど貴いものを喪っているかもしれないからです。それは、当時もっとも高度に整備されたミクシングコンソールにしばしば見られた次のような事態です。それらのコンソールでは、48 kHz／16 bit PCM という規格のもとでは存在してもしなくても実質的に差はないものとなってしまう 24 kHz 以上の高周波を、トラブルの原因になりうるといった配慮から、あえてカットしてしまう、という対処を選択してしまったことです。このような例を、当時もっとも有力な機種のひとつとして市場を風靡していたあるコンソールについて実測してみました。そうすると、図 15.23 に示すように、このコンソールの周波数応答は 25 kHz あたりから顕著に低下し、ハイパーソニック・エフェクトに特に有効と考えられる 80 kHz〜88 kHz 周辺の周波数応答は 40 dB も低下を示しています。このようなコンソールを使う限り、折角貴重な音源から補完されたハイパーソニック・ファクターが存在したとしても、それは信号処理の段階で大幅に喪失されて「冷血のファイル」となり、ハイレゾオーディオの真髄であるハイパーソニック・エフェクトが導く美と快と感動の脳機能の活性化は、絵に描いた餅になるかもしれません。

　この問題は、強力なハイパーソニック・エフェクトの発現を約束するウルトラディープ処理にとっては、その死命にかかわるほどの大事です。ところが、この点についてはひとつ、ほとんど奇蹟的な幸運がありました。それは、スタジオ用電子機器類のほとんど神格化された設計家ルパート・ニーヴの存在です。特に彼の造るアナローグ・ミクシングコンソールは、そのえもいわれぬ音の魅力によって世界中のミクシングエンジニアたちの垂涎の的になってきました。ところで、このニーヴには、少なくとも 60 kHz に及ぶ超高周波の存在が音に魅力を与える、という経験的信念があります[17]。しかしこの信念は、ニーヴの造る機器の信奉者たちにも必ずしも受け入れ難かったのです。そうした状況にあった彼にとって、私たちのハイパーソニック・エフェクトの発見は少なからず歓ばしいものであり、これがきっかけになって、来日時に直接逢う関係が生まれました。このような彼の設計によるコンソール

は、少なくとも 100 kHz くらいまで忠実な応答を示します。私たちがこうしたニーヴのコンソールを使うことになったとき、そのことを知った彼は出荷直前の 9098i コンソールを工場に引き戻し、64 のインプットチャンネルすべてについて 200 kHz までの性能を実現するように再調整して送り出してくれました。その特性は、図 15.24 のように、驚くべきものです。

　このコンソールを中核にして、まず始めに、4.1 チャンネル DVD オーディオデータからサブウーファーチャンネルを除く 4 チャンネル分全体を、上に述べた特別な熱帯雨林の超高周波〈ハイパーソニック・ファクター〉を材料にして各チャンネルごとにウルトラディープ処理に付し可聴音に相関させて超高周波を補完したのち、11.2 MHz DSD フォーマットで記録しました（図 15.21）。そうすると、そこには、現行の定義に従えば一応ハイレゾに分類される 96 kHz サンプリング PCM の『DVD オーディオ AKIRA 2002』の音源とはまったく次元の異なる、アナローグ的感覚のリアリティーあふれる音に激変した音が現れたのです。音のコンセプトのこの激変は衝撃で、2 チャン

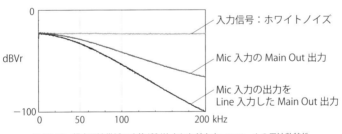

図 15.23　超高周波帯域の応答が制約された某有力コンソールの周波数特性

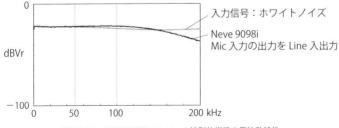

図 15.24　AMEK 9098i コンソール特別仕様機の周波数特性

ネルエディットへのミックスダウンにあたったパートナー・ミクシングエンジニアの高田英男さんが窮極のアナローグ・ミクシングコンソール AMEK 9098i をコアにしてゼロからシステムを組み直し、あらためて音創りに挑む状況を導きました。こうして、真空管式のコンプレッサー TUBE TECH CL-1B、高性能のリヴァーブマシン LEXICON 980L を導入した、リ・ミクシング処理が行われました。それは音楽の形式、内容までをあらためて構想し再構築することを余儀なくさせるほどの効果をもたらすものでした。そして「音そのもの」のもつ表現力を重視する高田さんによるこの再構築作業は、確かな実りを結びました。

　ウルトラディープ処理に伴うこのようなコンセプト次元での音質の変容は、ミックスダウン工程だけでなく、マスタリングの工程にまで激震を及ぼし、この工程を担当した仁科エミ　放送大学教授に、当初はまったく予想もしなかった非常な負担をかけることにもなってしまいました。しかしその難問は、仁科教授独特の活性によってカバーされました。仁科教授は、ブルガリアン・コーラスの名ソリストとして現地でも知られています。しかしその真骨頂は、バリ島の伝統的浄瑠璃〈ジュルグンディン〉の名手で、世界の頂点に立つバリ・アートフェスティバルで発せられたその第一声に満場の観客がどよめき、喝采を送った技の持ち主なのです。このアジアの伝統的浄瑠璃の感性によって、声明や現代能「回想」の時空系処理の次元は、とても高いものとなりました。そのマスタリング処理は、『ハイパーハイレゾ AKIRA 2016』を新しい概念をもつ〈AKIRA〉の次元へと飛翔させる決定的なプロセスとして成功をおさめています。

　こうして完成した『ハイパーハイレゾ AKIRA 2016』の真価は、市場に出回っている世界中で歓迎され大成功した『CD AKIRA』と聴き較べるとよくわかります。冒頭の曲「金田」の「雷鳴」から、『ハイパーハイレゾ AKIRA 2016』のもつ生音・生演奏を彷彿とさせるリアリティーに、衝撃を受けることになるでしょう。同時に、どこまでも透明な音場と音空間、スピーカーの外側まで拡がる個々の音源の定位感、高い解像力と両立した音のニュアン

スの豊かさも魅力をいや増します。2曲目「クラウンとの闘い」に入り、この曲で強調されている〈AKIRA〉のメイン楽器のひとつジェゴグ(第17章)が登場すると、CDとの低音表現の大きな違いに驚きます。CDの低音はどちらかというと硬質かつ直線的な音色で「叩きつける」ように迫るのに対して、ウルトラディープ処理をほどこしたハイパーハイレゾファイルでは躍動感あふれる弾力たっぷりの重低音に包み込まれる、という同一録音とは思えないほどの違いが生じたのです。実は、理由がまだわからないのですが、ハイパーソニック・エフェクトが人間の音の感受性に及ぼす影響のひとつとして、おそらく誰でもすぐにわかるほど鮮明なのが、この低音の増強感なのです。曲がさらに進み、声明を主題にした「唱名」、能を主題にした「回想」に至ると、『ハイパーハイレゾAKIRA』にはCDではほとんどあり得ない精神性の高く深い境地が確かに醸し出され、CDとはまったく次元の異なる音宇宙が拡がるのを否定できません。

　このようなもろもろの魅力に加えて、全盛期のLPレコードを思わせる耳あたりのよさが後押しして、『ハイパーハイレゾAKIRA 2016』に「聴き始めたらもうやめられない」魔力のようなものをもたらしています。とりわけ、性能の確かな再生システムをお使いの多くの方々では、聴き進むにつれて「もっと音量を上げて聴きたい」という気分に駆られる可能性が高いことでしょう。実はこれこそ、ハイパーソニック・エフェクトの惹き起こす〈接近行動〉(第9章)の現れなのです。このように、聴き進むほどに再生音量の物足りなさを感じさせるようになるシステムは、超高周波の再生能が優れているものと推察されます。

15…13　窮極のハイレゾ録音を確かに射程にとらえるためのハイパーソニック・サウンドの〈原器〉を創る

　優れたハイレゾ音を記録し、編集し、その真髄に迫るオーディオファイルを創りあげる工程において、それを構成している個々の単位作業の内容が確

かであるかどうかは、ぜひとも吟味しておかなければなりません。とりわけ、複雑な工程群のなかでオーディオファイルの射程とその限界を決めてしまう決定的な工程こそ、最初のステップ〈録音〉に他なりません。マイクロフォンやレコーダーが不調で超高周波が録れていなければ、ハイパーソニック・ファイルとして失格です。また可聴音が「美しく快く」、あるいは「恐ろしく」、といった創作意図に沿って録れていなければ、コンテンツとして役に立ちません。そうした意味で、録音という最初のステップを形成するハードウェアであるマイクロフォンとレコーダーとがともに「健全」に働いていることが確認できるかどうかは、実は途方もなく大切なことがらなのです。

　いま、録れつつある音が健全であるために何といっても必須なのは、もともと不安定な機材であるマイクロフォンが本来の性能を発揮していることです。それを確かめるために必要なのは、理想的にいえば、豊かな超高周波を含む「生」の音源、たとえばバリ島のガムランの生演奏音を録ってみることでしょう。もとよりこれは、バリ島の現地にいなければ絵に描いた餅も同然です。しかも生演奏ですから、その時、聴こえない超高周波領域にどんなアクシデントが起こってもそれを知ることができません。そのうえ、厳密なチェックのためには、正確な再現性が必要です。生演奏には毎回多少とも演奏内容が違ってしまうことを避けられないという限界もあります。そこで、再現性が必要な厳密なチェックのためには、やむをえず、優れた録音物を優秀なスピーカーを使って再生し、チェックしようとするマイクでそれを録音するという、理想とはほど遠い現実に甘んじるしかありません。ここで必要なのは、高い周波数まで伸びた超高周波を豊かに含み、程よく複雑に構成された音楽を、完全に近い再現性を実現しつつ演奏してくれるという生演奏が可能な「何物かがありうるか」、つまりハイパーソニック・サウンドの〈原器〉となる楽器と演奏がありうるか、です。もちろん、そのようなものは、この世に存在しません。

　音楽とはまさしく、大気を介して人間の鼓膜を美しく震るわせ、魂をゆり動かすやいなや、あとかたもなく消え去っていく一期一会の歓びを運ぶもの

です。そうした音楽の自然本態のありようのなかでは、同じある曲のある演奏と、同じ曲の別なとき、別な場所での演奏とを寸分違（たが）わぬ音状態で再現することは、奇蹟として以外、ありえません。

しかしそれは昔のことで、現在では、こうした音楽という名の大気の震えはアナローグやディジタルのデータに変換され記録・再生されて、決して一期一会でないばかりか、幾千幾万回でもほとんど完全同一形を保ったまま、しかも時と場所を問うことなく、再現できています。その窮極の形として、私たちはハイレゾ配信を楽しんでいるわけです。こうした再現性を実現した〈再生音楽〉という様式の器（うつわ）のルーツを大まかにさかのぼっていくと、〈配信〉→〈CD〉→〈LP〉→〈SP〉→〈蠟管〉という20世紀の初頭に始まるレコード類の歴史をたどることができます。

しかし、こうした「寸分違わぬ音楽再生」の歴史は、実はレコードに始まるのではありません。それよりも先駆したのが、オルゴール（ミュージック・ボックス）です。17世紀頃のスイスの時計職人たちがその祖型を作り、当時のスイス政府の支援を受けて、産業として確立しました。

初めに工業化されたのは、現在よく普及している、金属製の円筒にピンを植え込み、良質の鋼に細かい切れ目を入れ1本1本を調律した〈櫛歯〉をはじいて音を出す〈シリンダー型オルゴール〉でした（写真15.1）。19世紀に入ると、金属製の円盤にピンを立て、このピンが櫛歯をはじく形式の〈ディスク型オルゴール〉が登場します。この形式は、ちょうどレコードをかけかえるように、音の配列をピンの配列のかたちで記録した円盤をかけかえて別の楽曲を演奏できるというメリットをもっています。また、大型で複雑なメカを組み込む自由度が高いことも注目されます。これによって、シリンダー型オルゴールでは得られないような、豊かな低音を伴う魅力的な響きが実現しています（写真15.2、図15.25）。

このようにして確立されたオルゴールの基本構造は、現代にまで安定して伝承されています。それは、櫛歯を、回転するシリンダーまたはディスクに設けたピンではじく機構を発音体とします。金属製のこの発音体を、そのフ

レームとともに良質の木材で造った共鳴函(ばこ)の中にとりつけ、ガラス製の蓋などをほどこして、一種の準密閉型空間に封じ込めたものが、現在のオルゴールです。

　この函のもつ密閉性の構造は、高音を抑えることで相対的に低音を強調するローパスフィルターとして働きます。この工夫によって、やわらかく甘いあのオルゴール独特の音色(ねいろ)が産み出されています。しかし、それは同時に、発音メカが本来もっている高周波成分を押さえ込むことに他なりません。私たちが改めて計測したところ、優秀なオルゴールの発音機構は、100 kHz を上廻るほど強力なハイパーソニック・サウンドを発生していることがわかりました。しかしそれらの生み出す超高周波が木製のキャビネット、音源ディ

写真 15.1　シリンダー・オルゴールのメカニズム部分[18]

写真 15.2　アップライト型ディスク・オルゴール[18]

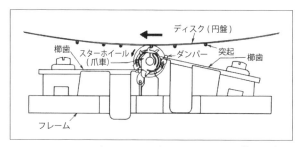

図 15.25　ディスク・オルゴールの発音メカニズム[19]

スクそのもの、さらにガラス製の窓などによってほとんど全面的に遮断されていて、超高周波は事実上外部にまったくといってよいほど出てこないということもわかりました。

　オルゴールの音が好きな私は、こうした構造によって200年もの間、木箱に封じ込められてきた発音メカを、その閉じた檻から解放して大気中に解き放つことはできないか、超高周波を含む音の全体を直接、聴く人の肌に飛び込ませるようにできないかと願い、まったく新しい楽器創りに挑戦しました。もちろん、そうであってもオルゴール独特の音色を損なうことなく、一層、輝かせなければなりません。このためのパートナーとして、久しく世界一の技術力、生産力を実現していた株式会社三協精機製作所(当時)と協力体制を創りました。

　まず、発音メカの中枢、櫛歯のメタルを厳選して強化し、次にその発生する空気振動がオルゴールの筐体からストレートに飛び出し、何物にも遮られることなく聴く人のところにまで空中を直進してくれることを可能にする筐体を設計しました。しかし、このような発音メカの解放によってきわめて強調されるようになる可聴音の高音域に対して、低音域が現状のままだと、相対的に高音ばかりが強くなって、あの絶妙なオルゴール音のバランスを崩してしまいます。そのため低音域を自然性の高いやり方で音響的に強化しなければなりません。そこで、工作にあたった三協精機製作所の方々と検討をくり返し、ピアノの響板の原理を導入して目的を達成することができました。

　さらに、スイスに源流をもち、西欧文明固有の割り切れた時空感覚を特徴とするオルゴールに複雑幽玄な趣を添えることを狙って、二つの工夫をしました。

　まず、ディスクを回転させるモーターを、〈シンクロナス・モーター〉のような回転速度が一定した性能をもったものから、古典的で性能が悪いといわれる〈インダクション・モーター〉に変えました。この旧式モーターは負荷の変動に十分に追随できないところがあることに注目したのです。そのため、楽曲のアレンジが複雑になって沢山のピンが数多くの櫛歯を大きく、あるい

は時間的に高密度にはじかなければならないようになると力不足に陥り、かすかな回転の遅れがリズムの「かげり」「もたれ」のような味を出すからです。この〈性能制限〉は、お聴きいただくとわかるのですが、何ともいえぬ人間らしいぬくもりを演奏音に与えてくれます。

　もうひとつは、同じ音階の櫛歯が2枚ある大型オルゴールの構造に着目し、この2枚を、これまでのように正確にピッチを合わせて造るのではなく、すこしランダムに数Hzずらして調律したことです。このデ・チューニングから生ずるピッチのずれは、うまくいくと美しいうなりを発生してくれ、サウンド空間全体を濃密にします。

　こうして、新開発の発音メカと筐体からの味わい深く、しかも活きのいいサウンドが聴く人に直に届く〈ハイパーソニック・オルゴール〉が完成しました（写真15.3、写真15.4）。繊細、優美、雄大なうえに斬新でもあるその音、それに加えてハイパーソニック・エフェクトのえもいわれぬ味わいを横溢させたその響きには、驚嘆と絶賛の声が寄せられています。

　しかもこのオルゴールが高い再現性のもとに発生させる生演奏音は、200 kHzをこえるバリ島の最高のガムラン・アンサンブルに匹敵するほどの

写真15.3　ハイパーソニック・オルゴール

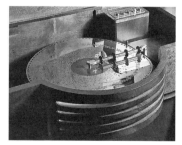

写真15.4　ハイパーソニック・オルゴール
　　　　　上面とディスク

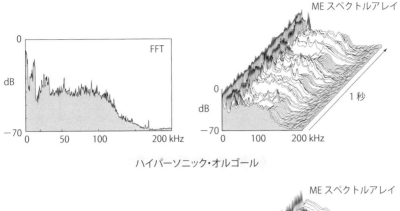

ハイパーソニック・オルゴール

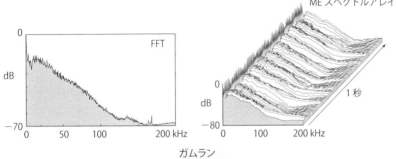

ガムラン

図15.26 ハイパーソニック・オルゴールとガムランのスペクトル(FFT)および最大エントロピースペクトルアレイ(MESA)

空気振動を与えてくれ(図15.26)、まさしく〈ハイパーソニック・サウンドの原器〉として貢献しています。このハイパーソニック・オルゴールの音を試しに録音することで、マイクロフォンやレコーダーが健全であるかのチェックは、きわめて高度なものとなりました。さらに、それら録音機材のカタログ・データではわからない真の実力を、はっきりと把握できるようにもなり、万全に近い体制でハイパーソニック・サウンドの録音に臨むことが可能になっています。

第 15 章文献

1 大橋力，仁科エミ，不破本義孝，河合徳枝，同じ音楽ソースからつくられた LP と CD との間の再生信号・感性反応のちがい．第 9 回ヒューマン・インタフェース・シンポジウム論文集，57-64, 1993.
2 大橋力，仁科エミ，不破本義孝，LP と CD との音質のちがいについて — 生理学的・感性科学的検討．信学技報 HC94-18, No. 1, 15-22, 1994.
3 Oohashi T, Nishina E, Kawai N, Fuwamoto Y and Imai H, High-Frequency Sound Above the Audible Range Affects Brain Electric Activity and Sound Perception. Audio Engineering Society 91st Convention (New York) Preprint 3207, 1-25, 1991.
4 大橋力，『音と文明 — 音の環境学ことはじめ』，岩波書店，2003.
5 稲盛和夫編，『地球文明の危機 環境編』，東洋経済新報社，2010.
6 Maslow AH, A Theory of Human Motivation (originally published in Psychological Review, **50**, 370-396, 1943). Green CD, "Classics in the History of Psychology", York University, Toronto, Ontario, 2000.
7 マズロー AH, 『人間性の心理学』，小口忠彦監訳，産業能率短期大学出版部，1971.
8 大橋力，バリ島の祭には感情を合理的に活用する科学がある．科学，**75**, 713-718, 2005.
9 大橋力，連載：脳のなかの有限と無限．科学，**81**, 36-41, 2011.
10 大橋力，前川督雄，上野修，本田学，利他的遺伝子，その優越とは．科学，**81**, 83-90, 2011.
11 Meador-Woodruff JH, Damask SP, Watson SJ, Jr, Differential expression of autoreceptors in the ascending dopamine systems of the human brain. Proc. Natl. Acad. Sci. USA, **91** (17), 8297-8301, 1994.
12 麻倉怜士監修，『いきなりハイエンド！ ハイレゾ・オーディオ最強読本 2015-16』，アスペクト，2015.
13 大橋力，『超絶のスーパーガムラン ヤマサリ』から「ウジャンマス」，DSD 11.2 MHz／1 bit. ハイパーソニック研究所，2015.
14 http://www.fidelix.jp/products/ahs/index.html
15 大橋力，ハイパーハイレゾ版 交響組曲 AKIRA 2016 ライナーノーツ，2016.
16 Fukushima A, Yagi R, Kawai N, Honda M, Nishina E, Oohashi T, Frequencies of Inaudible High-Frequency Sounds Differentially Affect Brain Activity: Positive and Negative Hypersonic Effects. PLoS ONE, **9** (4), e95464, 2014.
17 Schoepe Z, Rupert Neve Interview, Sound & Recording Magazine, **10** (5), 31-34, 1991.
18 田中健監修，『オルゴール — 聴いてみたいアンティークの音色』，京都書院，1998.
19 上島正，永島ともえ，『オルゴールのすべて』，オーム社，1997.

第 3 部 ハイパーソニック・エフェクトの活用

第 16 章
超高精細度造形作品とハイパーソニック・サウンドとを
軸とした新しい時空間演出技法を開発する

16…1　人間は知覚できない精細度をもつ画像にどう反応するか

　この章の主題は、美術作品の展示や映像化を行うにあたって、ハイパーソニック・エフェクトを導入してこれまでにない効果をもった時空間演出技法を創り出そう、というものです。

　ディジタルオーディオの実用化に先立って国際的に行われた音響心理学的な検討の結果に基づいて、それらのなかから音として知覚できない超高周波成分は切り捨てられました（第 1 章）。ところが、これまで述べてきたように、これらの超高周波は、脳に働きかけてハイパーソニック・エフェクトを発現させ、音を美しく感動的なものに感じさせてくれる力を秘めていたのです。

　それならば、画像に含まれる私たちの視力の限界をこえて高精細な構造が脳に働きかけ、絵の味わいに影響を及ぼすということはありえないのでしょうか。このことについてこれまでどのような生命科学的知見の蓄積があるのか探索してみたのですが、私の探索力では判然としたものに出合うことが、なおできていません。

　そこで、自分たちで実験して調べてみることにしました。このときの基本戦略として、ハイパーソニック・エフェクト研究のアナロジー的なアプローチをとることにしました。このスタンスに立って考えると、ハイパーソニック・エフェクトを発現させうる音の情報構造が〈高複雑性超高周波〉であったのに対応して、画像の美しさや感動を高める情報構造は〈高複雑性超高精細

度〉かもしれない、という作業仮説を立てることができます。

　私たちひとりひとりのもっている視覚の空間的な解像力を示す指標として、〈視力〉が広く使われています。これは、よく知られている〈ランドルト環〉(円の一部が欠けたC字形の図形)を一定の距離をおいて片目で視て、どの小ささの環に至るまで欠けた部分の方向を正しく識別したかを調べ、その目のもつ解像度すなわち〈視力〉を測定するものです。それは、普通の人では、視力0.7から1.0くらいの間に分布していますので、この研究の前提として、視力0.7〜1.0の被験者を想定してモデルを組みました。また、音の人間に対する影響を調べた私たちの一連の実験の生理指標として有効性を示し、視覚情報についても有効性が示唆されている深部脳活性化指標(脳波α波ポテンシャル)を選び、呈示する画像――二次元空間上のパターン――の性質と深部脳活性化指標との関係について調べました[1]。

　ハイパーソニック・エフェクトを発現させるためには、呈示する振動は完全に規則的なもの、たとえば〈正弦波〉であっても、完全に不規則なもの、たとえば〈ホワイトノイズ〉であっても顕著な効果を示すとはいえず、両者のあいだに位置する〈自己相関秩序〉をもつ振動がすぐれて有効であることを私たちは見出しています(第8章)。そうした情報構造の代表的なもののひとつとして、自然界にごく一般的にみられる〈フラクタル構造〉があります。私たちが先に注目したのは音という時間現象に伴うフラクタルでした。画像という空間的事象を実験的に究めるための材料となる呈示物についても、このような〈自己相関秩序をもった高複雑性〉は大きな問題です。そこで、呈示画像を準備する前提として、画像という空間事象の複雑性について、ひとつの実験を試みました[1]。

　シームレス(つなぎ目なし)のフラクタル画像を合成する効果的な方法が、橋本秋彦らによって創られています[2]。そこでこの方法に従って、自然の景観を連想させるように緑色系統のカラーリングを施したフラクタルテクスチュアを1,024ピクセル×680ピクセルのサイズで生成し、そのコンピューター画像データをフィルムレコーダーで35 mmフィルム(KODAK Ektachrome)に記

録しました。以後これを〈フラクタル模様〉といいます。一方、この自己相関秩序を強く具えた複雑性の高いフラクタル画像と対照的な幾何学的テクスチュアとして、市販の〈市松模様〉の壁紙をスキャンしてフラクタル模様と同じ1,024 ピクセル×680 ピクセルの画像データにして、〈幾何学的模様〉をつくりました。

さらに、上記の〈フラクタル模様〉と〈幾何学的模様〉とを素材にしてそれらのデータから、両者のあいだに位置する同じく 1,024 ピクセル×680 ピクセルの画像データをつくり、〈中間的模様〉としました。これら3種の画像について、〈輝度〉を画像から垂直に立ち上がる三次元構造の［高さ］と設定し、この三次元構造体のもつフラクタル性の複雑性を反映する〈フラクタル次元〉を〈ボックスカウント法〉(第8章6節)によって求めました。この方式によるフラクタル次元は、ここで扱う三次元構造体では〔2.0〕から〔3.0〕(最大)のあいだに分布します。解析の結果、フラクタル模様──2.71、中間的模様──2.50、幾何学的模様──2.35 という妥当なフラクタル次元の値が得られました。よって、これらの画像を複雑性の度合の異なる呈示試料とすることは、適切であると判断しました。

これらの画像データから造られた 35 mm フィルムを、光学式のスライドプロジェクター KODAK Ektapro9000 からスクリーンに映写して実験参加者(以下、被験者)に呈示しました。スクリーンから被験者までの距離は 150 cm、呈示サイズは幅 200 cm×高さ 133 cm です。この条件下でフラクタル模様、中間的模様、幾何学的模様をそれぞれ 180 秒間、120 秒間の休憩をはさんで呈示しました。画像が呈示されている間の脳波 α 波ポテンシャルを 10 人の被験者(男性5人、女性5人)について計測し、それらに基づいて脳電位図(BEAM)を描き、図 16.1 を得ました。各画像を個別に呈示しているときの深部脳活性化指標(脳波 α 波ポテンシャル)の差を図 16.2 に示します。図に示すように、フラクタル次元の差は深部脳活性化指標に影響を及ぼすことが認められます。

いずれにおいても、フラクタル模様が最大、幾何学的模様が最小の深部脳

活性化指標値を示しました。つまり、画像のもつフラクタル次元が高いほど、それを注視している被験者たちの基幹脳の活性を反映する深部脳活性化指標を高める傾向にあることがわかります。いい換えれば、画像の自己相関秩序をもった複雑性が高いほど、基幹脳の活性がより顕著になります。

　このような画像のもつ複雑性の吟味の次に、画像のもつ精細度が深部脳活性化指標に反映するのかどうか、反映するとすればそれはどのように現れるのかを調べました[1]。この実験に使う呈示用の原画としては、複雑性の高いフラクタル構造を具え、実験に必要な高い精細度をもった画像であることが必要です。このような条件を具えているであろう素材として、稠密な熱帯雨林を高所から俯瞰した写真(図16.3)を選びました。これならば理論的にはフラクタル構造をもつ被写体として樹木レベルから細胞レベルに及ぶ超高精細画像が構成できるはずです。こうした実写フィルムを選び、スキャナーにかけてディジタル化し、横2,048×縦1,365ピクセルの画像データすなわち〈高密度データ〉を造りました。さらに、これをもとに、横1,024×縦682ピ

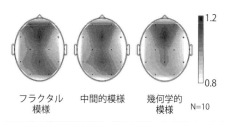

図16.1　呈示画像の構造的特徴の違いが導く脳波α波ポテンシャルBEAMの差[1]

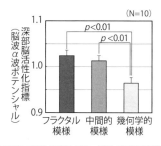

図16.2　呈示画像の構造的特徴の違いが導く深部脳活性化指標の差[1]

クセルの画像データ〈中密度データ〉、そして横 512×縦 341 ピクセルの画像データ〈低密度データ〉をそれぞれ造りました。これらに基づいて 35 mm フィルムを造り、プロジェクターから映写して被験者 11 人(男性 5 人、女性 6 人)に呈示しました。画像の呈示サイズは幅 160 cm×高さ 106 cm、視距離 310 cm、呈示時間 180 秒間の条件です。それぞれの視覚像のもつ〈視覚刺戟精細度〉は、それぞれ[高密度：1.18 ピクセル/分(角度)]、[中密度：0.59 ピクセル/分]、[低密度：0.29 ピクセル/分]となります。これら 3 条件の呈示時間を通じての脳波 α 波ポテンシャルを観測しました。

これらのデータに基づいて描いた脳波 α 波の脳電位図(BEAM)は図 16.3 下段のようになります。実際に呈示された映像を目視したときに意識される相互の違いは、特に中密度と高密度とのあいだの形状・形態という点での差は

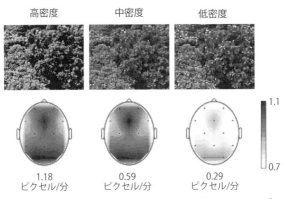

図 16.3 視覚刺戟精細度によって異なる脳波 α 波ポテンシャル BEAM[1]

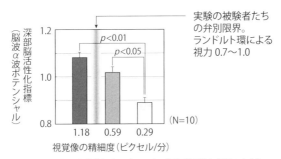

図 16.4 視覚刺戟精細度の違いによる深部脳活性化指標の変化[1]

それほど判然とせず、両者の違いは質感、テクスチャーの差として微妙に識別される程度であるのに対して、BEAM の差は、そのような微妙な枠に収まるようには見えません。そこで、各実験の呈示映像がどのような深部脳活性化指標値を導いたかを定量的に較べてみました。すると、図 16.4 のように、[低密度 vs. 中密度]のあいだに $p<0.05$ の有意差が現れているばかりでなく、[低密度 vs. 高密度]のあいだにより高い $p<0.01$ の有意差が現れています。つまり、より高密度画像の方がより基幹脳を活性化する可能性を否定できません。こうした反応を導いたことは、知覚限界をこえる超高周波が惹き起こすハイパーソニック・エフェクトと類似した基幹脳の活性化を骨子とする人間の反応が、同じく知覚限界をこえる超高精細画像についても十分に期待できることを示唆しています。

　以上の検討の結論として、〈高複雑性超高周波〉をエッセンスとするハイパーソニック・エフェクトとのコラボレーションを実現させる美術造形物として、中脳、間脳を含む基幹脳を活性化することが支持された〈高複雑性超高精細構造〉をもつ造形物 ── 絵画やオブジェ ── に優先的に注目することは有望なのではなかろうか、という基本的な姿勢を立てました。

16…2　高複雑性超高精細構造を具えた造形芸術作品を探索する

　高複雑性超高精細画像が基幹脳を活性化する可能性が高いことが実験結果からわかったので、この知見に基づき、主に電子メディアとの適合性の高い絵画(絵画的オブジェを含む)に注目して、研究の材料を探索しました。

　絵画という造形物は、いくつかの文化圏で、いわゆる近世(early modern period)から近現代(modern period)への移行期、19 世紀中頃から 20 世紀にかけて大きな変化を遂げ、特に西欧では、この間の細密性と複雑性との両面における変質 ── 実は衰退 ── には著しいものがあります。そしてそれは、20 世紀後半に音響にかかわる電子メディア領域に起こった、LP レコードから CD への転換とその背景にある「非言語性脳機能依存から言語性脳機能依存への

偏り」[3]（むすび参照）という転換と軌を一にするように観察されるのです。

　これらの変化はこれまで、いわば芸術それ自体の発達を含意する「自己運動の軌跡」という面から捉えられてきました。しかし私は、ここで掲げるテーマに即した切口として、この間に西欧に起こった化学合成染料の画材化をはじめとする絵画制作技術環境の変化に、より注目しています。特に、造形美術のなかにある連続的・暗黙的で非言語性脳機能にかかわりの深い情報世界の衰退と離散的・明示的で言語性脳機能とかかわりの深い情報世界の強調・肥大という、LPからCDへのディジタル化技術転換を思わせる切口から、より具体的な理解が得られるかもしれないと考え、すこし回り道になりますが、そうした立場に立ってひとつの論を試みようと思います。

　王侯や封建領主たちが実権を握っていた近世では、絵画の題材、様式、画材、顔料まで天下り的に規制されていた例が少なくありません。西欧で近現代絵画の先鋒を切ったフランスでさえ、フランス革命のとき一旦廃止された旧芸術アカデミーが王政復古期の1816年に新しい〈芸術アカデミー〉として再編されるとともに、1819年、一種の国家機関として美術学校（エコール・デ・ボザール）が発足し、美術についての教育・行政を司る役割を担いました。いい換えると、このころのフランス絵画は、アカデミーの指導方針に従わないと不利益を伴うというかたちで一種の実質的統制が行われた状態にあったわけです。

　新古典主義、ロマン主義などをかかげたその指導方針はおおよそ次のようなものです。まず題材の選択については、歴史や神話、とりわけ聖書に題材を求めた〈歴史画〉が高く評価される一方、その他の対象を描いたもの、たとえば風景画や静物画などは低俗であるとされました。もちろん、〈写実〉以外のスタンスはまだありません。画法については、筆跡を残さず光沢のある画面に仕上げる技がアカデミーの規範となりました。まもなく実用化されてくる写真のような仕上がりを理想としたのかもしれません。

　当時の画家たちの作業環境は、「明るさ」——光量、照度という点で恵まれ

たとはいえないものでした。その頃のフランスでは〈戸窓税〉というものが制定されていて、建物がドアーをひとつ、また窓をひとつ設けるごとに、〈戸税〉、〈窓税〉が加算されたのです。それは、首都パリで既成の建物の窓を埋めころすほどの圧力となっていました。人工的照明手段によって画家たちが光を獲得するのはずっと後の世のことです。標準的なアトリエは、贅沢なものでも一方の壁面をガラス張りにしたくらいで、決して照度の高くない傾いた太陽の光の照射する場所に対象物を置くほかありません。光に恵まれないこうした環境のうえに、当時の画家たちはさらに、〈絵具〉を自分で調合しなければならない、という大きな負担と不便も背負わなければなりませんでした。種類の限られた天然の顔料を粉砕し亜麻仁油と練り合わせて自分用の絵具を自分で(または大物の画家だと弟子たちの手で)造り、色の違いごとに別々の豚の膀胱に詰めて引き出しにストックするのです。このように、薄暗いアトリエで、手造りの絵具を使って、題材や形式・内容までをアカデミーに規制されつつ描く画は、陰鬱さを逃れることが困難だったのではないでしょうか。

　こうしたフランスの画家たちの置かれた環境は、19世紀後半に入ると大きく変わります。まず、チューブ入り絵具、とりわけ化学合成で造った鮮やかで多種類の色彩のチューブ入り絵具の登場です。その後長く使われることになる錫張り鉛チューブの発明は1841年といわれています(現在では鉛の人体影響を防ぐためポリエチレンチューブやラミネートチューブが使われています)。このコンパクトなチューブ入り絵具は、状況を劇変させました。それまで引き出しの中に納まっていてアトリエからそっくり外に出すためには棚ごと持ち出すしかない、つまり事実上アトリエ外では使えるはずのなかった絵具のセットが、チューブ入りの絵具だと、いともたやすく持ち運べます。それは、画家たちを薄暗いアトリエと膀胱詰め絵具の戸棚から解放しました。このような動きに合わせて開発されたフランス式イーゼルボックス(野外イーゼル)には折りたたみ式の脚、絵具箱、パレットが組み込まれて、アトリエ機能のポータブル化を可能にしました。この時期、アカデミーの権威に従わない気風が画家たちに育ち始めたことと相まって出現したのが、〈戸外制作〉(en plein air)

というスタイルです。

　これは「描く」という行為とその結果生まれ出る作品に劇的な変化をもたらしました。まず、光環境の激変が重要な意味をもっています。戸窓税で光の節約を強いられたフランスの建物の中のアトリエ内の照度は、ふつうは 100 ルックスに満たない程度だったことでしょう。一方、戸外で直接陽光を浴びるとき、照度は 8,000 ルックス以上に達するはずです[4]。つまり、アトリエの 100 倍くらいの照度です。

　こうした物理的・技術的環境の変化は、画家たちのあいだに高まってきたアカデミーの桎梏を脱け出そうという気運と相まって戸外制作の活性化を促し、そうしたスタンスを強調した〈バルビゾン派〉などが現れます。とりわけ〈印象派〉の残したインパクトは決定的といえるかもしれません。それは、画材の発達と戸外制作、そしてそれらを活かす新しい画法の開発に注目して捉えることができます。戸外の強い太陽光が生み出す鮮やかな色彩とその豊かな陰影、およびそれらの交錯と変容、そしてそのすべてを捉えることも不可能ではないと思わせるほど色鮮やかな化学合成染料を使ったチューブ入りの絵具たちの出現……。

　こうした状況の変化はまず、一部の画家が、題材の面でアカデミーの意向を尊重した［視たこともない事象を描く歴史画］をやめ、太陽光を存分に浴びた実在する物体を対象にした風景画や静物画を好んで描き始めたことに現れています。技術の面では、アカデミーが求める筆あとを残さず仕上がりを平滑にするという評価基準に真っ向から逆らうような〈筆触分割〉(broken brush-strokes) の技法を生み出し、例外はあるものの、印象派のトレードマークのように盛んに使われることになりました。この技法の背景は、次のようなものです。

　元もと原色で造られている絵具を混ぜ合わせて中間色を造ると、色が濁り、明るさ、鮮やかさが下がってしまいます。それまでの西欧絵画ではこのような絵具の性質を避けられない宿命として受け入れてきました。これに対して、戸外制作で色彩の鮮やかさに開眼した印象派の画家たちは、絵具の混合とい

う色を濁らせて中間色をつくる方法を止め、混ぜようとした一方の絵具を澄んだ原色のままカンバスに一筆塗り、それに密に接するように混ぜ合わせようとしたもう一方の色の絵具をこれも他と混ぜることをせずに塗るというやり方、すなわち筆触分割を考え出したのです。このように互いに隣接した色、たとえば赤と黄とが、離れて視るとそれらの2色の中間の色、この場合にはオレンジ色に見え、しかもその色は、二つの絵具を混ぜ合わせたときのように濁ることなく、澄んだ鮮やかな色を喪わないのです。このような現象を〈視覚混合〉(le mélange optique)といいます。このようにして絵具を混ぜないで描かれた絵は、色彩の鮮やかさと引き換えに輪郭線が描けなくなってしまうため、接近して見ると何を描いてあるのか判然としません。ところが、一定距離はなれてみると、それは濁りのない澄んだ色鮮やかな画像として輪郭を感じさせる状態で視えてきます。この筆触分割の技法で描かれたクロード・モネら印象派の絵の明るさ、鮮やかさはやがて、当時の人びと、特に王侯貴族に代わって美術品のユーザーとなったブルジョアジーに支持を拡げるようになっていきます。

　こうして描かれる印象派の絵画は、筆触分割を実現するため、原色を使っ

写真 16.1　クロード・モネ『散歩、日傘をさす女性』、1875年、ナショナル・ギャラリー（ワシントン）蔵

写真 16.2　ジョルジュ・スーラ『エッフェル塔』、1889年、サンフランシスコ美術館蔵

た一筆ごとのタッチが大きく荒々しいものとなる一方、輪郭線と細部のディテールを喪ってしまうことになりました。そこで、一筆ごとのタッチを小さい同じぐらいの大きさの円や点にすることでタッチの荒々しさを制御可能にし、筆触分割を創った印象派の理念をより徹底した技法、すなわち〈点描〉という形式がジョルジュ・スーラによって開発されます。ちょうど、音のCDの標本化周波数や量子化bit数をより大きくしたようなやり方ということができるでしょう。

　この技法を使った画家たちは、〈新印象派〉と呼ばれています。このスーラの点描の発想は現在の電子映像のディジタルディスプレイ方式で理想的な姿を見せています。それは、顕微鏡的な細かさのR(赤)G(緑)B(青)の三つの原色の発光体(サブ画素)をひとつにまとめて1画素(ピクセル)とし、これを平面上に配列します。その精細度は、1インチ(25.4 mm)当たり何個配列するかというかたちで示されます。たとえば1,000 dpi(dots per inch)というように──。テレビやパーソナル・コンピューターのディスプレイは、このようにしてスーラの夢が理想的に実現しつつあるものといえるかもしれません。しかし実際に油絵具を使った西欧絵画の世界では、スーラの点描が事実上細密度の限界となって、それを大きくこえる高精細度の形成には、西欧では成功していません(現代バリ島絵画に成功例があります)。このことは、印象派以降の油絵具で描かれた西欧の絵画のなかから〈輪郭線〉が喪われることに伴って〈細部構造〉の描写が消えていくという状態を無視できないものとしました。それは、オーディオ領域でCDが22.05 kHz以上の高周波をカットした状況に似ているかもしれません。

　印象派に続くアカデミズムへの反逆を実現した有力な潮流として、20世紀初頭ジョルジュ・ブラックとパブロ・ピカソらが主導したキュビスムがその後の西洋絵画のパターンに及ぼした影響は量り知れません。キュビスムはピカソの『アヴィニョンの娘たち』に始まるといわれます。その2年前の彼自身の作品に比較すると、キュビスムの特徴がよくわかります(写真16.3と写真16.4)。ブラックの作品がある新聞に「ブラックは一切を立方体(キュー

ブ)に還元する」と評されたのがキュビスムの名の起こりと言われるように、その制作理念は、それまでの絵画が単一の視点から対象を描いているのに対し、複数の視点から捉えたイメージを同一カンバス上に重層的に描く、このとき、画像対象物のもつ構造(パターン)のエッセンスを抽出して描写する、というものです(写真 16.5)。たしかに、ブラックとピカソは、これまでは実在する具象的対象をありのままの姿で写像するという画家たちのスタンスとはまったく異なるスタンスをとりました。題材のもつもっとも基本的な構造を凝縮して抽出しようとするスタンス、すなわち〈抽象化〉という発想を、──いい換えると、〈意識〉できないものであっても捉えることができる〈非言語性脳〉の働きが主体を占めていた画像認識を、〈意識〉できるものだけに着目しそれを処理する〈言語性脳〉の働きに依存するものへと転化する発想を──西欧絵画史のなかにはっきり導入したといってよいでしょう。しかもこの二人はともに、具象物からその本質的な構造を多元的に抽出する、という作風を最後まで貫いています。抽象的なパターンをゼロから創出するというワシリー・カンディンスキー(写真 16.6)のような描き方はやっていません。いわゆる抽象派の画家たちと一線を画しているところです。

写真 16.3　パブロ・ピカソ[バラ色の時代]の作品『パイプを持つ少年』、1905 年、個人蔵

写真 16.4　パブロ・ピカソ[キュビスムの原点]『アヴィニョンの娘たち』、1907 年、ニューヨーク近代美術館 MoMA 蔵

このようなキュビスムの作風は、必然的に、描き出す図形のパターンを単純化します。対象がその物理的あるいは生物的な実体をできるだけ離れ最小限の図形情報(パターン)からその物体であることを主張するような絵が追求され、題材となった具象物は絵のなかではその形状自体を抽象化・単純化されるだけでなく、必然的に細部というものをもたない姿で描かれることになりました。キュビスムが残したこの[抽象化という名の単純化]は、印象派による[輪郭線の喪失]とあいまって、カンバスと油絵具使用を原則とする20世紀から21世紀にかけての西欧絵画を[細密構造から隔離]したといえるかもしれません[5]。このことは、電子メディアの世界で20世紀末に起こったLPレコードからCDへの転換に際して行われた超高密度情報(超高周波)の排除と、相通じるものを感じさせます。

　こうした背景によって、西欧近現代絵画というジャンルは、総体として、高複雑性超高精細画像の資源として不適切なものとなってしまいました。

　絵画は、西欧以外の文化圏でも、近世から近現代にかけて繁栄を見せた例が少なくありません。北東アジアにあって中国と日本、とりわけ江戸時代の

写真16.5　ジョルジュ・ブラック『ギターを持つ男』、1911年、ニューヨーク近代美術館MoMA蔵

写真16.6　ワシリー・カンディンスキー『即興 渓谷』、1914年、ミュンヘン・レンバッハハウス美術館蔵

日本画には高密度高複雑性という観点から注目に値するものがあります。油絵具よりずっと粘性の低い水を溶媒とし墨や岩絵具と毛筆を使って油絵では不可能と思える精密な画像の創出を実現しています。それらの中には、ほとんどサブミリメートルの細部まで描写した蠣崎波響(かきざきはきょう)の作品(たとえば『夷酋列像(いしゅうれつぞう)』1790年)のようなものさえあります(写真16.7)[6]。これらの細密構造は、「地」(支持体)を形成している「絹」や「紙」の緻密で平坦な平面と、細い毛筆そして水に溶かれた岩絵具と墨という流動性の高い素材によって、その細密構造を実現したものです。そしてそれは、これらの画材を使った細密性追求の限界を示すものでもあります。それをこえる細密構造は、ベース(支持体)になっている絹や紙そのものの細密度になってしまい、パターンとしての意味を喪います。このように、筆で描くことによる細密性にも限界があります。それは、毛筆の描く細い線というものがもつミリメートル〜サブミリメートルの精細度の下限です。

　こうした限界を打破することに成功したのが、近世日本の画家のなかでおそらくもっとも注目すべきひとり、伊藤若冲(じゃくちゅう)でした。代表作とされる『動(どう)植綵絵(しょくさいえ)』(1758〜1766年頃)などでは、蠣崎波響に勝るとも劣らない細密描写

写真16.7　蠣崎波響『夷酋列像 イニンカリ』、1790年、ブザンソン美術考古博物館蔵
左：全体(40 cm×30 cm)
右：部分(実寸約4 cm×4.5 cm)

を見せています(写真16.8)[7]。そしてそれらは、蠣崎と同じ離散的パターン生成の枠内にあることによって、同じ細密度の限界をもつ点でもよく似ています。ところが若冲は、これらとはまったく違った物理現象を利用してグラデーションをもった連続的なパターンを生成する「筋目描き(すじめがき)」という手法を実用化し、「筆の跡と支持体との精細度のギャップ」を埋めることに成功しています(写真16.9)[7]。そのプロセスは次のようなものです。吸水性のある薄手の紙を支持体に使い、うすい墨を含ませた筆を、選択した複数のポジションに連続的かつタイムリーに触れていきます。それらの各スポットから毛細管現象によって滲(にじ)み拡がっていく墨を含んだ液は、一種のペーパークロマトグラフィー効果によって墨の濃淡のグラデーションを生成します。こうしたスポットごとの単位現象は、複数のスポット同士の衝突によって複雑な相互作

写真16.8 伊藤若冲『動植綵絵 老松百鳳図』、1766年、宮内庁三の丸尚蔵館蔵
左：全体(141.8 cm×79.7 cm)
右：部分(実寸約4 cm×4.5 cm)

用を展開し、成功すれば見事なパターンを形成するに至ります。若冲は、この技法を高度なレベルで実用化したのです。この技法から生まれる濃淡のグラデーションは分子レベルに接近しうるものですから、事実上、支持体の目の細かさを超越した窮極の細密度を実現したものといえるでしょう。筋目描きにはルーツがあるようです。しかしこの技法を育み洗練を尽くした技として完成して実用化したのは、若冲でした。同じように若冲自身が磨きあげ、積極的に活用した技に「裏彩色」があります。支持体（絵絹）の裏側に表面に描いている画像と同一のパターンを表面とは違った色彩で描く技法です。表から見たのでは、この裏彩色は意識に捉えられることはありません。しかし、絵を観る人びとの知覚に意識できない次元で影響を及ぼし、美しさや感動を増幅するめざましい効果を発揮します。話題として少々飛躍しますが、音と

写真 16.9　伊藤若冲『菊花図』、1792 年、デンバー美術館蔵
右：全体（111.1 cm×59.2 cm）
左：筋目描きの部分（実寸約 4.5 cm×6 cm）

して聴こえず意識で捉えることのできない超高周波の共存によって音楽がより美しく感動的なものとなるハイパーソニック・エフェクトに相通じるものを覚えます。このような若冲の作品は、ぜひとも研究対象として取り上げてみたいものです。しかし残念ながら、人類の遺産になっている若冲の作品を私たちの実験材料にすることはできません。

　ここで幸運なことに、若冲に匹敵するような高複雑性超高精細度をもった作品を精力的に生み出している現代画家が、インドネシア・バリ島に現存します。その作品ならば私たちの研究の射程に捉えることができるかもしれません。

　バリ島では、近世に覇を唱えたクルンクン王朝が絵画のスタイルを一種類に限定する、というフランスの芸術アカデミーよりも徹底した統制を実行していました。題材、形式、内容、顔料などを規定した〈カマサンスタイル〉（ワヤンスタイルとも呼ばれ、中部ジャワ・ジョグジャカルタ伝統の影絵人形芝居の登場人物を模して描く）のみを官許として認めていたのです（写真16.10）。その後、バリ島では西欧絵画のインパクトを受けて〈ウブドスタイル〉〈バトゥアンスタイル〉など村落共同体を母体にした技法の集団的な開発が行われました。一方、20世紀後半から、芸術大学で学んだ作家たちが、それぞれ自らの独自のスタイルを開発し競い合う状態を迎えています[8]。

　そうしたなかでも抜きんでて開発意欲の旺盛な作家のひとり、マデ・ウィ

写真16.10　バリ島のカマサンスタイルの絵、ネカ美術館蔵

アンタ画伯は、独特の微粒子点描とともに、植物体を支持体に使って超高精細度と高複雑性を実現する巧妙な方法を開拓しました[9]。芳香性の植物の細長い根を乾燥させて「横糸」とし、木綿糸を「縦糸」として緻密に織り上げることで、一種のテキスタイル状支持体を創り上げたのです。この支持体上に描かれた絵画的パターンは、独自の微粒子点描と組み合わせることによって、画像全体のマクロな構造から草の根で織ったテキスタイルのもつミクロン・オーダーの細密性までを連続的に現出することに成功しています。

　彼の開発した微粒子点描の具体的な方法は、次のようなものです。アクリル絵具や油絵具のチューブに爪楊枝の先端を差し込み引き出して絵具の極微な一しずくを取り出します。その爪楊枝の先をカンバスその他の支持体に接したのち引き上げる、というやり方で、ミリメートル〜サブミリメートルサイズの極小型で不定形な絵具の鋭い円錐形の塑像、いわば極微なピラミッド様構造体をつくります。さらに、これらを画面を構成する三角形、四角形をはじめとする幾何学的モジュール上に互いに密に隣接させびっしりと埋め尽くすように描くことによって、一見布地に見まがうような鮮やかなテクスチュア性の画面を構成するのです(写真16.11)。このようにして造られる微粒

写真 16.11　微粒子点描を描いているウィアンタ画伯

写真 16.12　微粒子点描の部分拡大
（実寸約 4.7 cm×3 cm）

子点描は、絵具同士を混ぜ合わせることがないので視覚混合の効果を発揮し鮮やかな色調を顕します(写真16.12)。加えて、しばしば、これらの上に日本の「書」をモデルにした、しかし書のように言語的「意味」というものをもたないウィアンタ画伯オリジナルの〈カリグラフィー〉を配しています。

こうして構成されたウィアンタ画伯の一部の作品のなかには、それ以外の作家、作品には期待できない超高精細度高複雑性を実現している可能性があります。そこで、いろいろな視覚素材と較べながら、彼自身のいくつかの作品について、これらを実際に調べてみました。

その対象として、マクロな構造において、あらゆる具象物の写像を脱した意味的中立性の高い三角形、四角形などの幾何学的な形態をモジュールとして全体を造形し、それらのモジュールを独特のサブミリ・オーダーの微粒子点描で埋め尽くし、その随所にカリグラフィーをちりばめる、という独自の技法のもとに構成された、ウィアンタ画伯の一群の絵画やオブジェに注目しました。この系統の作品やオブジェはほとんど例外なく、高複雑性超高精細視覚像を構成しています。特に、支持体として植物の根と木綿糸とを織り混ぜたテキスタイルを使った作品では、人工物としての描画、特に微粒子点描

写真16.13 『虹』の部分。植物根と木綿糸で織った支持体上の幾何学模様と微粒子点描さらにカリグラフィーを含む

と、テキスタイルを構成する顕微鏡的細部構造をもった天然物としての植物体とが切れ目なく繋がっています(写真 16.13)。それらをマクロレンズを使って極限まで拡大すると、そこには、作家のウィアンタ画伯自身も予期しなかったという、これまで未知の、しかもきわめて美しい画面が現れてくることを見出しました。なおこの効果は、ウィアンタ画伯独自の微粒子点描を使った作品に固有のものでした。

　こうした特徴をもつウィアンタ画伯の作品を、他の作家の作品や自然の景観の写真などと比較しながら、自己相関秩序と複雑性という切口からさらに吟味してみます。ここでは、自己相関秩序を反映する切口としてフラクタルに注目します。ただしそれらは、幾何学的に厳密な数理科学的手続きで構成されたフラクタルではありません。自然現象、特に生命現象や、それを描写した絵画ならびにそれらの写真、そしてウィアンタ画伯のオブジェなど、そこに現存するフラクタル性の構造の存在を直感的に想定させる具象体を選んで、こうした対象に適したボックスカウント法によりフラクタル次元を測定する、という方法をとりました。それは、自己相関秩序の上に形づくられているそれぞれの複雑性の比較を可能にするはずです。

　その素材として、写真 16.14 に示す①自然の気象現象の視覚像である「青空に浮かぶ雲」の写真、②生命現象の濃密な集積体である「熱帯雨林の俯瞰写真」、そして③まるで写真のような精緻な写実を実現している 17 世

①青空に浮かぶ雲

②熱帯雨林の俯瞰

③『真珠の耳飾りの少女』

写真 16.14　フラクタル次元の比較に使った写真の画像

紀ネーデルランドの画家ヨハネス・フェルメールの油彩画『真珠の耳飾りの少女』の写真を選びました。そして、これらと比較するウィアンタ画伯の絵画性オブジェとして、代表作のひとつ『虹』(Rainbow)を選びました。この作品は、芳香性植物の根を横糸、木綿糸を縦糸にして織り上げた長い帯状の支持体の上に三角、四角などのシンボリックなパターンを描き、それらを微粒子点描で彩るとともに、それらにウィアンタ式カリグラフィーを鏤めて構成されたオブジェです(写真16. 13)。

これらについて、自己相関秩序(この場合、自己相似性)のもとにある複雑性をボックスカウント法によって〈フラクタル次元〉として計測し、互いに比較しました。

いずれの画像にも明瞭なフラクタル構造が認められ、青空に浮かぶ雲の写真のフラクタル次元は2.32、『真珠の耳飾りの少女』は同じく2.49、ボルネオ熱帯雨林の写真は2.60でした。ここから、雲の写真＜『真珠の耳飾りの少女』＜熱帯雨林の写真の順番にフラクタル構造の複雑性が増していくことがわかります。これらに対して、ウィアンタ画伯の創ったオブジェ『虹』ではフラクタル次元2.83とさらに高い値が得られました。『虹』は、自然界で最大級に複雑性・多様性をもつと考えられる熱帯雨林の写真よりもさらに複雑なフラクタル構造の存在を示す数値を現したのです。

次に、『虹』を構成する微粒子点描や植物体などの特徴的な微細構造について、それぞれ独立にフラクタル次元を調べてみたところ、特徴的な構造それぞれの複雑性が、注目する大きさの変化に応じて変動するという興味深い性質が見出されました。おおよそ4 mm四方以上の大きさの構造に注目すると、すべての特徴的な構造のなかで微粒子点描の微細構造の複雑性がもっとも高く、4 mm四方より小さい構造に注目すると植物の根と木綿糸の織物に金を塗ってその微細構造のコントラストを強調した部位がもっとも高い複雑性をもっていました。一方、サブミリ・オーダーのごく微細な世界では、自然素材のまま露出している植物の織物が、微粒子点描の微細構造に勝る複雑な構造をもっていることがわかりました。

これらによって、作品『虹』をはじめ、同様の手法を使ったウィアンタ画伯の作品のある種のものは、高度のフラクタル構造と細密性とを、全体から部分までにおけるさまざまな段階で連続的に実現している稀有の存在であることが明らかになりました。これらの点から、以後の研究の材料として、ウィアンタ画伯の作品に注目することにしました。たまたまウィアンタ画伯と私は旧知の関係にあり、彼はこうした私の研究の対象として彼の作品を使うことを快諾してくれ、研究の実行が可能になりました。

16…3　静止した美術品展示へ動的な光演出を導入する

　高複雑性超高精細構造を濃密に実現したマデ・ウィアンタ作品の個展が東日本旅客鉄道株式会社(JR東日本)系列の東日本鉄道文化財団により東京ステーションギャラリーで催されることになり、私も旧知のウィアンタ画伯との仲立ちと企画面とで参画することになりました[9]（写真16.15）。そこで、四室ある展示室のひとつについて、〈微粒子点描や芳香性植物素材を伴った作品〉、〈ハイパーソニック・サウンド〉、〈動的に変容する照明〉の導入により、視覚だけでなく、聴覚、嗅覚、未知の体性感覚などに同時並列的に働きかけるインスタレーション的な展示を行うことを計画しました。これは、主催者東日

写真16.15　東京ステーションギャラリー"マデ・ウィアンタ展"第2室(東日本鉄道文化財団提供)

本鉄道文化財団の木下秀彰 副理事長と松田重昭 学芸部長からの積極的な理解と支持をいただき、理想的な条件のもとに実現される運びとなりました。

　美術品の展示でごく一般的ではあるものの、生命科学的に観ると異常としかいえない特異的なやり方として、展示室を明るくするための照明および対象美術品を照らすための照明の〈照度〉や〈角度〉が［常に一定に保たれ、変化することがない］ということが挙げられます。しかし、このような光環境は悠久の時を遡る人類の歴史を通じてついぞ存在したためしがないはずです。19世紀後半、トーマス・エジソンらが白熱電球を発明して初めて、こうした固定された光環境のもとで美術品を鑑賞することが可能になりました。人類本来の遺伝子と脳がこうして固定された光環境に適切に対応する力をもっているかどうかは不明です。一方、こうした定常的な照明のない天然の条件下では、太陽光、月や星の光、動き流れそれらを遮る雲などがつくる光と影とは、マクロな陰影としても、ミクロなゆらぎとしてもたえず変容し続けます。人工の照明であっても蠟燭や篝火などの光には、自己相関秩序の存在を想わせるゆらぎ的な時間構造の存在を否定できません。たとえば〈薪能〉では、このような光のゆらぎは、高い演出効果を発揮しています。そこで、演劇、舞踊などに用いられている動的な照明技術をもとにして、美術品を対象とするダイナミックな光演出を創りだすことを企てました[10]。

　まず、この展示室のためにウィアンタ画伯の作品から次のものを選びました。①芳香性の植物の根を木綿糸とともに織り上げた幅14 cm、長さ1,820 cmの帯をアクリルと油彩で彩色したオブジェ『虹』(Rainbow)（写真16.16）、②同様の帯を木枠に埋め込み壁面一杯に配列した『卍』(Swastika)（写真16.17）、③木綿糸の縦糸に対し横糸として芳香性植物体の一群と木綿糸の一群とを一定幅で縞状に配列して、その木綿布の部分に描画した『シンフォニー』(Symphony)（写真16.18）、④細い麻糸で織ったカンバス上を微粒子点描で埋め尽くし、カリグラフィーをあしらった『瞑想』(Meditation)（写真16.19）、同様の素材・形式による『暦の星』(The Star of Calendar)（写真16.20）、⑤大きなハイビスカスの幹に微粒子点描をちりばめた『古代の形』(The Ancient Shape)（写真

写真 16.16　展示室の中央に吊った『虹』

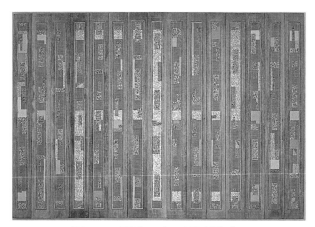

写真 16.17　展示室のひとつの壁面を覆う『卍』

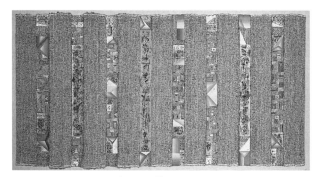

写真 16.18　『シンフォニー』

16.21)などを選びました。これらの中から①の『虹』を展示室の中央にシンボリックな形状を形づくるようテグスで吊り、この室の展示物の中核にするとともに、その真下の床に⑤の微粒子点描をほどこしたハイビスカスの巨木『古代の形』を配し、上方に展開する『虹』とともに表現空間のコアーを形成しました。さらに、四つある壁面のひとつのほぼ全面を覆うように『卍』を配置しました。その他の作品は、通常の絵画のように壁面に沿って展示しました。なお、これらの展示にあたっては、個々の作品を独立して鑑賞するために適切であるだけでなく、他の作品すべてを含めた展示室全体の総合的な美術空間、ひとつの情報環境としても適切な状態を形成することを重視しました。

次に、以上のような展示空間に〈音〉という要素を加え、美術品の展示という空間現象に音楽や環境音という時間軸を加えたより多元的な演出空間を構築しました。それらの音はすべて、人類の可聴域上限を大きくこえた超高周波数成分を豊かに含むハイパーソニック・サウンドとし、展示品の美術的効果と相まって、この展示空間のもつ脳の情動系、特に報酬系を活性化する力をいっそう高めることを目指しました。そのために、ハイパーソニック・ファクターを豊かに含む熱帯雨林の環境音に、超高周波を発生することのできるアナローグシンセサイザー シーケンシャル・サーキット社〈Prophet-5〉からの音を加えた一種のミュージック・コンクレート形式の音楽、『スワスティカ』(作曲 山城祥二)を SMPTE タイムコード(主に映像・音響分野で機器を同期させるために用いる時間情報を符号化した電気信号。最小分解能は1秒間を30等分に分割した〈フレーム〉)を伴う状態で創りました。これによって、この展示室の展示は、定量的な時間軸をもつことになりました。

以上の準備が整ったところで、音楽『スワスティカ』の流れを時間軸として、動的に変容する照明を構築しました。照明デザインは山形多聞 四日市大学教授(当時)です。その基本構成は、普通は部分も全体も静止した状態にある展示室の光環境を、そこに流れる環境音楽『スワスティカ』に同期させてダイナミックに変容させる、というものです。音と光との同期は、音楽

写真 16.19 『瞑想』

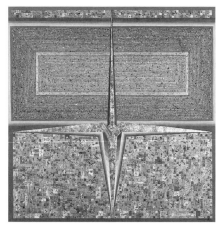

写真 16.20 『暦の星』

写真 16.21 『古代の形』

『スワスティカ』の録音データに並列して記録した SMPTE タイムコードをプログラマブル調光卓〈マスターピース 101〉に送る方式をとりました。この調光卓はタイムコードに対応して個々の光源(ライト)ごとにその光量と照射方向およびその変化を司る制御信号を発生させ、この信号を〈DMX 調光ユニット〉が受けて、照明器具ごとに〈調光出力〉を送ります。

　こうして送られてくる制御信号と電力とに基づいて個々の照明機器が動作します。ここで使われた照明機器類は、展示室中央の二つのオブジェを対象にした〈ハロゲンプロジェクション・ベースライト 200 W〉4 基を 4 方向からあて、調光変化によって時間の推移をイメージさせるとともに、〈トラックスポット・ムービングミラー 150 W〉4 台を使って時間とともに移動する木洩れ陽を想わせる効果を出しました。ゆっくり移動する光跡が音と同期しつつ作品『虹』の長いベルトを移動する効果は、著しいものとなりました。このような展示室中央のコアーを形成するオブジェを対象にした光環境の変化に合わせて、壁面に展示した絵画にも音と同期し変容する照明を当てまし

写真 16.22　東京ステーションギャラリー "マデ・ウィアンタ展" 第 3 室(東日本鉄道文化財団提供)

た。光路を任意の形態にカットできる〈ビーマックス Pro200〉を展示物ごとに準備し、作品『卍』ではオブジェ全体のなかに展開する卍形をカッターによるトリミングで浮かび上がらせ（写真 16.17）、『シンフォニー』に対しては 8 台のハロゲンプロジェクションスポットを使って 8 本の縞模様を個別的に調光する、というように、複雑性の高い動的な照明を、音楽に同期させて展開しました（写真 16.22）。

こうした音と光という感覚入力に加えて、この展示室の展示品の多くが芳香を放つ天然の植物であることによって、嗅覚にも働きかけています。もちろん音はハイパーソニック・サウンドですから、未知の体表面受容体から入力される振動情報による基幹脳とりわけドーパミンの関与する報酬系それ自体の活性化も期待されます。このような展示室の構築とその運用とによって、この室の展示は異彩を放つものとなりました。それは、図 16.5 のような新聞記事からもうかがうことができます。

この実験的展示と並行して、この展示にベーシックな時間構造を与える環

『バリ島のエキゾチックな風〜熱帯雨林、東京に〜』（The Daily Yomiuri、by Asami Nagai, 1998.11.17）（和訳の抜粋）

　（前略）最も心をゆさぶる展示は、ウィアンタ氏と日本人の作曲家大橋力氏、照明デザイナー山形多聞氏によるコラボレーションである。彼らのねらいは、みる者の聴覚や視覚や嗅覚を極限まで高めることにある。

　嗅覚？　そう。その香りの源は、ウィアンタ氏が何枚かの絵の額縁に用いた材料である。彼はバリ島の山々から植物の根を集め、それを編んで布のフレームとして使っている。

　展示会開催以来その根はかなり弱ってきて香りはかすかになっているものの、絵に顔を近づけてみるとはっきりとその香りが感じられる。

　れんがをはった壁の部屋にいると、蛙の鳴き声、人の話し声や祈りなどがいりまじった音楽に癒され心地よくつつまれる。あたかも熱帯雨林の森にいるような感覚なのである。

　その雰囲気を十分味わうためには、少なくとも 10 分はその空間にいる必要があるだろう。嗅覚や聴覚などをとぎすますため、ときには目を閉じたりしながら。（後略）

図 16.5　The Daily Yomiuri の記事

境音楽『スワスティカ』に同期させていくつかの展示作品を撮影編集したハイビジョン映像ハイパーソニック音響作品『ウィアンタ・ヒーリング』を創り、これを視聴している時間を通じての視聴者の深部脳活性化指標(脳波α波ポテンシャル)の推移を15分間連続的に観測しました。

　その経過を見ると、作品を視聴し始めてから約5分間は、脳波α波のポテンシャルはゼロかそれに近く、視覚が映像を注視することによるα波の抑圧が働いている可能性を否定できません。ところが5分を過ぎると、頭頂部および後頭部を中心に基幹脳の活性化を反映する脳波α波のポテンシャルが顕著に高まり、約10分後に最大パワーに達したのち、その値は作品視聴の最後まで維持されます(図16.6左)。同じデータから5分ごとの脳波α波の平均値に基づいて描いたBEAM(脳電位図)は図16.6右のようになります。これらによって、この作品の視聴によってハイパーソニック・エフェクトが発現することが裏付けられました。

　静止した高複雑性超高精細度美術品の展示と動的な光演出とハイパーソニック・サウンドとのコラボレーションは、このようにしてひとつの成果に結

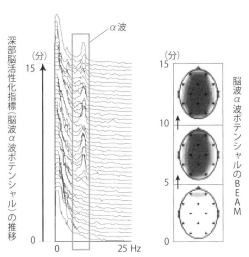

図16.6　ハイビジョン映像ハイパーソニック音響作品『ウィアンタ・ヒーリング』視聴中の深部脳活性化指標(脳波α波ポテンシャル)の推移[3]

びつきました。

16…4　超高精細電子映像とハイパーソニック・サウンドとのコラボレーション

　微粒子点描に埋め尽くされた幾何学模様を纏い、カリグラフィーを鏤めたウィアンタ画伯の作品は、全体としてはもちろん、その部分を高い倍率で拡大しても、ほとんどの場合、高複雑性超高精細構造をゆるぎなく保持するという稀に見る特徴をもっています。そうした特徴は、たとえば電子映像化してマクロからミクロへ、あるいはその逆へと、連続した大規模なズームイン・アウト条件においても一貫して保たれるような素材や画法を含んでいることに基づきます。とりわけ微粒子点描は、光の照度や照射角の変化にも鋭敏に反応してその視覚像を限りなく多彩に変容させます。こうしたウィアンタ作品の性質は、超高精細電子映像化技術との親和性の高さという点で注目されます。あたかも、この時点(2005年)でようやく試作機の運用が可能になりつつあった4K TVカメラ(解像度：横3,980ピクセル×縦2,048ピクセル。現行HDTVの4倍の画素数)がJVCの佐藤正人博士らによって開発され、試用が可能となりました。また、〈総務省戦略的情報通信研究開発推進事業〉(SCOPE)の支援をいただいたうえ、長尾 真 情報通信研究機構理事長(当時)の理解により、それにあわせて〈本庄情報通信研究開発支援センター〉の利用が可能になりました。このことは、私の目指すある意味で窮極的な電子メディアを駆使した実験を可能ならしめる決定的な機会に結びつきました。それは、同センターが保有するカメラのモーション・コントロール装置〈MILO〉(マイロ)が使用可能になったことによります。

　MILOは、当時世界中で約60台、日本には3台しか存在していなかった超高性能のコンピューター制御全自動モーション・カメラコントロールを実現する大規模な装置です(写真16.23)。撮影用カメラを取り付けるロボットアームを装備した小型自動車並みの大きさをもつ本体はレール上を自動走行

することが可能になっており、大型の被写体にも対応できます。アームに取り付けられたカメラは、プログラムに設定されたとおりの軌跡をタイムコードに従って三次元空間に連続的に描きます。カメラの位置・角度、レンズの角度、被写体からの距離、焦点距離、アイリス(絞り)もすべて、あらかじめプログラミングし設定したとおりに連続的に動作する、という驚くべき性能をもっているのです。

このような MILO に 4K 試作カメラを装着し、高精度のスチール写真用のマクロレンズを取り付けて撮影に臨みました。

こうして創られる 4K 解像度・ハイパーソニック・サウンド仕様の作品『ウィアンタ・ギャラクシー』の撮影対象として、ウィアンタ画伯の代表作の中から以下の 3 作品を選択しました。

映像作品の Part I の被写体となる素材：『シンフォニー』(Symphony)——この章 3 節でも取り上げた素材。芳香を放つ植物の根と木綿糸とを互いに太い縞模様を形成するように織り上げたテキスタイル様カンバスの木綿縞の部分に微粒子点描で埋められた幾何学模様やカリグラフィーが多様な表情を顕しています。101 cm×205 cm の筵状のオブジェ(写真 16.24)。

Part II の素材：『虹』(Rainbow)——上に同じくこの章 3 節でも取り上げた素材。『シンフォニー』で使われたのと同じ植物の根を横糸に、木綿糸を縦糸

写真 16.23　MILO 本体

にして織り上げた長い帯状のテキスタイルの両面にアクリル絵具と油彩とで幾何学模様が描かれ、微粒子点描とカリグラフィーが高密度に交錯します。これらまばゆいばかりの視覚情報要素たちとその下地を構成する植物根のもつフラクタル構造とが相まって、天然と人工とが渾然一体となった姿を視せます。この作品の長大な形態から大胆な三次元構造をつくることができ、その構造体の中側でカメラを動作させる MILO ならではのアクロバティックな映像演出を可能にしました。14 cm×1,820 cm の帯状のオブジェ(写真 16.25)。

Part III の素材:『暦の星』(The Star of Calendar) ── 細い麻糸を使った緻密なカンバスにシンメトリカルで大胆な幾何学的パターンを描き、画面下半側にカリグラフィーを豊かに配しその上側全面を緻密な微粒子点描で埋め尽くした、心を打たずにはおかない傑作。88 cm×88 cm(写真 16.26)。

以上の 3 点の素材をもとに映像作品を構成するために、ハイパーソニック・サウンドを使って時間構造を形成することにしました。熱帯雨林環境音と芸能山城組の録音物とを素材にしたミュージック・コンクレート的な環境音楽『ウィアンタ・ギャラクシー』を作曲 山城祥二によって創り、192 kHz／24 bit PCM×4.1 チャンネルの条件で録音、編集してサウンドトラックを構成しました。この際、映像と同期させるために SMPTE タイムコードを音と並行して記録し、時間尺度としました。

映像表現を大きく左右する要因として、被写体にあてる照明は決定的な重要性をもちます。これについては、照明のデザインを前の節と同じく山形多聞教授に担当いただき、静止状態の美術品を対象にした動的に変容する光演出の発想を受け継いだプランを創っていただきました。この際、新しい条件下での 4K 映像という照明効果のうえからは予測をこえる面が少なくない条件であるため、撮影された画面から問題を掘りおこして試行錯誤を行うこともいとわない進行となりました。

以上のような準備を整えるとともに、演出計画については、大橋の原案を

写真 16.24 『シンフォニー』を撮影中の MILO

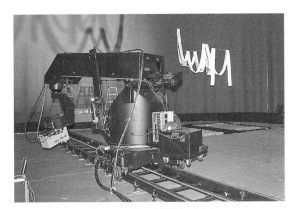

写真 16.25 『虹』を撮影中の MILO

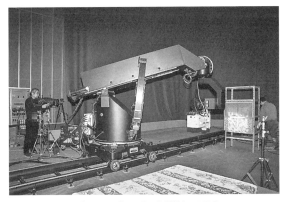

写真 16.26 『暦の星』を撮影中の MILO

もとにビデオテック森 俊文 技術部長(当時、現取締役CTO)と協議しつつ進めました。MILOを使った撮影ではカメラマンが手動でカメラを操作するという工程そのものがありません。カメラ位置、カメラアングル、焦点距離、アイリス値までを事前にプログラミングしなければならないのです。このプログラミングをはじめとするMILOの操作は、株式会社IMAGICAの稲葉貞則さんに担当していただきました。

　MILOの機能は、それまでのマニュアル操作のカメラにはとうてい考えられないような複雑高度な撮影を可能にします。そこで、そうした機能に注目し、ウィアンタ作品のもつ「引いても寄っても動かしても、常に超高精細度のフラクタル構造を視せる」という特性を局限まで追求することを演出の基本戦略としました。この基本戦略に基づいて、三つのパートごとにそれぞれ固有の演出課題を設定しました。

　Part I『シンフォニー』では、マクロな画面とミクロな画面との対比を重視しました。そこでは、ズームイン／アウトによる連続的対比とともに、カットつなぎによる離散的な対比も積極的に活用しています。

　Part II『虹』では、他のパートの素材が二次元平面の絵画またはそれに近い絵画的オブジェであるのに対して、18 mに及ぶ長大な帯状のオブジェを三次元空間に複雑に張り巡らせた空間的に高度な展示を実現しています。この対象に、マニュアルカメラでは不可能なポジションやアングルを含む多様な撮影点とその移動、そしてパン、ティルト、ズーム操作をはじめ、SFX撮影などに利用されている諸機能を限界まで使って、作品のあらゆる表情を捉えることに努めました。

　Part III『暦の星』では、世界中の人びとを惹きつけて止まないこの魅力あふれる作品にダイナミックに迫ります。特に、その上半面を埋め尽くす微粒子点描の描写にひとつのポイントを置きました。細い麻糸で織った平滑性の高いカンバスにびっしりとひしめく、ひとつぶひとつぶが不定形のピラミッド構造をもって点描された微粒子の1個ずつを浮き立たせるための照明の設定が容易に実現せず、結局、手持ちのライトでマニュアルに照らす、とい

う先端技術のかたまりのような MILO と対照的なレトロな方法で、最良の結果を導くことができました。

　こうして撮影した 4K 解像度映像データは、当時唯一このデータをひとつの画面として扱うことができたノンリニア編集システム ディスクリート社〈inferno〉による編集と、収録された画面を四分割して各画面ごとにアップル社〈Final Cut Pro〉を使って編集したのち一画面に再合成する方法とを併用して行いました。
　こうした方法をとった背景は、ダウンコンバートし、さらに圧縮をかけるという一般的な手法による編集を採用すると素材の質感が大きく損なわれ、時間軸の印象が極端に変わってしまったことによります。2K(ハイビジョン解像度)で見ると十分な印象が得られる長さのカットでも、4K 解像度で見ると注目したい(見たい)ところに 2K よりも予想以上にはるかに詳細な情報があるため、そこを注視しようとした途端にカットが変わってしまうというケースが頻発し、欲求不満に陥るという事態が生じたためです。なお、編集は、ビデオテック森 俊文 部長に担当していただきました。
　以上の過程を通じて、4K データがあまりにも膨大であるため、システムの負荷が過大となり、データ蓄積と保存とに問題が発生しました。この問題は記録を担当した株式会社計測技術研究所によって現実的に解決されました。こうして、脳波 $α_2$ ポテンシャルを指標として生理的効果を計測することが可能な 19 分間の時間長をもつ 4K 映像ハイパーソニック音響作品『ウィアンタ・ギャラクシー』が完成しました。

　以上のようにして完成した①4K 映像-ハイパーソニック・サウンドによる作品『ウィアンタ・ギャラクシー』そのもの、②その映像データを 2K にダウンコンバートし、サウンドデータを LPF を通して 20 kHz 以下の可聴音だけにしたもの、③映像は 4K 解像度のままサウンドデータを 20 kHz 以下の可聴音だけにしたもの、という三つのファイルをつくり、基幹脳活性指標

（脳波$α_2$波ポテンシャル）に注目して生理実験を行い、図16.7に示す結果を得ました。映像・音楽が呈示されない状態にあるときの基幹脳活性指標を標準値〔0.00〕(コントロール)とすると、②の2K映像とハイカットした可聴音から構成された作品を視聴した場合、基幹脳活性指標は、標準値を統計的有意性をもって下まわる〔−0.13, $p<0.05$〕となり、③の音が同じで映像だけを4K解像度にすると、基幹脳活性指標は標準値とほぼ同じになります。これらに対して、①の4K映像とハイパーソニック・サウンドが共存した場合には、基幹脳活

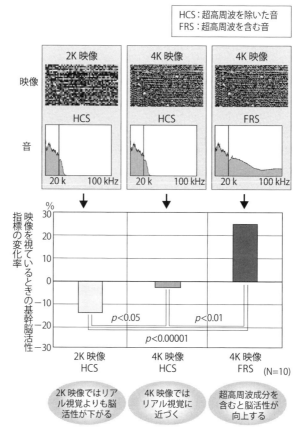

図16.7 『ウィアンタ・ギャラクシー』とそのダウンコンバートファイルを視聴しているときの基幹脳活性指標の違い

性指標は〔＋0.25, $p<0.01$〕と統計的有意性をもって明瞭に上昇しました。この結果は超高精細映像とハイパーソニック・サウンドとの両者のコラボレーションが基幹脳の活性化に有効性をもつことを反映しています。

　この作品を芸術学の立場に立って観ると、どのような意味をもつのでしょうか。映像制作にも実績をもっておられる水尾比呂志 武蔵野美術大学元学長は、次のように述べておられます。
　　「この作品は、芸術のあり方や鑑賞の本質を変える力をもっている。作品それ自体を肉眼で鑑賞する方法では絶対に体験できないもうひとつの美がある。通常の鑑賞法をはるかにこえた力を発揮し、そこには作品自体を創った作者の人為をこえたものがある。
　　この現象は芸術作品一般に当てはまるものではなく、近代芸術等には望めない民族芸術作品の特徴ではないか。
　　芸術鑑賞には作品と対話する能力が必要であり、誰にでもできるものではない。それが芸術のメディア化によって受ける影響を思うとき、一種の危機感すら覚える」(談)[11]。

　この発言のなかの「作品それ自体を肉眼で鑑賞する方法では絶対に体験できないもうひとつの美がある。……作者の人為をこえたものがある」という点については、作家のウィアンタ画伯自身も同感し、かつ感動している事柄でもあります。それは「自分はそれを意図せずしてかくも美しいものを創っていた」という驚きと歓びであったようなのです。
　また、「この現象は……近代芸術等には望めない民族芸術作品の特徴ではないか」という指摘は、この章2節で述べたモネら印象派による輪郭線の放棄やピカソらキュビスムによる抽象化という名の単純化によって西欧近代絵画から高精細構造が喪われたこと、それと反対に若冲やウィアンタらのあくなき高複雑性高精細構造の追求とそれを実現して得た稔りの偉大であることまでを、鋭く洞察した卓見です。

16…5　超高密度映像音響作品の効果を高度に体感する再生環境

　4K 解像度の映像密度と 192 kHz 標本化 24 bit 量子化の音声密度をもつ『ウィアンタ・ギャラクシー』のような作品は、その超高密度映像音声データをそれに適合した新しい条件で再生して鑑賞したとき、かつて人間が味わったことのないようなインパクトを与えます。水尾比呂志 武蔵野美術大学元学長のことばを借りれば、「芸術のあり方や鑑賞の本質を変える力を持っている。作品それ自体を肉眼で鑑賞する方法では絶対に体験できないもうひとつの美がある」のです。

　ところが現実には、そのような体験は稀有のものといわなければなりません。その最大の理由として、まず作品(コンテンツ・ファイル)の絶対数が少ないことは否定できません。しかしその数は、2017 年現在、増大の軌道に乗っています。むしろ問題は、実際に作品を鑑賞する環境が、これらの作品のもつ超高密度映像音声データを適切に再生できる性能を具えていないことによって、せっかくコンテンツ・ファイルが達成した超高密度性が意味を成さない場合が圧倒的に多いことです。たとえば、40 kHz を大きくこえ、80 kHz やそれ以上の超高周波が有効性を発揮する上質のハイパーソニック・サウンドを記録した音声データを、44.1 kHz／16 bit PCM の CD 規格にしか対応しないアンプやスピーカーで再生しても、聴取者の美と感動の脳機能に着火するハイパーソニック・エフェクトは発現せず、場合によっては最初から CD フォーマットで創った音声の方がまだまし、というような結果を導きかねません。

　しかし、音声の方はある意味で問題は単純で、機器の性能を向上させて超高周波再生能を高め、スピーカーの配置密度を高くすれば解決します。ところが、超高密度映像となると、問題はそれほど単純ではありません。というのは、スクリーンやディスプレイ上に再生された映像は、近づけば低密度、遠ざかれば高密度のテクスチュア・データを与えることになるからです。つまり、人間に体験される画像密度は、スクリーンからの距離に対応してまったく相対的に変わってくるわけです。そのため、映画館の最前列で見る映画

などでは、画面がひどく荒れて視えてくる傾向を否定できません。だからといってスクリーンから遠く離れると、画面はきめ細かくなるものの接近感、包囲感が失われるうえ、画像化に成功した被写体のなかに埋設されている美も、認識できにくくなります。

　このように、スクリーンから見る人までの距離と画像の与える視覚像の精細度はまったく相対的に変化して、捉えようのない状態を呈しているのが現実です。いい換えると、遠くから視る2K密度映像の方が、近くで視る4K密度映像よりも高精細だ、というあくまでも数値のうえでの逆転が起こるわけです。

　さらに、私たちの脳の情動系は、そうした精細感とは独立に、視覚対象の遠近に大きく支配されてもいます。「かぶりつき」すなわち接近感や包囲感の高い視環境の生む迫力と魅力の強烈さは、あらためて強調する必要がないでしょう。そしてさらに、優れた映像演出のもとで適切な画像素材が選択された4K密度の映像において、この接近感、包囲感、精細感が適切なバランスのもとに三位一体で成り立ったとき、そこには衝撃的ともいえる未曽有の映像感覚が発現します。それは、水尾元学長が指摘したように、電子的映像技術が現在のような発達を遂げる以前には、人類がついぞ体験したことがない性質の視覚像世界といえるかもしれません。

　しかしこのような体験は、実際には容易に実現しません。また、このようなメカニズムの存在を十分に理解し作品に反映できる映像制作関係者も、フィルムという媒体、そしてビデオという媒体それぞれの固有性や慣行に縛られた現状では、きわめて限られています。

　そのようなごく限られた少数の優秀な人びとが発見し、発掘したのが、接近度、包囲度、精細度を三位一体で成立させうる4K解像度映像の特異性です。ただしこの場合、「かぶりつき」の迫力、魅力を横溢させる絶対視距離は5mに達せず、2〜3mくらいが最適でしょう。こうした距離で視る視野いっぱいのスクリーンに至近距離から映写される4K解像度の映像は、しばしば息を呑むほどのスーパー・リアリティーを実現します。たとえばそれが

スティール写真用のマクロレンズを使って撮影された画像であった場合、被写体に適切なものを得ると、水尾元学長のいう「作品それ自体を肉眼で鑑賞する方法では絶対に体験できないもうひとつの美」に触れることを可能にします。しかし、同じ現象は、画像密度が 2K にとどまったり、視距離が 5 m をこえるような場合、きわめて現れにくくなってしまうのです。

　映像の制作現場やその研究開発現場などでは、いわゆる「モニター環境」というかたちで、こうした接近度・包囲度・精細度が三位一体で成立している場合があります。しかし、そうして制作された作品がどのような環境で上映されるかに目を転じると、そこでは甚だしい矛盾あるいは不適合が存在することによって、せっかくの 4K 解像度が無意味になってしまうケースが多いことも否定できません。

　具体的に観ていきましょう。まずもっとも一般的な大型映画館という再生環境は、接近度の点ではスクリーンまでの距離が遠すぎてまったく問題になりません。また、4K 解像度の電子映像では、大型映画館の主な媒体であるフィルムの映像に対して精細度の点で見劣りする傾向も、無視できません。

　その点で最近増加の傾向が感じられる小型映画劇場のなかには、フィルムを使わず 4K 解像度の電子映像を標準メディアに設定しているところがあります。しかし、大勢としては 2K 解像度にとどまっているのが実情とも聞きます。そうした映画劇場で実際に映像に接すると、そこでは大型映画館の印象が総体として小型化したような一種のもの足りない味わいに終わってしまう傾向が強く、小型映写空間固有の強みが発揮された設定に出逢うことが容易にできません。そのポイントは、全体として小型の構造をとってはいるものの、ほとんどのシートからの実際の視距離が最適値よりもはるかに遠くなっているところにあります。映写距離やスクリーンのサイズも、そうした目的に沿うように設定されているとはいえません。いうまでもなく、これらの条件は、「小型映画劇場を商業的に成立させるために一定数以上の観客を収容しなければならない」、という重い宿命から導かれたものです。この客席数という要件が、映像美の実現と二律背反の矛盾を生んでいるのです。

また、映画という産業にかかわる専門家たちのあいだには、旧いフィルム映画を絶対視しTVやビデオを差別する思考の潮流も感じられます。電子映像技術が、決定的な理由もなく旧いフィルム時代にできた慣行によって歪曲されたり、フィルム映画方式に足並みをそろえさせられることもあるようなのです。たとえば本来、1秒間に約60回(59.94フィールド)静止画像を切り換えて動画を形成する規格で記録されたディジタル画像データを、映画館向けに1秒間24齣に引き下げて編集しています。これは、フィルム映画の〈齣送り〉速度が毎秒24齣であるのをそのまま踏襲したものですが、3D電子映像や4K解像度の精密な映像などでは、限界を否定できません。このような状況を背景にして、高度に電子化された小型の映画劇場であっても、4K解像度映像が固有にもつ接近度・包囲度・精細度の三位一体となった相乗効果の発現は、現実的にはかなり困難なものと判断しなければなりません。
　このように観てくると、最後に残る再生環境は、いわゆる〈ホームシアター〉ということになります。これはプライベートに構築されるものであり、その構造に何ら制約がないので、制作現場のモニタールーム以上に適性の高い設定を構築することも、理屈からいえば不可能ではありません。しかし現実的には、大きくても100インチ程度のディスプレイやスクリーンで、しかも公開されない状態で運用されているのが実態です。
　こうした現状を総体として観ると、接近度・包囲度・精細度の三位一体効果を生かした映像作品が仮に創られたとしても、その固有の効果が発揮された状態で一般の人びとが作品の真髄に接することは実際のところほとんど不可能である、という皮肉な状態を導いていることがわかります。一方で、4K解像度をもつ映画作品の秀作、佳作の数は順調に伸びつつあり、この再生環境の不適合は、見るに忍びないともいえます。
　このようないわば建造物レベルに生じた映像再生質とのあいだの構造的な矛盾、あるいは空白というものは、いわば宿命的なもので、解決を見ないまま、というよりは問題それ自体が意識されないまま埋没してしまうのが世の常です。ところが、こうした絶望的な状況が、注目すべき体質をもった一企

業によってブレークスルーされた、という事例があります。

〈株式会社サステイナブル・インベスター〉(奥山秀朗社長)は、本業以外に映像制作にも意欲をもち、2015年に公開した4K解像度による伊勢神宮の遷宮をテーマにした処女作『うみやまあひだ』(宮澤正明監督)は好評を博し、マドリード国際映画祭・外国語ドキュメンタリー部門最優秀作品賞・最優秀プロデューサー賞を受賞しています。この会社がその傘下に所有する〈神楽サロン〉というスペースに、映像作品の再生環境を造ることになりました。4K映像とハイパーソニック・サウンドに特化した再生環境を造りたい、それも入場料収入による採算という枠組を離れた次元で構築したい、というものです。この発想に深く共感した私は、喜んでお手伝いすることにしました。

対象となる神楽サロン全体のサイズは、7.4 m×12.9 mの長方形(図16.8)で、その全体を使えば100人くらいの観客を収容して採算を視野にいれた小型の映画劇場を成り立たせることができるかもしれません。しかし、サステイナブル・インベスター社のスタンスは、その道を選ぶのではありませんでした。その選択は次のようなものです。平素はこのスペース全体が自由に使えるように床上に物体はなにも固定しないかたちをとりサロンとして運用します。時に応じて、このスペースの一隅を、ちょうど小型映画劇場とホームシアターとの中間に相当するような超高密度映像音声再生環境に組み換える、という構想です。こうして生まれた神楽サロンの超高密度映像音声再生環境は、現在の映像音声再生環境のもつ空白を狙い打ちするように埋めた、少なくとも現時点では世界に類のないであろうと思われるものです。

まず、映写スペースは、先に述べたとおり平素はその仕組が視えないようにサロンの形態をとり、いざ映像音響再生となったとき、壁面にスクリーンを展開するとともにスタンドに固定した小型のアクティブ・ハイパーソニックスピーカー OOHASHI MONITOR Op. 7 を5台、サブウーファー YAMAHA NS-SW300 を1台を5.1サラウンドの状態に展開し、移動性の軽快な椅子を観客席としてセットするかたちに再生環境を整えます。このとき再生環境として使われるスペースは、ホールの一隅を占める3.8 m×7.4 mの空間で、

せいぜい 20 人くらいの視聴者しか収容できません。このスペースの一方の壁面に、3.250 m×1.828 m(147 インチ)のスクリーンが設置されており、約 7 m 離れた天井側に固定した 4K 解像度プロジェクターから映像を投影します。

　この条件はたいへん独特なものです。まず、大型映画館はもとよりよく整備された小型の映画館でもおそらく不可能な、理想的な接近度約 2 m から約 3 m までを実現できるのが、この再生環境の大きな特徴の第一です。次に包囲度は、視距離 2 m の場合の視角約 78 度、視距離 3 m の場合の視角約 57 度と、いずれもほぼ 60 度以上に及ぶ十分な値を示します。さらに、横画素数について視覚刺戟精細度を見ると、視距離 2 m の場合 0.82 ピクセル/分、視距離 3 m の場合 1.13 ピクセル/分と十分なレベルに達しており、いずれも普通人のランドルト環による視力限界相当か上廻っています。このような 4K 解像度映像固有の接近度・包囲度・精細度三位一体の効果を実現しうる視環境を構築できたことは、注目に値します。このシステムが実現する強力な映像表現は、さらに、美と感動の脳機能に着火するハイパーソニック・サウンド再生環境と一体化しており、この両者の相乗効果による映像音声再生

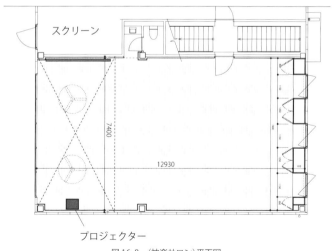

図 16.8　〈神楽サロン〉平面図

機能の威力は、圧倒的なものとなっています。ただし、その驚異と醍醐味を満喫できる視聴者数は、一度に10人くらいにとどまるという限界が玉に瑕(きず)といえるかもしれません。

　近現代を支配する経済原理主義、効率神聖主義の嵐のなかにありながら、このように、観客数と入場料収入の確保による採算という次元を超越し、最上の映像音声再生環境の構築を志した〈サステイナブル・インベスター神楽シネマ project〉は、高い注目と評価に値するものと信じます。

第 16 章文献
1　前川督雄，中津良平，河合徳枝，仁科エミ，大橋力，メディア視覚像の精細度感性評価．映像情報メディア学会誌，**55**，1186-1197，2001．
2　橋本秋彦，下原勝憲，シームレステクスチャ生成方法．平成 8 年電子情報通信学会総合全国大会講演論文集，D-633，1996．
3　大橋力，『音と文明 ― 音の環境学ことはじめ』，岩波書店，2003．
4　乾正雄，『夜は暗くてはいけないか』，朝日選書，1998．
5　大橋力，連載：脳のなかの有限と無限．科学，**84**，1048-1054，2014．
6　国立民族学博物館ほか，『夷酋列像 ― 蝦夷地イメージをめぐる人・物・世界』カタログ，「夷酋列像」展実行委員会・北海道新聞社，2015．
7　小林忠，太田彩監修，『若冲』，生誕 300 年記念 若冲展カタログ，日本経済新聞社ほか，2016．
8　大橋力ほか解説，『神秘と絢爛のバリ島絵画 ― その展開と軌跡展』カタログ，チプタ・ブダヤ・バリ財団日本代表部，1997．
9　大橋力監修，松田重昭，本郷和沙編，『マデ・ウィアンタ展 ― 現代バリ島画家の巨星』カタログ，東日本鉄道文化財団，1998．
10　山形多聞，「絵の中に絵をさがす」作品鑑賞環境への「ゆらぎ」の効果．四日市大学環境情報論集，**4**(1)，105-112, 2000．
11　八木玲子，仁科エミ，河合徳枝，田中健二，大橋力，民族藝術のメディア化 ― 超細密藝術マデ・ウィアンタ作品の映像化について．民族藝術，**23**, 169-179, 2007．

第 3 部　ハイパーソニック・エフェクトの活用

第 17 章
大型商業施設のための都市化の先端と天然の極致とを結んだ音環境を創る

17…1　挑戦的なポリシーを掲げた画期的な商業施設

　東日本旅客鉄道株式会社(JR東日本)は、旅客の輸送という本業以外に多くの関連事業を営んでおり、それらのなかには、いわゆる「地域性」を構築するうえで無視できない力を発揮しているものがあります。現時点で世界最大の乗降客を扱っている新宿駅の新南口周辺で行われた大規模な建設プロジェクトも、そのひとつです。そのコアになる高層ビル〈ミライナタワー〉などは、ネーミングに一種の気概のようなものを漂わせています。そのミライナタワーの中に、新しい発想の大型商業施設〈NEWoMan〉(ニュウマン)がJR東日本系列の〈株式会社ルミネ〉によって開設されました。これにあたって新井良亮株式会社ルミネ社長(当時)から私に対して、次の要請がありました。「この新しい商業施設の中に、音環境を創りたい。それを、いま最先端のハイレゾ・オーディオよりもさらに先行した、〈ハイパーソニック〉で実現したい」というものです。この要請は、ハイパーソニック・エフェクトを世界に先駆けて発見した私たちにとって力を尽くすにふさわしいものです。この要請に積極的に応えることにしました。

　新井ルミネ社長は、ハイパーソニック・エフェクトについてすでに適切な理解をもつほど、時代を先どりする鋭敏な感性のもち主で、それを反映したNEWoMan創成プロジェクトを、国際級のクリエーターを中心にした強力な顔ぶれで構成しました。

NEWoManはそのコンセプトを、"新しい経験を、新しい街の、新しい女性たちへ"[1]、"女性が輝き続けることができる経験と価値を提供する"[2]と謳い、通常の大型商業施設と一線を画する実体を構築することに成功しています。施設の全体設計は建築家 大野 力ディレクターによるもので、不適切な境界を設けることによって空間が分断されることを排して、一体感のある、しかも自然性を巧みに取り入れた斬新なデザインが効果を発揮しています。

　この施設内のどの空間にハイパーソニックな音環境を構築するか、協議の結果、メインエントランス・エリア、メインエスカレーター・スペース、そして従業員控室の3カ所が選ばれました。

　NEWoManの大手門にあたるメインエントランスはミライナタワーの2階に所在し、自動ドアーを正面に置いた開放状態にある幅11 m、奥行8 m、高さ3.6 mの空間を構成しています。これに連続したエスカレーター・スペースには、1階(1F)、M2階(M2F)、2階(2F)、3階(3F)、4階(4F)各階のあいだをそれぞれ結ぶ上下が対になったエスカレーターが設けられ、その両側面に透明アクリル壁を配しつつ、前後は開放されたセミタワー状のアコースティック空間をつくっています。このエントランス・エリアとそれに連続したエスカレーター・スペースとは、広辺を占める開放的なホール状エリアから上方に展開する、一種のカテドラル状の空間を形成し、音に対する開放性と遮蔽性とが適切に組み合わされたそのアコースティックス(音響効果)は、良好なものです。ただし、相当に複雑なこの構造を[造成された音響空間]として適切に活かすためには、これまで例のない相当高度な音空間設計技術を要することが予測されました。これに対して、従業員控室はおおむね直方体の空間構造で、シンプルな音響設計に適合するものでした。ここでは、ちょうど本書の執筆と並行して進められたこのかなり高度に構築されたカテドラル状空間の音環境創成にかかわる最新の情報を、特にハイパーソニック・エフェクトの応用を志す方々のためにも、できるだけ多角的かつ詳細に述べていきたいと思います。

17…2　まったく新しい音体験の構想

　メインターゲットを「上質で本物を求める大人の女性」に照準し、「……お客様が、ファッションだけにとどまらず、新しいモノや体験からインスピレーションを受け、新しい自分を見つけられるような施設になることを目指していきます」[2]と宣言するNEWoManのポリシー。それを、まったく具象性をもたない音の創造・演出で表現することはもとより至難です。唯一、その実現可能性を想定させる例外として、新井ルミネ社長の慧眼によりハイパーソニック・エフェクトが注目されました。

　たしかにこれは、優れて適切な選択になりえます。なぜなら、ハイパーソニック・サウンドが惹き起こす基幹脳ネットワークの活性化は、快感とともに欲求をも発生させる神経系、〈報酬系〉をはじめとする脳の〈情動系〉を励起して美と快と感動の脳機能を高めると同時に、その音に対する欲求をも発生させます。これを組織的、創造的に展開した空間は、まさしく"新しい体験"を実感させることを可能にするでしょう。しかもそれは、躰への侵害がまったく認められないばかりか、自律神経系、免疫系、内分泌系の働きを向上させることも実証されています。

　さらに見逃せないこととして、ハイパーソニック・サウンドによって感性脳を励起された状態にある顧客たちにとっては、その空間内に存在するあらゆる事物が発し私たちの感覚を刺戟する情報が、活性化された報酬系の働きによって、より魅力ある新しい体験に変貌することが期待されます。NEWoManの施設内にハイパーソニック・サウンドを流すことは、このような理由で、その他の音では得られない絶妙な体験を味わうという効果を顕すことが期待されます。

　これまで述べてきたように、ハイパーソニック・サウンドは40 kHz以上の高複雑性超高周波〈ハイパーソニック・ファクター〉と、20 kHz以下の可聴音という二つの要素から成り立っています。そしてそれらは、ハイパーソニック・エフェクトを発現させるために、それぞれ特定の要件を満たしていなければなりません。

これらのうち、40 kHz以上のハイパーソニック・ファクターはいうまでもなく、人間には音として聴こえません。その高複雑性超高周波という振動の構造や強度が基幹脳の活性をどのように高め、効果をどのように発揮するかが問われます。このことは、ハイパーソニック・エフェクトの発現をめざすあらゆる取組にあたって、呈示すべき超高周波成分について求められる共通した生理学的な課題ということができ、すでに少なからぬ知見が蓄積されています。その一方でこれは聴覚に捉えられるものではないので、「聴こえ方」という次元に対する配慮は要りません。

　一方、そのとき同時に提供しなければならない〈可聴音〉に求められる要件は、ハイパーソニック・ファクターに求められる要件と、次元も内容もまったく異なります。音としては聴こえず意識では捉えることのできないハイパーソニック・ファクターは、明示的には存在しないも同然のいわば〈暗黙知〉(むすび参照)の範疇に属する存在です。それに対して、可聴音の方はその名のとおり音として聴こえ、意識で捉えることができる〈明示知〉の範疇に属します。それらに求められる要件は、まず、生理的な聴覚反応を通じて不快感など情動系に負の効果を導いてはなりません。また、情動系にポジティブに働きかけ、心理的・文化的・社会的な拡がりをもった快適な明示的情報世界を脳のなかに形成することも肝要です。

　そうであるとすると、NEWoManのように特異なポリシーを掲げたフィールドに展開するにふさわしい、明示的に意識に働きかける可聴音をいかに構築するかが、ゆるがせにできない重要課題として浮上します。NEWoManのポリシーをどのように音で表現するか、基本的な構想を、まず、打ち立てなければなりません。NEWoManはメインターゲットを「上質で本物を求める大人の女性」に設定しています。そのコンセプトを再掲すると、"女性が輝き続けることができる経験と価値を提供する"[2]こと、そして"新しい経験を、新しい街の、新しい女性たちへ"を掲げ「新宿に新しい価値を提案する」[1]と宣言しています。ターゲットとして狙う"上質で本物を求める大人の女性"に新しい体験、新しい価値として評価され歓迎される音とは何か、これに応

えうる象徴的な「新しい音」を具体的に見出さなければなりません。
　それは
① おおよその顧客たちにとって耳にしたことのない未知の音であり、
② 新鮮でしかも普遍的な魅力をもち、
③ 押しつけがましさがいささかもなく何人にも不快感を発生させることのない、
④ 極上質のハイパーソニック・サウンドであること、
という、互いに矛盾するところさえある必要条件が浮かびあがってきます。まず、「どのようなハイパーソニック・サウンドたち」を素材にしてNEWoMan独特の音世界を構築するか、この難題を解かなければなりません。

17…3　天然現象のなかにハイパーソニック音源を探索する

　ここでは、音の資源を天然物と人工物に大別して探索しました。まず、天然物としての音に注目しましょう。これについては、700万年をこえるといわれる人類の進化史、さらには人類を含む大型類人猿の1300万年をこえる悠久の進化史を通じて、私たちをその懐(ふところ)に抱いてきてくれた〈熱帯雨林の環境音〉が注目されます(第11章)。それは人類の遺伝子と脳にもっとも深くなじんでおり、もっとも適合性が高く、よって安全性も至上であろうハイパーソニック・サウンドの資源と判断されます。そこで私たちは、電源自蔵可搬性の超高性能録音システムをオリジナルに開発し、これを携えてアジア、アフリカ、新大陸のあまたの熱帯雨林に入りました。現地ではただならぬ辛苦を重ねて、それらの環境音を収集しました。こうして得られた少なからぬ録音物をその振動の物理構造および聴こえ方の感性的印象の両面からくわしく吟味し、NEWoManに最適なものとしてマレーシア領ボルネオ島のよく保全された熱帯雨林(写真17.1)にオリジナル開発の5.6 MHz 8チャンネルDSD仕様の可搬性レコーダーを搬入して収集した、ハイパーソニック・ファクターも可聴音もともにきわめて上質ないくつかの環境音を、土台となる音資源群

として選択しました。

あわせて、同じく天然由来のハイパーソニック・サウンド資源として、日本人に古来とりわけ好まれてきた、人類誕生よりも古くから存在していたに違いない小川のせせらぎに注目しました。しかし、多くの小川のせせらぎは、実際に録音してみると、遠方の車の音など人工物の発する音に汚染されてい

写真 17.1　ボルネオ熱帯雨林

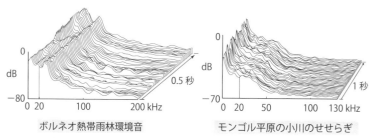

図 17.1　ボルネオ熱帯雨林環境音とモンゴル平原の小川のせせらぎのスペクトルアレイ（MESA）

る場合が多く、それを避けて深山幽谷の水の流れにアプローチすると、急傾斜のため水流音が激しくなるなど、静かで快適な録音が容易に得られません。人工物が存在せず、傾斜のゆるやかな広大な土地に静かに流れる、超高周波を豊かに含んだ小川のせせらぎが存在するならば、適切な録音が期待できます。私はこうした特別な条件を具えた小川をモンゴル奥地の草原で発見し、その水音の録音に成功しました。それは決して騒々しくない水音でありながら、100 kHz に及ぶ超高周波を豊かに含む至宝のような音源です(図17.1右)。

17…4　人工物のなかにハイパーソニック音源を探索する
（Ⅰ）音響彫刻

　以上述べてきた天然物と別の体系をなす人工物からの音資源は、飛躍した表現が許されるならば、世阿弥のいう「珍しきが花」という境地に立って準備することが望ましいといえます。一般の人びとには初体験になるような聴いたことのない珍しい音であって、しかも自然で新鮮な魅力に溢れた誰にでも親しめる音源を探さなければなりません。ところがいま、おびただしい種類の人工の音源、特にシンセサイザーをはじめとする電子的発音源が開発され実用化されて、メディアを通じて私たちの耳になじんでいます。つまり、たいていの音の人工物では、もはや「珍しき花」になりえないのです。

　こうしたなかで浮上した有力なひとつの候補が、先端的芸術表現として最近とみに評価を高めているフランソワ／ベルナール・バシェ兄弟による〈音響彫刻〉[3] (Sound Sculpture)です。日本での初登場は1970年大阪万博のときで、作曲家　武満　徹がバシェ兄弟を招聘し、万博パビリオン「鉄鋼館」内に作品を創っています。バシェの音響彫刻は、兄の技術者ベルナールと弟の彫刻家フランソワとが協同して、視覚芸術としての彫刻(オブジェ)に音発生機能を与えたものです。兄弟は「鑑賞者が随意に触れて音を出せる機能を具えた彫刻」という概念を形成するとともに、それらを実際に制作しました。

　その作品の種類と数は膨大です。大きさは十数 cm から数 m まで、素材は

ステンレススチール、鉄、アルミニウムなどの金属類、ガラス、プラスティックス、木材など。また音の出し方は叩く、こする、はじく、水や粒状物体を流し込むなど多様です。そしてその音は、ひとつひとつがユニークな構造をもった彫刻それ自体を発振源として、あるいは共振体・共鳴体として機能させているため、きわめて多様な、そしてその大部分が十分な魅力を具えた音を発します。しかもそれらは、ほとんどが「初めて聴く新しい音」というまさしく「珍しき花」と呼ぶに足りるような特徴を具えているのです。さらに、さまざまな彫刻の発音機構を調べると、その響きが 40 kHz を上廻るハイパーソニック・ファクターを含んでいる可能性が少なくないこともわかりました。

　すでに亡くなったバシェ兄弟の音響彫刻の多くは、フランス・パリ郊外の工房とスペイン・バルセロナ大学の施設内に保存されています。たまたまこのバルセロナの音響彫刻の研究・保守にあたるとともに、ハイパーソニック・エフェクトそしてバリ島のガムランに興味をもつ若手研究者のマルティ・ルイツ博士、ジョルディ・カサデヴァルさんらの要請によって、私たちはバルセロナとパリに出向き、相当数の音響彫刻について、それらの発生する振動の周波数分析と超高精度録音を行いました。

　その結果、少なからぬ音響彫刻の発生する振動が、ハイパーソニック・サ

写真 17.2　音響彫刻 Amiens

写真 17.3　音響彫刻 Bachet Harp

ウンドとしての資格をもつものであることを見出しました。それらのなかから、このプロジェクトにとって現実的にもっとも適切な音源として、二つの音響彫刻、"Amiens"(写真17.2)、"Bachet Harp"(写真17.3)の音を11.2 MHz DSDフォーマットで録音したものを、NEWoManの音環境を構成する人工物音源のひとつの系列として選びました。

17…5　人工物のなかにハイパーソニック音源を探索する
（Ⅱ）バリ島の打楽器アンサンブル

さらに、このような音響彫刻とはまったく異なるカテゴリーに属する「珍しき花」と呼ぶにふさわしい音の人工物を2種選びました。それらはいずれも、バリ島の伝統音楽でありながら、その実際の音はあまり知られておらず、その歴史も構造も音色も、互いにまったく異なるものです。

第一の材料は〈スロンディン〉という鉄製の打楽器アンサンブルです(写真17.4)。金属打楽器アンサンブルとしては、バリ島を含むスンダ列島に広く分布するガムラン(むすび参照)がよく知られています。これは、マレー半島を経由して渡来したドンソン文明の青銅器文化の影響のもとに形成されたと考えられている青銅製打楽器アンサンブルです。大きく、銅鑼型の楽器群(ゴング、トロンポン、レヨンなど)と鍵盤型の楽器群(グンデル、ガンサなど)とに分かれ、いずれも特定の音律にチューニングされた楽器群で構成され、特にバ

写真17.4　スロンディン

リ島のアンサンブルには、強力なハイパーソニック・サウンドを発生するものが多いことも、注目されます。それぞれのガムランは単一楽器で演奏されることはほとんどなく、数種から十数種にわたる数個から数十個の楽器を連携させたアンサンブル（合奏）の形式をとっています。ガムランはバリ島民の生存、特に儀礼と祝祭に欠かすことのできない存在で、それらに使われるアンサンブル、いい換えると楽器セットが、バリ島内におよそ6,000セット存在するとも、7,000セット存在するともいわれます。このようなバリ島のガムランは、古くはすべて聖なる楽器として神格化され、儀式のなかで演奏されていました。しかし近代化に伴って娯楽と観光、そして最近では輸出商品というように用途が拡大しています。バリ島を旅すると、どこからともなくガムランの響きが聴こえるほど、それは徹底してバリ島社会に浸透しているのです。

これに対して、ガムランの鍵盤楽器類とそっくりの形をした鉄製打楽器のセット、スロンディンはガムランとはまったく違った稀少な分布状態を示しているのがひとつの特徴です。その純正な伝承数は、バリ島全土で十数セットしか確認されていません。その理由は、バリ島の先住民といわれる〈バリ・アガ〉に属する〈トゥガナン村〉の例が典型的に示すように、その響きさえ神格をもつ門外不出の神聖楽器として久しく秘匿されていたからです。実際、第二次世界大戦後にやっと、特別な場合にだけ楽器とその演奏とがさまざまな制約のもとに公開されるようになった、という背景があります。このトゥガナン村のスロンディンは、1986年頃から鉄鍛冶職人によってかなり忠実なレプリカがいくつか造られ、それら少数の貴重なレプリカによって、私たちはスロンディン固有の音に現実に接することができるようになりました。

この楽器群には、ゴング型楽器類は含まれておらず、一見するとガムランの鍵盤型楽器群によく似ています。しかし詳しく視ると、ガムランとスロンディンとのあいだには大きな隔たりがあります。そのひとつは、一般のガムランは、例外はあるものの、〈ペロッグ音階〉または〈スレンドロ音階〉に属す

る1オクターブ5音で構成されているのに対して、スロンディンは、1オクターブが7音から構成される独特の音律をもった鍵盤構造を形づくっていることです。その低音を担当する大型の鍵盤楽器は、1オクターブを構成する8枚の鉄板が4個ずつ2台に分かれているところも普通のガムランと違います。そしてもっとも大きな違いは、青銅製の発音体を使うガムランと鉄製の発音体を使うスロンディンとの響きにみられる、音響構造の著しい違いです。

　現地の伝承では、スロンディンは青銅製ガムランの祖型という説が有力なようです。これはしかし、人類の利用した金属（合金を含む）として青銅よりも鉄の方が新しいこと、バリ島を含むスンダ列島では、青銅器使用を属性とするドンソン文明の影響が古来強いこと、ガムランの調律に固有の、ペアになった2台の楽器に数Hzのデ・チューニングを施して美しい音のゆらぎを発生させる〈うなり効果〉が使われていること、ガムラン固有の同種2台の楽器をタイムシェアリングさせてパッセージを高速化する〈コテカン技法〉が存在すること、ガムランでは一般的な五音音階よりも複雑性のより高い七音音階が使用されていることなどからして、むしろ青銅製ガムラン類の進化形として捉える方がより自然であるという観方も否定できません。こうした点から観て、スロンディンの研究者 野澤暁子による「スロンディンとは、稲作王国のもつ鉄技術が在来の音楽文化を吸収して誕生した鉄製楽器」[4]という解釈には、妥当性を覚えます。特に、錬成して炭素含有率を減らした鉄を発音源として使用したことによる音色の特異な美しさの形成は、きわめて注目すべきものです。

　スロンディンの演奏を実際に聴いた人は、現地バリ島でもあまり多いとはいえません。外国人となるとますます稀有です。わずかに存在する録音も、その響きの真髄を果たして捉えることに成功しているか、確信がもてません。そうした相当に限界のある体験に基づいて一般に流布されている認識では、スロンディンの音色は、古めかしい地味なものと捉えられているようです。

　しかし、私自身がある共同体に秘蔵されている忠実に造られたと伝えられ

るレプリカを聴いたその音は、繊細華麗でしかも典雅さを失うことのない驚くべきもので、まさに絶世の美音と呼ぶにふさわしいサウンドを響かせるものでした。

　響きの美しい青銅製ガムラン・アンサンブルとしては、近世バリ島の封建領主たちの宮廷で発達した〈スマルプグリンガン〉という形式の楽器群が注目されます。この形式のガムラン・アンサンブルは、現在のバリ島共同体で所有するガムランの主力となっている〈ゴン・クビャール〉(稲妻のガムラン)が力強く絢爛たる響きを主張するのに対して、"スマル"── 愛の神、"プグリンガン"── しとね、寝室という呼称が象徴するように、甘美で繊細な音色を特徴としています。その甘い華麗な音色を形成するために、楽器を鋳造するときその地金となる青銅に金を加えるのが有効とされ、これによって、硬くてもろい青銅のメタルは物性としてばかりでなく音色の面でも柔軟性を増すようになります。ところが、鉄の鍛えと焼き入れによってクリス(刀剣)程度に炭素含量を低下させられていると推定されるスロンディンの「地金」は、より強靭で高度な柔軟性に達しているように見受けられるのです。それは、青銅のような大音量は形成しない一方で、接近して聴くと、特に高音を担当する楽器から驚くべき繊細華麗な音を発していたのです。適切な近距離で聴くそれらの複合音は、まさしくかつて耳にしたことのない音であり、夢幻の境地に誘う趣をたたえたものでした。

　私は、許しを得てこの楽器群の演奏をオリジナルに開発した 11.2 MHz 8

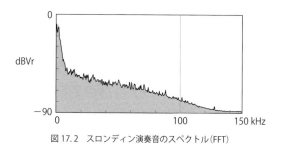

図 17.2　スロンディン演奏音のスペクトル(FFT)

チャンネル DSD レコーダーで録音し、同時にその周波数スペクトルを計測しました。ここで再び驚いたことに、この夢幻の響きには、100 kHz をこえる超高周波が豊かに含まれていたのです。そして、適切なマイクロフォンの選択とそのアレンジメントでアプローチすることによって、その幽玄かつ繊細華麗な響きを彷彿とさせる音信号を記録することができました（図 17.2）。これは、後に述べるように、非常に強力な音資源となりました。

　人工物から選ばれたもうひとつの音資源は、これもバリ島起源の、通常の楽器の概念と大きく隔たった、巨大な竹を使った珍しい打楽器アンサンブル〈ジェゴグ〉です（写真 17.5）。高温多湿のバリ島は竹類の生育にこの上なく適していて、多種多様な竹が自生しています。それらのなかでもっとも巨大化して直径が 25 cm にも達するほどの種類の竹を 4 m に達するほどの長さに根元から切り出し、台所の天井などに横たえて一種の燻製のような処理を施します。

　こうした竹を素材として 1 オクターブ四音階×2 連つまり 4 本×2 連、計 8 本を砲列のように並べた楽器を造り、楽器のセット全体の呼称でもある〈ジェゴグ〉の名で呼んでいます。ジェゴグの最低音の筒の寸法は、一例を挙げれば外径 16.3 cm・内径 12.5 cm×長さ 3.4 m にも及びます。このジェゴグを最低音楽器として、そのオクターブ上の〈ウンディル〉、さらにオクターブ上の〈チュルル〉、〈バランガン〉、さらにそのオクターブ上の〈カンティラ

写真 17.5　ジェゴグ

ン〉、そのオクターブ上の〈スイル〉というように、パイプオルガンのように重層化させた状態で、1セットのジェゴグが形成されるのです。

　これらの竹筒たちは、低音楽器は自動車のタイヤを細く長く切って短い太目の木の把っ手に堅く巻き付けたマレット、中・高音楽器はやや長目の木製の棒(把っ手)または竹製の串に良質の丸木を輪切りにして串刺しにしたようなマレットで叩きます。そこに生まれてくる重低音は、しばしばパイプオルガンに譬えられるすばらしい響きをもつ一方、高音域を担当する楽器群の音色は明るく軽やかな打楽器アンサンブルで、他に類例がないそのサウンドは、一度聴いたら忘れられないものです。

　特筆しなければならないことは、ジェゴグ・アンサンブルの音のもつ柔軟性と包容力の著しさです。熱帯雨林の環境音はもとより、合唱を含む人の声、ドラムセットを含むパーカッション類、各種のギター、シンセサイザーを含むキーボード類などさまざまな音ととてもよく調和します。しかも、そうでありながら野性味あふれるジェゴグ独特のサウンドは決して埋没することなくはっきり主張されるのです。特に自然環境音との調和が抜群なこの伝統的楽器音を、もうひとつの基盤的な音の人工物素材として、スロンディンとともに採用することにしました。

　なお、このすばらしい楽器ジェゴグは、第二次世界大戦中に絶滅し、戦後それを知った日本人ツアーマネージャーの草分け・重鎮、サリ須戸さんの志で復活の軌道に乗った、という経緯があります。サリ須戸さんのもとでガイドをしていたイ・クトゥッ・スウェントラさんを中心にして、ジェゴグは復活しました。しかし、特に低音を担当する巨竹は稀少で、上質で本格的なジェゴグは、現地バリ島でも容易には得られず、最近では、太いポリ塩化ビニルパイプを共鳴筒に使うことによる響きの単調化という問題などが生じています。

17…6　新しい音体験を実現する音空間の設計

　商業施設であるNEWoManは、その第一目的、商品の展示販売に特化した構造のもとにあることはいうまでもありません。その構造を活かして、できるだけ多くの来店者に、シークエンス(音の時系列)を構成しているいくつかのハイパーソニック・サウンドをできれば最適な順序で効果的に浴びてもらい、ハイパーソニック・エフェクトを発現してもらえる空間設計を実現することを企てました。なお、実施設計に当たっては、スタジオ設計の世界的第一人者として知られる豊島政実　四日市大学名誉教授にご協力をいただきました。

　顧客たちの主な導線は、まず、2階のメインエントランス・ドアーから約11ｍ×8ｍのエントランス・エリア(ただし壁や扉のない開放空間)に入場し、その大多数はこのエントランス・エリアの奥側で、これと同一平面で接し2階から3階、4階に昇るエスカレーターに乗る、という経路を辿ることになります。入口に入り、エントランス・エリアを経由してエスカレーターに乗るまでの顧客たちのこの空間の滞留時間は、いうまでもなく任意です。実際には、大部分の人が5秒から10秒間というごく短時間のあいだにこの空間を通過してしまいます。わずか5〜10秒間のあいだに対象者にできるだけ確実にハイパーソニック・エフェクト発現の契機となるサウンドをインプットさせることが重要な課題となります。

　この課題は、実は難題です。というのは、PETによる脳機能イメージング(第5章)によってハイパーソニック・サウンドに起因する活性化が示された脳の報酬系で働く神経伝達物質ドーパミンのレセプター(受容体)は、〈G蛋白質共役型受容体〉(第6章)です。これは通常の〈伝達物質作動性イオンチャネル〉と違って、ドーパミンを受容して直ちにイオンチャネルを開き次の神経インパルスを発生させるのではなく、まず〈二次メッセンジャー〉といわれる介在性の情報伝達物質を生み出します。続いて、①〈実行蛋白質〉を駆動してイオンチャネルを開き神経活動を起こす〈短絡経路〉と、②二次メッセンジャーが何段にも増幅をくり返しながらリレーされ増幅された末に実行蛋

白質にリレーされる〈二次メッセンジャーカスケード〉の二つの経路に分岐します。①の短絡経路の方は、30〜100 msec つまり1秒以内にその活性化が達成されるので、実際にはほとんど時差なしで報酬系に何らかの反応が起こることを期待できます。これに対して、②の二次メッセンジャーカスケードが関与する、より巨大な分子生物学的反応群（おそらくハイパーソニック・エフェクトの主要な効果を形成していると想定される）には、40秒間もの遅延による時差が生じます。

このように複雑な二段構えの報酬系の応答を先天的に脳内にもっている顧客たちに、その人たちの滞留時間を規制することができないエントランス・エリアでのハイパーソニック・エフェクト惹起の糸口をいかに開くか、続けてさらにその発現を強力確実なものにするために必要な40秒以上のハイパーソニック・サウンド受容時間をいかに確保するかが重要な課題となってきます。

第一の課題として、脳の短絡経路に瞬時に働きかける力強いハイパーソニック・サウンドをエントランス・エリアを通過する5〜10秒間以内に至近距離から呈示しなければなりません。それは、高い音圧レベルをもったハイパーソニック・サウンドであることを必要とします。そこでもしこれを、天井側に設置したハイパーソニック対応スピーカーから熱帯雨林環境音を使って実現しようとすると、超高周波帯域成分ほどスピーカーから遠ざかるに従って激しく減衰してしまうため、天井スピーカーから人間までの約2mの距離をカバーするには、再生音全体を大音圧にすることが必要となり、超高周波成分の音圧を適正なレベルにすると、可聴域成分の音量が過大となって、可聴音の形成すべき音空間として破綻してしまいます。

この課題は次の方法を開発して解決することができました。エントランス・エリアを形成している空間の四つのコーナーの床面近くに、ステレオイメージを構成する2個のハイパーソニック・スピーカーのセットを4組、合計8個のスピーカーを設置したのです。このとき入口ドアーの左右のコーナーには、井上雅博　株式会社ジェイアール東日本建築設計事務所主任の

設計、大野力ディレクターのデザイン監修による瀟洒なスピーカー・ミニタワーを製作し、一基あたりステレオ L・R 一対、左右 2 基のタワーで計 4 台のスピーカー（OOHASHI MONITOR Op. 7）を設置しました。これらと対称位置をとる奥側には、建物の支柱部根元にスペースを設け、その中にステレオ L・R 2 対、計 4 個のスピーカーを設置しました。これらのスピーカーはすべて 0.9 m 以下の高さにあり、超広指向角をもつ〈バイモルフ型積層圧電アクチュエーター〉（第 3 章 7 節）の搭載によって非常に広い超高周波のカバーエリアを確保しています（写真 17.6）。これによって、エントランス・エリア内の人びとは、低い位置にある音源からしばしば数十 cm の至近距離で、しかも四方八方から、ハイパーソニック・サウンドを受容することが可能になり、基幹脳を活性化してハイパーソニック・エフェクトを発現させることをより確実にします。これらエントランス下方スピーカーから流す音源の主力として、先に述べたモンゴル草原の小川のせせらぎを使いました。この音源は非常に豊富な超高周波を含みながら決して「うるささ」を感じさせることがない、という点でこのエリアのハイパーソニック化にぴったりの、稀有な存在です。これに、昆虫の鳴き声を主とする熱帯雨林の環境音を控えめにミックスして、エントランス・エリア下方用環境音を構成しました。この音は、特に雑踏時

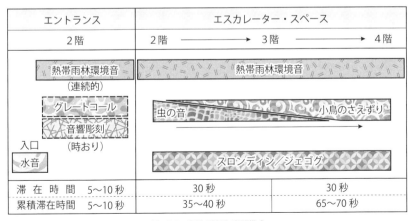

図 17.3 音場の時間-空間構成

などにはほとんど意識に捉えられないほど音として控え目でありながら超高周波の勢力は強烈で、一歩エントランスに踏み込むと一瞬で別世界を感じさせる効果を上げています。その状態は、この方法に期待した［脳の〈報酬系〉の〈短絡経路〉をまず活性化しよう］という戦略が、ある程度達成されたことを窺わせます。

　この効果をさらに強化するとともに、次の課題〈二次メッセンジャーカスケード系〉の賦活に機能させつつ、他方では顧客の意識に明瞭に訴え、このエリアの音世界のコンセプトを象徴する「聴こえる音たちの空間」を構築する必要があります。

　この課題の扇の要となる音場設定を実現するために、エントランス・スペースの天井側に高密度にハイパーソニック・スピーカーを配置し、それらを同期した4チャンネル・ステレオサウンド信号で駆動することにしました。そのチャンネル構成は、写真17.7のようにエントランス・スペース中心から奥側（入口ドアーの反対側）を見て、［フロントL］、［センター］、［フロントR］、両サイド・スピーカーに［フロントL］、［フロントR］の各分岐信号、ドアー側の左、中央、右スピーカーに［リア］信号を並列に分岐されて送る図17.4の構成をとりました。

　このように構成されたエントランス・スピーカー群をどのようなソフトウェアによって駆動するかは、いわば決定的な重要性をもっています。それはまず、意識で捉えることのできる可聴音の領域がきわめて快適性に富んでいるハイパーソニック・サウンドでなければなりません。全体を通底するこの音の基盤構造は、ボルネオ島で採集された極上の熱帯雨林環境音に担わせることで期待値を満たすことができました。しかしこれは、主としていわば背景音的な貢献にとどまるもので、NEWoManの掲げるポリシーを積極的に主張するものとはいえません。メインターゲットに「上質で本物を求める大人の女性」を照準し、「女性が輝き続けることができる経験と価値を提供する」と女性を強調したそのポリシーを音に反映させるのには、森の音単独では距離がありすぎます。

写真 17.6　エントランス水音スピーカー・ミニタワー

写真 17.7　エントランス・エリアのスピーカー設置状態

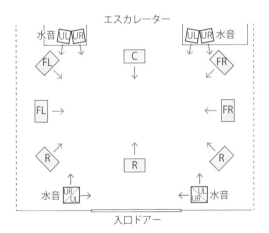

図 17.4　エントランス・エリア・スピーカー群の構成

こうしたなかで、絶好の音素材として浮上してきたのが、〈ギボンのグレートコール〉です。グレートコールとは、高度に進化して人類に近づいた霊長類である類人猿の一種〈ギボン〉(テナガザル)の両親と仔どもたちが構成する核家族型の一家で両親が歌う、鳥のさえずりを思わせる美しいファミリーコーラスです。その役割はテリトリーソングであると同時に、一家の絆を培うところに特徴があります。しかもその美しい唄は、ごく最近まで、一家の母親つまり「雌」だけが唄うと信じられており、最近の研究で雄も唱和していることが初めて知られたほど[5]、「女性優位」の唄声なのです。テリトリーの主張や求愛行動として動物たちの発する鳴き声といえば、もっぱら雄の専売特許のような動物界の原則のなかで、これはまさしく「女性の輝く」唄声であり、まことに深く心を打つものがあります。「女性」を掲げるNEWoManにとって、これほどふさわしい天然の音素材はめったにないでしょう。
　私たちは、ボルネオ島奥地の熱帯雨林で、このようなギボンのグレートコールを、その背景にある環境音とともに録音することに成功しました。この音源を熱帯雨林環境音がベースになったエントランス・エリアの〈センター・スピーカー〉から流し、ここに展開する「音の建造物」全体を象徴するテーマサウンドとして位置づけました。

　これまで述べてきた音資源は、いずれも、いわば窮極の天然物であり、自然性の極致を表現しつつ、同時に多くの人びとにとってまったく新しい体験を提供するという点でNEWoManのポリシーに直結する適切な材料といえます。しかしNEWoManは、天然自然という一面をたしかに大切にしているものの、文明の先端にある人工性、人工物の魅力の極限を天然物と同様に、というよりは表層的にはより強調して意識していることも事実です。それは、"新しい経験""新しい街""新しい女性たち"などのキーワードにも横溢しているところです。とはいえ、先に述べたように現代の最先端にある電子的な楽器や音響の分野からは、実に多種多様な「これまで聴いたことのない」音が創り出され、それらに人びとの耳は慣らされています。

これらの音を超越した音の人工物がないかと探索するなかで視野に入ってきたのが、先に挙げたフランソワ／ベルナール・バシェ兄弟が創始した〈音響彫刻〉です。それらの中から"Amiens"と"Bachet Harp"の発するハイパーソニック・サウンドの超高精密録音物を、音源として採用しました。これらに四次元空間中の移動感を併せた電子的音響処理を加えて背景となる熱帯雨林環境音とミックスし、エントランス・エリアの天井側スピーカー群のリアスピーカー列3台を拠点とする状態に編集しました。このとき、音場空間のリアリティーを増大させるとともにBachet Harpの音に移動感を与えるために、ルパート・ニーヴ設計による9098iコンソールの四方向性パンニングシステムを使いました。

　次の課題として、「腰の重い」神経系〈二次メッセンジャーカスケード系〉を、時間をかけてじっくり温めなければなりません。この目的には、一旦乗ってしまうと一定時間それに身をゆだね続けることになるエスカレーターに適切な役割を果たさせることができると判断しました。実際、2階のエントランス・エリアから3階の買物フロアまで人びとを運ぶエスカレーターは約30秒間かけて移動し、その間はそうした人びとに向かって照準されたハイパーソニック・サウンドを浴びせ続けることが可能になります。さらに3階から4階へと連続してエスカレーターを利用すると2階～3階の30秒間プラス3階～4階の30秒間、計60秒間のハイパーソニック・サウンドの受容が確保され、これにエントランス・エリアの滞在時間を5～10秒間と想定すると、このルートを辿った人たちについて、総計65～70秒間のハイパーソニック・サウンドの受容を見込むことができます(図17.3)。こうした設計は、階層化した多重増幅によって腰の重くなった二次メッセンジャーカスケードを伴う脳の報酬系の活性化を、十分に射程に捉えることが期待できます。

　このように絶妙な音空間を成立させる可能性をもったエスカレーター・スペースの音響設計は、慣行的なBGMの発想をそのまま適応することはでき

ず、現場に合わせたオリジナルな構想をうち立てなければなりません。

　メイン・エスカレーターとそれらの構成する空間は、概念図17.5に示すように構成されています。この空間をくまなくハイパーソニック・サウンドで満たすため、2階から4階までの3フロアのエスカレーターへのステップ・イン・アウト場所ごとに、L・Rステレオ構成のハイパーソニック・スピーカー対を6対12個、図のように天井からつり下げて設置しました。

　通常であれば、これらの6対12個のスピーカー群を同一のハイパーソニック・サウンド・シグナルで駆動することになります。しかしそのような構成は、このサウンド空間の基盤となっている熱帯雨林では起こりえない不自然な現象です。数十mの高さの巨木が林立し、地表から50mも70mも高い所に樹冠を展開する熱帯雨林では、地表面やそこから1〜2m上の下層エリアは昆虫たちの天国で、環境音の主力は虫の音です。それらの勢力は高度が高まってもあまり弱まらないまま、高さが増すにつれて、鳥類の鳴き声の勢力が強くなります。こうした虫の音と鳥のさえずりとがつくるグラデーションは、[高さ]という空間尺度に対応していると同様に、実は[時刻]という

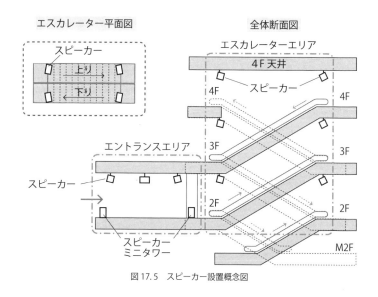

図17.5　スピーカー設置概念図

時間尺度にも鋭く対応しています。

　経験者たちがひとしく讃えて止まないように、熱帯雨林の曙(あけぼの)の環境音は、実に劇的に変化する感動的なものです。その始まりは、空が白み始めるすこし前から目立ってくる虫たちの鳴く音で、暁を迎えてそれがとみに盛大になるのと踵(きびす)を接するようにして、相当な高度をもった木々の梢で鳥たちが徐々にさえずりを始め、やがて鳥たちの声がクライマックスを迎えると、森の環境音は譬えようもなく華やいだものになっていきます。その間わずか数十分間という激しく変化する音のドラマが展開されます。空間軸と時間軸とが交錯したこの音のドラマを、タワー状ないしカテドラル状に上下に展開したエスカレーター・スペースに十分なリアリティーをもって植え込むことができないか、先端的音響技術を視野に入れつつ検討しました。その結果、次に述べる時空間演出モデルを構想し実現するところとなりました。

　まず、エスカレーターの2階→3階→4階という空間的上昇は、同時にほぼリニアーな時間軸上の移動(経過)でもあることに注目しました。いい換えれば、このエスカレーター・シークエンスに乗り続けることが、熱帯雨林の快適ポイントにおける暁の時間の経過と自然環境空間における高さの上昇とを意味するものとしたのです。

　そこで、最初に足を踏み入れる2階から3階に向かうエスカレーターの下(2階)側のスピーカーがカバーする空間を、空が白もうとする熱帯雨林の樹下で鳴き始めた虫たちのエリアと仮想的に設定しました。そして、熱帯雨

写真17.8　4階エスカレーター・スペースの天井スピーカー

林の地面近くで夜明け直前に採集された虫の音を主体とする環境音を素材として編集し、このポジションの音源として準備しました。
　次に、このエスカレーターの到達点になる3階側のスピーカーへは、2階側の音源を採集したおよそ30分間後、同一地点の、地面と樹冠との中間位置において収録した音を素材として選びました。それは、虫よりも遅れて鳴きだした鳥たちの声と、最初から鳴いている虫たちの声とが互いに拮抗したものです。
　さらに最上階となる4階の天井スピーカーに送る音源としては、2・3階用の音源を収集した熱帯雨林の同一地点で3階用音源を採集したタイミングの40分間後に採集した、鳥たちの声が音の大きさ、音源の数、そして音の多様性で虫の音を圧倒している、華やかな快いさえずりを主とした音を音源として準備しました。
　このように背景音を準備した次に、2階から3階へエスカレーターで移動する人たちに、このようにしてグラデーションをもたせた背景音のもつ［時間的持続性を確保した環境音］という属性に着目して、ここへさらに［音楽］を供給し、［美］という情動反応を伴う状態で快適性の増幅を図ることを企てました。
　そのために、いうならば「珍しき花」の資格に達している音源として、先にやや詳しく述べたバリ島の神聖楽器〈スロンディン〉と、同じくバリ島の土俗楽器〈ジェゴグ〉という対照的な音たちを起用しました。
　これら二つの音楽性音源とその背景となる熱帯雨林環境音とは、適切にミックスした状態で、しかも空間的リアリティーを確保した自然さながらの状態で供給されなければなりません。単純に各ポイントごとに設定された2個一対のステレオ・スピーカーシステムに通常のステレオ信号を送ってしまうと、たとえば2階側のスピーカーの再生音と3階側スピーカーの再生音とが、その中間点以外では不自然な時差を生じ、聴空間を悪い意味で混沌とさせてしまいます。そこで、2階と3階とを結ぶエスカレーターの構成するスロープ状の空間を一種の四次元空間として捉え、上側に階上用スピーカー

(UL・UR)そして下側に階下用スピーカー(DL・DR)、都合4個のスピーカーで4チャンネルサラウンドの音場を構成します。実際の音場形成は、これらのスピーカーに送る信号を、上側用、下側用各2チャンネル計4チャンネルの音源をステレオ・プレイヤー2台を同期させて運転させることによって可能にしました。

　このように構成された四次元音場空間において、その中をリニアーな状態で移動するエスカレーター上の人びとに、自然性に抵触しない音の空間配位や矛盾のない音の相互作用をいかに感じさせるかが、きわめて難しい問題となります。このやっかいな問題は最終的に、音編集の段階で高性能の四次元ステレオ・リヴァーブレーターを導入するという着想によって、効果的に解決しました。Lexicon 960L という96 kHz／24 bit の A/D コンバーターを装備したリヴァーブマシンはそのきめ細かい音質が高く評価されています。このマシンのもつ複雑なプログラム階層の奥の方にいわば秘匿された状態で、4in 4out の四次元ステレオ・リヴァーブレーターのプログラムが潜んでいま

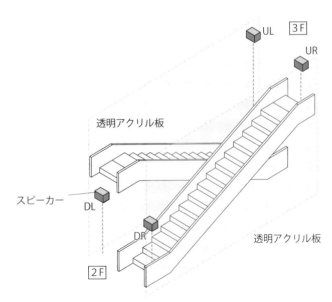

図17.6　2階と3階を結ぶエスカレーター・スペースの音場構成概念図

す。これを使うことによって、2階のエスカレーター入口では暁前の虫たちの地を覆う声の中から響くスロンディンやガムランの音が、3階の降り口近くでは鳥の声の混じった別の背景音の中から時間的ズレや不連続性のない状態で聴こえてくる、という展開が可能になりました。そして4階は、もっとも上になっている天井側から降るように、華やかな鳥たちの鳴き交わす声が注がれます。

このようにして、実際の熱帯雨林さながらのリアリティーをもった音の構築物を構成することができました。

エントランス・エリアの入口からエスカレーターの最上階までの場所ごとにダイナミックに変容する、以上の［音たちの構成］を実現するために、それらの多様な音の信号を供給する2チャンネル仕様のプレイヤー(5.6 MHz DSDディジタルレコーダー TASCAM DA3000)を6台運用しました。そのうち、エントランス・エリアの天井側4チャンネル8台のスピーカーを駆動する2台の

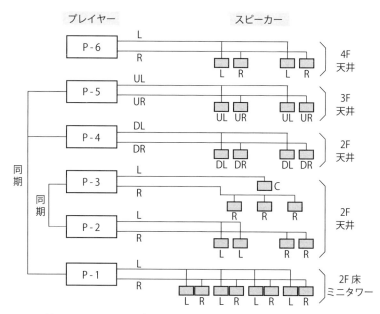

図17.7　NEWoMan ハイパーソニック・サウンド信号伝達系・同期系の概念図

プレイヤーと、2 階～3 階のエスカレーター・スペースの4 チャンネル8 台のスピーカーを駆動する2 台のプレイヤーとはそれぞれ、いずれも同期運転が必要です。しかしこれらをまとめた2 系統相互の間では同期は必要ではありません。また、エントランス入口の〈水音〉と最上階の〈鳥たちのさえずり〉はともに、同期は必須ではないのですが、リピート時に避けがたい時間的空白を制御するために、この水音とエスカレーターを担当するプレイヤー同士にも、同期をかけています。これらの概要を図 17.7 に示しました。

17…7　ハイパーソニック・サウンド再生用のコンパクトなスーパーフルレンジ・アクティブ・スピーカーを開発する

　このような音源の準備と並行して、これらのハイパーソニック・サウンドを忠実に再生できるスピーカーの実用機が存在しないという空白を埋める開発を行いました。京セラ株式会社と共同してまったく新しい動作原理をもっ

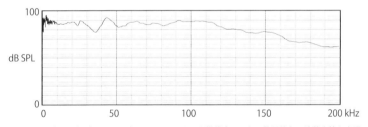

図 17.8　京セラ製バイモルフ型アクチュエーターを搭載することで驚異的な周波数応答を実現した OOHASHI MONITOR Op. 7

写真 17.9　LED が光っている OOHASHI MONITOR Op. 7

た〈バイモルフ型積層圧電アクチュエーター〉(第3章7節)を開発し、京セラ製のこのアクチュエーターを搭載することによって、ハイパーソニック・アクティブ・スピーカーシステム〈OOHASHI MONITOR Op. 7〉を創りました(図17.8)。なお、スクォーカーとしては口径1インチ・チタン製逆ドームをネオジウムマグネットで駆動し、ウーファーはポリプロピレンコーンを同じくネオジウムマグネットで駆動しています。筐体には、鉄製の密閉型による耐水性の構造をとることによって、防水性能も具えています。

この機はさらに、実際の再生音の中に40 kHzをこえハイパーソニック・エフェクトを発現させうる周波数成分が十分に含まれているとき、グリーンのLEDが輝きます。これによって、人間には音として聴こえない超高周波成分を含む有効なハイパーソニック・サウンドが再生されていることを常時モニター可能にするのです(写真17.9)。この点でも世界に例がありません。こうした超先端技術によって極上の天然世界と窮極の人工世界とを融合した音空間が実現しました。

17…8　呈示音を商空間にいかに適応させるかを握る編集環境

これまで述べてきた、おそらく空前の内容をもち相当な効果を期待させるさまざまな呈示音の仕上がりは、それら呈示音たちの活動の現場となるNEWoManの店舗内の商空間に適合したものでなければならないというもうひとつの非常にやっかいな条件を、いわば「突きつけられた」状態に置かれています。具体的には、商空間に特徴的な〈雑踏ノイズ〉の存在にいかに対応するか、です。主として人間行動に由来するこの雑音はいうまでもなく多種多様なものの混在物であるうえに、とめどもなく変容しつづけます。もっともやっかいな性質は、アコースティックにはその存在を事実上無視できる低レベルから認容の限界をこえるほどの高レベルにわたる絶え間のない変動が、音質・音量の両面につきまとうことです。このように質・量ともダイナミックかつ不規則に変容してやまない雑踏ノイズに対して、呈示音は原則として

いつも同じ不変の音を維持するしかありません。この条件は、編集作業を完了し現場に呈示する最終呈示音に、ほとんど不可能に近いような難題を強いるものとなります。その理由は次のようなものです。

　音の編集作業を実際に行う編集スタジオは、当然のこととして、十分静謐に遮音されています。こうした環境の中で編集された呈示音は、実際の商空間ではほとんど客のいないときにのみ、編集意図に沿った音場を形成し、その有効性を発揮するでしょう。しかしそれは、顧客がゼロに近い、という商空間としての存在理由が希薄な状況下でしか成立しないが故に、有効とはいえません。呈示音が有効性を実際に発揮するためには、そのようなスタジオ環境そのままで編集された音ではなく、雑踏ノイズの存在を前提にした編集が行われ、それに適合した音質、音量が設定されたものでなければなりません。

　こうした条件を満たすために、NEWoMan 店舗内と近似の雑踏ノイズを前もって録音しておき、それをスタジオ内に流した条件下で呈示音編集を行う、という対策をとりました。これにより無音に近いスタジオ環境ではとうてい得ることのできない、現場でこそ適切な効果が発揮できる呈示音を編集することが可能になりました。

17…9　NEWoMan のハイパーソニックな音環境がもたらしたもの

　以上のように構築された NEWoMan のハイパーソニックな音環境は、本書を執筆している段階ではその定性的・定量的な生理的、心理的評価を行う前の段階にあります。そうした段階での印象評価として不特定多数の人びとから共通して指摘されている印象を挙げます。

　まず、エントランス・エリアに一歩を踏み入れたときの「空気感の違い」「その何ともいえない爽やかさ」という印象が注目されます。それが音、つまりハイパーソニック・サウンドの効果であることを意識しない人が多いことも興味深い特徴です。そしてこの効果は、ほとんど意識で捉えられること

のない、床面近くのハイパーソニック・スピーカーから放たれている水音に含まれるパワフルな超高周波の効果であることが、それらの水音を停止すると独特の空気感が瞬時に失われることによってわかります。エスカレーターに乗ると雑踏ノイズのレベルが低下して環境音と音楽とが認識しやすくなり、人びとの音を意識する度合は高くなります。それらの音は、全体として安らぎや癒しの効果を印象づけているようです。しかし呈示音そのものは解像度が高く細部までしっかりと再生されていることも確かなのです。

　たまたまこのようなNEWoManの音世界を試聴体験した、レコード音楽の音質について高い評価能力をもつミラン・レコーズ社北米支社長、ジャン・クリストフ・シャンボルドンさんは、「ショッピング・モールという音にとって困難な環境にもかかわらず、サウンドはクリアでディテールに富んでおり、たいへんリラックスできた。これは一体どのようなサウンドなのだろうか」とその印象を述べています。このコメントから推定されるシャンボルドンさんの感覚はすこぶる鋭敏で、ハイパーソニック・エフェクトによって聴取者の音の聴こえが鋭くなる生理現象（視床の活性化などと関連）の存在に加えて、雑踏ノイズ環境中での編集という手法による音の細部構造の保持といった技術的背景の果たしている役割をみごとに透視しています。

　これらの印象は、NEWoManのハイパーソニック音環境が所期の効果を発揮している可能性を示すものです。次のステップとして、学術的に整備された定性・定量的な評価の結果が注目されています。

第17章文献

1　NEWoMan，2015年10月26日広報資料．
2　NEWoMan，2016年3月10日広報資料．
3　日本万国博覧会協会，日本万国博覧会公式ガイド，1970．
4　野澤暁子，バリ島の鉄製鍵板打楽器スロンディンの文化 ── トゥガナン・プグリンシンガン村の事例より．名古屋大学大学院文学研究科博士学位論文，p.109, 2013．
5　正高信男，テナガザルの歌からことばの起源を探る．生命誌ジャーナル，49号夏，2006．

第 3 部　ハイパーソニック・エフェクトの活用

第 18 章
生命本来の活性を目醒めさせて健やかな心と躰をつくる新しい〈サウンド・セラピー〉への展望

18…1　音と癒し

18…1…1　音を使った療法の二つの方向性

　現実社会とのかかわりが深刻な保健、医療についての題材は、そこで使われる用語や概念を単純には扱えない状況を導いています。たとえば、もっとも基本的な用語「健康」の意味内容を「躰が健やかなこと」とするような素朴なやり方は、厳密にいうと成り立たないのかもしれません。なぜかというと、公的には、世界保健機関（WHO）がその憲章の前文で、次の定義を下しているからです。

> Health is a state of complete physical, mental and social well-being and not merely the absence of disease or infirmity.[1]（健康とは、完全な肉体的、精神的および社会的福祉の状態であり、単に疾病又は病弱の存在しないことではない。——1951 年官報記載の日本語訳）

　いわれてみればまことにもっともではあるのですが、科学的事象を扱ううえでは、社会福祉までを視野に入れたこの概念の使い勝手は、私の手に余ります。「健やかな心と躰」というこの章の表題は、こうした背景から選ばれました。
　さて、現生人類という生きものは、太古の昔から現在に至るまで、伝統の

智恵として、音を使って健やかな心や躰を手に入れようとする習性をもっていたようです。たとえば旧約聖書には、ダビデが竪琴を弾いてサウル王の心を安め気分をよくしたとあります[2]。また、現存するバリ島では、〈むすび〉で述べるように、超高周波を強力に発生するガムランやテクテカンなどの楽器の音を盛大に浴びることによって、〈憑依性トランス〉を惹き起こします。それは快適、快食、快眠などのポジティブな効果を導き、健やかな心身を手に入れることを助ける効果が認められています。

　中国医学(漢方)、〈ユナニ医学〉(ギリシア・アラビア医学)と並んで世界の三大伝統医学体系を構成している〈アーユルヴェーダ〉(インド亜大陸の伝統医学)では、バリ島の憑依性トランスとは異なる〈瞑想性トランス〉が心身に有効であるとして、その導入に有効なヨーガ、マントラ、呼吸法と並んで〈音楽〉を推奨しています。ユナニ医学でも、音楽を使った療法が積極的に取り入れられていることが伝えられています[3]。

　中国伝統医学については、直接の情報をまだ把握できていませんが、近世日本の儒学者 貝原益軒がその著書『養生訓』のなかで、「気血」を養いそれを養生に結ぶものとして[詠歌舞踏の有効性]を説いています[4]。益軒の『養生訓』は中国の古典的な〈養生思想〉を祖型にしているので、中国の伝統医学のなかでも、音の有効性が認識されていた可能性が高いと考えられます。

　これらの伝統的方法はいずれも、人がもともともっている力を音によって目醒めさせる、という共通性の高い考え方のうえに立っています。世界の先人たちが経験知として、音が心身を健やかにするということを認識していた可能性を否定することは困難でしょう。それを裏付けるかのように、伝統医学で古くから姿を見せている音による癒しの有効性を継承・発展させたようなアプローチが、それらとは独立したアプローチとともに、現在多種多様な発達を著しくし、ほとんどその全貌を把握しきれないほどの状況を呈しています。

　実は、音による治療として現在実際に行われているものの大部分は、医学という専門領域のなかで〈補完・代替医療〉と位置づけられるものに該当し、

近現代の西洋医学にのっとった〈通常医療〉にあてはまるものは、それとは比較にならないほど少数のものが最近、軌道に乗り始めたという状況にあります。そうしたことから、音による治療の全体像を捉えるひとつの切口として、医療というものを〈通常医療〉と〈補完・代替医療〉とに分類する立場を採ってみることが有効かもしれません。

18…1…2　音を使った補完・代替医療

　補完・代替医療とは、［現代西洋医学領域において、科学的未検証および臨床未応用の医学・医療体系の総称］(日本補完代替医療学会の定義[5])です。

　古くからの伝統的あるいは自然発生的な［音を使った癒し］の数々は、現時点ではおおむね、補完・代替医療に該当します。

　(1)音楽療法：補完・代替医療という枠組のなかにあって現実社会に大きな地歩を占め、社会的体制を整備し、実績を積んでいるのが〈音楽療法〉です。この療法の概念は整備されてもいます。すなわち、［音楽療法とは、「音楽のもつ生理的、心理的、社会的働きを用いて、心身の障害の軽減回復、機能の維持改善、生活の質の向上、問題となる行動の変容などに向けて、音楽を意図的、計画的に使用すること」と定義します］(日本音楽療法学会ガイドライン[6])。これには、音楽(またはそれに準じる音の時系列)を聴覚系を通じて聴取させ、その知覚による認識に基づいて治療を図る〈受動的音楽療法〉と、そのとき、音の一部または全体が受容者自体によって発生させられる行動を伴う〈能動的音楽療法〉とが行われています。

　音楽療法は、第二次世界大戦中に米軍の野戦病院で音楽を流したところ兵士たちの治癒が向上したことに始まる、といわれ、その効果は高く評価されています。しかしその有効性は、のちに述べるようにいくつかの限界をもつことも否定できません。

　(2)音響療法：弾性振動を聴覚系およびしばしば体性感覚系にも印加し、振動を躰に伝達して治療を図るさまざまな方法が行われています。いわゆる〈音響療法〉(マナーズ博士の方法)、〈振動音響療法〉(vibroacoustic therapy)、〈ボデ

ィソニック〉、いわゆる〈超音波治療〉など、この枠組に属する方法は多種多様にわたり、把握し切れません。

18…1…3　音を使った通常医療

〈通常医療〉とは〈制度医療〉とも呼ばれ、いわゆる生物医学的な背景に基づく西欧近現代医学にのっとった医療の総称です。音を使った通常医療では、私たちの躰の中に発生した異物を効果的に取り除く方法がひろく行われています。

（1）体外衝撃波治療：〈衝撃波〉とは、主に流体中を伝わる圧力の不連続な変化をいい、媒体中に伝わる弾性振動の一種として音（波）の範疇に入れることが可能です。超音速で移動する飛行機によるもの（実際に聞こえているのは、もとの衝撃波が減衰したソニックブーム）は、ひろく知られています。衝撃波は媒体内を拡散することなく直進し、一点に収束させることができます。この性質を利用して、体外で人工的に発生させた衝撃波を腎臓などにできた結石に焦点を合わせて照射すると、これを効果的に破砕することができます。この方法はその後、さまざまな分野へ応用が拡がり、のちに述べるように、狭心症などへの注目すべき応用が始まっています。

これらの治療法の有効性は高く、適中性、確実性、成功性も信頼に達するレベルにあり、まさしく典型的な通常医療の長所を体現しています。

（2）超音波（超高周波）治療：この章の主題となる新しい概念に基づく音を使った療法です。後に詳しく述べる〈リーパス・セラピー〉と〈ハイパーソニック・セラピー〉とを包括するカテゴリーとして設定しました。

18…2　通常医療と補完・代替医療との間には広い空白地帯が拡がっている

ふだん私たちの念頭にある医療は通常医療に該当するでしょう。それは、近現代生命科学を背景にもつ、万病を網羅したといっても過言ではない西洋

医学の大きな基盤のうえに構築された医療といえます。解剖学、生理学、分子生物学など生命一般に関する諸科学と、病気そのものの仕組を解明する病理学などとを通じて病気というものを生命科学的に捉え、科学的根拠に基づいて病気を克服しようと図るものです。その科学的合理性に基づく適中性、成功性の高さは、あらゆる民間療法はもとより、世界の三大伝統医学体系のすべてを圧倒し寄せ付けません。しかしこのような通常医療も決して万能ではなく、その射程には限界があります。たとえば〈心身相関〉が大きな比重をもつ病理などについては、苦戦を避けられません。

こうした通常医療の射程外の問題にしばしばめざましい効果を発揮するものが、補完・代替医療のなかに存在します。たとえば、上記の心身相関にかかわる病理に対して、補完・代替医療のひとつ、音楽療法が通常医療では手のとどかない効果を発揮する場合があります。一方、別次元の問題として、補完・代替医療の多くは、心身に対する侵襲が通常医療に比較してはるかに軽微であることも見逃せません。

しかし、音楽療法に象徴される補完・代替医療は、対象となる病気の生命科学的メカニズムに対して当該療法がそのどこにどのように働きかけることによってどのように有効性を発揮するかについての生命科学的・合理的背景の認識・理解やその説明が十分とはいえず、治療の適中性や成功性についての客観的な見通しが判然としない傾向が強いことも確かです。

作用や効果に個別性が介入しやすいことも限界のひとつです。たとえば音楽療法で使う音の性質。人類という生物に対して音楽として作用しうる[音のシステム]には、たとえば基本的な〈音律〉や〈拍子〉のように、種としてのホモ・サピエンスに普遍的なコードがあります。しかしその一方で、〈音階〉〈和声〉〈リズムパターン〉などは、地域、人種、文化ごとに別々のコードをもち個別化することによって普遍性を喪ってしまっています。さらに、同じ社会・文化に属し音楽の諸コード群を完全に共有化している人びとであっても、そのひとつひとつの生命個体、つまり各個人の先天的な性向や後天的な体験とその記憶、さらに教育などを通じて音楽の形式や楽曲それぞれに対する嗜

好——心理的・生理的応答——が、ひとことでいえば「ばらばら」で、ほとんど普遍性をもっていません。ある人にとって随喜の涙をさそう楽曲が、別のある人にとっては憎悪の対象であったり殺意を誘起することさえ、ありうるかもしれないのです。

　音楽の受容におけるこうした心理的・生理的個別性の存在によって、患者ひとりひとりに別々の「音楽の処方」が必要となります。それらを互いに他と入り混じらない状態で聴いてもらうためには、厳密にいうと患者ひとりごとに互いに遮音された別々の聴取室を準備しなければなりません。こうした受容・応答の個別性は、音楽療法における統計的有意性の成立を阻み、「デイケア」や「作業療法」の一環としての位置づけを除いて保険の適用を受けることなどを困難に陥れています。能動的音楽療法ではさらに、専門技術をもつ〈音楽療法士〉の関与が必要になります。しかし現状のグローバル化をきわめた音楽状況の導く患者の嗜好の拡散のなかで、それら全般をカバーすることに療法士たちの能力が追いつける保証はありません。素材となるアーカイブの構築も、先が視えないのではないでしょうか。このように、患者のもつ個別性というものは、通常医療では考えられないコストの増大を音楽療法に強いるのです。

　こうした補完・代替医療と対置されている通常医療は、先に述べたとおり、西欧起源の近現代医学に基づくものです。現時点でのそれは、大局から細部にいたるまで、現代生命科学によってつぶさに解明された知見に基づきます。それらは、構造レベルにおける解剖学の精緻化をはじめ、物質レベルでは分子細胞生物学、情報レベルでは代謝制御学、内分泌学、免疫学、脳科学を含む神経伝達の科学などに及んでいます。これらに基づいて病気の仕組を明らかにし、それをできるだけ合理的、科学的かつ単刀直入に取り除き、または抑え込む対策が実行されています。音を使った療法では、体外衝撃波治療がその典型的な成功例といえるでしょう。

　このような現代西洋医学の治療の具体的な方法の主力は、投薬、手術、放

射線治療などで、通常医療の最前線で力をふるっています。加えて近年では、遺伝子治療、さらに人工多能性幹細胞(iPS細胞)の利用を含む細胞治療などが関心を集めてきました。

　ここで、人体への侵襲や患者への打撃を視野に入れてこれら西洋医学の治療法を眺めてみましょう。近現代医学のもっとも常套的な手段となっている〈投薬〉は、地球生命の素過程のすべてが化学反応から構成されている、という大原則からしても、そこに介入する効果は直接的であり、一般的傾向としてその効果は歴然たるものがあります。しかし一方で、投薬すなわち化学物質の投与は、生存プロセスを構成する複雑精緻を極めた生化学反応網のなかへの、本来生命が出逢ったことのない異物を含む化学物質の強制的な介入という性質を否定できません。それはしばしば物質次元の侵害──〈有害事象〉──となります。現状ではそれらは〈副作用〉、〈薬害〉という用語が日常性をもつほどのレベルに達しています。

　もうひとつの常套手段、〈手術〉は生体の特定部分の切除、形成、移植などを通じて、構造的にダイレクトに問題を解決する方法です。それは具体的には切断、穿孔、縫着などの生体の加工を意味します。切断や穿孔は極小の対象部位に高い圧力を集中する、という単位空間あたり巨大なエネルギーの空間的に不連続な注入を実体としています。つまり手術というものは、それ自体が生体への侵襲を意味するものに他なりません。

　〈放射線治療〉はいうまでもなく、さまざまな放射線(レーザーを含む)を体組織に照射してがん細胞などの死滅を図る方法で、強力な放射線エネルギーが生体に及びます。これは、エネルギーの異なる線種・線源によって特異化した侵襲の生体への適用ということができるでしょう。

　このように、現在の通常医療は、高度に進展した現代生命科学を背景に、きわめて直接的かつ高い確率、効率のもとに病気を制圧する力を発揮しています。しかしそこでは、補完・代替医療、伝統医学、民間療法には類例がないほどの侵襲性が不可分に随伴していることを否定できません。通常医療のもつこの本質的といえる侵襲性は、はたして病気の治癒や延命といった治療

の効果に見合った合理性をもつものといえるのでしょうか。

 こうした通常医療がしばしば伴っている侵襲性は、決して軽視することができません。それを間接的に裏付ける次のような例があります[7]。1973年にイスラエルで医師たちがストライキを起こし、それまで1日あたり1万5,000人の患者を診察していたところを1日7,000人に減らしました。こうした状態でストライキが1カ月続いて終わったときエルサレム埋葬協会が把握したところでは、医師がストライキをして診察を制限していたあいだに亡くなった方々の数が、通常通り診療が行われていた時期の約半数だった——つまり医者にかからない方がはるかに長生きする——というとんでもない事実を示しました。しかもイスラエルでは、1950年にも医者たちがストライキに入り、同様の事態を導いたことがあるとも伝えられています。また、1976年、コロンビアの首都ボゴタで起こった医者たちのストライキでは52日間、救急医療以外のいっさいの治療が行われなかったそうです。ところが、死亡率の方は、このスト期間中に35％も低下し、コロンビアの国営葬儀協会は、このあまりにも驚くべき事態に対して「事実は事実である」とコメントしています。さらに同じ1976年、アメリカのロサンゼルスでも医者たちがストライキを行い、期間中手術の件数は60％減少していました。ところが、死亡率の方は16％低下しており、しかもストライキ終了後その値は上昇して旧に復したのです。

 これらの例は、現在行われている医療行為が必ずしも命を永らえさせるものではなく、それを縮める可能性を否定できないものとしています。ロバート・メンデルソンは、医師らが医療という名目のもとに組織的に大量の人間破壊を行っていると指摘し、それを〈医療による大量殺戮〉と呼んでいます[7]。また、イヴァン・イリイチは、「現代の医学は健康改善にはまったく役立っていないばかりか、むしろ病人を作り出すことに手を貸しており、人々をひたすら医療に依存させるだけである」と述べ、そのような状態に対して〈医原病〉という呼称を与えています[8]。

 これらの話題は、いささか極端で誇張を感じるかもしれません。しかし、

私たちが最善のもの、至上のものと信じている現在の通常医療という名の西欧近現代医学・医療が、それ自体が本質的属性として身につけてしまった侵襲性によって、功罪半ばする、あるいは場合によって、功少なく罪大きな存在と化していることを危惧させます。

　以上を改めて整理すると、通常医療の名のもとに広く行われている西欧近現代医学にのっとった治療は、有効性、的確性は確かに高いものの、投薬に伴う副作用といった有害事象、手術に伴う侵襲といった生体への打撃など負の効果が著しいことも否定できません。この正・負の効果を比較する切口の設定いかんによっては、その功罪が伯仲し、あるいは逆転して観える場合があるほど、そこに観られる負の効果は無視できないのです。これら負の効果はさらに、西洋医学が〈専門分化〉という名の単機能化を著しくし、専門医が己の対象になっている疾患だけに注目し他を視野から除外して治療を図ることによって導かれる「病気は治った。しかし患者は亡くなった」という傾向によって、いっそう加速されているかもしれません。

　このような面では、多くの補完・代替医療は一般的にずっと侵襲性が低く「人にやさしい」傾向にあることは否定できません。それらでは、侵襲性とは対照的に、快適性さえ伴うものも少なくないのです。しかしその効果には、いくつかの決して無視できない限界があり、それらを見過ごすことはとうていできません。まず、治療方法とその作用、そしてその効果を結ぶ因果関係の構築が明晰判明さに欠けています。西洋医学の薬や手術は標的とする病気や病状が判然としており、それらに対してはっきりした効果を現します。その効果は人により病によってさまざまではあるというものの、全体としては頭が痛む人には頭痛薬、盲腸炎には切除手術が有効というような割り切れた関係が成り立っています。しかし一方の補完・代替医療では、そのような単純明解な構造は観えません。作用がおだやかである反面、徹底した効果が発揮されにくく、治療が完結したかたちで終結しにくいことも無視できません。このような補完・代替医療の限界は、その定義に述べられている［現代西洋医学領域において、科学的未検証］という属性に由来するものです。同時に、

この概念設定によって科学的根拠の有無にかかわらず存在理由が支持されていることが、この領域が、いわば玉石混淆と観えなくもない状況とかかわっているのかもしれません。

こうした背景によって現在の私たちの前には、効果は的確ではあるけれど有害事象や侵襲を避けられない通常医療と、侵襲性などの負の作用は少ないのだけれども効果の的確性が科学的に保証されていない補完・代替医療に二極分化してしまって、一番肝心の、［有効・的確で人にやさしい］という治療が広大な空白地帯になっている現代医療の姿が浮かび上がってきます。

18…3　空白地帯を埋める超音波(超高周波)を使った二つの療法

私たち医学の門外漢の目から観ると、補完・代替医療と同じくらい、あるいはそれ以上に副作用、有害事象、侵襲といった負の効果たちと縁の薄い状態で実行でき、しかも通常医療としての的確有効という属性を具えた治療パラダイムの構築は、焦眉の急と思われます。

くり返すように、近現代西洋医学の治療パラダイムは投薬と手術に象徴されます。それは、人類の標準とする天然の生棲状態、生存行為に含まれていない外力の積極的な介入を意味します。

そうしたやり方と意識的に一線を画し、［生命が本来具えている活性を、天然下で生命が遭遇してきたであろう自然な方法で目覚めさせて、不自然で人工的な何ものかの介入なしに健やかな心身を創り、あるいは回復させる］という発想に基づくアプローチが、二つの別々の研究チームにより、いずれも［音］を使うことによって軌道に乗りつつあります。どちらのチームも、可聴域をはるかにこえる非定常な超音波(超高周波)を使う点で共通しています。また両チームとも、2000年、2001年という同じ時期に起点をもつ点でも共通しています。しかしこの両者が互いの存在を認識したのは、ごく最近の2016年に過ぎません。その一方が私たちの発見したハイパーソニック・エフェクト活用の大きな主題〈ハイパーソニック・セラピー〉であることは、文

脈からしてご賢察のとおりです。そしてそのもう一方とは、東北大学医学系研究科下川宏明教授らによるリーパス(Low Intensity Pulsed Ultrasound＝LIPUS)・セラピーです。以下に下川研究室のきわめて注目に値する治療に対する思想、基礎・応用研究、そして実用化の実績などを紹介します。

　まず治療についての思想。下川教授は、「医療、治療というものは、患者さんの自己治癒能力を活性化するような方法が、本来のあるべき姿だと思います。自然界にないものを使ったり、私たちの体の中で実際起きていないような手段を使って無理矢理に病気を治そうとするのは、本来の姿ではないのではないでしょうか」といいます。これは、投薬や手術に象徴される近現代西洋医学の治療パラダイムの限界の認識のうえに立って、新しい治療パラダイムを掲げるものに他なりません。そして、このような思想は、期せずして、私たちがハイパーソニック・エフェクトの医療応用に関して考えていたところと、まったくといってよいほど、同一でもあります。

　続いて、下川研究室のリーパス・セラピーの実際について具体的に述べます。その端緒となったのは、2001年、下川教授らが催した［第1回日本NO(一酸化窒素)学会学術集会］において、イタリアの基礎医学者による［血管の内皮細胞に低出力の衝撃波を照射するとそこから一酸化窒素が発生する］という報告が行われました。一酸化窒素は非常に単純な構造の無機化合物でありながら独特の生理活性を示すことで注目される物質です。下川教授は、低出力衝撃波のもつNOを介した血管拡張効果、血流増加作用に注目して、［音波を使って心臓病を治療する］という着想に達し、狭心症の虚血組織における血管新生を誘導する治療法の開発を成功させ、さらにそれを発展させることとなりました[9-11]。その結果、この〈低出力体外衝撃波療法〉は、世界25カ国で1万人以上の狭心症患者に使用され、各国から有効性と安全性が報告されています。

　ここで特に注目に値するのが、［音波を使う］という卓越したアイデアです。なぜなら、そのきっかけになった衝撃波や、人間の聴覚で捕え切れない超音

波(超高周波)などを含めて、地球生命のすべては、[音すなわち弾性振動]を一瞬たりと絶えることなくその身に実現し続け、いい換えれば[ふるえ続け、振動というものと切り離すのが不可能な状態で一生を終える〈自己増殖体〉]に他ならないからです。そうした生命体との不可分性という意味において、[音―振動]という物理的過程は、地球生命における不可欠の物質的要因[水]というものの存在とよく似ています。音となじみの悪い生命は、水となじみの悪い生命と同じように真っ先に淘汰の対象になり、この世に存在しえなくなるでしょう。これをいい換えれば、[音―振動]というものは、[水]と同じように生命にとって至上に安全であり、もしかすると[水]に近いほど生命にとって必要なのかもしれません。実は、ハイパーソニック・エフェクトの追究にかかわっている私たちの立場は、このようなものなのです。

　このことは、[音―振動]が人類にいかほど安全であるか、その程度が窮極的レベルにあることを主張します。こうした意味で、下川教授が着想した[音波を使った治療]というのは、他に匹敵するものがないほど例外的な自然性、安全性、そして生命との親和性に溢れていることがわかります。

　このような特別な性質をもった音たちを治療のツールに使う、という下川研究室の戦略は、当然かもしれませんが的中し、その最先端にあるのが、〈低出力パルス波超音波〉LIPUS による治療です[12,13]。その効果は、先に下川教授らが開発し厚生労働省から高度先進医療として承認を受けた〈低出力体外衝撃波療法〉とほぼ同程度とされ、治療に要する時間は衝撃波治療の約3分の1(1時間)に短縮されています(図18.1)。

　急性心筋梗塞のマウスモデルを用いた実験では、LIPUS の照射がマウスの死亡率を改善し、血管新生の増強をもたらし、心筋梗塞後の左心室の心室肥大をも改善することが示されました[13]。培養されたヒト内皮細胞を使ったマイクロアレイ分析では、血管内皮増殖因子のシグナル伝達および細胞接着経路の遺伝子を含む合計 1,050 個の遺伝子が LIPUS 照射によって有意に変化したことが示されました[13]。この LIPUS 治療について、2013 年度から重症狭心症患者を対象とした多施設共同の医師主導治験が進行中です(http://www.

cardio.med.tohoku.ac.jp/ustiken/）。

　これらの治療に用いられる超音波の出力は、現在臨床の現場や人間ドックなどで〈超音波エコー検査〉として〈診断〉に用いられている出力の範囲内であることから、安全性に対する懸念がほとんどありません。やけど・筋肉傷害・出血・不整脈などの副作用もまったく認められていません。無麻酔で、手術も不要、他の治療法に比べて患者の体に対する負担が少なく、反復して行うことも可能という、西洋医学につきまとう侵襲性が「まったく」といっ

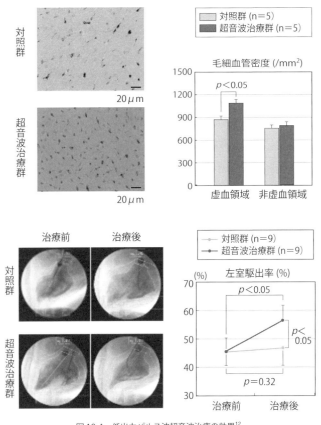

図18.1　低出力パルス波超音波治療の効果[12]
　　　　（超音波治療はブタ慢性虚血心において心機能を改善させる）

ても過言ではないほど認められないというきわめて注目すべき特徴を具えています。さらに驚くべきことは、健全な心筋組織では超音波に対する反応は認められず、もっぱら血流が不足している虚血心筋組織においてのみ血管の新生が促されることです。しかもそうして導かれた血管の新生は虚血が改善された段階で停止し、不必要な過剰な血管新生は生じません。まさに人間の自己修復力が、自律的調節を伴うかたちで、LIPUS 治療によって発現したと観ることができます。

　下川教授はさらに、LIPUS 治療が認知症の治療にも有用なのではないかと着想しました。認知症は、現在、人口の急速な高齢化に伴い、地球上で毎年 1000 万人の新規患者が発生していますが、有効な薬剤が開発されていないというきわめて深刻な現状があります。最近の基礎研究により、認知症の基本的な病態に、NO の低下による脳微小循環の障害があることが明らかにされつつあります。LIPUS 治療はこの NO 低下に伴う循環障害を非侵襲的に改善される新規治療法であるところから、下川教授は、代表的な二つの認知症（アルツハイマー型認知症、脳血管性認知症）のモデルマウスにおいてこの LIPUS 治療の有効性・安全性を検討したところ、両モデルマウスにおいて、予想以上に認知機能の低下を抑制し、きわめて安全であることも確認されました[14]。アルツハイマー型認知症モデルマウスでは脳におけるアミロイド β の蓄積が著減しており（図 18.2）、脳血管性認知症モデルマウスでは、血流の増加に伴い、神経髄鞘の形成が促進され、一部では神経細胞の再生が認められました。この結果を受けて、下川教授は、軽症アルツハイマー型認知症・軽度認知障害の患者を対象に、LIPUS 治療の有効性・安全性を検討する医師主導治験を開始しています（詳細は https://www.cardio.med.tohoku.ac.jp/ustiken-ninchi/）。

　こうした驚くべき自然の摂理を見出しそれを高度に有効で安全な治療に結びつけた下川教授らの研究・開発は、特筆に値します。

　超高周波を使ったもうひとつの療法、私たちの〈ハイパーソニック・セラピー〉について述べます。これは先に述べたように、私たちが発見し、2000

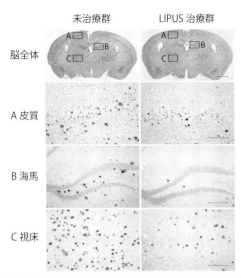

図18.2　LIPUS治療による脳のアミロイドβ蓄積の著明な減少（アルツハイマー型モデルマウス）[14]

年にその実在を不動のものとした〈ハイパーソニック・エフェクト〉に通常医療の属性を与え、心身の病の防御や克服に役立てるものです。

　医療手段という観点からこの方法が第一に注目されるのは、そこで使われる［音］の特徴、すなわち、人類に対する比類ない親和性、安全性です。その背景は、音源のもつ自然性にあります。音源として、天然物である熱帯雨林環境音をはじめとする自然環境音を中心に、人工物としては民族的、伝統的楽器音など、人類との決して短くない共存の歴史があるものが厳選して使われます。特に有効性が高いため基本的に使うのは、熱帯雨林環境音です。それは、私たちが人類に進化する以前の段階から進化のゆりかごとなってきた熱帯雨林環境と人類との適合性が、窮極的なレベルに達しているとの認識に基づきます（第12章）。

　同じく第二に注目されるのは、安全性を伴って発揮されるその効果の現代社会に的中した有用性です。それは、すでに社会問題の次元をこえて先進諸国の国政の課題となってしまった生活習慣病や精神・行動の障害など現代病への予防を含む有効性が射程に入っていることによります。

そして第三に注目されるのは、効果の期待される対象疾患が単一でなく広範囲にわたることです。図18.3に示すように、ハイパーソニック・エフェクトによって活性化される脳の深部構造〈基幹脳〉には、神経細胞のきわめて小さな集団である〈神経核〉がたくさん含まれていて、そのひとつひとつがそれぞれ、生命活動を維持するうえで重要な、互いに異なる働きを担っています。こうした重要な神経核を多数含む〈中脳・間脳〉の機能が正常でなくなる

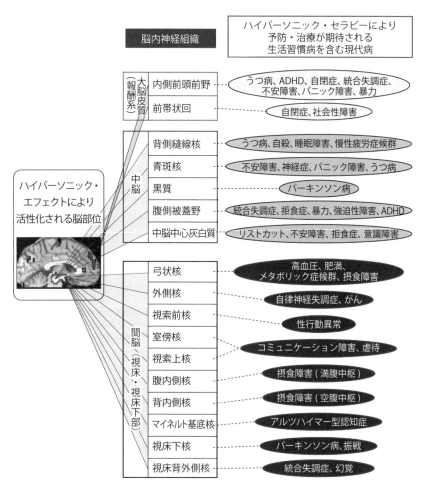

図18.3　ハイパーソニック・エフェクトの射程

ことは、近年、生活環境の都市化・文明化に伴ってさまざまな現代病が急速に蔓延していることと直接あるいは間接に何らかの関係をもつことを否定できません。たとえば、中脳から前頭葉に投射する〈モノアミン神経系〉の機能低下は、現代社会の大きな問題となっている自殺の主要原因であるうつ病と密接に関連しています。また、間脳の前方にある〈マイネルト基底核〉およびそこから大脳皮質に投射する〈広範囲調節系〉のひとつ〈アセチルコリン神経系〉の機能低下は、〈アルツハイマー型認知症〉の症状と密接な関連をもっています。さらに、ストレスによって視床下部の機能が正常でなくなると、〈内分泌系〉の異常を引き起こして高血圧、糖尿病をはじめとするさまざまな生活習慣病の原因となるだけでなく、〈免疫系〉のバランスを崩してがんの発症を促します。もちろんこれらの多様な病気群には、それぞれの発症と病状推移に影響を及ぼす固有のメカニズムが存在します。しかし、それにもかかわらず、多くの現代病と呼ばれる病理現象が基幹脳の活性の衰えと直接間接の関係をもっていることは無視できません。

そこで、ハイパーソニック・セラピーに期待される、複合的、あるいは包括的といえるかもしれない幅広い有効性の拡がりを確かめる一連の全方位的な探索的実験を試みました。

ひとつは、現代社会を脅かす深刻な病理として、実務の最先端にある人びとのあいだに蔓延している〈うつ病〉の患者を対象としたパイロット的実験で、20分くらいハイパーソニック・サウンドを浴びてもらい、基幹脳活性指標(脳波α_2ポテンシャル)を調べると、ハイパーソニック・サウンドを浴びた前と後とでは、後のほうが中脳・間脳を含む基幹脳活性がより高まり、同時に行った心理テスト(STAI)からこれらの人びとでは不安状態が改善されるというデータが得られました(図18.4)[15]。

もうひとつは、同じく現代社会の高齢化に伴うもしかすると最大の問題になるのかもしれない認知症についての、パイロット的実験です。この検討においては、入院40日間の臨床経過を見ると、入院直後には興奮、易刺激性といったBPSD症状(Behavioral and Psychological Symptoms of Dementia；行動・心理症

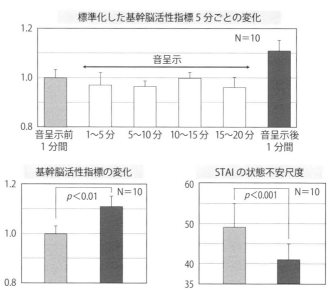

図 18.4 うつ病患者を対象としたハイパーソニック・セラピーのパイロット的検討

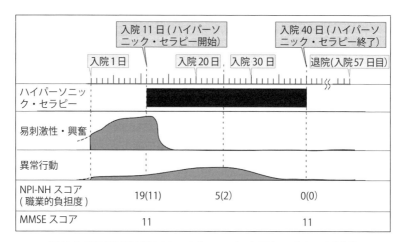

図 18.5 認知症患者を対象としたハイパーソニック・セラピーのパイロット的検討

状。認知症の〈中核症状〉に対する〈周辺症状〉をさす)が認められます。しかしハイパーソニック・サウンドの呈示を始めて4週間後には、BPSD症状の重症度や介護の負担度を表すNPI-NHスコアは19から0にまで改善しました(図18.5)。ただし、この症例では薬物療法を併用しているため、これがハイパーソニック・セラピー単独の効果とはこれだけでは判定できません。

そこで、症状がある程度期間安定している滞在型介護施設に入居中のBPSD症状をもった認知症患者11名を対象として、ハイパーソニック・セラピーのオープン・トライアル試験を実施しました。この研究では、患者が日中の大部分の時間を過ごすデイルームで、1日あたり12時間程度ハイパーソニック・サウンドを呈示する治療を4週間続け、前後でNPI-NHスコアを比較しました。その結果、11名中6名でNPI-NHスコアの改善が認められました(図18.6)[16]。さらに、治療開始時にNPI-NHのスコアと症状の改善とのあいだには統計的有意な正の相関が認められ、重症の患者ほど改善の程度が大きいことが示されました。これらのデータは、まだハイパーソニック・セラピーの有効性を実証する段階のものではありません。しかし、今後より大規模な臨床試験を進めていく価値があることを示すものです。

ハイパーソニック・エフェクトはこの他にも、心と躰との双方に及ぶさまざまのポジティブな作用を導きます(図18.7)。とくに注目されるのは、現代社会を蝕む最大の病理ともいえる生活習慣病や精神と行動の障害を含む現代

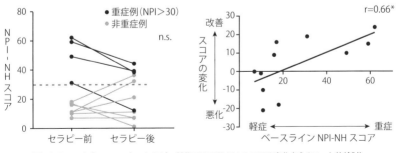

図18.6　ハイパーソニック・セラピー前後でのNPI-NHスコアの変化(パイロット的検討)

病［総体］に対して原理的に有効性が期待できることです(図18.2)。

そこで、ハイパーソニック・セラピーに期待される、現代病・文明病とよばれる環境不適合現象を〈音情報環境不適合〉という切口から捉えたひとつの探索的動物実験を試みました。

この実験では、8週齢の C57/BL6JJc マウスを以下の二つの異なる音響環境(1)熱帯雨林環境音を呈示する自然環境音飼育群(64匹、オス32匹、メス32匹)と、(2)通常の実験動物飼育環境である暗騒音(いわゆる無音条件)下で飼育する対照群(32匹、オス16匹、メス16匹)とに分けて、長期飼育しました。自然環境音飼育群では、ケージ上部に取り付けられたスピーカーから、熱帯雨林の環境音が呈示されます。このとき、ケージの大きさ、形状を含むその他

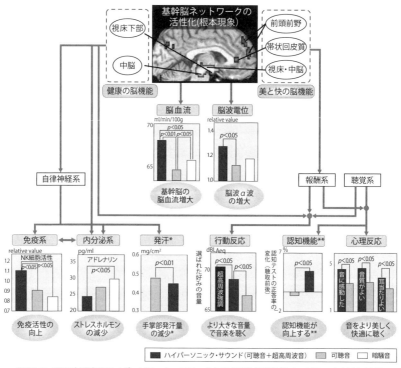

図18.7 2017年現在のハイパーソニック・エフェクトの全体像(再掲)(Oohashi T et al., 1991-2003, *山崎憲ら, 2008, **鈴木和憲, 2013)

の要素は、通常の飼育環境と同じに設定しました。1 ケージあたり 4 個体で飼育を開始し、雄雌は別ケージで飼育しています。各個体の体重を毎週計測するとともに、自発活動はケージ上部に設置した赤外線カメラにより持続的に記録しました。

　マウスを用いた実験は一般的に、人間に対しては直接実施することができないような生体や遺伝子に対する侵襲を伴う手技が用いられるのが普通です。むしろ、人間に対して許されない侵襲性を伴う実験を行うためにマウスを用いた実験が位置づけられているといっても過言ではないでしょう。それに対してこの実験では、非侵襲性と安全性に特徴をもつハイパーソニック・エフェクトを念頭において、マウスにできるだけストレスを与えず天寿を全うさせ、その自然寿命を比較することを主眼としました。そのため採血を含む一切の侵襲的手技は行っていません。

　この実験の結果、熱帯雨林環境音飼育群のマウスは、対照群のマウスと比較して寿命が約 12% 有意に延長し、自発活動量も有意に多いことが示されました。体重については群間で有意な差は認められません。

　この実験で得られた、熱帯雨林環境音条件のもとでは音なし（暗騒音だけ）の条件下よりも平均寿命が約 12% も永くなる、という結果は衝撃的です（図

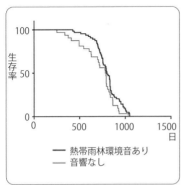
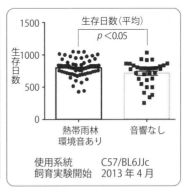

（熱帯雨林環境音あり vs 音響なし）
N＝64 vs N＝32

図 18.8　熱帯雨林環境音呈示条件下では音のない暗騒音条件下よりもマウスの寿命が約 12% 長くなる

18.8)[17]。しかも詳しく検討すると、音のない条件下では、比較的早期から天寿を全うすることなく死亡する個体が現れ、それが増大し続けるという、現代社会に相通じるような傾向を示すのに対して、熱帯雨林環境音条件下では、全体として早期に死亡する傾向を示さず、晩期に一斉に死亡する傾向が明らかです。つまり、群れ全体として観ると、ほとんどの個体が順調に天寿を全うした状態と観察することが可能なのです。このことは、実験計画を立てる根拠とした、熱帯雨林環境音の補完による基幹脳活性化に基づく全方位的な現代病の克服というモデルの支持材料として、注目に値すると考えます。

18…4 リーパス・セラピーとハイパーソニック・セラピーに共通する未来の医療と呼ぶにふさわしい優越性

　リーパス・セラピーとハイパーソニック・セラピーとは、それぞれまったく独立に、そして同時期に生まれたにもかかわらず、その立脚する思想の高い共通性を反映して、とうてい偶然とは思えないほど互いに似かよった特徴をもっています。しかもそれは、これまでの医療とこれからの医療との分水嶺となるような、たいへん重要ないくつもの点でそうなのです。ここで、それらを改めて整理し、次世代医療のあるべき姿を考えてみたいと思います。

　第1の特徴：きわめて非侵襲的であること。
　近現代西洋医学の療法の多くは、侵襲や副作用などの負の効果と表裏一体の関係をなしているのが実情です。これらに対してたとえばリーパス・セラピーでは、体外から照射される超音波はきわめて微弱で、しかも細胞レベルで特定のメカノセンサーを応答させる〈情報〉として作用しているものと思われます。もう一方のハイパーソニック・セラピーは、入力するサウンドのエネルギーはリーパスよりもさらに微弱で、受容細胞単位ではほとんど計測不可能であろう低レベルのエネルギーの波動が信号として機能し、基幹脳の血流を増加させてその活性化を導いています。

これらの方法のもつ侵襲性・侵害性の低さは、そうした事象の原因となる［物質次元、エネルギー次元の介入］という生命を損なう本質をもつ介入がまったく存在しないか、あっても無視できるほどに小さく、作用の本質が［情報次元］に存在するという機構にあります。その意味で、これらの方法に対して〈情報医療〉というカテゴリー（枠組）を設定し、従来の〈物質・エネルギー医療〉と区別することができるかもしれません。いい換えると、本格的な〈情報医療〉のさきがけたりうる可能性をもつものたちという位置づけが可能です。

　第2の特徴：対象者のもつ生命活性に対する肯定と信頼を前提にそれらの内に宿された力を目醒めさせる治療であること。

　これらの方法は、生命が本来宿している活性を、生体が常に受容しあるいは発生し続けている［音―振動］のカテゴリーに属するある特定の何ものかを使って目醒めさせ、健やかな心身をつくることを特徴とします。つまり対象者となる人間が本来具えている活性というものについての全幅の肯定と信頼のうえに立っているのです。

　それに対して、現在および近未来の通常医療のひとつの主流であろう〈投薬〉は、対象者の物質代謝が不適切である、という否定性の認識を前提にその一部を化学物質の投与によって転換しようとします。また、〈手術〉は、不適切な生理状態の原因として身体の一部の構造・機能を否定的に捉えこれを取り除いたり交換したりします。さらに〈放射線治療〉は、対象者の体組織の一部を不適切なものとして否定的に認識し、それを破壊します。

　これに対してリーパスは、下川教授自身の言葉を借りれば、「音波のもつ『自己修復能力の活性化』に注目した研究」によって生み出されたものであり、この点で、人類が本来もつ脳機能の回復をめざすハイパーソニック・セラピーと同じ発想にたつものといえるでしょう。本来の生命活性に対するリーパス・セラピーとハイパーソニック・セラピーにおける肯定・信頼と、投薬・手術・放射線治療などを通底する、部分的とはいえ生命の否定・不信という構造の対照性は無視できません。

第3の特徴：その安全性はすでに臨床試験レベルをこえた実績をもつこと。
　リーパス・セラピーは、弱いパルス波超音波の長時間持続することのない照射です。これは、実際のところ、諸医療機関でごく普通に使われているいわゆる〈超音波エコー検査〉の装置をモディファイしたような状態で実現しています。だからこの治療は、いわばエコー検査を受けるようなものなのです。しかも照射される超音波のエネルギーは、エコー検査より高くないレベルに設定されています。そのため、照射される超音波の安全性は、エコー検査法が実用化されてから現在までの40年に及ぶ実績が保証するものとなっています。
　もう一方のハイパーソニック・セラピーの安全性は、それがこの研究で使われる熱帯雨林環境音またはそれを起源とする音源であった場合、人類との途方もない同化と親和、そしてそれに基づく安全性の実績をもつものになります（図18.9）。
　私たちが現生人類にまで進化を遂げるよりも1000万年以上も早い大型類人猿の始まりの段階から、その特異的な棲み場所として選び狩猟採集生活を送ってきたのが熱帯雨林なのです。したがってその音は、私たちの遺伝子や脳の〈鋳型〉と呼ぶのにふさわしいものであり、おそらくはもっとも人類に適

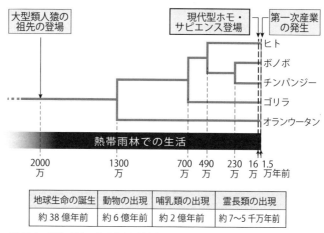

図18.9　人類の遺伝子をはぐくんだ本来の環境 —— 熱帯雨林（文献18から改図）

合した、いい換えればもっとも安全性の高い音といっても過言ではないでしょう。これ以上安全性の保証された体外からの音は、この世に存在しないのではないでしょうか(第12章)。

　第4の特徴：実用化の道が短く平坦であること。

　リーパスの照射は、エコー検査用の超音波プローブを適切な位置にセットし、検査用超音波をモディファイして照射する、という簡潔な手順で実施できます。もう一方のハイパーソニック・サウンドは、現行のオーディオ・システムの超高周波に対する応答を高めること、たとえば現用のオーディオ・システムに超高周波に対して良好な応答をもつ〈スーパートゥイーター〉をアドオン(追加増設)することで、体制を整えることができます。さらにモバイルフォン、モバイルミュージック・プレイヤーなどに超高周波に応答するアクチュエーターをアドオンすることで、移動性を実現することも可能です。これらを使って現行の〈ハイレゾリューション・オーディオ〉の上位のフォーマット(192 kHz／24 bit PCM、5.6 MHz／1 bit DSD など)の適切なコンテンツをもつ〈ハイパーソニック・ハイレゾリューション・オーディオファイル〉(第15章)を再生すれば、この療法は簡単に実現します。

　ところで、こうした実用化の手順や材料あるいはそれらを実際に駆使して〈橋わたし的研究〉を成り立たせ実際の活用に結びつける、というきわめて重要なステップは、意外なことに、ほとんど社会の注目を浴びることがありません。こうした世情のなかで基礎研究として高い注目を浴びながら、私たち門外漢の目には実用化の段階で立ち消えになったように見える療法があります。たとえば1990年代のトピックだった〈遺伝子療法〉などです。

　こうした先端的医療の最前線に較べると、同じように最前線に立つ療法でありながら、リーパス・セラピーやハイパーソニック・セラピーが射程に捉えている音を使った治療は、〈予防〉に広がるその効果までを視野に入れると、iPS細胞や細胞治療が狙っている治療効果に劣るとはいえない射程をもちながら、すでに実用化のパイロット的試験に入りあるいはそれをクリアしており、しかも前途に大きな難関も認められない、という実用化の難易度におけ

る圧倒的ともいえる落差を現しています。これらを見逃すことはできません。

第5の特徴：設備や治療のコストがきわめて低廉であること。

エコー検査装置や民生用オーディオ装置など、決して特殊とはいえない、よく普及した装置のモディファイで構築できるリーパス・セラピーやハイパーソニック・セラピーのハードウェアとしての金額は、数百万円、数千万円というオーダーで高い実用水準に達するはずです。それに対して、現在の先端的医療、たとえば、〈重粒子治療装置〉は1基100億円前後、〈陽子線治療装置〉は70億円程度といわれています。当然それらは稀少な存在となり、遠隔地での治療、何カ月から何年にも及ぶほどの待機時間などを導いているうえ、それらの機器による治療のコストは、治療1回あたり約300万円ともいわれています。

そうした超高額機器類のコストの0.1〜1％に及ばないくらい低額で、それら高額医療に勝るとも劣らない効果を射程に捕えているリーパス・セラピーやハイパーソニック・セラピーは、コストの点でも注目に値します。最先端の療法としての有効性、万全ともいえる安全性をもち、実用化を完全に射程に捉えながら、コストと簡便さでは比較にならないほど低廉・容易であることは、本来の生命のもつ活性発現を骨子とするサウンド・セラピーたちの特徴として無視できません。

これらは特に、いま、単に経済面だけにとどまらない負担の増大を人びと、社会、国家に強いながら、根本的な打開のプログラムがまったく見えてこない生活習慣病を含む現代病の克服に、新しい展望を開くものと信じます。

第18章文献

1 http://who.int/suggestions/faq/en/
2 旧約聖書．サムエル記．上 16．
3 サイード・パリッシュ・サーバッジュー編訳．『ユーナニ医学入門 ── イブン・シーナーの『医学規範』への誘い』．ベースボール・マガジン社．1997．
4 光平有希．貝原益軒の養生論における音楽．日本研究．**52**, 33-59, 2016．

5 http://www.jcam-net.jp/info/what.html（日本補完代替医療学会ホームページ）
6 http://www.jmta.jp（日本音楽療法学会ホームページ）
7 ロバート・メンデルソン，『医者が患者をだますとき』，弓場隆訳，草思社，1999.
8 イヴァン・イリッチ，『脱病院化社会 ― 医療の限界』，金子嗣郎訳，晶文社，1998.
9 Nishida T, Shimokawa H, Oi K, Tatewaki H, Uwatoku T, Abe K, Matsumoto Y, Kajihara Y, Eto Y, Matsuda T, Yasui H, Takeshita A, Sunagawa K, Extracorporeal cardiac shock wave therapy markedly ameliorates ischemia-induced myocardial dysfunction in pigs in vivo. Circulation, **110**, 3055-3061, 2004.
10 Fukumoto Y, Ito A, Uwatoku T, Matoba T, Kishi T, Tanaka H, Takeshita A, Sunagawa K, Shimokawa H, Extracorporeal cardiac shock wave therapy ameliorates myocardial ischemia in patients with severe coronary artery disease. Coronary Art Dis., **17**, 63-70, 2006.
11 Kikuchi Y, Ito K, Ito Y, Shiroto T, Tsuburaya R, Aizawa K, Hao K, Fukumoto Y, Takahashi J, Takeda M, Nakayama M, Yasuda S, Kuriyama S, Tsuji I, Shimokawa H, Double-blind and placebo-controlled study of the effectiveness and safety of extracorporeal cardiac shock wave therapy for severe angina pectoris. Circ. J., **74**, 589-591, 2010.
12 Hanawa K, Ito K, Aizawa K, Shindo T, Nishimiya K, Hasebe Y, Tsuburaya R, Hasegawa H, Yasuda S, Kanai, H, Shimokawa H, Low-intensity pulsed ultrasound induces angiogenesis and ameliorates left ventricular dysfunction in a porcine model of chronic myocardial ischemia. PLOS ONE, **9**(8), e104863, 2014.
13 Shindo T, Ito K, Ogata T, Hatanaka K, Kurosawa R, Eguchi K, Kagaya Y, Hanawa K, Aizawa K, Shiroto T, Kasukabe S, Miyata S, Taki H, Hasegawa H, Kanai H, Shimokawa H, Low-intensity pulsed ultrasound enhances angiogenesis and ameliorates left ventricular dysfunction in a mouse model of acute myocardial infarction. Arterioscler. Throm. Vasc. Biol., **36**, 1220-1229, 2016.
14 Eguchi K, Shindo T, Ito K, Ogata T, Kurosawa R, Kagaya Y, Monma Y, Ichijo S, Kasukabe S, Miyata S, Yoshikawa T, Yanai K, Taki H, Kanai H, Osumi N, Shimokawa H, Whole-brain low-intensity pulsed ultrasound therapy markedly improves cognitive dysfunctions in mouse models of dementia—Crucial roles of endothelial nitric oxide synthase—, Brain Stim., **11**, 959-973, 2018.
15 Honda M, Yagi R, Kawai N, Ueno O, Yamashita Y, Oohashi T, An open pilot study of non-pharmacological augmentation therapy in major depressive patients using inaudible high-frequency sounds. Program No. 74.07/XX20. 2016 Neuroscience Meeting Planner. San Diego, CA: Society for Neuroscience, 2016. Online.
16 Honda M, Yamashita Y, Miyamae M, Ueno O, Oshiyama C, Yoshida S, Kawai N, Oohashi T, Non-pharmacological therapy for behavior and psychological symptoms of dementia (BPSD) utilizing the hypersonic effect: A pilot study. Journal of the Neurological Sciences, **381**, 661-662, 2017.
17 Yamashita Y, Kawai N, Ueno O, Matsumoto Y, Oohashi T, Honda M, Induction of prolonged natural lifespans in mice exposed to acoustic environmental enrichment. Sci. Rep., **8**, 7909, doi:10.1038/s41598-018-26302-x, 2018 (Online publication).
18 大橋力，『音と文明 ― 音の環境学ことはじめ』，岩波書店，2003.

むすび

明晰判明知と暗黙知とを架橋する

むすび　明晰判明知と暗黙知とを架橋する

1. この研究に幸運を約束してくれたガムラン・サウンドとの出逢い

　私たちの心を豊かにし躰を健やかにしつつ、いのちの隅々までを瑞々しくしてくれるハイパーソニック・エフェクト。この目醒ましい生理現象は、バリ島のガムラン音楽を音源としポジトロン断層撮像法(PET)を決め手に使った実験によって、堅固な実証性に支持されつつ発見されました。ここで私たちがバリ島のガムラン音楽という音源を材料に選んだということは、大きな成功を約束する絶好の材料、というよりはこの世に実在する音のなかでこの研究にもっとも適しているかもしれない材料を、それとは知らずに選択していた可能性が濃厚なできごとです。途方もない幸運に浴していたことを、いま、身に沁みて感じます。

　これがいかほど私たちの研究への稀有な適性をもった音か、具体的に観てみましょう。ガムランは、さまざまな青銅製打楽器を小規模なもので数個、大規模なものだと数十個、有機的に組織化したアンサンブルです(写真1)。一般的には、銅鑼型の楽器群(ゴング、トロンポン、レヨン、コンプリなど)と、鍵盤型の楽器群(グンデル、ガンサ、ジェゴガンなど)との双方から複雑に構成され、

写真1　「青銅の交響楽」バリ島のガムラン

セットごとに特定の音律にチューニングされています。こうした成り立ちから、ガムランはしばしば、「青銅の交響楽」と呼ばれます。

　演奏のとき基本的に密集隊形をとるそれら複数の楽器群の発する多種多様な音は、空気中でぶつかり合って相互作用を起こし、元もとはどの楽器も発していない〈差音〉・〈加音〉を二次的に盛大に発生させます。こうして形成される複雑な音は、超高周波とゆらぎに富み、しかも力強い音圧をもった理想的なハイパーソニック・サウンドとしての性質を具えています。さらに、このように理想的なサウンドが「時おり」出てくるのではなく、速いパッセージで安定して矢継ぎ早に繰り出されるうえによく持続します。その速度、すなわち打鍵の時間密度は、速弾きで知られるピアニスト、スビャトスラフ・リヒテルが全盛期にピアノを弾いて達成した1秒間14.857回という打鍵速度にほぼ匹敵する1秒間13.458回というような驚異的な速さを、〈コテカン〉という技法で再現性よく実現しているのです[1]。

　このように周波数、ゆらぎ、音圧、そしてそれらの高密度で安定した持続、というハイパーソニック現象を発現させるのにこのうえなく適切な特徴を具えた音源は、西欧のオーケストラを含めて及ぶものがなく、おそらくこの地上に類を見ないのではないでしょうか。

　もうひとつ、音楽を不特定多数の人びとにくり返し聴いてもらって、結果を統計的に調べなければならない、という実験手続きを実際の場で実現できやすいバリ島ガムラン音楽の特徴も見逃せません。同じガムランでも、バリ島のそれは目もくらむような速弾きの妙技をはじめ魅力たっぷりの構成によって、初めて聴く人の心さえもしっかりと捕えて離さず飽きさせない、という特徴をもっています。それに対して、たとえば隣の島ジャワ島のガムランは、見た目では互いに区別できないほどバリ島のガムランと似ているのに、その醸し出す音の世界はバリ島のそれとまったく違って、「悠久の時を遊ぶ幽玄の境地」を特徴にしています。そしてこの「幽玄」は、その趣を知らない私たち普通人にとっては、しばしば「悠長」の趣に他ならないものとなってひたすら眠気を誘い、実験を台無しにしてしまうかもしれないのです。

フルオーケストラ規模のジャワ島のガムランとバリ島のガムランとは、視覚的に見分けがつかないくらいよく似ているだけでなく、細かく調べるとジャワ島のそれも超高周波をしっかり出します。しかしその楽曲と演奏法というソフトウェアの違いによって、発生する音が脳機能に及ぼすインパクトは、まるで別ものになっています。もしも私たちが周波数計測値だけを頼りにしてジャワ島のガムランを音源に選んでいたとしたら、ハイパーソニック・エフェクトを発見することができなかったかもしれません。

　そして無視できないもうひとつの特徴は、〈遺伝子決定性快感のシグナル〉を満載したようなバリ島の芸術、芸能のもつ、事前の学習や予備知識なしに、初体験の人びとをも魅了してしまう不思議な力[2]です。古くは観光客たちを、現在ではメディアを通じて世界中の人びとを、何の予備知識もなしに熱狂させるバリ島ガムランのこの特徴は、実験に参加してくださった被験者の方々の負担を引き下げ、音楽経験や嗜好の個体差(個人差)を超越して音を味わうことを可能にし、ばらつきの少ない良質のデータを与えてくれた点でも見逃せません。

　たまたま私の選んだバリ島ガムランの楽曲は、『ガンバン・クタ』という全曲約200秒間の小曲です。これは偶然にも、ハイパーソニック・サウンドに接し始めてから約40秒間で励起され、超高周波だけカットしたあと60〜100秒間ほどそれが残留する〈基幹脳の活性化〉を捉えるのに絶好の時間領域をもつものでもありました。これも、結果をとおしてその適切さを教えられた、偶然の幸運です。

　すこし詳しく調べていると、バリ島の人びとは相当に古い時代から、私たちがハイパーソニック・エフェクトと名付けた現象について何らかの伝統的知識をもっていたのではないか、むしろ熟知していたのではないかという想いに捕えられます。身近な具体的な例を挙げると、バリ島に何千セットも存在するガムラン・アンサンブルのなかには、「銘器」と称されている格別に音の美しいセットがあります。実例を挙げれば、古いものではプリアタン村のバンジャール(字)タガスの所有する〈スマルプグリンガン〉、新しいもので

は同じプリアタン村のスク(同好会)"ヤマサリ"が所有する〈ゴン・クビャール〉などが注目されます。これらの有力なセットは、いずれも 150 kHz をこえるゆらぎ豊かな超高周波を含む音を響かせます。このような銘器といわれるガムラン・セットの音は、鋭さとともにやわらかさや甘さを具えているという共通した特徴を示します。バリ島のなかにその名を轟かせているガムラン・アンサンブルの銘器たちは、私たちが実測した範囲では、このような超高周波を確かにもっています。これは、バリ島の人びとが、「周波数が高すぎて音としては聴こえない超高周波」に音楽を豊かにするなんらかの作用——私たちの言葉でいえば、基幹脳を活性化し美と感動の脳機能を賦活するような働き——があることを承知していたのではないか、と想わせるのです。

第3章で述べたように、私たちがこの研究に旅立った 1980 年代の時点では、研究の射程として設定した 100 kHz までを視野に収めた周波数分析装置、とりわけ可搬性をそなえた計測器というものがこの世に存在していませんでした。したがって、そうした武器を使って音源を探索することができません。やむなく、ちょうど世界の民族音楽の収集を目的に地球を巡っていた私自身の音の体験を手掛かりにする、という空恐ろしい判断方法で「これ」と狙いを定めたのが、バリ島のガムラン音楽でした。

それから数年後、100 kHz まで計測可能な自動 FFT 分析専用機が登場しました。早速これを使って分析したところ、図1に示すように、バリ島の

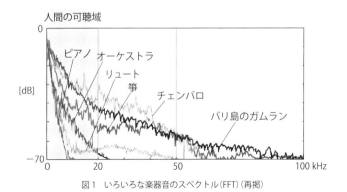

図1 いろいろな楽器音のスペクトル(FFT)(再掲)

ガムランの響きが特に豊かな超高周波を含み、この研究にとっておそらくもっとも適切なものであったことが結果的にわかりました。この幸運への感謝は尽きません。同時に、この判断を近現代自然科学のなかで市民権を喪っている〈直観〉にあえてゆだねた私自身の行為とバリ島文化という脳機能体系とのかかわりについて、そしてまた、なぜバリ島の音楽がこれほどまでにハイパーソニック・エフェクト研究にぴったりなのだろうか、という問題について、深く想いを巡らせることを避けられませんでした。

2.〈クラウハン〉というバリ島の意識変容現象に潜んでいた「謎と鍵」

　現地で少し詳しく調べていると、先に述べたように、バリ島という一種の自己完結的な文化圏（あるいは文明圏）を構成している人びとは古くから、まるでハイパーソニック・エフェクトを熟知しており、それを駆使していたかのように観えてきてしまうのです。

　その典型例は、バリ島の村々に必ず建立されているバリ・ヒンドゥー教の寺院〈プラ・ダレム〉（死者の寺）に、標準的にはバリ島伝統暦〈ウク暦〉の1年（210日）ごとに巡ってくる創立記念日（オダラン）に際して、主として中部バリ島の村々で、悪霊を鎮めるために奉納される呪的演劇的儀礼〈チャロナラン〉

写真2・3　チャロナラン劇のクラウハン（トランスして短剣を振りかざしたり昏倒する様子）

の存在です。世界諸民俗のあいだにほとんど類例を見ないこの習俗について、その重要さを考慮してやや詳細に述べたいと思います。

　宵も深まってから演劇的儀礼として始まり、夜を徹して鳴り響く〈ガムラン〉や〈テクテカン〉を下座音楽にして執行されるこの催しは、夜半に至ると俄然、様相を変えます。それは、不特定の演者の一部およびしばしば観客たちの不特定の一部にまで、現地で〈クラウハン〉（地域により〈クリンギアン〉、〈クスルパン〉など）と呼ばれる忘我陶酔の意識変容（トランス）状態が集団的あるいは組織的に発生し、昏倒失神する者を輩出するほどの昏迷と狂乱の裡に、ドラマとしての結着をもたない不定形の終熄（しゅうそく）を迎えたのち、演技の場と異なる別の神域で結末の儀式が行われ、多くの場合、クラウハン転化者の口から神の託宣が告げられます。この際、こうしたクラウハンの発現が儀礼の成就を意味する、という人類全体を見渡しても他に類例がないほどの独特な儀礼です。バリ島にはこの他に、各種の〈サンヤン〉などのトランス性の呪的儀礼が少なからずあり、バリ島文化にひとつの特色を与えています。

　ここで観察されるクラウハン（トランス状態）は、当事者たちの生理・心理状態の不連続な位相転換です。それは［意識の狭窄］、［被暗示性の亢進］、［過覚醒］、［興奮］、［自動的動作］、［痛覚の減弱］、［恍惚型・苦悶型表情の発現］、［筋硬直］、［痙攣（けいれん）］などを導きます。また、ある一人がクラウハンに転じると、それが引金となって連鎖反応的にクラウハンが集団的に発生するという現象が、高い頻度で認められます。

　クラウハン状態から正常状態へ回帰させるための手順も伝統的に準備されています。［聖水散布］、［体性感覚刺戟］、［筋硬直をゆるめる高濃度アルコール飲料の経口投与］など、数分間で効果を現す適切で合理的と思われる手法が、儀式のプロトコル（様式）の形をとって確立していることは、注目されるところです。

　私たちのインタビューに答えたクラウハン体験者たちの比較的共通性の高い申告として、［事象の健忘］（トランス状態下のできごとを覚えていない）、［多幸感］、［爽快感］、［疲労感］などが挙げられます。また、事後１カ月くらいは

食欲が増進しよい睡眠がとれ、体調がよくなる、ともいいます。こうした背景からも、バリ島の人びとにとってクラウハンが、心身にポジティブな効果をもつ価値ある現象として認識されていることは確かです。

　チャロナラン儀礼などに特徴的に現れるクラウハンについては、古く 1920 年代から西欧近現代社会からの関心が寄せられています。たとえば、文化人類学者ジェーン・ベローは、詳細な観察に基づいてアカデミックな報告を行って関心を集めました[3]。文化人類学者マーガレット・ミードと彼女の夫だった数理物理学者グレゴリー・ベイトソンは、バリ島文化を理解するうえでことのほか重要な事象としてトランス現象に注目し[4]、写真やフィルム（映画）を使ってその特異性を世界の人びとに知らせようと奮闘しました。しかし、これらの努力は当時のメディア技術の限界に阻まれて十分な効果を発揮できず、それにふさわしい反応や認識・評価を西欧文明圏の人びとに導いたとはいえません。西欧世界では、クラウハンのような〈トランス現象〉はすでにほぼ絶滅してしまっており、人びとはそれを評価できないばかりか、その実在を信じることさえできず、「あれは演技にすぎない」と事象それ自体の存在を否定する学術的な見解が優勢を占めるかのような状況を呈していました。

　クラウハンという窮極のトランス現象を導く呪的演劇的儀礼チャロナランは中部バリ島のほぼ全域で見られ、その下座音楽としてのガムランやテクテカンの響きに包まれた〈プラ・ダレム〉の境内（けいだい）の中で夜を徹して執行されます。それは祭りにかかわる人びとにとってまさしく、ハイパーソニック・サウンドの長時間にわたる摂取に他なりません（図2、図3）。とりわけ、クランビタン地方固有のこの演劇的儀礼の形態の呼称〈テクテカン〉の下座音楽では、高密度に座った上半身裸の楽師たちが、ガムラン音楽の代わりに、楽器名としても〈テクテカン〉と呼ばれる太い竹管を腕にかかえて堅木のバチで激しく叩き、その打撃音のつくる 16 ビートのリズムとともに強力な超高周波を互いに浴びせ合うのです（写真4）。密集した陣形をとる裸の男たちが叩き出すテクテカンの超高周波は至近距離から奏者たちの裸の躯を直撃し、体表面に超

高周波の受容部位をもつハイパーソニック・エフェクトを発現させるための絶好の条件を与えます。こうした条件におかれたテクテカンの下座楽師たちは、その上半身裸の体表面に、他の形式の音楽に囲まれたときには起こりえないほど高レベルの十字砲火となったハイパーソニック・サウンドの直撃を浴び、彼らは、他の形式の儀礼や芸能よりもはるかに短時間の間に、しかも高い頻度で、強烈なクラウハンを惹き起こすのです。

そこで私たちは、このテクテカンを題材にして、まずクラウハンという意

写真4　テクテカンを叩く楽師たち

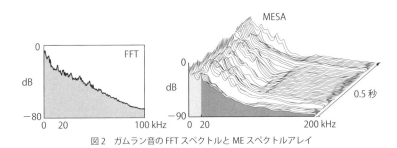

図2　ガムラン音のFFTスペクトルとMEスペクトルアレイ

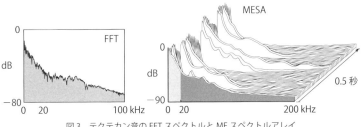

図3　テクテカン音のFFTスペクトルとMEスペクトルアレイ

識変容現象が実在することを生命科学的に明らかにするとともに、この現象とハイパーソニック・エフェクトとの結びつきについての情報を得ることを目的として、実証的な検討を現地バリ島で企てました。この研究は、元来、まったく実現不可能であったところ、ひとつの奇蹟として成り立ったというべきものです。

バリ島の伝統的習俗として、バリ・ヒンドゥーの神々が人体に宿るときの依り代は、「頭」であるとされています。そのため、バリ人の頭部に手を触れること、とりわけ、彼らにとって不浄とされている左手で触れることは最大の不敬、禁忌を意味し、旅行案内書などでも注意喚起されています。まして脳波を採るための電極を付けるなどということは「悪鬼の所業」さながらであって、絶対に不可能といえるでしょう。この絶望的難関を突破したのは、河合徳枝 国際科学振興財団研究主幹率いる若者チームでした。

河合主幹の戦略は、研究者として「上から目線」でアプローチすることを避け、[バリ島伝統芸能を習う日本の若者たち]として、10年以上をかけてバリの人びととの師弟関係、信頼関係をつくり育てるというかたちで具現化

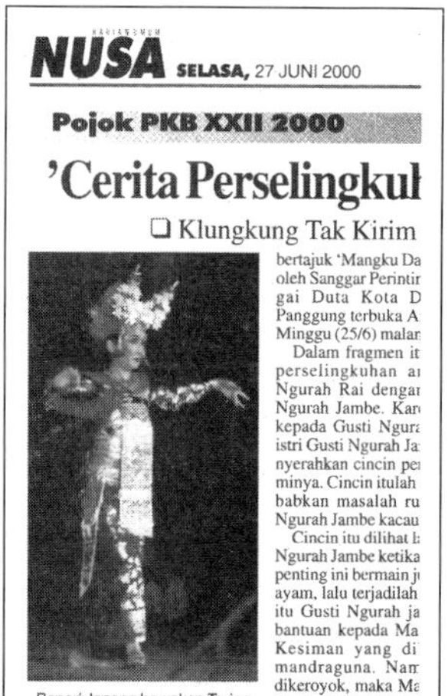

NUSA SELASA, 27 JUNI 2000

Pojok PKB XXII 2000

'Cerita Perselingkul

❏ Klungkung Tak Kirim

Penari Jepang bawakan Tarian Legong Kraton di PKB, Minggu.

bertajuk 'Mangku Da
oleh Sanggar Perintir
gai Duta Kota D
Panggung terbuka A
Minggu (25/6) malar
Dalam fragmen it
perselingkuhan ar
Ngurah Rai dengar
Ngurah Jambe. Kar
kepada Gusti Ngura
istri Gusti Ngurah Ja
nyerahkan cincin pe
minya. Cincin itulah
babkan masalah ru
Ngurah Jambe kacau
Cincin itu dilihat l
Ngurah Jambe ketika
penting ini bermain j
ayam, lalu terjadilah
itu Gusti Ngurah ja
bantuan kepada Ma
Kesiman yang di
mandraguna. Nam
dikeroyok, maka Ma
Kesiman akhirnya k
Malam itu, Sang

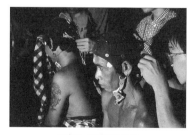

写真5　バリ・アートフェスティバルで宮廷舞踊を演じ現地新聞に紹介された河合主幹

写真6　脳波電極装着

し、その成果は、世界的なバリ・アートフェスティバルで河合主幹自身、宮廷舞踊〈レゴン〉を演じる域に達しました(写真5)。こうした親交を育んだうえに、バリ州政府や現地の国立大学医学部の協力、承認をえて、バリ島の人びとの頭に電極を付け(写真6)、果ては採血までも許されるようになったのです。(この研究のより詳細な情報については、文献5をご参照ください)。

まず、クラウハンによる脳機能の劇的変容が実在することについて調べた、脳波を指標にした実験について述べます。寺院の庭を縦横無尽にかけめぐり、乱闘し、果ては昏倒失神する演者を含む実験参加者(以下、被験者)たちから、クラウハン転化者とそうでない演技者との対照的で鮮明な奇蹟的データのセットが、データの無線送信を可能にするテレメトリー方式(図4)によって得られました(図5)。

この実験で計測対象にしたのは、α_1、α_2、β、θという〈自発脳波〉の4種のリズムです。脳波学の基礎知識に即していえば、これらのうちα波(α_1、α_2)は、意識清明な覚醒状態下でリラックスした快適な状態にあるとき、特に目を閉じた条件下で強く現れるとされています。さらに、私たちの研究によれば、α波の中でも周波数が10 Hzから13 Hzの脳波α_2波のポテンシャルと基幹脳活性とが高い相関をもち、ハイパーソニック・エフェクト発現の適切なパラメーターとなることは、先に(第5章7節)述べました。β波は同じく覚醒時の意識活動や緊張状態との関連が指摘されています。θ波は、覚醒水準の低下した浅い睡眠状態、あるいは〈深い瞑想〉や〈催眠〉状態下で現れ、快感とのかかわりも指摘されています。脳波学によると、α波、β波は覚醒

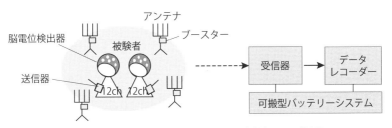

図4 フィールド用多チャンネルテレメトリー脳波計測システム概念図

水準が高い状態、θ波は覚醒水準が低い状態をそれぞれ反映し、またα波とθ波とが安静快適を反映するのに対してβ波は緊張興奮などの状態を反映する、というように、三つのリズムが互いに共存しがたい生理現象を反映しているものとされています。

この実験で計測された以上の4種の脳波リズムの存在パターンは、かつて例を見ないほど独特の、これまでまったく未知だった不思議な状態を現しました。まず、クラウハン（トランス状態）に転ずることなく演技に没頭するだけに終わった演者（被験者）の場合、図5上段に見られるように、儀礼演技執行中のすべての脳波のポテンシャルは、儀礼開始直後に、開眼状態下で計測した平常の脳波ポテンシャル値との差をほとんど認めることができません。

ところが、クラウハン状態に転化した演者にあっては、まったく態様が違います。儀礼チャロナラン開始後1時間ほどの時点（図5下段、Phase 3）で意識

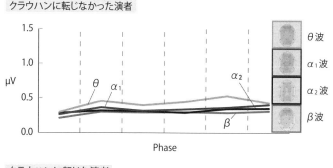

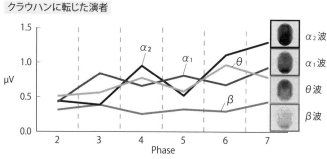

図5　チャロナランで平常状態だった演者とクラウハンに転じた演者の脳波（典型例）[6]

の変容を反映した憑依状態に転じ、己が悪魔と戦う村の戦士である、という自覚のもとに(つまり「兵士憑き」状態になって)、魔女チャロナランに扮した僧侶を、クリス(伝統的な短剣)を振るって激しく攻撃し、ついにはクリスを悪魔に突き刺す、という所作を、まさに憑かれた風情で狂気のごとくくり返し、やむことがありません。このように、激しく興奮し尋常ならざる行動をとり続けるのですが、脳波学の常識からするとそうした状態下の人間では「絶対に」といってよいほど現れるはずのない脳波α波が、不思議にも、きれいな波形を描きつつそのポテンシャルを大きく増加させる、という想像もできなかった現象が観察されました。

　やがて、悪霊と村人たちとの闘いが窮みに達し、クリスを振るい続ける兵士役の演者が昏倒失神するに至りました(Phase 4)。このとき、この演者の脳波は、$α_2$波のポテンシャルが突出して高い値を示しています。この状態は、ハイパーソニック・エフェクトの根本現象である中脳・間脳を含む基幹脳の活性化を指標する$α_2$波の特異的な高まりに他なりません。加えて、眠りや深い瞑想あるいは快感との関係が指摘されていてこうした状況下で現れるはずがない$θ$波のポテンシャルも、著しく高まっています。

　この演者は、昏倒したのち再び立ち上がり、悪魔との闘いを狂気のごとく再開します(Phase 5)。このとき、演者の脳波$α_1$波のポテンシャルは再び、Phase 3と同様の昂まりを観せます。

　こうしたなかで、逆上した演者は再び昏倒失神しカタレプシー(強硬症)のような状態を呈するに至ります(Phase 6)。このとき演者は、一回目の昏倒時よりもさらに高い脳波$α_2$波ポテンシャルを示すとともに、$θ$波ポテンシャルも高い値をとり、つづく昏倒状態下、クラウハンからの回復直前までの最終段階(Phase 7)では、脳波$α_2$波、$α_1$波はさらにそのポテンシャルを増強します。

　このような狂乱と昏迷のなかに訪れるこの奉納儀礼の最終場面では、戦士に扮した演者たちが「魔女チャロナランの魔術に支配された」という自己暗示に陥り、これまで悪魔を突き刺していたクリス(剣)を自分自身の躰(胸、腹、

頭など)に力一杯突き立てて地上に倒れ伏し、のたうちまわる、という狂気の行動を繰り広げます。その人びとの表情は苦悶以外の何物にも観えません。しかし、これらクラウハンに転じた演者たちに事後インタビューした結果、全員から、快感と陶酔の極致を体験していることが申告されたのです。

このように、これまで標準的で健常な人類において観察されたことがないであろう、私たちにとってまったく未知の現象が起こっていることが見出されました。このとき特に注目されるのは、基幹脳活性指標である脳波 α_2 ポテンシャルが極度に高まっており、ハイパーソニック・エフェクトとの強い関連性を無視できないものにしていることです(図5下段)。

ただし、以上のデータは、同じ時、同じ儀礼に参加した一人のクラウハン転化者と一人の非転化者とを対比したもので、統計処理の対象になりません。そこで、複数のチャロナラン儀礼に参加した多数の演者たちについてこの実験と同様の実験を行い、クラウハン群と非クラウハン群とを比較したところ、前述の実験結果を統計的に支持する図6に示す結果を得ることができました。これらによって私たちは、クラウハンというトランス状態が、健常人の日常的な脳機能がこのときだけ、まったくそれと異なる特異的な活性状態に不連続的に転換する生理現象として実在することを、脳波という生理的指標上で初めて、実証的に明らかにできたと考えています[6,7]。これらの生理現象を「演技である」として説明することは、困難なのではないでしょうか。

さらにもうひとつ、上記の脳波計測と並行して、そしてさらに大きな実験

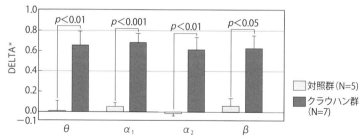

*DELTA＝クラウハン中の脳波ポテンシャル − クラウハン前の脳波ポテンシャル

図6　クラウハン群と対照群との脳波ポテンシャルの変化[7]

遂行上の困難を乗り越えて、演者の血漿中の神経活性物質の濃度とその変化を調べる実験に成功し、図7に示す驚きに満ちた結果を得ることができました[8]。まずクラウハン転化者で激増した計測対象のひとつ〈ノルアドレナリン〉は、諸々の材料から観て中脳で活動した可能性が高く、そうであればクラウハンに特有の［興奮］、［過覚醒］、［意識狭窄］などとのかかわりが想定されます。

〈β-エンドルフィン〉は内因性麻薬様物質としてオピオイド神経系に作用し、鎮痛や多幸感の発生とかかわりをもつことがよく知られています。この物質の顕著な濃度上昇は注目されます。特に中脳の腹側被蓋野に想定されるその活動は、この実験でのクラウハン転化者におけるオピオイド系の活性化（痛覚の減弱、快感、筋硬直など）と、この系を経由して活性化される報酬系（快感と欲求の発生を司る）に関与する〈ドーパミン〉の日常性を脱した盛大な分泌状態から、見逃すことができません。意識によっては制御できないこれら神経活性物質類の血漿中濃度の激増という生理現象を、「演技である」として合理的に説明することは、果たして可能なのでしょうか。

このようにして私たちは、バリ島のクラウハンというトランス現象の実在性を、脳波という情報現象の次元に加えて神経活性物質という物質次元でも確認し、否定困難なものにできたのではないかと考えています。

これらによって、バリ島の演劇的儀礼チャロナランのなかで起こる意識変容を想定させるクラウハンについて、それを単なる演技と解釈することは、

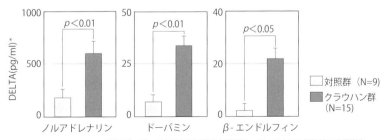

図7 クラウハン群と対照群との血漿中神経活性物質の濃度の変化[8]

私たちの実証的な検討によってほとんど不可能になったのではないか、と判断します。実態は［脳機能の日常にはありえないもうひとつの位相］への不連続な転換として否定しがたく実在することが理解されます。しかもそれは、中脳を拠点とするドーパミン系の顕著な関与のもとにあることを示しています。このことは、テクテカン音あるいはガムラン音といった地上の音楽のなかでおそらくもっとも強力なハイパーソニック・サウンドが惹き起こすハイパーソニック・エフェクトによる中脳を含む基幹脳の活性化と、無関係であるはずがありません。

　特にバリ島では、チャロナランを始めとする呪的儀礼に際して、クラウハンに象徴されるトランス状態を発現させて儀式を成就させるために、薬物類や〈職業的意識変容能力行使者〉などの「人工的」な手段はまったく使われません。それらの関与しない条件下できわめて自然発生的かつ効果的に、不特定多数の演者および観客にこのような脳機能の転換を促す要因の候補として、超高周波を含む音が基幹脳を直撃するハイパーソニック・エフェクトほど有力なものは、私たちの視野内に存在しないのではないでしょうか。

3.　ハイパーソニック・エフェクトを古くから認識しそれを駆使してきたかに観えるバリ島の伝統知

　はじめて聴く人びとをその美しさ快さそして感動でたちまち虜にしてしまうバリ島ガムランの響き。それはリヒテル並みの速弾きの名技とゆらぎ豊かな超高周波とで、中脳を拠点とする私たちの美と感動の脳機能に着火してくれます。さらにテクテカンでは、裸の演者たちの体表面に直接突き刺さる超高周波のすさまじい力が、美と快感の脳機能の拠点、基幹脳を炎上させ、遂には強烈な意識変容である〈クラウハン〉というトランス状態を発現させています。

　この〈テクテカン〉に見られる、はっきりした音階をもたない代わりに猛烈な超高周波を伴う打撃音を竹筒を叩いて激しく発生させ、それを至近距離か

ら演奏者の裸の躰に直接浴びせる、という設定(第9章で述べたように、私たちはハイパーソニック・エフェクトを発現させる超高周波の受容部位が体表面であることを明らかにしています[9])は注目に値します。こうした手法によって、ハイパーソニック・サウンドの体表面からの強烈な注入を実現し中脳・間脳を含む基幹脳の活性をいやがうえにも増強して、脳の位相を日常性の閾値(スレッショルド)をのりこえたクラウハンというトランス状態に導いています。村人たちがそうした脳内メカニズムを知るはずはないものの、［音のあり方］と［トランスの惹起］とを因果の糸で結んだある種の「意図」の存在を否定することができません。というより、むしろ、［その意図をありありと感じる］というのがふさわしいでしょう。ということは、私たちが発見しハイパーソニック・エフェクトと名付けた生理現象を、バリ島共同体の人びとは古くから、伝統的知識として共有していたと考えなければなりません。さらに、私たちが脳波 $α_2$ 波のポテンシャルや〈最適音量調整法〉などを使ってようやく見出した［超高周波の体表面からの受容］というメカニズムさえ、バリ島の人びとは、その伝統知として承知しており、それを自在に駆使してきたのではないか、という想像まで、促すのです。

　実は、このような「想像」を「確信」に変えるようなひとつの「仕掛け」

写真7　聖獣バロン

を、私は見出しました。呪的演劇的儀礼チャロナランは、その中核をなす登場者として、悪を象徴する魔女〈チャロナラン〉と善を象徴する聖獣〈バロン〉——二人立ちの壮麗な獅子舞(写真7)——とが対峙する構成をとっています。テクテカンを下座音楽にしたこの長大な呪的演劇的儀礼が延々と続く夜も深まり、あたりには妖気が濃密に立ち込めただならぬ気配が頂点に達したとき、この二人立ちの獅子バロンの前肢の演者が突如憑依してクラウハンに転じ、獅子の仮面、仮装をなげうって飛び出し、クリス(剣)をかざして魔女チャロナランに襲い掛かるという事態がしばしば起こります。と見るや、これを呼び水にして他の演者たちが堰を切ったように次々と憑依状態に突入し、場面は怒濤のような波乱の場に激変するのです。

　このような流れでバロンの前肢の演者が最初に憑依し、それが引金となって不特定の演者たち、さらには観客たちの間に連鎖反応的に憑依状態が拡がり集団トランスに至るケースは、明らかに、その他のケースを大きく上廻る高い頻度に達しています。現地でもバロンの前肢の演者がトランスの着火装置とみなされていることは確かなのです。しかし、職業的な呪術師の介入あるいは薬物の使用などの形跡がそこにまったく認められないのは、大きな謎です。

写真8　昏倒するバロンの前肢演者

この謎に迫ろうと、私は、バロンの前肢の人に換わってもらって実際に獅子頭を振らせてもらいました。そして、大きな驚きのなかで一瞬にしてこの謎を解くと同時に、私の想像をはるかにこえていたバリ島社会に息づく伝統知に、このうえない衝撃と感動を受けたのです。

　それを具体的にいえば、外観からは想像もできなかったのですが、実際に巨きなバロン面をかぶると、その獅子頭の内側のちょうど私の眼の前に、真鍮のインゴット（鋳塊）を削り出して作った重量感のある強固な鈴が十数個、密集した状態で仕掛けられていたのです（写真9）。しかも、この鈴たちは、重装備の獅子の仮面、仮装の内側に仕込まれているため、観客の目に触れることがなく、この鈴の発する凄い音が多少とも外部にもれても、耳を聾せんばかりに轟くテクテカンの16ビートにかき消されて、観客はもとより獅子の振り手以外の演者にも、事実上、まったく聴こえません。

　しかし、獅子頭の内側では、この鈴たちの超高周波に富んだ響きはすさまじいもので、図8左側のように圧倒的です。さらに、こうした獅子頭の振り手は頻繁にその歯と歯を嚙み合わせる所作を演じます。そのときの獅子頭の中の音は100 kHzに達します（図8右側）。こうした超高周波に溢れた強烈なハイパーソニック・サウンドが、獅子頭から至近距離にある前肢の振り手の顔面、頭部、そして上半身裸の躰を直撃し続けることになるのです（図9）。こうした条件は、前肢の振り手にハイパーソニック・エフェクトを強力かつ確実に発現させずにはおかないでしょう。それは基幹脳、とりわけ中脳の重

写真9　バロンの仮面に仕込まれた鈴

要な神経組織〈腹側被蓋野〉の、日常性を大きくこえた活性化を伴うはずです。具体的には、この部位のオピオイド神経系の活性化と、そのインパクトによって活性化される腹側被蓋野を拠点とする報酬系、ドーパミン系の、いわば爆発的な活動に着火しクラウハンへと誘う(いざな)に違いありません。つまりこのバロンの前肢の振り手は、脳科学的に十分な合理性、必然性に裏付けられた非常に高い確率で、クラウハンに突入しているのです。そこには、集団トランスに欠かせない着火装置として機能するバロンの前肢の振り手に超高周波の十字砲火を至近距離から浴びせかけるという、きわめて科学的・合理的な驚くべき戦略を読みとることができます。

なお、このバロン面の内側に仕込まれた鈴はバリ語で〈ゴン・セン〉と呼ばれており、特別な力を具えているという認識がバリ島社会の伝統知として息づいていることがのちにわかりました。やや短絡的になることを恐れずにい

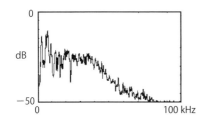
バロン面内部での鈴音のスペクトル（FFT）

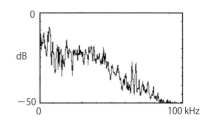
バロン面内部での鈴音と歯を嚙み合わせる音のスペクトル（FFT）

図8　バロンの鈴音と歯音の超高周波スペクトル

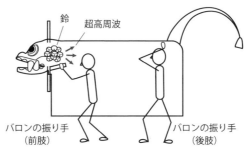
図9　バロンの前肢の振り手に超高周波音を浴びせる仕組

えば、私たちが脳機能イメージングをはじめとする現代科学の最先端の手法を動員して辛くも発見した［聴こえない超高周波を含む音を浴びることによって惹き起こされるハイパーソニック・エフェクト］と私たちが名付けた生理現象、そして［超高周波の体表面からの受容］というその発現メカニズムが、ずっと古い昔からバリ島の人びとには伝統知として認識されていた、という可能性を否定することができません。

　それは、このバロンの前肢の振り手の例だけでなく、銘器といわれるガムラン・セットの響きが例外なく、聴こえない超高周波を豊かに含んでいるという事実からも、竹筒を叩いて発生させる強烈な超高周波を密集隊形で裸の上半身に浴びせ合うテクテカンの態様からも、側面から有効に支持されるでしょう。さらに、複数の楽器を組み合わせて演奏することで起こす〈加音〉による高周波の発生や、コテカン技法[1]の導入による超高周波の持続など、演奏の次元で図られているバリ島固有の超高周波増大テクノロジーの徹底した追求も、見逃せません。

4. 〈知覚できるもの〉と〈知覚できないもの〉とで二元論的に構成されていたバリ島の知のコスモロジー

　バリ島社会にみられる、超高周波を含む音に対する認識、評価、趣好、あるいは活用において、その肝心の要素となるものは、直接は知覚できず意識で捉えることができない空気振動です。こうした聴こえない超高周波の働きをバリ島の人びとが古くから熟知し、音楽をより美しく快く感じさせるために、さらには人間の意識を変容させるために、かなり自在に駆使してきたことは、少なくとも私たちのアプローチから、否定できないものとなりました。私は、バリ島の人びとが示すこうした不思議な活性についてより深く知ろうと探索する過程で、バリ島社会を支える〈伝統知〉のプラットフォーム上では、そうした知覚できない事象が［実在として認識されている］ことを知りました。それは、人間の知識構造についてのバリ島独特の知のコスモロジーを形成す

る〈スカラ・ニスカラ〉(Sekala Niskala)という概念として存在しています(図10)。

〈スカラ〉とは、「目に視えるもの」という言葉から転じて[知覚でき、意識で捉えることができる顕在的なもの]を指します。それに対して、〈ニスカラ〉とは、「目に視えないもの」という言葉から転じて[知覚できず、意識で捉えることができない潜在的なもの]を指します。そのうえでこの二つが一体となった二元的な知のコスモスが想定されているのです。そこでは、時と場合によって、スカラが優越したりニスカラが優越したりします。信仰と結びついて、スカラが現実を、ニスカラが神々を象徴することもあります。

実は、こうした発想は、厳密にいえば、いわゆる四大文明やその系譜を踏む近現代社会には判然と存在しません。たとえば古代ギリシアの中でアリストテレスの遺した〈ロゴス〉〈パトス〉〈エートス〉という知のコスモロジーは、そのすべてが〈スカラ〉に属すると観ることができます。つまり〈ニスカラ〉を含みません。ただし近現代文明の「そうしたものを知らない限界」に注目したマイケル・ポラニーが20世紀に提唱した〈暗黙知〉や、その対立概念として造られた〈明示知〉〈形式知〉などの概念・用語は登場しています。それらの日本語は、厳密にいうと、スカラ・ニスカラに対応する日本語としては不一致なところがあります。しかし、他の言葉よりも使い勝手がよいので、本書に限っての特例として、特に問題がないかぎり、〈スカラ〉を〈明示知〉、〈ニ

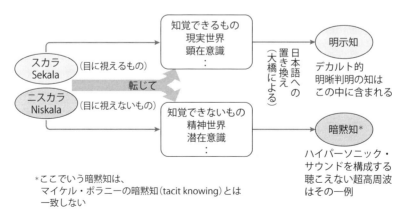

図10　バリ島の二元論的コスモロジー

スカラ〉を〈暗黙知〉に置き換えることにします。ただし、マイケル・ポラニーのいう暗黙知(tacit knowing)はポラニー自身が述べているとおり〈知覚〉の範疇に入り、ここでの類別では〈明示知〉のカテゴリーに属します。これらを承知したうえで、ここでは、知覚できないより徹底して暗黙的な情報世界すなわち〈ニスカラ〉を、〈暗黙知〉といいます。

　こうした知のコスモロジーが伝統的に定着しているバリ島の共同体のなかに生きる人びとは、平素から、〈ニスカラ〉——知覚をこえるものの世界——の存在を念頭において生きることになります。このような基本的なスタンスが社会全体に共有されていることによって、ニスカラに属する〈聴こえない高周波〉が惹き起こす基幹脳の活性化をあのように的確に捉え、自家薬籠中の物として活用しているのではないでしょうか。

　こうしたバリ島独特の伝統知のなかで、ニスカラ(暗黙知)によってスカラ(明示知)を制御可能にし、その有効性を高めている面白い例があります。バリ島社会を構成するさまざまな共同体、たとえば自己完結的な地域社会集団〈デサ〉(村)や水田農耕用水の分配を司る〈スバック〉(水利組合)などには、〈アウィグ・アウィグ〉と呼ばれる規則が制定されています。ここで非常に特徴的なのは、バリ島には古来、〈バリ文字〉という書字の形式があるにもかかわらず、伝統社会のアウィグ・アウィグは、元来そうした目に視える文書に固定されることがありませんでした。もっぱら「口碑伝承」つまり「口づたえ」という、目に視えない流動的で非確定的な方法を採って伝えてきたのです。第二次世界大戦後の国際化、近代化のなかで、国家や州政府レベルの機関からそれらアウィグ・アウィグの文書化がくり返し要請されていますが、村によっては現場が馬耳東風の趣で、形ばかりは仮の文書化が行われたにしても、実態は昔と何ら変わらないところもあります。このように条項を文書に固定しないことで暗黙知を働かせやすくするやり方が現実にどれほど有効かは、農業用水の分配を巡って利害が対立しやすいスバックの信じられないほど協調性の高い運営実績などから、十分にうかがうことができます。

実は西欧近現代思想の中にも、「文書」というものの機能を問題視した系譜があります。〈ポスト構造主義〉を開いたフランスの哲学者ジャック・デリダは、〈エクリチュール〉(書かれたもの、書く行為)の矛盾や限界を強調し、「脱構築」を唱えました。この思想の直接の源流となっているフランスの演劇家アントナン・アルトーの思想は、より過激に、「書かれた文書」すなわち〈テキスト〉に対する敵意と憎悪を露にし、徹底してテキスト依存を斥けた表現の形式として〈残酷劇〉なるものを提唱しました。

　非常に興味深いのは、かねてからテキストに対し深い不信の念を宿していたアルトーは、1931年フランス・パリで催された〈植民地博覧会〉のオランダ館で上演されていたバリ島の芸能「バロン劇」(下座音楽はガムラン)を観て「この世にたぐいない演劇」と驚嘆し、そのインパクトから、表現手段としての言語の行使を強く制限し、表現の主力を身体へと転位させる、という思想に基づく残酷劇の概念を生み出したのです。

　彼の思想は、第二次世界大戦後の世界の前衛演劇界におそらく最大の影響を及ぼしています。パントマイムのマルセル・マルソーなどごくわずかな例外を除いたアルトーの系譜を踏む前衛演劇の多くを、私たち「普通人」にとっていささか不気味でわけのわからないものにしたおおもとは、アルトー自身にあるのかもしれません。それらは、アルトーを狂喜させたバロン劇のもつ、言語が解らなくても(実際にはバロン劇にもカウィ語、バリ語などの言語は大いに使われているのですが)内容を了解させ、抱腹絶倒させるあの明快な面白さや白日夢を観るがごときあの陶酔と、皮肉にも、まさしく対極にあります。この両者のあいだにはそのほかにも対照的といってよいほどの違いがたくさんあります。どうしてこのような隔たりが生まれてしまったのか、こうしたことを掘り下げると、バリ島と西欧近現代とのギャップを浮彫にすることができるかもしれません。

　たとえば、アルトーとその影響下にある人たちには、バリ島の人びとが言語依存のスカラ(明示知)と共存させて存分に駆使しているニスカラ(暗黙知)の［体系だった実在］というもの——たとえばガムラン音の生むハイパーソニッ

ク・エフェクト——に気づかず、バリ島で活かされている広大にして強力なこの情報世界が空白のまま、何のオルタナティブ（代替となるもの）も準備することなく言語依存を制限してしまったと観ることができるのです。

　アウィグ・アウィグを明晰判明（次節参照）なテキストにしないことに観られるバリ島の人びとの伝統の智恵のなかでは、人びとを縛る掟のようなものは、確定的に固定された文書では適切に機能せず、流動的な「申し合わせ」の口づたえの方がより適切に機能する、と認識されています。その方が「臨機応変」、「融通無碍」、「阿吽の呼吸」、「以心伝心」といった暗黙知的回路がより効果的に機能する、と信じているためのようなのです。そして、「かすかな気配」「ほのかな趣」「あるかないかの境目」「きっちりはっきり決まらない世界」などといった［知覚できないものを察知、感知する行為とその対象］つまりニスカラをしっかり捉えることが重視されるのです。

　そうした意味で、ある人のもつ舞踊や音楽の芸の精妙さを表現する〈タクスー〉(taksu)というバリ語の存在は、象徴的です。なぜならそれは、〈言うにいわれぬ絶妙さ〉すなわち［言語に変換不可能であって明示知の圏外にあること］そのものを強調して、最高の讃辞として機能させているからです。こうした知覚圏外にある表現を透視可能にする〈直観〉や〈洞察〉という心＝脳の働きの錬磨の歴史的蓄積こそが、聴こえない超高周波の驚くべき働きやその体表面からの受容という仕組までも視野におさめたバリ島の伝統知という脳機能体系の底力といえるでしょう。

5.　ハイパーソニック・エフェクトをいまなお知ることができない［形骸化した近現代科学］という知のコスモロジー

　バリ島の伝統知の根幹のひとつをなすニスカラ（暗黙知）と対照的に、少しでも確からしさに欠けるものは絶対に信じることなく排除する、との立場を貫く知識構造もあります。その典型として、17世紀西欧の哲学者ルネ・デカルトの、合理主義を掲げ近現代科学の礎を築いた〈明晰判明知〉を無視する

ことはできません。明晰判明とは、［意識のうえで疑う余地なく明白な、他とはっきり区別された状態であること］を意味します。

よく知られているように、デカルトは彼自身の〈方法的懐疑〉に基づき、「あらゆる先入観を排しすべてを疑う。そのように疑っても、疑っている己(おのれ)の意識が実在することは否定できない」、として、〈意識〉を疑いようのない実在の第一と認めます。これを背景に、物体の計測できる空間的な拡がり(幅・奥行き・高さ)すなわち〈延長〉(これは現在では事実上、質量・長さ・時間・電荷・エントロピーなどから構成される〈自然単位系〉の値をもつものに拡がっています)を第二の実在として認めます。また、この〈意識〉の司る精神世界と〈延長〉の司る物質世界とを互いに独立して存在するものとしました(物心二元論)。この、意識と延長との二つだけを疑うことのできない実在としたプラットフォーム上に構成される〈明晰判明〉な知を理想として、近代合理主義の世界が築き上げられています。

デカルトによるこうした思想の樹立は、人類社会に理性の優越を実現し、合理性を欠いたそれ以前の思想や学術を一掃して真理に力を与え信頼を大きく高めた、人類史上の偉業です。こうした思想に基づく〈17世紀科学革命〉から産み落とされた近現代科学技術は、地球生命の歴史を「それ以前」と「それ以後」とに二分する、たぐいないインパクトとなっています。

明晰判明知は、バリ島の人びとが大切に育むニスカラ(暗黙知)ともスカラ(明示知)とも違う、ごく限定された世界です。ちなみに、デカルトの〈延長〉の概念は、科学者たちによってより徹底したものに練り上げられて自然界に適用され、近現代科学技術を開花させていきます。

このような体質をもつ知識構造の現在の担い手たちのなかの形骸化した一部の人びとが、ハイパーソニック・エフェクトという現象に対面して露にした問題は、デカルト以後主流を占めるようになった［明晰判明ならざるものを排除する］、という姿勢の内に宿された深刻な限界です。こうした姿勢は、特に実験科学という領域では、一種の倫理として作用するレベルに達しています。

そこでは、「存在・非存在が明白でないもの」、「ほのかな感触」、「かすかな気配」、「他との区別が判然としないもの」などは基本的に市民権をもつことができず、原則として排除されるか無視されます。あるいはその渾然性、非境界性、流動性の部分を仮想的に何らかの確定的離散構造に託することで、科学的検討のパスポートを手にいれるような、ある意味で姑息といえないこともない対応がとられた例も少なくありません。しかし、デカルト的知識構造の形骸化した継承者たちの多くがみせるこの「明晰判明ならざるものの問答無用の排除」がその人たちのアキレス腱となっていることも、否定できないところです。私は、連続性、渾然性、流動性などの存在を理由にそれらを含んだ事象を排除する態度が適切であり妥当であるとすることに対して、疑義を抱かずにはいられません。

　この研究に直接かかわりのある問題をひとつ取り上げます。

　本書の話題の発端は音質の違いの認識、という人間の感性反応としていわば単純な現象です。第1章で詳しく述べたように、ディジタルオーディオの信号規格を決めるにあたって、周波数が高すぎて聴こえない超高周波を含む現存する音の電気信号を音として聴こえる周波数範囲にある〈可聴音〉と周波数が高すぎて音として聴こえない〈超高周波〉とにフィルターで分け、その両方を一緒に再生した〈フルレンジ音〉と可聴域だけの〈ハイカット音〉とを聴き較べるという実験が行われました。

　すると、実験を行った人の立脚する文化という脳機能体系の違いによって、答が真逆になるという事態が起こったわけです。立脚する文化によってはこれらの二つが同じ音に聴こえ、文化が異なるとそれら二つの音が互いに違って聴こえるとともに超高周波を含んだ音楽の方がより美しく快く感じる、という、決して無視することのできない聴こえ方の差が生じました。

　1980年ころから2010年ころまでの時期において、こうした人びとの分布には特徴があり、［同じに聴こえた人たち］のほとんどは、国際的な組織と権威とをもつ音響心理学の専門家たち（たとえばG. H. ブレンゲ、宮坂榮一、村岡輝雄、蘆原郁ら）で、細部では互いに異なるところはありながら、大筋として

［聴こえない高周波があってもなくても音質は変わらず同一に聴こえる］、という点で一致しています。

　その反対に、聴こえない超高周波があるのとないのとで音が違って聴こえる、ということを論文などで明示的に主張したのは、たぶん、ミクシングコンソールの偉大な設計者ルパート・ニーヴ[10]と、私たち大橋グループ[11]だけ、いい換えればアルティザン（職人）文化という脳機能体系に属する二つだけ、という圧倒的な差がありました。そしてニーヴや私たちに超高周波のあり／なしで音が違って聴こえたのと同じように、世界の音響心理学者たちにはそれらが同じ音に聴こえていた、と信じられるのです。もちろん、当時のディジタルオーディオの実用化、という歴史的状況のなかで、とりわけCDのテイクオフが産業として成功するか否かに業界の目先の繁栄がかかっている状態が何らかのバイアスとして作用した可能性を、まったく否定することはできません。また実験で吟味することをせずに「理屈からいって聴こえない超高周波が音質に影響を及ぼすとは考えられない。だから両者の音は同じに聴こえる」と考える人もいたかもしれません。しかし大勢としては、音響心理学の研究者たちが自分の感覚で判断して超高周波があってもなくても音が同じに聴こえたからこそ、あのような結果が導かれたのだと思います。

　ちなみにその後、日本の放送機関においてディジタル放送の音声規格や8K解像度のTV規格が開発され提案されつつあった時期、放送用ディジタル音声規格として48 kHz標本化24 bit量子化という規格が提案・検討されていました。こうした動きに関連してこの放送機関の技術研究所では、超高周波のあり／なしが音の聴こえ方にどう影響するかを調べる、非常に信頼性の高い再生システムを構築していました。

　それは、私たちが提案した〈バイチャンネル方式〉（第3章1節）の回路構成が採用され（ただし引用はありません）、超高周波再生能が特に優れたパイオニアのリボン・トゥイーターが搭載された非の打ちどころのないシステムでした。さらに、このシステムで再生するコンテンツのひとつとして、ゆらぎ豊かな超高周波を十分に含む〈チェンバロ〉の楽曲が準備されていました。この

システムと音源とで聴かせていただいた超高周波を含む音とそれを除いた音とは、私には、息をのむほど鮮やかに、互いの音の違いを感じさせるものでした。

　しかし、このシステムを使って実験を進めておられる方々からは、そうした音の違いが認識されている気配をまったく感じ取ることができませんでした。これに前後してこの研究チームから複数の論文[12-14]が出されています。それらは第6章3節で述べた〈二次メッセンジャーカスケード〉などに対して無防備で脆弱な条件をもつ一対比較法だけを採用し、その限界によって、超高周波が惹き起こすハイパーソニック・エフェクトが音質の変化を導いている、という事実を取り逃がしています。しかし、もしこの実験を行った研究者の方々において、私と同じように、一聴にして両者の歴然たる音質差が認識されていたならば、こうした事態は避けられたのではないでしょうか。暗黙知に対する感受性が封じられた音響心理学分野という文化圏に固有の脳機能体系が導いたこれらの研究によって、48 kHz 標本化すなわち24 kHzまでの高周波成分の存在というかたちで〈ハイパーソニック・ネガティブファクター〉すなわち健康懸念材料を含みうるうえに、心を豊かにし躰を健やかにする〈ハイパーソニック・ポジティブファクター〉をまったく含むことがない現行のディジタル放送の音声規格や次世代8K解像度TVの音声規格が設定されました。この危惧すべき事態は、現時点(2017年)に至っても解消されていません。これによって、現行および次世代の公共放送の音声規格は、人体の健康にとってネガティブな作用を及ぼす可能性が否定できないものになっています。私は本書で、このことに強く注意を喚起し善処を求めます。

6. 脳の進化と明示知、暗黙知

　この問題を、脳の進化と結びつけて考えてみます(この節を適切に理解するために、拙著『音と文明』(岩波書店、2003)の第四章「言葉の脳」をご一読いただければ幸いです)。私たちの脳の祖型が〈頭索動物〉などに初めて現れたのは、5億年以

上前に遡ります。この段階から進化を重ねて〈霊長類〉が出現したのは約6500万年前、そのなかでより進化した〈旧世界猿〉が登場したのが約3000万年前です。この段階までのこれら私たちの祖先の脳には、物事を明晰判明に認識・思考する仕組はまだ見当たりません。かつまた、この段階までの脊椎動物の脳は左右対称の二つの部分(右脳と左脳)で構成されてはいるものの、その両者のあいだには構造のうえでも機能のうえでもほとんど違いが認められていません。

ところが、1300万年くらい前に新たに現れた大型類人猿〈オランウータン〉の脳では、それまでの霊長類を含む脊椎動物たちの脳がもっていた左右対称性がすこし変化し、左脳の〈シルヴィウス裂〉(外側溝)が右脳のそれよりもわずかに大きいことが知られています。また、オランウータンの段階にまで進化した類人猿の脳の働きは、それまでの霊長類を含む動物たちでは観ることのなかった知能の萌芽のようなものを観せます。

オランウータンよりもさらに進化した大型類人猿たちでは、そうした右脳左脳の非対称性はより著しいものとなります。たとえば、人類の言語機能とかかわりの深い〈ブローカ野〉すなわち、〈ブロードマンの脳地図〉のうち人類とその他の大型類人猿とが共通してもっている44野についてMRI計測データに基づいて非対称指数を計算すると、ゴリラ[−9.7％]、ボノボ[−16.1％]、チンパンジー[−19.2％]というように、進化系統樹に沿って、人類に近い種ほど左右非対称性が顕著になることを示しています[15]。また現生人類については、その平均体積データから[−41.2％]というもっとも大きな非対称性が示されています[16]。

このような脳の左右非対称性、具体的には左脳の相対的増大または右脳の相対的縮小(人類ではこれが実態)は、人類を含むもっとも進化した霊長類である大型類人猿の段階で初めて現れ、それらの進化とともに非対称の度合も著しくなっています。この非対称の増大分は人類(少なくとも現生人類)のもつ[言語機能を司る脳機能のありか](領域)として理解することができます(いわゆる左脳＝言語脳＝優位脳／右脳＝非言語脳＝劣位脳という説を私は採りません。詳しくは拙

著『音と文明』第四章「言葉の脳」をご参照ください)。そして、私たち人類の脳に固有の「明晰判明」な知の働きの源も、この非対称構造の左脳側に生じる言語性脳機能に関連すると推定されている増大分と深くかかわっているものと考えられます。

　脳が言語情報を操作するためには、まず、「言葉」という要素を脳の中に準備しなければなりません。そのために、人類やそれに近い大型類人猿たちの脳は、[概念]、[イメージ]、[体験]などをパッケージ化して〈記号〉を造る働きを、進化によって脳の中に新たに増設しています。

　それまでは、脳はその環境世界をあるがままに写像した連続性、渾然性、流動性、非境界性などを主な属性として伴っているアナローグな情報世界を扱う仕組を、進化させてきました。そうした土台の上に、情報の一部を他と切り離し、他とはっきり区別できるディジタル情報にパッケージ化するとい

表1　霊長類の進化と言語性脳機能

属・種	マカク（旧世界猿）	オランウータン（大型類人猿）	ゴリラ（大型類人猿）	ボノボ（大型類人猿）	チンパンジー（大型類人猿）	ホモ・サピエンス（大型類人猿）
脳の姿形	二つに分かれ左右対称	左脳が痕跡的増大	左脳ブロードマン44野が9.7%増大	左脳ブロードマン44野が16.1%増大	左脳ブロードマン44野が19.2%増大	左脳ブロードマン44野が41.2%増大
脳の働き	高度な非言語機能	より高度な非言語機能＋離散的・言語的機能の予兆	さらに高度な非言語機能＋極めて原始的な離散的・言語的機能（道具・手話）	さらに高度な非言語機能＋原始的な離散的・言語的機能（道具・手話）	さらに高度な非言語機能＋やや本格的な離散的・言語的機能（道具・手話・計算）	さらに高度な非言語機能＋本格的な離散的・言語的機能（道具・機械・言語・記号・分節・論理・計算）ただし一次元
文法規則		加算的記号分節の形成				構成的記号分節の形成

むすび　明晰判明知と暗黙知とを架橋する

う新たに獲得した脳の働き、すなわち〈離散化〉を土台にして、脳は言葉を創り出すのです。手話を使うことが可能なゴリラやチンパンジーたちの脳において、このような離散化、すなわち広義の〈アナローグ／ディジタル変換〉が始まっていることになります。

　こうして手話を使えるようになったゴリラやチンパンジーたちの言語にも文法規則があります。それは、いくつかの単語を並べたとき、そこに使われる単語たちは、その個々のもつ意味内容を足し合わせた状態で働く、したがってそこでは、単語を列べる順序は意味内容に影響しない、というものです。たとえば、「バナナ＋食べる」は「食べる＋バナナ」と同じ作用をもちます。このような規則にのっとった言葉の使い方を〈加算的言語〉と呼び、ボノボ、チンパンジーの手話までは、これに属します。人類の幼子たちの言葉の発達も、このやり方を経由します。

　一方、言語の並ぶ順序というものが意味内容と深くかかわるタイプの言語もあります。一種のマルコフ過程的な性質をもったこの形式を〈構文型言語〉と呼び、私たちホモ・サピエンスの成人が現に標準的に使っている言葉は、この構文型言語に該当します。そうしたかたちの〈記号分節構造〉を形成するこの言語形式のひとつの特徴が、「明晰判明」な脳の働きを実現可能にすることなのです。

　私たち動物の原初の脳が感覚・知覚といった整備された認識装置を具えていた証拠はありません。そうした不備な状態から出発した脳は、やがてその進化の過程で、連続性や渾然性の強い状態で形づくられた地球生態系という環境を、生存に必要不可欠なレベルで脳の中に写像するアナローグな感覚・知覚系を生み出してきました。いま生きている生命たちは、それに基づいてさまざまな生存手段を進化的に開発することによって淘汰に打ち勝ち、この地球上に地歩を築いてきたはずです。

　特に、この地上でもっとも新しくもっとも複雑な生態系〈熱帯雨林〉を棲み場所として登場した人類を含む〈大型類人猿〉の脳では、連続性、渾然性、流動性、非線形性、非境界性、微妙性などを特徴とするこの高度に複雑な環境

世界に適応するために、そうした情報を捉える非言語性のアナローグな脳機能がいっそう高度に進化するとともに、新たに増設された〈言語性脳機能モジュール〉(または言語脳モジュール。主として左脳の増大分)がそうした情報世界から離散性、不連続性の情報を切り出し記号化してシンボル操作のフローに乗せることによって情報精度を高めるとともに、このことに伴う情報圧縮効果によって、ある種の情報にかかわる脳の記録(憶)容量の実質的な増大を可能にしています。さらに、現生人類になると、脳は構文型言語を開発して［明晰判明な脳機能の作動］を実現可能にするとともに、［記号分節構造を背景にした論理的思考］の働きをも射程に捉えています。

地球生命の脳の進化の重要な特徴として、「それまで蓄積してきた構造・機能を別なものに切り換える」という過程をとるのではなく、「それまで蓄積してきた構造・機能の上に新しい構造・機能を付け加える」ように、いわば「アドオン型」(追加型)で進化が行われるという大原則があります。この原則から考えると、私たちホモ・サピエンスの脳には、高度に進化した脳をもつよりもずっと以前の原始的動物の段階から活動していた、まだ感覚・知覚の範疇にすら属さない段階の何らかの［認識の次元］が潜んでいる可能性も否定できません。

バリ島の伝統社会の人びとは、そのような感受性の存在可能性を視野から外さず、私たち人類が意識のうえで知覚認識できる次元には存在しないニスカラ(暗黙知)を排除しないばかりか、それらにより強く注目した全方位的な目配りで物事を見つめ、すべてを究め尽くすようにしてきたのではないでしょうか。その中でバリ島の人びとは、聴こえない超高周波を含む音が惹き起こすハイパーソニック・エフェクトを事実上見出し、自家薬籠中の物とし、さらに、ガムランやテクテカンといった発音源を開発し駆使してそれを美と感動そして意識変容さえ導く活用にまで結びつけてきたと観ることができます。こうしたバリ島の人びとの観せる活性は、私たち現生人類のもつ〈非言語性脳機能〉自体が、いい換えるとニスカラに対応する脳機能が、きわめて高い進化水準に達していることを示唆しています。一方、それらが、近現代

文明のなかでほぼ完全に見喪われているのも、もうひとつの見逃せない事実です。

7. 西欧的明示知とバリ島的暗黙知とのあいだに拡がる断層

　ハイパーソニック・エフェクトというひとつの題材は、いま、芸術、技術、学術を含む私たち現代人の「文化という名の脳機能体系」を大きく見直すことを可能にしています。というよりは「その見直しを迫っている」というべきかもしれません。

　もう一度、脳の進化を振り返りながら、文化によって捉え方が異なり、それに伴って変化する［脳の働き］、あるいは［脳の働かせ方］の様子を眺めてみましょう。超高周波の惹き起こすハイパーソニック・エフェクトを事実上熟知していたも同然のバリ島の人びとの脳機能体系は、ホヤの幼生に始まり5億年をこえる脊椎動物の脳の進化の歩み全体をあますところなく大切に受け継いで、それを含むスカラ・ニスカラ(明示知・暗黙知)という二元的な知のコスモロジーに体系化し、伝承していると観ることができます。これは生命科学的にみても合理的な、人類の知に対する次元の高い認識といえるでしょう。

　それは、特別な感覚器官の存在がはっきりしない太古の動物同然の原初的な認識能力の存在を否定せず、知覚をこえるものごとの気配を感知、察知する能力を確保して、ニスカラ(暗黙知)の世界を構築しています。これに並行して、さらなる進化によって高等動物たち、特に人類の脳が獲得した鋭敏・的確・精密な〈知覚〉が加わることによってスカラ(明示知)の世界についても、その扉をいっそう大きく開いています。

　これらをもとに導かれる〈直観〉、その次元を高めた〈洞察〉、これらが多様な形をとった〈体験知〉、そしてそれらが歴史的に蓄積され錬成され集大成された〈伝統知〉という重層化した姿も、観ることができるでしょう。このように卓越したプロポーションをもった知のコスモロジーが司るバリ島文化という脳機能体系には、デカルト的明晰判明知が苦手とする連続性、渾然性、流

動性、微妙性、繊細性、相互浸透性などに鋭敏な特徴がみられます。それらの多くは、いわゆる客観性をもち得ず、すべて〈主観〉というその人だけの情報世界に生起します。

　バリ島の伝統社会では、このようなスカラ・ニスカラに基づく二元的コスモロジーに立つ脳機能のあり方の理解を背景にして、典型的なニスカラであるハイパーソニック・エフェクトの事実上の認識と活用とを実現してきたと観ることができます。その一方でバリ島社会は、独自の文字体系を造り活用したり、ガムラン音楽にコテカン技法を導入して打鍵の時間密度を論理的・数理的に倍増させるといった、決して低くないレベルの離散的でディジタルな脳機能すなわちスカラの活性を発揮してもいます。こうしたバリ島の人びとの姿勢は、原初の脳から最新の脳に至るまでの脳機能の進化のすべてを、実体に即した状態で同一視野に収めたということができるようなスタンスに立っているのではないでしょうか。

　これに対して西欧のデカルト的合理主義のその後の歩みのなかでは、確かな実在と認められるものとして〈意識〉すなわち「自覚できる心の働き」と〈延長〉すなわち「計測できる空間的拡がり」との二つだけに特別に注目し、それ以外を軽視したり、しばしば無視してきました。しかもこの両者がそれぞれ象徴する［物質］と［精神］とは、物心二元論によって互いに独立した存在として切り離して操作し制御することが可能になっています。そして意識・延長は言語、数式、楽譜などの〈記号分節構造〉に変換できる事象として記憶され、記録物に固定されて客観的な存在となり、論理的な操作というフローにも乗ります。脳の行うこうした離散的情報処理の拠点は、大型類人猿の段階で初めて登場し、多分、人類で本格的な機能を顕し始めた〈言語性脳機能モジュール〉（言語脳モジュール）です。それは、言語をもたない脳としてもっとも高度に進化した〈旧世界猿〉型の左脳の上に、この言語脳モジュールがアドオンされたような形をとって実現しています（図11）。

　このような言語脳モジュールの働きは、バリ島でいうスカラ（明示知）のなかの一部にしかすぎないことに注意が必要です。その機能は人類の脳で本格

化したもので、もともと連続した概念やイメージなどを、その［截断によって離散化］し、相互浸透的なものを排除して、他と明確に区別できる概念およびその配列の形成を含む分節構造を生成・組織化し、そしてそれらを組み換えることにあります。進化的にアドオンされたこの新しい脳機能モジュールは、脳に追加された〈加速器〉として、主として人類にだけ貢献するものとなりました。

　ところが、西欧近現代の明示知の世界は、元来非言語機能性の脳本体の働きを観念のうえで軽視または無視し、加速装置として新設されたばかりの言語性脳機能モジュールにすべてを託そうとする、実体と異なる脳機能の自己認識と事実上一体化してしまっています。

　私はこの姿勢に疑義があります。それは、ホモ・サピエンスの脳に5億

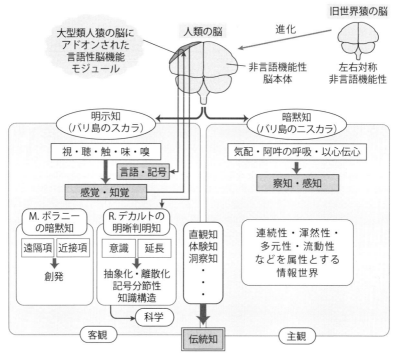

図11　人間の脳に宿る明示知と暗黙知

年をこえるであろう悠久の時を経て蓄積されてきた［連続性、渾然性、流動性を本質とする暗黙知］のみならず、［明晰判明な姿をもたないだけでそれ自体の存在意義と価値とを確かにもつ、少なくとも明晰判明知と較べることもできないほど巨大な明示知全体］の世界を旅するパスポートさえ破棄したことを意味するからです。

　ちなみに、このような明晰判明知に単純化した知識構造は、物質世界を扱うべく精神世界と切り離されて生まれ育った近現代理工学というかたちで人類史的成功を達成しています。その一方で、核エネルギーの解放や地球環境の破壊に象徴される、きわめて危険な限界を露にしてもいます。

　あわせてもう一方の、意識を拠点にして精神世界を扱う近現代人文科学の世界は、たとえばその最先端性を誇ったジャック・デリダ、ジャック・ラカン、ジュリア・クリステヴァらの〈ポスト構造主義〉が〈ソーカル事件〉[17]によって「知的詐欺」ともいわれる手法 ── というより体質 ── が暴露されて再起不能なほどの惨状を呈していることに象徴される限界を観せています。精神世界の司るもうひとつの領域、近現代芸術は、〈商業芸術〉を除くと、美しさ快さ感動、という脳の働きを惹起することができない ── つまり芸術として生理的に機能しない ── 作品たちに占拠され、まさしく自壊したような状況に苦しんでいます。

　さらに、伝統的な宗教・宗派など信仰という名の脳機能体系相互のあいだの不一致と、その形骸化したデカルト的現代知との混淆から生まれた対立構造は、科学技術の爛熟と結びついた殺傷技術の拡散とポピュラー化を背景に、テロリズムの猖獗を導いています。

　このようにさまざまな限界を観せるようになった、暗黙知をほとんど含まず明示知もごく限られた範囲が強調されそれ以外はたいへん貧しいもの、または「まったく無きもの」になってしまった近現代の知の枠組は、行き詰まりのなかにあります。それらは、「周波数が高すぎて音としては聴こえない超高周波が音として聴こえる周波数成分と共存したときに発現するハイパー

ソニック・エフェクト」という本書の題材を、なおうまく組み込むことができていません。

まず、研究の対象が「聴こえない超高周波」という知覚できない存在による「いわくいい難い音楽の美と感動の発生」であることが、つまりニスカラであることが西欧近現代的知の枠組の出発点「疑いもない実体」にあてはまりません。また、この効果が聴こえない超高周波と可聴音との相互作用によって発現するため、ハイパーソニック・エフェクトを発現させる唯一の要素とは何かを追究しても、そこに何物も見出すことができず、近代科学の大道「要素還元主義」とそれを支える「専門化され単機能化した学術」が無力化しています。これらは、西欧近現代的知の枠組に基づくアプローチが決して万能ではなく、少なからず盲点を宿していることを物語ります。人類たちはいま、これまで単純素朴にこうした[明晰判明知への純化]をめざしてきた西欧近現代的知の枠組の宿す巨大な負の遺産に、直面しているのではないでしょうか。

ところがバリ島の伝統社会では、明示知の枠組の外にひろがる暗黙知的事物現象の多くが、明示知に劣ることなく古くから熟知され活用されてきました。こうした西欧近現代とバリ島伝統社会とのそれぞれ特徴的な二つの知識構造をひとつの視野内に捉えると、そこには、二極分化といえるほど互いに大きく隔たった文化という名の脳機能の体系が、互いに切り離され断絶した状態で、それぞれ独立に聳(そび)え立っている姿が浮かび上がってきます。

8. バリ島的暗黙知とデカルト的明晰判明知とは二項対立でしかありえないのだろうか

もっとも高度に整備され、その理論と実績の卓越性によって人類の絶対的な信頼をほしいままにしてきた、デカルト的明晰判明の知識構造をバックボーンとする近現代科学ではありますが、その形骸化した継承者たちは、ハイパーソニック・エフェクトに象徴される知覚の枠組に収まらない渾然性、超

境界性の高い現象に対しては、その明晰判明性を発揮することがいまだにできていません。このような限界をもった近現代科学の〈明晰判明知〉と、バリ島伝統の〈暗黙知〉という互いに遠く隔たった知識構造、それらを架橋できるか否かに挑む「星」を背負ったのが、私たちのハイパーソニック・エフェクト研究なのかもしれません。

　この研究の端緒は、くり返し述べたように、同じアナローグ・マスターから制作したLPレコードとCDとの音質が、その音楽の作曲者兼指揮者　山城祥二には互いに違って聴こえる、しかもLPの音の方がCDのそれに較べてより美しく快く感動的に聴こえて作曲意図を実現しているのに対してCDの再生音はそう聴こえてこない、という個人の主観に属する体験です。微妙な音の違いのかすかな感知に始まる、一人称的で客観性をもたない直観による認識からの出発に他なりません。

　それは人によっては、「気づかない」、「気にならない」あるいは「無視できる」というたぐいの、ごく微妙な音の違いかもしれません。しかしそれは、その音楽を創った作曲家兼指揮者　山城祥二にとっては、己の音楽の真髄をメディア＝媒体が伝えうるか否かの違い、という絶対に無視できない問題として目の前に立ちはだかったのです。ここで仮に山城がバリ島伝統社会の構成員だったとしたら、こうした事態は、前に述べたガムランの陶酔やチャロナランのクラウハン（トランス）のようにまさしく〈ニスカラ〉であり、「起こりうるもの」のカテゴリーに類別されて、それにふさわしい処遇に浴することになった可能性が高いでしょう。

　しかしこの「事件」は、近現代の事実上明晰判明知に限られてしまった明示知のプラットフォーム上にあるレコード産業界に発生したもので、その知識構造からすると、ハイパーソニック・エフェクトという現象は「理屈からいってありえないこと」であり、ゆえに「あってはならないこと」だったのです。さらにこのことは、CDという新しいメディアのテイクオフが至上命令になっていた業界の事情を背景に「言ってはならないこと」のカテゴリーに類別され、もしこのことを公にするならば公益に反する不健全な発言とし

て裁かれる宿命を逃れることができません（このことは実際に起こってもいます）。しかし音楽の創り手である山城にとって、LPレコードの再生音が己の意が尽くされた響きを聴かせてくれるのに対して、完全に同一のアナローグ・マスターから造られたCD再生音では「まったく」といえるほどそれを感じることができない、という内省的な体験は厳然たるものであり、いかに常識や良識に一致しなくても、己に忠実であるかぎりいわば「絶対の真実」として曲げることができません。

　ここで山城のなかに発生した心境そして立場というものは、バリ島のそれとは大きく隔たった西欧的明晰判明知のプラットフォーム上には市民権をもつことができないばかりか、あえてそれを主張すれば世の道理あるいは倫理に反逆するものとして鞭打たれ排除されることもありえます。

　このような窮地に立たされた山城を救出する行動に出たのが、同じ人体・人格を共有する科学者 大橋 力でした。音楽家 山城祥二と科学者 大橋 力とが同じ一人の人間だったという偶然が、この研究が現実に実行され成功を収めた最大の背景かもしれません。

　ここで大橋の採った戦略は、［生命現象全体のなかのいずこにかかわりをもつか皆目わからず客観化もたやすくできないであろう暗黙知の世界に直観的認識を残留させた状態］を確保しながら、いい換えれば、バリ島の村びとたちの脳機能体系にあるニスカラに近い立脚点、実際には、「理屈はどうであれ超高周波を含む音楽の方が美しく感動的だ」という山城の主観を一方ではそのまま保ちながら、他方では［言語性脳機能モジュールが働く記号分節性の明晰判明の知識構造を基準とした自然科学の世界へと問題を転位］させていきます。そしてこの世界のもつ精密・厳正な手続きにも並行して題材を入力する、さらに、こちらの過程では、デカルト的明晰判明のアプローチに徹する、というものです。具体的には、現代科学最強の領域といえるであろう〈情報科学〉、〈分子生物学〉、そして〈脳科学〉の三つを主要な武器として最大限活用するとともに、あらゆる領域分野から、利用できるものは何であれとりいれて活用するのです。

このとき、問題の発端となった、古典的音響心理学のなかのサーストンの一対比較法という手法が、「音が同じか違うかを、人間の聴覚という〈感覚〉を経由して形成された〈意識〉に問いかける」というものであることに注目しました。デカルト自身、彼の方法的懐疑のなかで〈外部感覚〉も〈内部感覚〉も己を欺きうるものであるとして、[表象](対象が感覚を通して意識のなかに現している姿 形)と[外在](対象の実体)との一致を斥けています。このデカルトの問題意識はずばり、一対比較法の限界あるいは誤りを言いあてています。私はこのデカルトの考え方の妥当性を裏付けるようなロジックで、表層的にデカルト的明晰判明を装った一対比較法が、[表象と外在とを誤って同一視する]ことによってハイパーソニック・エフェクトという大魚をとり逃した図式を浮き上がらせ、一対比較法の限界とそれがこの実験を通じて顕在化した誤りとを明らかにしました(第6章)。さらに、脳機能イメージングを軸とする生命科学的手法を駆使した一連の実験から、ハイパーソニック・エフェクトの実在を実証的に否定できないものにしてきたのです。

　こうして私たちは、一対比較法を[表象イコール外在]という誤った発想で歪曲し、ハイパーソニック・エフェクトの存在を否定した言説たちから解放されました。同時に私たちは、近現代社会の陥っている[明晰判明知の不適切な信奉]によって市民権を奪われたバリ島的暗黙知の世界に対しても、デカルト的明晰判明なアプローチが成り立ちうるという発想を築き上げるとともにそれを実行に移し、これらを通じてハイパーソニック・エフェクトの実在性の認識をゆるぎないものにしました。それだけでなく、バリ島的祝祭・儀礼の世界が導く強烈な意識変容〈クラウハン〉を材料にして、ハイパーソニック・エフェクトが人間の脳機能を劇的に変容させる状態を、現代科学の厳正な眼で写しとり描き出すことにも、射程を延ばしました。

　これまでの公式的な西欧的明晰判明知のプラットフォームには乗せ難いが故に現代科学の対象から外されている事物現象は、現在まで現代科学が対象となしえたものの総量を圧倒的に上廻ると信じられます。それらのなかのある範囲は、私たちのハイパーソニック・エフェクトに相通じるような性質を

もち、それゆえ、今まで無縁と信じられていたデカルト的明晰判明知の枠組に加わりうるかもしれません。そう考えることによって、私たちの眼前には、限界が視野内に捉えられないほど巨きな「新しい知の原野」がひろがります。

　そうした雄大な展望はさておいて、ごく身近にあって私たちをぬきさしならない立場に追い込んでしまった問題の例をひとつ挙げます。これまでの音響生理学や音響心理学で行われてきた実験はこぞって、当然ながら、これまで何人にもまったく認識されていなかったハイパーソニック・エフェクトの影響をまったく考慮せずに実行してしまった科学的に不完全な状態にあります。しかし、ハイパーソニック・エフェクトの実在が明らかとなった現時点からのちにおいては、これらの実験は、脳の内部状態を根本から変えるポジティブおよびネガティブハイパーソニック・ファクターのいかなる存在条件下において行われたのか、もしくは非存在条件下に行われたのかが統制されていない点で不完全な実験という性格をもつものとなってしまったことを否めません。したがって、過去のこの分野の研究のほとんどすべては、改めてハイパーソニック・エフェクト、そしてそれによる脳の内部状態の転移を視野に入れた条件下でゼロから再吟味すべき立場に立たされたものとなったのです。このことは、近年行き詰まりと閉塞感が漂っていたこれらの分野にとっては、まさしく降るほど盛大に、新しいテーマが現れたという状況を意味することでしょう。

　しかし、それとは比較にならないほど広大無辺の科学の原野が、いま忽然として私たちの視野内に拡がりつつあることをより強調したいと思います。それは近現代的明晰判明知とバリ島的暗黙知とのあいだに拡がる断層に架橋し、その亀裂を超越することで顕れてくる新たな知の地平といえるかもしれません。

9. 主観そのものの暗黙知を互いに共有化し普遍性に接近させることは可能か

こうした展望のなかにあって想い起こすと、この研究が始まった 1984 年から現在まで、私自身のなかで「聴こえない超高周波を豊かに含む音楽は、それを含まない音楽と違って、より美しく快く感動的に感じる」という認識が、いかなるとき、いかなる場でも微動だにすることなく保たれていたことを忘れることができません。それは、「かすかな気配」「ほのかな味わい」といったニスカラと呼ぶにふさわしい感覚でありながら、絶対に否定できない体験知を形成するもので、まさしく暗黙知と呼ぶにふさわしいのです。

こうした切口から観ると、その頃の私自身、バリ島の人びとのような暗黙知の痕跡や残滓のようなものをすこしはもちあわせていたのかもしれません。ふり返ると、私は、栃木県下の農村の古い歴史をもつ家系に、日本の田舎がまだ近代化していない 1933 年に生まれ、幼いとき、普段は、まだ地元で伝承されていた土着の唄、祝詞、声明、御詠歌などに囲まれる一方、時には手回しの蓄音器で大バッハやフランツ・ハイドンを聴くこともあるという乱雑な〈文化的重層構造〉のなかに育ちました。こうした環境は、私のなかに、後日まがりなりに生命科学者になることを許す程度のデカルト的知識構造の貧弱な土台を形成する一方で、LP レコードと CD との音の違いを決して見過ごすことができないバリ島的暗黙知の片鱗のようなものも目醒めさせ、それらが雑然と理屈抜きで混在したような脳機能を、かろうじて形成していた模様なのです。一元的なまとまりを欠いたこの脳機能は、後に、超高周波を測る計測器がいまだ存在しない時点で、己の直観をたよりにバリ島のガムラン音楽を研究用音源に選ぶ、という自己の主観にのみ根拠のある行為を選択させ、結果的にそれは有効性に結びついています(図1)。この章の冒頭に述べたように、この行為が的中し、選択した研究用音源が奇蹟的な適合性を発揮したことは、もしかすると私の脳の中にほそぼそと生命を保っていたバリ島的暗黙知に近いものが、辛くも役立ってくれたことを反映しているのかもしれません。

こうした背景のもとに進めた暗黙知と明晰判明知とを架橋しようとする私の企ては、この課題に適性をもった優秀な若い協力者（本人たちの定義によれば「弟子」）たちの気概に溢れた参画によって画期的に強化され、前進しました。そこでは、次々に加わってくるメンバーたちがいやが上にも精密厳正なデカルト的アプローチの実現をめざすのと並行して、これらの協力者たちが中心になってアンサンブルを編成し、バリ島の音楽ガムランを奏でたり、同じくバリ島の祭祀芸能ケチャを演じるということに挑戦したりしています。それは、ひとつには暗黙知が本質的に体験知であり、己が実際にやってみるほか、それについての主観的な認識を形成できないものであることに根差したものです。

　こうした取組にはもうひとつ、さらに大きな狙いがありました。それは次のようなものです。〈明晰判明知〉の世界というものには、それにかかわる私たちの脳の中の情報を躰の外部に取り出し言語、数式、楽譜などの〈記号分節構造〉に変換して誰もが同じように認識できる〈客観性〉を与えることができます。それらを、どの人の脳であっても同一の話の筋道を通らなければならない〈論理〉という回路を通すことで真偽を確かめつつ各人の脳内情報の同一化を進め、これらによって互いに理解し協調する、という仕組をもっており、普遍性への接近が可能になっています。

　それに対して、〈主観〉のなかに宿るだけで躰の外部に取り出すことのできない〈暗黙知〉は、当然ながら、脳内情報過程を同一化させる〈論理〉という合理的回路に入出力可能な情報に変換することができないため、そのままでは科学のプラットフォームに乗せられません。

　このような限界に直面した私は、暗黙知の宿命のようなこの空白をもしかしたら埋めることができるかもしれない、ある作業仮説に行きつきました。それは、［本来主観的で躰の外に取り出せない「以心伝心」「阿吽の呼吸」などの暗黙知を、〈同期〉（シンクロナイゼーション）という〈論理〉に代わるもうひとつの回路を通して複数の脳に共有化させ、普遍性に接近させていくことができはしないか］、というものです。

ここでいう〈同期〉とは、複数のディジタルオーディオ機器を同一のタイムコード（クロック信号）で制御して動作を時間的に一致させるような〈オンライン同期〉とはまったく違います。むしろ非線形科学などの題材になることのある、操作や制御の明示的な仕組が視えない同期（以下〈オフライン同期〉と呼びます）のような形です。こうした同期現象は、古くはクリスティアン・ホイヘンスが、同一周期の振り子時計を同じ横木に並べて吊り下げて置いておくと、いつのまにか二つはまったく同じリズムで左右対称に振れるようになるという、操作や制御の痕跡が見当たらないオフライン協調現象ともいうべきかたちで、無生命の世界で見出しています（実際には、二つの時計を吊り下げた横木を伝わるかすかなゆらぎがこの相互作用を導いていました）。

　生き物の世界にも、〈オフライン同期〉と観ることが可能な現象は少なくありません。たとえば、小さな魚たちの群れが捕食者に出合ったとき見せる、各個体が有機的連携を思わせる整然とした動きで魚群全体の隊形の変化を迅速にとり続ける目が醒めるように鮮やかな行動があります。ところがこのとき魚の群れが見せる高度に組織的な行動にはリーダーが存在せず、どこからか発信される指令といった制御信号の系も見当たりません。一見したところなんの仕掛けもない振り子同士の同期のごとく、それぞれの魚が個別に勝手に判断行動しているように観えるのです。そうでありながら、まるで指揮系統が機能しているかのような、あるいは一個の独立したまとまりをもつ生命体であるかのような、一糸乱れぬ合目的的な集団行動が実現しています。これを明晰判明知の枠組で効果的に説明することができません。この例は、人間でいう「以心伝心」「阿吽の呼吸」、そして「一心同体」など典型的な暗黙知的活性の存在を否定できないものにします。

　ここでこうした行動を実現させている魚類の脳は、進化的にはまだ〈言語性脳機能モジュール〉を獲得して明晰判明知を行使できる段階に達していません。そうした進化途上の段階ですでに獲得されていたこのオフライン同期を実現する脳機能は、脳のアドオン型進化の原則にのっとり、それ以後も喪われることなくそれ自体の進化を続け活性をより成熟させつつ、人類の脳に

受け継がれてきている可能性が、ないとはいえません。

　こうした背景から、同期という脳の活性の進化が十分高いレベルで達成されているのが当然であろうところの、人類を含む高等動物たちの社会システム——群れ——において、各個体が個別的にもつ〈主観〉が〈同期〉に助けられて互いに同一化していく過程というものを想定しこれに注目してみました。

　特に、人類の共同体が伝える集団的芸術・芸能においては、そのような同期が様式化され、顕在的な姿をとって読み取りやすく現れることがあります。なかでもバリ島の祭祀芸能ケチャ(写真10)では、大地に円陣を組んで座った上半身裸の何十人、何百人の同じ共同体に属する男性たちが、「チャッ」という叫び声でつくる整然たるリズムの網目模様で超高周波を含む猛烈な速さの16ビートを生み出しながら、同時に、躰を動かし、姿態や陣形を変化させる演技をも繰り広げます。

　この、「チャッ・チャッ」という声が生み出す、もの凄く迅速精緻な16ビートのリズムの網目模様ひとつをとっても、人間技とは思えません。ところがこの驚異的に迅速な16ビートは、実は、互いに異なる4種類の「チャッ」という叫び声のシークエンスで構成されたリズムパターンを、円陣をつくっている男性たちがよく入り混じった状態で分担し、その四つの互いに違ったパターンを同時並行で走らせることによって、理論的には人間に出せる

写真10　バリ島のケチャ

速さの2倍のスピードをもつ声のパルスの時間密度を実現しているのです（図12）。その速度を実測すると、「チャッ」の回数が、最高1秒間に12〜13回という信じられない値に達しています。しかも、この窮極的に迅速精緻なリズムパターンは、しばしば100人をこえる男性たちによって、指揮者や指揮棒という視覚的手がかりもなしに行われているにもかかわらず、一糸乱れぬ精密さを実現しています。

実は、ケチャでは普通、こうした全体のリズムをキープする役割を担うとされている〈タンブール〉という役割がひとり、設定されていて、「シリリリ・プン・プン・プン」という四拍子を刻み続け、メトロノームのような役割を果たしています（図12）。

ところが、このようなタンブールの役割の説明は実は仮想的で、ケチャの実際を必ずしも忠実に反映していません。なぜかというと、男たちが構成するケチャの円陣は、100人規模になると直径20mを優にこえます。この距離は、空気中の移動速度が1秒間約331mの［音］が円陣の端から端まで伝わるのに約60ミリ秒を要することを意味します。したがって、タンブールの隣の人にタンブールの声が届く時間がほぼ［0］であるのに対して、タンブールから10mも20mも離れたケチャのメンバーには、その声は30ミリ秒とか60ミリ秒の時差をもって到着し、それに合わせて「チャッ」を発音すると、1秒間に12〜13回の頻度に達し「チャッ」と次の「チャッ」との間隔が80ミリ秒前後になっているケチャのリズムパターンでは、とうてい無

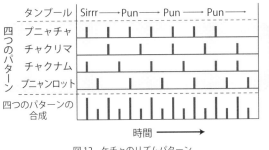

図12　ケチャのリズムパターン

視できないリズムの「ずれ」が生まれてしまいます。さらに、この時差がタンブールからの距離に対応してメンバー全員のあいだに発生したとすると、「チャッ」のタイミングのずれはほとんど連続的なものとなり、ケチャの円陣全体でのリズムの一致は決して得られず、混沌たるものになるでしょう。ケチャのリズムパターンがあのように整然と一糸乱れず実現していることは、実際には、理屈で思い込んでいるのとは別のメカニズムによるタイミングの制御が、意識することのできない世界で行われていることを、結果で物語っていることになるでしょう。

　ケチャにおいては、このように、指揮棒つまり光速で移動し事実上時差を無視できる視覚情報によるリズムの制御が存在しないうえに、聴覚情報によるクロック信号と思われているタンブールは、ある意味でクロック信号として直接機能していない（理屈どおりに機能させると全体を混乱させてしまう）ものであることがわかります。つまり、オンライン制御として明示知の射程でケチャのリズムパターンの成立を捉えようとしても、それは困難なのです。

　私たちの研究グループでは、まず私自身がバリ島プリアタン村の地縁共同体バンジャール・トゥンガの〈スマラマドヤ〉という有力なケチャ仲間にケチャ全体を統括する〈ダーク〉という役割の手ほどきを受けて世界で初めて日本人だけで、つまりバリ島人以外によって、ケチャ全編を演じることに成功し、次にそのダークの役割を私から研究チームの中核のひとり本田 学 博士に伝承しました。こうして、バリ島のそれと見分けがつかないほど近い状態で、ケチャとその16ビートのリズムパターンを実現し続けています。あの迅速精緻なリズムの網目模様も、現地そっくりに聴こえてきます。それは、人類が達成できるかなり高度なオフライン同期を実現させた状態として観ることができるでしょう。実際に自分が演じられるようになると、あの奇蹟のケチャのリズムパターンが自分にもできるということが、理屈抜きで、経験知としてわかってきます。

　暗黙知の存在を前提にしてこれを説明すると、前後左右を密にとりまくケ

チャ仲間の至近のひとりひとりの放つ「気配」が、「阿吽の呼吸」、「以心伝心」というべき効果を発揮しつつわが身を包んでくれます(図13)。「隣近所同士」のあいだに、だれが〈マスター〉(主)でだれが〈スレーブ〉(従)かという分けへだてがなく、したがって時差の生じることもありえないオフライン同期系がローカルにつくられていることを実感できます。そしてこのローカルな「隣同士」は継ぎ目なく拡がり全体で円陣を形成することによって、「気配」というものでひとつにつながった、しかも各部分が均等性をもちその内部のどこにも時差を現すことのないオフライン同期を実現します。これを背景に、巨きなケチャの環全体としても、まるで神業のような[時差のない同期]が現実となっているのです。

この、時差ゼロという同期状態は、演じている己の躰の奥から突き動かされるような、そしてまた、己の意志を超越してわが声が出ているような、〈自動運動〉に近い内発的・内因的な独特の力によって、自然にかつ快適に、あの迅速精緻なリズムの網目模様の一要素をわき起こしていると体感されるのです。これらのことは、自分で実際にケチャを演じたとき、「実感」という形をとって強烈鮮明な認識を形づくらずにはおきません。

この実感は、客観性をもった記号分節構造に変換して他人に伝達することができません。たとえば、ただ一度も「酒」を口にしたことのない人に、実際に酒を呑ませることを除くどのような手段をもってしても「酒の味とはいかなるものか」を正確に教えることが不可能であることと同質の、原理的な不可能性がそこにあるからです。しかしこの不可能性は、「一献(いっこん)の酒を勧め

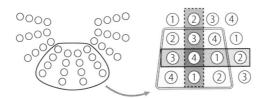

①プニャチャ ②チャクリマ ③チャクナム ④プニャンロット
図13 ケチャの円陣をつくる男衆の四つのリズムパターンの配列

る」という行為によって、直ちに打破されます。ケチャのオフライン同期を実現可能にする「気配」をはじめとするさまざまな暗黙知とは何かについての認識も、それと同様なのです。

　こうしたことから、ケチャのリズムパターンの生成と制御という事象をオフライン同期という暗黙知の枠組で実践のなかから捉えるアプローチは、見逃せないと思います。それは、研究者たちが、自らケチャを実践しそれを成就するという過程を通して、そこに実在するオフライン同期というかたちの暗黙知の理念と実像とを体感・体得する機会を提供するものだからです。こうしたケチャの実践のなかで、気配の察知、以心伝心、阿吽の呼吸など、本来不可視であるはずの暗黙知が芸能表現のなかにありありと透視できる場面は、決して少なくないのです。

　ケチャという芸能を日本人の科学者たちが集団で実践し、それを現地同様に成就してケチャ全体がひとつの生き物のようなふるまいに達することにより、［各個体（個人）のもつ本来個別的な〈主観〉の主成分が同一化していく傾向、つまり普遍性への接近が現実性を帯びてくる］のを否定することはできません。

　このように、ケチャの実践をはじめとするもろもろの試みを通じて、典型的な暗黙知的事象ハイパーソニック・エフェクトについての、研究集団としてのレベルに達する同一性、普遍性の高い認識を築き上げることができ、それは研究の決定的な推進力となりました。

10. 暗黙知と明晰判明知とは相克することなく互いを豊かにし新たな知の地平を開く

　「絆(きずな)の芸能」ともいわれるケチャの実践と成就とは、それを可能にする「暗黙知の存在の実感と共有」という境地をもたらしています。これによって、本来門外不出の暗黙知が〈同期〉という回路をとおして複数の脳のあいだで流通可能となり、同一化に近づくことが可能になるであろう、という私の

作業仮説の構築とその実践による検証は、必ずしも無意味ではなかったという手応えを確かなものにしています。

同時に、いわば「絶対に見逃せない」のは、こうした私たちの暗黙知へのかなり強力なアプローチは、私たちが科学者としてめざす明晰判明知のアプローチに何ら抵触せず、実際はむしろそれを助ける気配さえ色濃く漂わせているという実態です。

近現代科学技術を危機に陥れている、狭量で、もしかすると無謀あるいは臆病になっているのかもしれない形骸化した近現代的明晰判明知の世界と、それらと断絶した状態で大きな可能性を宿しつつ、表層的にはその存在がかすんでしまっているバリ島的暗黙知の世界とを架橋することは、いま行き詰

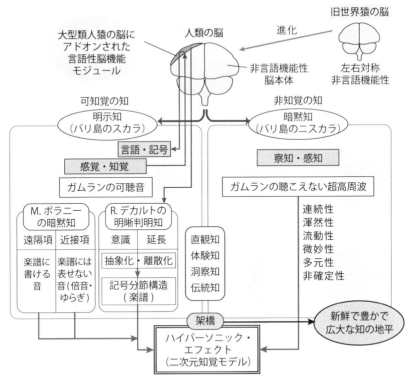

図14　ハイパーソニック・エフェクト研究で架橋された暗黙知と明晰判明知は互いを豊かにし新たな知の地平を開く

まっている近現代科学技術文明にひとつの活路を拓くに違いありません。そしてそれは、決して不可能ではないと信じます。いま軌道に乗り、いくつかの成果を積みながら育ちつつある私たちのハイパーソニック・エフェクト研究は、その実現可能性の「証(あかし)」のひとつといえるのではないでしょうか。

　ただし、こうした暗黙知の世界に踏み込むうえで厳に注意しなければならないことがあります。それは、まず第一に、そうした科学の営み全体を具象を離れて抽象化してしまうことです。こうした道を辿ることを厳に慎み、生命の具体的な実像やその運動と不可分に一体化した〈渾然性〉を保つことが大切ではないでしょうか。そのためにも、机上の研鑽や座学に偏ったアプローチは避けなければならないでしょう。

　そして第二は、対象を〈デカルト的延長〉の檻(具体的には、たとえば質量・長さ・時間・電荷・エントロピーから構成された〈自然単位系〉など)の中に追い込み捕え切ることでしょう。この点が不徹底であるならば、こうしたアプローチはあまりにもリスクが大きなものとなり慎まれるべきです。[明晰判明ならざるものの明晰判明なる受容・操作・制御]こそ、[次世代の知の地平]を開くはずです。

　生命とは何か、生態系とは何か、人類とは何か、文化という名の脳機能体系とは何か、などについての知識を、暗黙知を除外することなくより豊かにし、それらの本来の素晴らしさを輝かせるために、〈暗黙知の科学・技術・芸術〉を大切にしたこの新しいアプローチは、必ずや真価を発揮するに違いないと信じます。

11. 尽きせぬ感謝

　これまで述べたように、私たちのハイパーソニック・エフェクト研究は、〈バリ島のガムラン音楽〉という比類ない研究材料を手にすることによって、貴い稔りが約束されたものとなりました。しかしそれは、超高周波を測れる計測機がまだ存在しない時代に、世界中を巡ってさまざまな音楽を私自身が

聴いた中から直観的に選んだものであって、私の主観においてのみ根拠をもつものにすぎません。それにもかかわらず、そのバリ島のガムラン音楽は、この研究に対して無上といえるほどの的中性を顕してくれました。宇宙の摂理がもたらしてくれたこの奇蹟の幸運に、感謝を捧げます。

　この幸運とともに、そうした絶好の材料を活かすさまざまの研究の営みを必要十分なレベルで達成し、真の稔りに結び付けるという窮まりない幸運にも浴しました。それができたのは、これも、奇蹟的な思考・行動に生きる「人の群れ」という存在があったからです。それは、先に述べた〈研究共同体〉としての〈文明科学研究所大橋研究室〉で、この研究の歩みと稔りとを、決定的なものにしました。

　この研究共同体の30年をこえる歩みを貫く不動の中核であり続け、私を支え続けてくださった方々のお名前を挙げ、言葉にも筆にも尽くせない感謝を捧げます。

　河合徳枝国際科学振興財団研究主幹、仁科エミ放送大学教授、本田学国立精神・神経医療研究センター部長、本当にありがとうございました。この方々はいずれも、卓越した研究者であり非凡な芸術家でもある全方位的活性の具現者で、研究メンバーたちからも絶対的な信望を集める稀有の存在です。こうした三人がつくる中核のまわりに「一心同体」の状態で、気概に溢れた優秀な協同者たちが、先に述べたようにして群れをつくりました。デカルト的明晰判明知だけでは律しきれないハイパーソニック・エフェクト研究の真髄をなす暗黙知。それを捕える非言語性の「狩りの網」を創造して、「以心伝心」で張り巡らし、「阿吽の呼吸」で獲物をしとめる、決しておめおめと引き下がらないというこの研究共同体ならではの「狩りの作法」は、微力な私を助けて本書のいくつもの個所で光輝を放っている思いもよらない成果を挙げ続けることを可能にしました。この仲間たちへの尊敬と感謝の念は、尽きることがありません。こうしてこの研究を支えてくださった主な方々のお名前を挙げ、感謝を捧げます。

　中村聡、森本雅子、前川督雄、上野修、小野寺英子、八木玲子、福島亜理

子、不破本義孝、鹿島(渡辺)典子、当摩昭子、松尾梨江子、高田智史、田中基寛、佐山弘樹、真田恵尚そのほかの皆さん。ありがとうございました。

さらに、文明科学研究所の母体としてこの研究共同体を「渾然一体」に包み込み、その存在と活動とを常に力強く頼もしく支え続けてくれた祭りと芸能の共同体〈芸能山城組〉の貢献は、量り知れません。この研究は、人類の遺伝子に潜んでいた[群れをつくり人を活かすプログラム]を目覚めさせたこの共同体の仲間たちがあってはじめて、実現できたことは明白です。そこに顕れている叡智に溢れた高邁な思考と献身的な行動に、感謝を捧げます。この研究を成し遂げたこの共同体の仲間たちは、[〈ハイパーソニック・ワールド〉という輝かしく美しく豊かな新世界の発見者たち、開拓者たち、建設者たち]として、歴史にその名をとどめるに違いないと信じます。

暗黙知としての属性が決定的な意味をもち、かつ脳機能の基幹に源を発するハイパーソニック・エフェクトという現象は、必然的に、単機能に専門分化した近現代科学技術の明晰判明知の次元を超越し、ひろく全方位に展開しています。そもそも細胞分子生物学の徒であった私にとって、それは、直接その守備範囲を担当していた〈音響心理学〉を身につけるだけではまったく歯の立たない、全方位的に拡がる学術・技術・芸術的活性を「強要」するものでした。これに非力な私が立ち向かうありさまは、まさに「蟷螂の斧」だったに違いありません。おそらくどなたから見ても、成功はおぼつかなかったことでしょう。それにもかかわらず、そうした私とわが研究共同体に温かいまなざしを注ぎ、見護ってくださり、ご指導、ご支援をいただいた方々は、互いに異なるさまざまな分野に及びます。そのなかから、ことのほか貴いお導き、お力添えをたまわった方々のお名前を挙げ、心からの感謝を捧げさせていただきます。

長尾 真 元京都大学総長、柴崎 浩 京都大学名誉教授、米倉義晴 元放射線医学総合研究所理事長、稲盛和夫 京セラ株式会社名誉会長、豊島政実 四日市大学名誉教授、小田 晋 筑波大学名誉教授、村上陽一郎 東京大学名誉教授、東倉洋一 元国立情報学研究所副所長、伊藤 滋 東京大学名誉教授、

依田平三 元ビクタースタジオ技師長、福岡修一 京セラ株式会社総合研究所主席研究員、山崎芳男 早稲田大学名誉教授、下原勝憲 同志社大学教授、山形多聞 元四日市大学教授、小林重敬 横浜国立大学名誉教授、鮫島正洋 弁護士・弁理士、岡 明人 元朝日新聞科学部長、高田英男 元ビクタースタジオ長、森 俊文 株式会社JVCケンウッド・ビデオテック取締役CTO、小澤一郎 元国土交通省審議官、最上公彦 元竹中工務店取締役技術研究所長、中島 一 元彦根市長、八若和美 元彦根市都市計画課長、大野照文 京都大学名誉教授ほかの皆様。チョコルダ・グデ・プトラ・スカワティ ウブド王家当主、チョコルダ・オカ・アルタ・アルダナ・スカワティ王弟、アナック・アグン・グデ・ングラ・マンダラ旧北の王宮王、イダ・バグース・マントラ 元バリ州知事、イダ・バグース・オカ 元バリ州知事、マデ・バンダム 元インドネシア国立芸術大学ジョグジャカルタ校学長、クトゥット・スカルディカ 元インドネシア国立ウダヤナ大学学長、プルワ・サマトラ ウダヤナ大学教授、サリ須戸さん、クトゥット・ネサ先生、チョコルダ・アリッ・ヘンドラワン先生、マデ・グリンダム先生、マデ・ウィアンタ画伯、ワヤン・アルサさん、マデ・スシラさんほかの皆様、ありがとうございました。

また、本書『ハイパーソニック・エフェクト』を執筆するにあたって、その草稿の全体あるいは部分にお目通しいただき、適切で有益なコメントをたまわった方々がいます。お陰様で、本書は当初よりもはるかに改善されました。お目通していただいた方々のお名前を挙げ、感謝を申し上げます。

前述の長尾先生、稲盛先生、豊島先生、福岡先生、山形先生、鮫島先生、高田先生、森先生のほか、鈴木陽一 東北大学教授、下川宏明 東北大学教授、茂木健一郎 ソニーコンピュータサイエンス研究所上級研究員、オーディオ・ビジュアル評論家 麻倉怜士先生、岩﨑奈緒子 京都大学総合博物館長、新井良亮 株式会社ルミネ会長、奥山秀朗 株式会社サステイナブル・インベスター社長、那須廣正 元青森県畑作園芸試験場長。ありがとうございました。

さらに、本書がこのような充実した内容と形式を具えて世に出ることができたのは、書籍という創造物を創りあげるさまざまな過程が、優秀で志高い方々に担われたことによります。

　本書の存在意義を高く評価し、編集者としてその具体化に注力するとともに、本書をいかに多くの人びとのものにするかについても誠心誠意力を尽くしてくださった本書の産みの親、岩波書店 田中太郎『科学』編集長、さまざまな創造的アイディアに満ちたすばらしいブックデザインを創ってくださった木下勝弘 多摩美術大学教授、執筆環境の好適化に尽力してくだった芸能山城組の松本純子さん、テキストの整備に優れた力量を発揮し決して少なくない本書の原稿全体をゆるぎないものに仕上げてくださった山崎公子さん、膨大な図表を見事に描ききってくださった大村六花さんに、こころからの感謝を捧げます。

了

2017年8月18日
藝術と学術の女神サラスワティを讃える祭りの前夜、
バリ島パヨガン村の寓居にて。

大橋　力

むすび　文献

1. 大橋力，連載：脳のなかの有限と無限，科学，**77**, 687-693, 2007.
2. 大橋力，連載：脳のなかの有限と無限，科学，**87**, 1048-1054, 2014.
3. Belo J, "Trance in Bali", Columbia University Press, 1960, Greenwood Press, 1977.
4. グレゴリー・ベイトソン，マーガレット・ミード，『バリ島人の性格 ― 写真による分析』，外山昇訳，国文社，2001.
   Bateson G, Mead M, "Balinese Character: A Photographic Analysis". The New York Academy of Science, 1942.
5. 仁科エミ，河合徳枝編著，『改訂版 音楽・情報・脳』，放送大学教育振興会，2017.
6. Oohashi, T, Kawai N, Honda M, Nakamura S, Morimoto M, Nishina E, Maekawa T, Electroencephalographic measurement of possession trance in the field. Clin. Neurophysiol., **113**, 435-445, 2002.
7. Kawai N, Honda M, Nishina E, Yagi R, Oohashi T, Electroencephalogram Characteristics during Possession Trances in Healthy Individuals. NeuroReport, **28**(15), 949-955, 2017.
8. Kawai N, Honda M, Nakamura S, Samatra P, Sukardika K, Nakatani Y, Shimojo N, Oohashi T, Catecholamines and opioid peptides increase in plasma in humans during possession trances. NeuroReport, **12**, 3416-3423, 2001.
9. Oohashi T, Kawai N, Nishina E, Honda M, Yagi R, Nakamura S, Morimoto M, Maekawa T, Yonekura Y, Shibasaki H, The role of biological system other than auditory air-conduction in the emergence of the hypersonic effect. Brain Research, 1073-1074, 2006.
10. Schoepe Z, Rupert Neve Interview. Sound and Recording Magazine, **10**(5), 31-34, 1991.
11. Oohashi T, Nishina E, Honda M, Yonekura Y, Fuwamoto Y, Kawai N, Maekawa T, Nakamura S, Fukuyama H, Shibasaki H, Inaudible High-Frequency Sounds Affect Brain Activity: Hypersonic Effect. J. of Neurophysiology, **83**(6), 3548-3558, 2000.
12. Nishiguchi T, Hamasaki K, Iwaki M, Ando A, Perceptual Discrimination between Musical Sounds with and without Very High Frequency Components. AES Convention Paper 5876, 2003.
13. Hamasaki K, Nishiguchi T, Ono K., Ando A, Perceptual Discrimination of Very High Frequency Components in Musical Sound Recorded with a Newly Developed Wide Frequency Range Microphone. AES Convention Paper 6298, 2004.
14. Nishiguchi T, Hamasaki K, Differences of Hearing Impressions among Several High Sampling Digital Recording Formats. AES Convention Paper 6469, 2005.
15. Cantalupo C, Hopkins WD, Asymmetric Broca's area in great apes. Nature, **414**, 505, 2001.
16. Amunts K, et al., Broca's region revisited : Cytoarchitecture and intersubject variability. Journal of Comparative Neurology, **412**, 319-341, 1999.
17. アラン・ソーカル，ジャン・ブリクモン，『「知」の欺瞞 ― ポストモダン思想における科学の濫用』，田崎晴明，大野克嗣，堀茂樹訳，岩波書店，2000.

索　引

数字・欧字

1 bit（量子化）ノイズ　157, 183, 185, 186, 339
2K ハイビジョン　401, 407
4K 映像　407
4K カメラ（4K 解像度）　402
5.6（5.6448）MHz 可搬型 DSD レコーダー　274, 360
11.2 MHz 8ch（チャンネル）DSD レコーダー　361, 428
α 波パワー　116
α 波ポテンシャル　070, 076, 083, 087, 116
α リズム（α 波）　070, 076, 116, 485
α_2 波　485
α_2 波ポテンシャル　116, 144
β-エンドルフィン　234, 489
β リズム（β 波）　070, 485
θ リズム（θ 波）　070, 485
A-10 神経系　323, 329, 334
A/D 変換　012, 052, 338
『AKIRA』
　DVD オーディオ『AKIRA 2002』　363
　ハイパーハイレゾ『AKIRA 2016』　361
　ブルーレイディスク『AKIRA』　182, 186, 356
AMEK 9098i コンソール　351, 363
B&K　050, 346
BEAM　077, 081
BPSD 症状　463
CCIR　016, 120
CD　014, 034, 309
CD 音　316
DAD　013
DAW　346
DSD　012, 052, 307, 339
DSD 11.2 MHz　339, 351
EEG　069, 109, 110
EMD　112
EP レコード　008

FFT　048, 078, 158
fMRI　090, 110
FRS（Full Range Sound）　039
G 蛋白質共役型受容体　133, 135
HCS（High Cut Sound）　039
HFC（High Frequency Component）　085
HPF　028
LCS（Low Cut Sound）　083
LIPUS（リーパス）　457
LP（レコード）　007, 034, 308
LP-ハイカット音　316
LP-フルレンジ音　316
LPF　027
MEG　115
MEM　167
MESA（ME スペクトルアレイ）　173, 175
MESAM　176, 219
MILO　402
NEWoMan　417
NHK 放送技術研究所　015, 131
NK 細胞活性　263
NIRS　115
NPI-NH スコア　465
^{15}O　092
OOHASHI MONITOR　059, 075, 270, 286, 293
PCA　103
PCM　012, 338
PDM　052
PET　090, 109
PNM　012
Pro Tools　341, 346
PTM　012
Pyramix　347
rCBF　090
SACD　339
SN 比　111, 320, 342
SP レコード　006
SPM　097

STAI　463
VCA　293, 348, 355, 360

ア行

合図　162
アイメルト　159
アセチルコリン　107, 463
圧電セラミックス　062
アドオン型積層セラミックス・スーパートゥイーター　061
アドレナリン　216, 262
アナローグ
　　──・オーディオ　011
　　──・テープレコーダー　308
　　──・ハイレゾリューション・メディア　308
　　──・マルチトラックテープ・アーカイブ　346
　　──・ミキシングコンソール　346
アナローグ／ディジタル変換　012, 052, 338
アフリカ単一起源説　235
アフリカ熱帯雨林　022, 222
アルティザン　037, 048, 502
アルトー　498
アンフェタミン　254, 331
暗黙知　031, 420, 496, 503, 512
威嚇　151
意識　xi, 212, 500, 509
意識変容　211, 481
一対比較法　015, 039
　　サーストンの──　026, 042, 119, 125
　　シェッフェの──　120, 130, 264, 294, 302, 317, 356
伊藤若冲　386
移動体　290
イトゥリ森　023
イヤフォン　190, 297
印象派　381
ヴァイオリン　186
ヴァイナル・レコード　007
ウィアンタ　389

『ウィアンタ・ギャラクシー』　403
『ウィアンタ・ヒーリング』　401
ヴォルテージ・コントロール・アッテネーター（VCA）　293, 348, 355, 360
ウジュンクロン　260
うつ病　253, 463
ウーファー　058
ウルトラソニック・ヴォーカリゼーション　142, 150
駅ホーム　299
エジソン　005
エレクトロキャップ　073
延長　xi, 500, 509
エントロピー変動指標　185
エンベロープ　163
大型商業施設　417
大型類人猿　235, 504
小川のせせらぎ　182, 185, 186, 422
オーディオマニア　323, 333
音環境　025, 219, 290, 417
音情報環境不適合　466
『音と文明』　255
音の環境学　255
音のビタミン　vii, 025
音の料理人　028, 032, 310
オートレセプター　330
オフライン同期　519
オーム　002
オルゴール　367
音楽　162
音楽と楽譜との可逆的等価変換律　160
音楽療法　449
音響彫刻　423
音響パネル（モジュール）　272, 274
音響療法　449

カ行

快感　vi, 107, 195, 231, 330, 485
外在　515
快適聴取レベル　196
回避行動　142

索引　533

蝸牛 003, 188
楽音 159, 161
覚醒剤 331
楽譜 004, 159
神楽サロン（シネマ） 414
仮想駅ホーム環境音 300
仮想車両内環境音 292
可聴音 viii, xii, 143
可聴周波数 ix
カートリッジ 010, 313, 335
ガムラン（ジャワ島） 477
ガムラン（バリ島） 048, 082, 094, 143, 155, 175, 181, 185, 186, 192, 221, 351, 476, 477
河合徳枝 484
感覚遮断実験 225
感情 327
感性 328
カンチレバー 336
間脳 105, 462
機械刺戟受容能 203
機械受容チャネル遺伝子 203
基幹脳 vi, xv, 107, 213, 251, 462
基幹脳活性指標 116, 144, 194, 294, 296, 299, 408, 464
基底膜 003
気導（聴覚）系 188, 203, 212
機能的磁気共鳴画像法（fMRI） 090, 110
ギャンブル 331
京セラ株式会社 062
京都大学総合博物館 285
局所脳血流（rCBF） 090
クラウハン 481
グラモフォン 006
グレートコール（ギボンの） 436
クロストーク 309, 320
経験的モード分解（EMD） 112
芸能山城組 029, 404
ケチャ 108, 520
齧歯類 142
ゲーム 331
言語性脳機能 xiii, 310, 379, 505
言語性脳機能モジュール 507, 509
現生人類 x, 235, 470, 504

現代病 250, 463
小泉文夫 029
効果音 255
好感形成脳機能 283
高速標本化 1 bit 量子化 052, 339
高速フーリエ変換（FFT） 048, 078, 158
広範囲調節系（脳の） xv, 106, 138, 214, 328
高複雑性超高周波 viii, xii, 373
高複雑性超高精細度 373
五線定量譜 159
骨伝導 203
言葉 162
コルチゾール 216, 278
コンデンサー型マイクロフォン 343
コンパクトディスク（CD） 014, 034, 309

サ行

最大エントロピースペクトルアレイ（MESA） 173, 175
最大エントロピー法（MEM） 167
サイン音 291
サイン波 183, 185, 186
サーストン 015
雑踏ノイズ 444
散逸構造 177
残響可変構造 074
残留効果（残像） 089, 129
ジェゴグ 429
市街地環境音 260, 277
視覚混合 382
視覚刺戟精細度 377
自己解体（モード） 231, 250
自己刺戟 195
自己実現の欲求 324
自己相関秩序 viii, 177, 212, 374
自己増殖 252, 332
視床 101, 105
視床下部 105, 214
耳小骨 189
自然環境音 xii
シナプス 132

柴崎浩　091, 108
自発脳波　069, 111, 485
指標群　115
下川宏明　203, 457
尺八　161, 174, 182, 185, 186, 220
車両(列車)内環境音　292
周波数　002
主成分分析(PCA)　103
シュトックハウゼン　159
狩猟採集　221, 242
情動　327
情動系　vi, 069
情動という制御回路　231
情報エントロピー密度　183
情報環境　023, 223, 246
『情報環境学』　023, 225, 253
情報環境不適合　234
情報失調　254
情報中毒　254
縄文文明　246
ジョージア男声合唱　182, 185, 186
ショップス　049, 345
自律神経系　106, 214
シリンダー型オルゴール　367
侵害音　255
神経伝達物質　132
真・善・美　325
振動覚　202
深部脳活性化指標　116, 156, 262, 277, 318, 322, 356, 376, 377, 401
深部脳-上部脳連結回路活動指標　116
心理尺度構成法　015
森林共生型文明　246
森林生態系　239
人類本来の音環境　240
スカラ　496
スクォーカー　057
スクラッチノイズ　309, 320
ストレス　229
スーパーオーディオCD(SACD)　339
スーパートゥイーター　055, 337
スペクトログラム　165
スモールダイアフラム　345

スロンディン　425
西欧近現代文明　246
生得的解発機構　151, 153
生命科学的音楽概念　160
接近行動　142, 152, 196
摂食障害　234
ゼーベック　002
セロトニン作動性神経系　107
前帯状回　105, 138
前頭前野　105, 138
前頭葉眼窩部　105
専門分化　xiii
相転移　214

タ行

ダイアフラム　336, 344
体験性情報の通信不可能性　xiii
ダイナミックレンジ　008, 309, 320
大脳新皮質　327
大脳辺縁系　327
体表面　199, 202, 213
ダイヤモンド・ドーム型スーパートゥイーター　269
高田英男　034, 364
タライラッハの標準脳図譜　099, 100, 110
短絡経路　136, 431
チェンバロ　174, 182, 185, 186
知のコスモロジー　495, 499
チャロナラン　480, 492
抽象化　384
中脳　101, 105, 462
チューリング・マシーン　041
超音波　203, 456
超高周波　viii
超高精細電子映像　402
超広帯域ポータブルAD/DAコンバーター　052
長江文明　246
超高密度映像音響作品　410
懲罰系　142, 231, 327
通常医療　450
通常科学　vi, xvi

筑波研究学園都市　022
筑波病　022
ディジタルオーディオ　011
　　──規格　015
　　──の仕様策定　119
　　──・ワークステーション（DAW）　346
低出力体外衝撃波療法　457
低出力パルス波超音波　458
ディスク型オルゴール　367
デカルト　xi, 046, 499
適応（モード）　227, 229
テクテカン　482, 483
デジール　324
デ・チューニング　370, 427
デリダ　498
テレメトリー　073, 194, 262, 485
伝達物質作動性イオンチャネル　133
点描　383, 390
等価電位　077
同期　518
東京ステーションギャラリー　394
動機理論　324
統計的パラメトリックマッピング法（SPM）　097
動物行動学的記号　151
都市　222
都市環境音　222
豊島政実　073, 272, 431
図書室　256
ドーパミン　107, 135, 323, 489
ドーパミン作動性神経系　107, 137, 231, 329
ドラッグ　332
トランジェント　057, 320
トランス（バリ島の）　481
トランス誘起モデル　042, 211

ナ行

ナイキスト周波数　013, 339
内分泌系　106, 214
長尾真　285, 402
中村とうよう　029
ナチュラルキラー（NK）細胞　216, 263

ニーヴ　351, 362, 437, 502
ニコチン　331
二次元知覚モデル　044, 211
仁科エミ　364
二次メッセンジャー　136
二次メッセンジャーカスケード　107, 136, 318, 437
ニスカラ　496
ニュウマン（NEWoMan）　417
認知症　463
熱帯雨林　viii, 023, 221, 237, 506
熱帯雨林環境音　182, 185, 186, 222, 241, 260, 288, 292, 359, 434, 461
熱帯雨林性環境音（の補完）　277, 278
熱帯雨林本来仮説　243
ノイマン　344
脳幹　326
脳機能イメージング　090, 108
農耕　242
脳電位図（BEAM）　077, 083
脳にやさしい街づくり　266
脳の階層構造　326
脳の左右非対称性　504
脳の進化　143, 237, 326, 503
脳波（EEG）　069, 109, 110
脳波ポテンシャル　078, 081, 100, 486
乗り物　290
ノルアドレナリン　107, 489

ハ行

ハイカット・アナウンス音　292, 301
ハイカット音（HCS）　039
ハイカット環境音　257
ハイカット相　214
ハイカットディジタル　297, 353
ハイカットディジタル・アーカイブ　355
バイチャンネル・イヤフォン　191
バイチャンネル再生系　028, 040
ハイパスフィルター（HPF）　028
ハイパーソニック・アナウンス音　293, 302
ハイパーソニック・ウルトラディープエンリッチ

メント　358, 361
ハイパーソニック・ウルトラ方式　357
ハイパーソニック・エフェクト　vi, xv, 107
ハイパーソニック・オルゴール　370, 371
ハイパーソニック音源　421
ハイパーソニック・サウンド　vi, xv, 107
ハイパーソニック・サウンドの原器　366
ハイパーソニック・シャワー　293, 302, 355
ハイパーソニック（アクティブ）スピーカーシステ
　　　ム　268, 270, 286, 432, 444
ハイパーソニック・セラピー　450, 460, 468
ハイパーソニック相　214
ハイパーソニック・ネガティブ
　　　――エフェクト　vii, xv, 149
　　　――サウンド　vii, xv
　　　――ファクター　viii, xv, 149
ハイパーソニック・ファクター　viii, xv, 142, 155
ハイパーソニック・ポジティブ
　　　――エフェクト　149
　　　――ファクター　ix, 352, 354, 503
バイモルフ型積層圧電アクチュエーター　065,
　　　433
ハイレゾ音源ファイル　341
ハイレゾリューション・オーディオ（ハイレゾ）
　　　306, 338
バシェ兄弟　423
パチニ小体　188, 202
パラダイム　vi, xvi, 026
バリ島の伝統知　490
バロン（面）　492, 493
ピアノ　174, 219, 477
比較判断の法則　015, 256
東日本旅客鉄道株式会社　291, 394, 417
ビクター音響技術研究所　015
非言語性脳機能　xiv, 025, 031, 310, 379, 507
非線形性　336
非線形歪説　205
筆触分割　381
必須音　245, 255
必須情報（素）　vii, 226, 254
表象　515
標本化（サンプリング）周波数　012, 307
微粒子点描　390

ピンクノイズ　183, 185, 186
フォノグラフ　005
フォノトグラフ　005
腹側被蓋野　138, 323, 328, 489
ブゾワン　324
物質・エネルギー環境　223, 227
物質と情報との等価性　253
物心二元論　xi, 500, 509
フラクタル構造　179, 374, 393
フラクタル次元　177, 375
フラクタル次元局所指数　177, 180
ブリュエル・ケアー（B&K）　049, 346
プリンテッド・リボン型スーパートゥイーター
　　　270
フルレンジ音（FRS）　039
フルレンジ環境音　257
ブレンゲ　015
プログラムされた自己解体　231
文化という名の脳機能体系　221, 480, 508
文明　246
文明病　250
ベケシー　003
ベースライン　096, 150, 244
ベリリウム・リボン　055
ベル　003
ベル研究所　003
ヘルムホルツ　002
ベルリナー　006
変調作用因子　211
変調作用性生体情報（変調信号）　204, 213
放射性同位元素　091
報酬系　107, 116, 135, 214, 231, 327
報酬系神経回路網活動指標　116
報酬系ネットワーク　103, 116
放送用ディジタル音声規格　502
補完・代替医療　448
補完用音源　275
ポジトロン断層撮像法（PET）　090, 109
ポータブル超広帯域録音機　274
ボックスカウント法　178, 375
ポラニー　031, 496
ボルネオ　275, 285, 292, 360, 421
ホワイトノイズ　085, 155, 183, 185, 186

本田学　091, 108
本来(モード)　228
本来・適応・自己解体モデル　150, 228, 255
本来の音環境　234, 240

マ行

マイクロフォン　049, 341
マイスナー小体　188, 202
マウス　204, 458, 466
マズロー　324
マルチパラメトリック・アプローチ　047, 194
マルチモダリティー計測　110, 125
マルチモーダル・アナリシス　115
ミトコンドリア・イブ　236
ミュージック・コンクレート　275, 397, 404
民族音楽　025, 048
虫の音　221, 240, 438
ムブティ人　023
村里の環境音　222
明示知　420, 496, 503, 513
明晰判明知　499, 513
メカノセンサー　203, 212
メカノセンシング(メカノトランスダクション)　203
メタアンフェタミン　254, 331
メタ世界像　329
メッセージ・キャリアー　212
メルケル触盤　188, 202
免疫活性　216, 263
免疫グロブリン　262
免疫系　106, 214
モーション・コントロール装置(MILO)　402
モスキート音　143
モデュレーター　044, 212
森俊文　406, 407

ヤ行

屋敷林の環境音　222
山形多聞　397, 404

山崎芳男　052, 316
山城祥二　026, 029, 275, 309, 311, 404, 513
有毛細胞　003, 188
『夢彦根』　275
ゆらぎ構造　158
要素還元主義　xii, 123, 512
依田平三　030, 034
米倉義晴　091, 108
四番町スクエア　266

ラ行

ラジオアイソトープ　091
ランビルの森　285
利己性　328
理性　327, 500
利他　230, 329
利他的思考・行動　332
利他の優越　330
リーパス・セラピー　203, 450, 457, 470
リボン型スーパートゥイーター　055, 269
量子化 bit 数　013, 307
『輪廻交響楽』　034, 309
ルフィニ終末　188, 202
霊長類　237, 330, 504
レセプター　132
ローパスフィルター(LPF)　027

ワ行

ワウ・フラッター　309, 320

大橋 力

1933年生まれ。東北大学卒。文部省放送教育開発センター教授、ATR 人間情報通信研究所感性脳機能特別研究室室長、(公財)国際科学振興財団情報環境研究所所長等を経て、文明科学研究所所長。農学博士。情報環境学を提唱する。山城祥二の名で芸能山城組を主宰。主著書・作品に、『音と文明――音の環境学ことはじめ』、『情報環境学』、映画『AKIRA』の音楽、ランドスケープオペラ『ガイア』、創作能『闇能幻夢(のうげんむ)』。

ハイパーソニック・エフェクト

発行日	2017年9月22日 第1刷 2024年5月24日 第4刷
著 者	大橋 力(おおはし つとむ)
発行者	坂本政謙
発行所	株式会社岩波書店 〒101-8002 東京都千代田区一ツ橋2-5-5 電話案内 03-5210-4000 https://www.iwanami.co.jp/
印 刷	三秀舎
カバー	半七印刷
製 本	牧製本

© Tsutomu Oohashi 2017
ISBN 978-4-00-024484-8 Printed in Japan